美国页岩气开发技术与实践

李熙喆 万玉金 等 著

科学出版社

北京

内 容 简 介

本书简要介绍了美国页岩气分布状况、地质条件与总体开发特征，重点介绍了 Barnett、Fayetteville、Haynesville、Marcellus、Utica、Eagle Ford、Woodford 和 Permian 八个页岩气产区的地质与开发特征，以及地质评价与"甜点区"预测、三维地震、测井、实验、钻井、压裂、动态分析与开发优化设计八项主体技术，此外还介绍了美国针对页岩气勘探开发出台的相关技术经济政策。

本书可供从事油气田开发、油气藏工程等领域的技术人员，以及油气田开发管理人员学习参考，也可作为石油院校相关专业的参考书。

图书在版编目（CIP）数据

美国页岩气开发技术与实践/李熙喆等著. —北京：科学出版社，2024.6

ISBN 978-7-03-073376-4

Ⅰ. ①美… Ⅱ. ①李… Ⅲ. ①油页岩–油气田开发–研究–美国 Ⅳ. ①P618.130.8

中国版本图书馆 CIP 数据核字（2022）第 188585 号

责任编辑：吴凡洁 冯晓利 / 责任校对：王萌萌
责任印制：师艳茹 / 封面设计：赫 健

科 学 出 版 社 出版
北京东黄城根北街 16 号
邮政编码：100717
http://www.sciencep.com
北京中科印刷有限公司印刷
科学出版社发行 各地新华书店经销
*
2024 年 6 月第 一 版 开本：787×1092 1/16
2024 年 6 月第一次印刷 印张：29 1/4
字数：691 000
定价：380.00 元
（如有印装质量问题，我社负责调换）

编　委　会

主　　编： 李熙喆

副主编： 万玉金　张晓伟　张　庆　王　南

委　　员（按姓氏拼音排序）：

车明光　陈　鹏　崔　悦　杜炳毅
郭　为　郭　伟　郭晓龙　韩玲玲
何　畅　黄金亮　黄熠泽　贾玉泽
李　轩　梁　峰　梁萍萍　刘子平
卢　斌　罗万静　彭　越　钱　超
石　强　王　萌　王安鑫　王永辉
魏　瑶　严星明　张　琴　赵　晗

页岩是传统意义上的烃源岩，是油气的诞生地和发源地。在成藏过程中，油气从烃源岩中排出，经渗透层或断裂等通道进行运移，在渗透性较好的碎屑岩或碳酸盐岩等储集层中聚集，在具有较好的保存条件下富集成藏，从而形成常规气藏。由于颗粒细，埋藏压实后页岩的渗透性很差，虽然在钻井过程中经常发现页岩层中有油气显示，但从来就没有把页岩当作储集层。"页岩气革命"改变了这一切，通过"创新"与"革命"，把传统的烃源岩改造为具有工业开采价值的油气储集层，把残留在烃源岩中的烃类物质转变为具有商业价值的油气资源。实现这一转变，一是理念创新，敢于"革"烃源岩的"命"，烃源岩也可作为油气储集层；二是技术创新，敢于"革"凝胶压裂液的"命"，用滑溜水作压裂液携砂把致密的页岩层改造成为具有复杂缝网的"人工油气藏"；三是机制体制创新，敢于"革"传统体制机制的"命"，利用立法手段制定页岩气产业扶持政策，充分激发市场活力；四是工作模式创新，敢于"革"单井作业模式的"命"，构建平台化、工厂化作业模式，大幅降本增效。自 1981 年完钻第一口页岩气井开始，通过系列创新与革命，率先在美国构建了高效、完善的页岩气产业体系，实现了页岩气跨越式发展，改变了美国在油气能源领域的对外依存，也影响了世界能源格局与地缘政治。

"页岩气革命"促进了美国页岩气产业实现跨越式发展，而"页岩气革命"的实现主要源于四个方面：理论技术创新、产业政策支持、机制体制保障和成熟的天然气市场。

技术创新带来大幅降本增效，奠定了页岩气跨越式发展的基础。技术创新主要体现在三项主体技术的突破上：增产改造技术、优快钻井技术和"工厂化"作业。1997 年，首次采用滑溜水替代黏度较大的凝胶压裂液，在 Barnett 页岩气井进行压裂，单井产量增幅达 2 倍，作业费用降低了 65%，标志着页岩气直井压裂取得重大突破。2002 年，在水平井中采用滑溜水代替凝胶进行多段压裂，再次提高单井产量(3～4 倍)，从而实现了页岩气提高单井产量技术的最终突破，2003 年之后快速推广应用，从而引发了"页岩气革命"，Fayetteville、Haynesville、Marcellus、Permian、Woodford、Eagle Ford 等一批主要页岩油气产区投入开发，页岩气产量呈现跨越式增长。伴随增产改造技术的提高和水平井的规模应用，高效聚晶金刚石复合片(PDC)钻头、高性能钻井液的应用加快了钻井技术发展，在大幅提高钻井速度的同时也降低了建井成本。以 Fayetteville 为例，2007～2013 年，水平段长度由 809m 提高到 1630m，但钻井周期由 17.5 天降为 6.2 天，降幅 65%；单井投资由 300 万美元下降到 240 万美元，降幅 20%。近十年来，旋转导向、自动化钻机的发展与应用，不断提高钻井速度及效率，一趟钻完成的进尺也在不断增加，促进了页岩油气超长水平井的发展。在丛式水平井和多段压裂的基础上创新了"工厂化"钻井、"工厂化"压裂的高效作业方式，生产效率和资源利用率迅速提升，作业成本大幅下降，助推页岩油气快速实现大规模商业开发。

产业扶持政策激发了油气生产商的开发热情，促进了产业快速发展。为了鼓励页岩气的投入，美国国会牵头出台了原油暴利税法案等一系列能源法案，并对非常规天然气实行生产费的优惠政策。美国联邦政府实行的减免钻探费用和租赁费用等优惠政策刺激了中小微型公司的热情，使它们全力投入页岩气产业。政府甚至还直接提供巨额资金用于加大产业方面的研发，如专项拨款提供贷款或贷款担保开展免费培训或资助。在美国政府的全力扶持下勘探开发成本得以降低，页岩气产量急剧增长。

宽松的市场准入及灵活的体制机制是实现"页岩气革命"的重要保障。美国土地私有化，通过合同转让容易获得采矿权；任何企业都可以进入油气勘探开发领域，6000～8000家各种规模的公司投入到页岩气产业，专业化分工、市场化运作，高效运行；资料共享，油气产业相关信息对全社会开放；取消天然气价格管制，可以按市场价销售；市场化竞争机制及灵活的体制，促进了技术快速孵化，降低了开发成本，保障了页岩气产业的蓬勃发展。

发达的输配管网系统、成熟的市场和强烈的市场需求加速了页岩气快速发展。美国天然气干线里程达 48 万 km，干线长度占全球总量近一半，管输能力约为 25000 亿 m^3/a，具有十分充裕的调配能力；液化天然气(LNG)接收站共有 11 座，接收能力达 13180 万 t/a。覆盖全美的管输系统，为页岩气快速发展提供了低成本、全产全销的保障。美国已经形成非常成熟的天然气市场，而 20 世纪 70 年代常规气产量开始快速递减，旺盛的天然气市场亟须新型能源替代，非常规天然气走上历史舞台，首先是致密砂岩气，然后是煤层气相继规模化开发，在一定程度上缓解了天然气产量递减的压力，而页岩气才是彻底扭转这一危局的关键，在系列政策的支持下页岩气成为一次能源最终的主角。1978 年，《天然气政策法》逐步放开天然气井口价格管制；1985 年美国联邦能源监管委员会(FERC)颁布了 FERC436 号令，标志着管道公司将天然气和天然气管输服务捆绑销售的垄断时代开始走向终结；1992 年 FERC 颁布了 636 号令，终止了将天然气销售和输气服务捆绑销售的合同，进入全面市场化阶段。通过系列政策的实施，形成了成熟的、极富竞争性的市场环境，激发了大量企业投资勘探开发的热情，关键技术相继获得突破，最终促成了"页岩气革命"。

"页岩气革命"不仅提升了美国能源战略安全，还改变了国际能源市场的格局。"页岩气革命"使得美国页岩油气呈跨越式发展，提升了美国的能源战略安全：一是改善了美国的能源消费结构，页岩气产量快速上升，彻底扭转了天然气产量快速下滑的趋势，实现了天然气产量逆势上扬；低廉的价格促进了以气代煤发电，导致煤炭需求急剧下滑，同时也推动了天然气汽车的发展；由于页岩气富含轻烃，许多产品从使用油基原料转为天然气基原料合成丙烷、丁烷及其他化工原料，日用品和生活必需品价格大幅降低；形成的水平井多段压裂等开发关键技术也推动了致密油开发，2017 年致密油产量达到 2.2 亿 t，占原油总产量的 54%。二是加速美国"再工业化"进程，能源价格大幅下降，降低了制造业成本,吸引众多企业重归美国,从而推动了美国制造业的复兴。三是加速了美国能源独立的步伐,提升了美国能源战略安全。美国曾是全球最大的石油消费国和石油进口国,致密油的开发降低了原油对外依存度,2010 年在成品油方面已经从净进口国转变为净出口国;在天然气领域的变化更是巨大,2009 年美国成为全球最大的天然气生产国,2017 年美国由天然气进口大国转变为净出口国,2020 年成为全球第三大液化天然气供应国。此外,"页岩气革命"也引发了世界能源格局的变动,影响国际能源地缘政治局势。21 世纪以来,美国页岩气跨越式发展,促使全球天然气形成"两带三中心"的新格局:两大高产带是俄罗斯—中亚—中东高产带(40%)及北美高产带(30%),前者以常规天然气为主,后者以非常规天然气为主;三大消费中心为北美、欧洲和亚太地区,消费量占全球的 77%。

页岩气产区具有与常规气藏明显不同的特点,不同产区也具有各不相同的类型。页岩气是指以游离态和吸附态形式赋存于富有机质页岩层段的天然气,与常规气藏相比,页岩气产区表现出八个特征:页岩既是烃源岩又是储集层,具有大面积连续分布特征;页岩储集层致密,主要发育纳米级孔隙并具有纳达西级渗透率;页岩气主要以游离态和吸附态两种方式赋存,主力产区以游离气为主;发育连续型与构造型两种成藏模式,无明显圈闭;自生自储,页岩气富集并形成工业产能仍需具有良好保存条件;气井一般无自然产能,须经压裂改造才能够获得工业产量;单井初产高但递减快、长期低产,需大量钻井支撑上产或保持稳产;单井产量及估计最终可采储量(EUR)差异大,产区内一般呈正态分布。正是由于存在上述特征,全球不存在典型的页岩气产区,各产区都独具特色:北美已规模开发的页岩气产区主要分布于前陆盆地和克拉通盆地,以前陆盆地居多;在发育地层上均在古生界和中生界,以古生界居多;埋藏深度变化幅度大,180m 至 4270m均有分布,主力产区位于中深层;页岩总体上脆性矿物含量较高,可压性好,但 Haynesville页岩则为塑性地层;干酪根类型主要为Ⅰ型和Ⅱ型,但部分产区也含有Ⅲ型干酪根;含气页岩有机质成熟度分布区间广,镜质组反射率 R_o 为 0.4%~4.0%,主力产区页岩主要处于成熟阶段;既有 Barnett、Fayetteville、Haynesville 等纯页岩气产区,也有 Permian、Eagle Ford、Woodford 等页岩油、凝析气和干气同产油气区;Fayetteville、Barnett 和 NewAlbany 页岩属于常压,而 Haynesville、Marcellus、Utica、Eagle Ford 等页岩气产区均处于超压区,最高压力系数超过 2.0;中深层、超压页岩气产区以游离气为主,埋藏浅,常压区则吸附气含量较高;Woodford、Fayetteville 和 Barnett 页岩气产区主体为常压区,单井初始产量相对较低,Haynesville 埋藏深、地层压力高,单井产量远远高于其他产区,Marcellus 和 Eagle Ford 由于地层压力较高,单井产量相对较高。

大气区、大气田发挥主导作用,主力产区相对集中分布。美国页岩气主要分布于东北部、中部、西南部和墨西哥湾地区,西部落基山地区相对较少。依据各州累计采出页岩气总量分析,墨西哥湾的得克萨斯州和路易斯安那州与东部的宾夕法尼亚州三个州页岩气产量占比达到三分之二,是页岩气最富集的地区。得克萨斯州页岩气产量占 31.68%,位居第一;宾夕法尼亚州占 23.50%,位居第二;路易斯安那州位居第三,占 10.02%。全美前 3 个州页岩气总产量占比为 65.20%,前 5 位占比为 78.40%,前 10 位占比为 98.02%。

从各页岩气产区 2019 年产量分布分析，大气区依然占据主导地位：位居第一的 Marcellus 占总产量的 32.16%，Wolfcamp/Bone Spring 位居第二，占比 14.30%；Haynesville 位居第三，占总产量的 12.94%。排名前三位总体占比为 59.40%，历年最高年产量超过 500 亿 m^3 的前 6 位占比为 79.72%，历年最高年产量超过 100 亿 m^3 的前 11 位占比高达 96.41%。

中国已形成中浅层页岩气开发主体技术，页岩气产量位居全球第二。中国页岩气开发目前主要集中在四川盆地南部海相沉积的五峰组—龙马溪组，该区无论是地表条件还是地下地质条件都极其复杂，勘探开发难度远超北美。地面山高坡陡，人口稠密，环境敏感，容量有限；地下经历多期构造运动、断褶发育，保存条件复杂；储集层地质年代老、成熟度高，有机碳含量、孔隙度、含气量等储集层关键参数较北美差；川南页岩有机质成熟度为 2.0%～3.5%，处于过成熟—高成熟阶段，而美国主力产区处于 0.9%～1.7%，普遍为成熟阶段。工程条件表现为埋藏深，构造复杂，地层可钻性差，纵向压力系统多，地应力复杂，钻井和压裂难度大。川南富有机质页岩埋深大于 3000m 的面积占 65%，美国页岩气主体深度为 1500～3500m。虽然川南页岩气地质条件复杂，但历经十余年不断探索，走出了一条中国页岩气发展之路。2006 年，我国开始学习美国页岩气勘探开发技术，初步建立了页岩气评层选区方法，确定了川南五峰组—龙马溪组为现阶段最有利的勘探开发层系，优选了长宁、威远、涪陵、昭通四个开发有利区。2009 年，完钻中国第一口页岩气井——威 201 井，压裂出气，突破了出气关。2012 年，获得了中国第一口商业价值的页岩气井——宁 201-H1 井，标志着中深层页岩气开发技术的突破。2014 年，在中深层启动长宁—威远、昭通、涪陵三个国家级页岩气示范区建设，针对川南山地"强改造、高—过成熟、复杂地应力"的复杂地质条件，快速突破并形成中浅层页岩气"地质综合评价、开发优化、优快钻井、体积压裂、工厂化作业、清洁开发"六大主体技术，2020 年全国页岩气产量超过 200 亿 m^3，位居全球第二。与此同时，2019 年深层页岩气开发又获得重大突破，在垂深 3892m、水平段长 1022m 的泸 203 井测试获气 137.9 万 m^3/d，成为国内第一口百万立方米页岩气井，深层页岩气进入规模开发的快车道。中国页岩气储集层埋藏深度 3500～4500m 的深层页岩气资源量达 8.7 万亿 m^3，占总资源量的 87%，是未来增储上产的主体。

全书共分上下两篇。上篇为实践篇，共九章：第 1 章介绍美国页岩气发展总体简况，第 2 章至第 9 章介绍北美八个主要页岩油气产区地质与开发特征；下篇为技术篇，共九章：第 10 章至第 17 章分别介绍地质评价、三维地震、测井、实验、钻井、压裂、动态分析与开发优化技术，第 18 章介绍技术经济政策。

第 1 章由李熙喆、万玉金和卢斌撰写；第 2 章由王萌和王永辉撰写；第 3 章由卢斌和万玉金撰写；第 4 章由何畅和万玉金撰写；第 5 章由郭为撰写；第 6 章由彭越和罗万静撰写；第 7 章由张琴和李熙喆撰写；第 8 章由严星明、何畅和张琴撰写；第 9 章由梁萍萍撰写；第 10 章由梁峰和李熙喆撰写；第 11 章由杜炳毅和郭晓龙撰写；第 12 章由陈鹏和石强撰写；第 13 章由郭伟撰写；第 14 章由张庆、赵晗、刘子平和李轩撰写；第 15 章由车明光和王永辉撰写；第 16 章由罗万静和彭越撰写；第 17 章由张晓伟和郭为撰写；

第 18 章由王南撰写；黄金亮、贾玉泽、韩玲玲、崔悦、钱超、魏瑶、王安鑫完成各章的图表清绘工作；全书由李熙喆和万玉金统稿。

　　本书以公开发表的文献资料为基础，力求系统、客观地介绍美国页岩气的地质开发特征与主体勘探开发技术。在本书撰写过程中，得到中国石油勘探开发研究院各级领导、同事和科学出版社的大力帮助与支持，谨在此致以衷心的感谢！

　　鉴于资料收集程度与作者水平有限，以及不同文献资料中的部分数据与观点不尽一致，书中难免出现不妥之处，恳请读者批评指正。

作　者

2023 年 11 月

目录

下篇 技 术 篇

上篇　实　践　篇

第1章

美国页岩气开发

美国页岩气资源丰富，在48个州均有分布，但页岩气主产区集中分布在中部和东部地区，特别是宾夕法尼亚州和得克萨斯州，西部相对较少。富有机质页岩主要发育在前陆盆地，其次为克拉通盆地。在地层上主要赋存于古生界，其次为中生界。各产区间差异明显：埋藏有深有浅、储层有厚有薄，既有超压也有常压，既有干气又有湿气和油。总体而言，埋藏深度180～4270m，页岩储层厚度10～150m。以硅质页岩和钙质页岩为主，石英含量为30%～85%，TOC含量为0.3%～25%，干酪根类型主要为Ⅰ型和Ⅱ型，有机质主要处于成熟阶段，孔隙度主要分布在2%～10%，含气量为2.0～6.0m^3/t。

历经早期探索、技术攻关、技术突破和跨越发展四个阶段，在Barnett页岩气开发实践中突破了关键技术——水平井钻井与滑溜水多段压裂技术，大幅提高了单井产量、降低了开采成本，规模应用推动页岩气开发进入快车道。继Barnett之后，以干气为主体的Fayetteville、Haynesville、Marcellus、Utica和页岩油气同产的Bakken、Eagle Ford、Permian等相继投入开发，进入页岩气高速发展阶段，2020年页岩气产量达到8050.83亿m^3。

与常规油气一样，页岩气也是大气区发挥主导作用，Marcellus、Permian和Haynesville三大页岩气产区可采储量占全美页岩气可采储量的66.2%，页岩气产量贡献占56.24%。由于地质条件存在较大差异、页岩储层非均质性较强，导致各产区单井产量及EUR差异较大，超压区Haynesville、Marcellus和Eagle Ford单井产量高，常压区Barnett、Fayetteville和Woodford产量相对较低；同一产区内，"甜点区"高产井更加富集，外围区产量相对较低。

1.1 勘探开发简况

1.1.1 页岩气分布特征

美国页岩气资源分布广泛，在48个州均有发现。目前投入开发的页岩气主要分布于11个盆地中的13套层系(图1.1、表1.1)，主要页岩气产区为中、东部7个盆地的8套层系，包括阿巴拉契亚（Appalachia）盆地的 Marcellus 页岩和 Utica 页岩、北路易斯安那盐（North Louisiana Salt）盆地的 Haynesville 页岩、西部海湾（Western Gulf）盆地的 Eagle Ford 页岩、沃斯堡（Fort Worth）盆地的 Barnett 页岩、二叠（Permian）盆地的 Wolfcamp/Bone Spring 页岩、阿纳达科（Anadarko）盆地的 Woodford 页岩和阿科马（Arkoma）盆地的 Fayetteville 页岩等，落基山及西部地区页岩油气产区主要是威利斯顿（Williston）盆地的 Bakken 组与粉河（Powder River）盆地的 Niobrara 等。

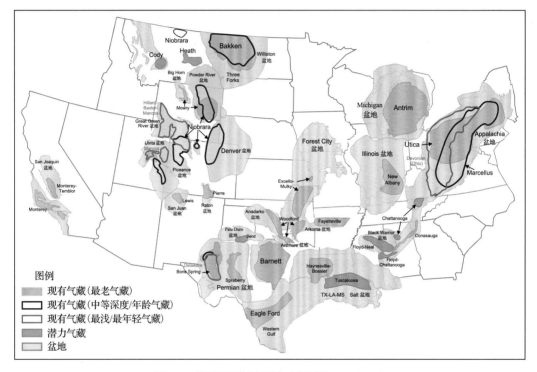

图 1.1　美国页岩气产区分布图（据 EIA, 2017）

表 1.1　美国页岩气盆地及层系一览表

区域划分	盆地名称	层系/产区	所在州简称
东部地区	Michigan	Antrim	MI
	Illinois	New Albany	IN、KY
	Appalachia	Ohio	PA、WV、OH、NY、KY、VA
		Marcellus	PA、WV、OH、NY
		Utica	PA、WV、OH、NY
中部地区	Anadarko	Woodford	OK
	Arkoma	Fayetteville	AR
		Woodford	OK
	Ardmore	Woodford	OK
	Forest City	Excello-Mulky	OK、KS

区域划分	盆地名称	层系/产区	所在州简称
西南部地区	Fort Worth	Barnett	TX
	Permian	Wolfcamp	TX、NM
		Bone Spring	
墨西哥湾地区	North Louisiana Salt	Haynesville	LA、TX
	Western Gulf	Eagle Ford	TX
	Black Warrior	Conasauga	AL、GA
落基山及西部地区	Williston	Bakken	ND、MT
	Powder River	Niobrara	WY
		Mowry	WY
	Big Horn	Mowry	WY
	Denver	Niobrara	WY、NE、CO
	Great Green River	Niobrara	WY、CO
		Hillard-Baxter-Mancos	
	Park	Niobrara	CO
	Uinta	Mancos	UT
		Manning Canyon	
	Piceance	Niobrara	CO
	Paradox	Hermosa	UT
	San Juan	Lewis	NM
	Raton	Pierre	CO
	Santa Maria-Ventura-Los Angeles	Monterey	CA
	San Joaquin	Monterey-Temblor	CA

1.1.2　勘探开发历程

美国是全球页岩气商业开发最早、技术最成熟、页岩气产量最高的国家。从世界第一口页岩气井发现开始,主要经历了早期探索、技术攻关、技术突破和跨越发展四个阶段。

1. 早期探索阶段(1821～1975 年)

美国页岩气开采最早可追溯至 1821 年,第一口工业气井钻至 8m 深度时从页岩裂缝中(Chautauqua 县浅层的泥盆系 Dunkirk 页岩)产出的天然气就是页岩气,尽管产气量少,但还是引起高度重视,就此拉开了美国天然气工业发展的序幕。随着研究和钻探活动的深入,在东部地区陆续发现了页岩气。1914 年,Appalachia 盆地泥盆系 Ohio 页岩钻探获气 2.83 万 m^3/d,发现了世界第一个页岩气田——Big Sandy。20 世纪 20 年代,美国开始现代化天然气工业生产,到 1926 年时,东肯塔基和西弗吉尼亚气田(属泥盆系页岩气产区)

成为当时世界上最大的天然气田。20 世纪 70 年代中期，页岩气年产量约 19.6 亿 m³。

2. 技术攻关阶段（1976～1996 年）

美国能源部于 1976～1981 年设立东部页岩气示范工程（Eastern Gas Shales Project），针对 Appalachia 盆地、密歇根（Michigan）盆地和伊利诺伊（Illinois）盆地进行页岩气勘探。该示范工程的目的是确定上述三个盆地内泥盆系页岩的厚度、深度与分布范围等，并评估页岩气可采资源量，同时发展页岩气开采的关键核心技术，并加以示范推广。

示范工程取得了一系列成果，首先是增加了对东部三个盆地页岩的了解，形成了一个对公众开放的、数量庞大的数据库，包含上百张详细的地质图件，以及关于页岩气储集、形成机理等若干技术资料。据美国能源部 1982 年统计，示范工程总共在 63 口页岩井中进行了试验，尝试了 95 井次压裂作业。其次是页岩气开采技术取得多项突破，包括第一次使用氮气泡沫压裂、第一次使用定向钻井、试验使用微地震波监测水力压裂裂缝等技术。这些技术逐渐成熟并商业化应用，为页岩气的蓬勃发展奠定了坚实的技术基础。在此期间，美国政府于 1980 年实施了非常规燃料免税政策，进一步促进了页岩气的商业性开采。

在美国页岩气发展历史上，"页岩气之父"乔治·米歇尔（George Mitchell）功不可没，在他长期不懈的努力下，1981 年第一口页岩气井 C.W. Slay #1 压裂成功，实现了技术突破；随后十年，Mitchell 能源公司完钻 100 口页岩气井，尝试各种不同的压裂工艺提高单井产量。随着 Mitchell 能源公司在 Fort Worth 盆地 Barnett 页岩的成功钻探，针对页岩气的研究全面展开，页岩气开发技术日臻完善，20 世纪 80 年代末期美国页岩气年产量提高到 42 亿 m³。

3. 技术突破阶段（1997～2003 年）

早期主要采用二氧化碳泡沫压裂，后来采用凝胶压裂液，由于破胶不充分、返排率低，降低了裂缝导流能力，影响了页岩气产出。1997 年，Mitchell 能源公司的工程师 Nick Steinsberger 提出采用滑溜水代替凝胶压裂液，之前 Union Pacific Resources 公司曾经在低渗砂岩压裂中使用过滑溜水压裂液，但从未在页岩气井压裂中应用。Mitchell 能源公司的其他工程师认为这是一个"愚蠢的想法""不会起作用"。有人指出，这是"与你在学校里所学的东西背道而驰的"。尽管如此，Steinsberger 仍进行不同类型滑溜水的测试，希望能取得好的结果。多次尝试失败之后，在得克萨斯州的第 5 口井——S.H. Griffin ＃4 井试验获得巨大成功，达到前所未有的水平，前 90 天平均日产气 3.68 万 m³，与此同时，成本降低了一半以上。这是一个革命性的时刻，标志着我们所熟知的现代水力压裂技术的开始，从而加速了页岩气的开发进程。

1992 年，Barnett 页岩气产区仅有 99 口生产井，1997 年也仅有 375 口。滑溜水压裂技术取得突破并在 Barnett 规模推广，降低了开采成本、提高了开发效益。2001 年 Barnett 页岩气产区钻井数突破 1000 口，年产气量达 38.2 亿 m³。

1992 年，第一口水平井在 Barnett 页岩层中完钻，1993 年美国天然气研究院（GRI）对该井进行评估，得出的结论是："对于 Barnett 页岩，直井水力压裂更具有经济性"。1998 年，由于完钻的水平井效果不佳，Mitchell 能源公司又回归到采用直井压裂。2002 年，德文能源公司认识到 Barnett 页岩蕴藏的巨大潜力，收购了 Mitchell 能源公司，工程师提出了将水平井钻井、滑溜水压裂和微地震监测相结合的技术路线，使得水平井提高单井产量的优越性得以充分体现，2003 年 Barnett 页岩气区完钻水平井 70 口，页岩气年产量高达 84.93 亿 m^3，2004 年水平井近 400 口。

水平井钻井+滑溜水压裂技术(2002 年)是页岩气开发的"革命"性技术，该技术应用大幅提高了单井产量、降低了开发成本，加快了页岩气，甚至页岩油的大规模商业开发进程，史称"页岩气革命"或"页岩革命"。

4. 跨越发展阶段(2004 年至今)

2006 年之前，美国页岩气主要来源于 Michigan 盆地的 Antrim、圣胡安(San Juan)盆地的 Lewis、Appalachia 盆地的 Ohio、Illinois 盆地的 New Albany 和 Fort Worth 盆地的 Barnett。

随着水平井钻井+滑溜水压裂技术的突破，强力助推美国进入页岩气高速发展阶段。2006 年之后，Fayetteville、Haynesville、Marcellus 和 Utica 等主力页岩气产区，以及 Bakken、Eagle Ford、Woodford、Wolfcamp 和 Niobrara 等主力页岩油气产区规模上产，助推美国页岩油气进入高速发展阶段。

凭借先进的水平井钻井和多段水力压裂技术，以及钻井速度和开采效率不断提高，开采成本不断降低，美国页岩气产量快速增长(图 1.2)。2008 年页岩气产量超越了煤层气，2011 年页岩气产量超越溶解气，2013 年页岩气产量超越常规气，2016 年页岩气产量超越常规气、溶解气与煤层气三者的产量之和；2020 年页岩气产量攀升至 8050.83 亿 m^3，占美国天然气总产量的 70%。

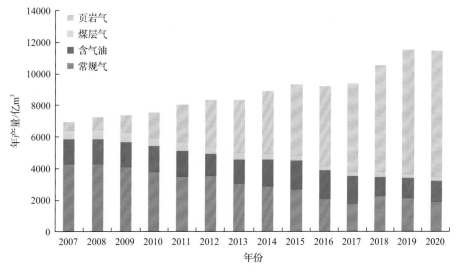

图 1.2 美国 2007～2020 年不同类型天然气年产量统计图

1.2 地 质 特 征

美国页岩气产区包括纯页岩气产区和页岩油气产区两种类型,纯页岩气产区主要分布在前陆盆地,少量分布在克拉通盆地,而页岩油气产区在前陆盆地和克拉通盆地均有分布。页岩油气主产区产层以古生界为主,其次为中生界;页岩埋深范围广,最浅 180m,最深超过 4500m;页岩厚度较大,几米到数百米不等;TOC 含量整体较高,主要分布在 2%~10%;以成熟和高成熟阶段为主,页岩油气产区处于低成熟阶段,纯页岩气产区主体处于高成熟阶段。岩石类型以硅质页岩和钙质页岩为主,孔隙度整体较高,页岩油气产区略高于纯气产区;含气量 2.0~10.0m³/t。页岩气资源量大,地质资源量 86 万亿 m³,可采储量 9.7 万亿 m³。其中 Marcellus 产区页岩气可采储量最大,其次为 Wolfcamp/Bone Spring、Haynesville/Bossier、Eagle Ford、Utica-Point Pleasant 等。

1.2.1 构造特征

美国页岩油气产区主要发育于北美地台、构造平缓和地壳稳定的地区,构造活动以升降为主,褶皱变形相对较少。页岩气主要赋存于稳定地台区的古生代沉积盆地,包括 Appalachia 盆地早古生代逆冲褶皱带、Ouachita 晚古生代逆冲褶皱带、Laramide 中生代逆冲褶皱带前缘前陆盆地及其相邻地台之上的克拉通盆地中(聂海宽和张金川,2010)。

东部 Appalachia 盆地、Michigan 盆地和 Illinois 盆地,中部 Anadarko 盆地和 Arkoma 盆地,西南部 Fort Worth 盆地和 Permian 盆地,墨西哥湾地区 North Louisiana Salt 盆地,落基山及西部地区 San Juan 盆地等均为前陆盆地,其中包括 Marcellus、Utica、Barnett、Fayetteville、Ohio、Woodford、Lewis 等页岩气产区。而位于克拉通盆地的页岩气产区有 Bakken、Wolfcamp、Eagle Ford、Antrim、New Albany 等(图 1.1)。

Appalachia 盆地位于美国东北部,是经过 Taconic、Acadian 和 Alleghanian 造山运动而形成的大型前陆盆地,主要页岩气产区包括 Marcellus、Utica 和 Ohio 页岩。Arkoma 盆地位于美国中部,为晚古生代前陆盆地,主要页岩气产层在盆地东部为 Fayetteville 页岩和盆地西南部的 Woodford 页岩。Fort Worth 盆地位于美国西南部,是经过晚古生代 Ouachita 造山运动而形成的楔形前陆盆地,主要页岩气产层为 Barnett 页岩。Permian 盆地位于得克萨斯州西部及新墨西哥州东南部,为稳定沉降的晚古生代克拉通盆地,主要页岩气产层为 Wolfcamp 页岩(翟光明等,2002)。North Louisiana Salt 盆地跨越得克萨斯州和路易斯安那两州,是一个经过张拉作用形成的稳定克拉通盆地,主要页岩气产层为 Haynesville 页岩。

1.2.2 地层与沉积特征

投入开采的页岩主要发育在古生界和中生界(图 1.3),以古生界居多,尤其以泥盆系和石炭系为主,泥盆系主要发育 Marcellus、Wolfcamp、Bakken、Antrim、Ohio 和 New Albany

页岩；石炭系主要发育 Fayetteville、Bakken、Barnett 和 New Albany 页岩；最古老地层为寒武系 Conasauga 页岩与奥陶系 Utica 页岩，Eagle Ford 主要分布在二叠系。中生界也发育优质页岩气资源，集中分布在白垩系与侏罗系，白垩系发育 Lewis 页岩，侏罗系发育 Haynesville 页岩。

区域划分	页岩气产区	中生界			古生界				
		白垩系	侏罗系	三叠系	二叠系	石炭系	泥盆系	志留系	奥陶系
东部地区	Marcellus						■		
	Utica								■
	Ohio						■		
	Antrim						■		
	New Albany					■			
中部地区	Woodford	■							
	Fayetteville					■			
西南部地区	Barnett					■			
	Wofcamp				■				
墨西哥湾	Haynesville		■						
	Eagle Ford				■				
落基山及西部地区	Lewis	■							
	Bakken					■			

图 1.3　美国页岩气主产区页岩地层分布图

含气页岩沉积环境主要为深水陆棚相或深水斜坡相，水体总体较深且处于缺氧环境，有利于有机质的保存。Barnett、Haynesville 和 Fayetteville 页岩形成于深水陆棚沉积环境，Utica 和 Marcellus 页岩则形成于陆表海沉积环境。含气页岩埋藏深度变化幅度大（图1.4），在 180m 至 4300m 均有分布，沉积厚度较大且发育稳定（图1.5）。

Antrim、New Albany、Ohio 和 Lewis 页岩最大埋深小于 2000m，页岩厚度 9～90m。其中，Antrim 页岩埋深 188～730m，厚度 21～37m；New Albany 页岩埋深 150～610m，厚度 15～30m；Ohio 页岩埋深 600～1500m，厚度 9～31m；Lewis 页岩埋深 915～1830m，厚度 60～90m。

Fayetteville、Barnett、Marcellus、Wolfcamp 和 Bakken 页岩最大埋深为 2000～3500m。Fayetteville 页岩埋深 330～2300m，厚度 6～60m；Barnett 页岩埋深 1200～2591m，厚度 30～150m；Marcellus 页岩埋深 1200～2400m，厚度 6～180m；Wolfcamp 页岩埋深 610～

3000m，厚度 60～600m；Bakken 页岩埋深 2500～3250m，厚度 5～55m。

Haynesville、Utica、Woodford 和 Eagle Ford 页岩最大埋深超过 3500m。Haynesville 页岩埋深 2700～4900m，厚度 15～130m；Utica 页岩埋深 2100～4300m，厚度 20～152m；Woodford 页岩埋深 1828～3650m，厚度 35～70m；Eagle Ford 页岩埋深 1200～4270m，厚度 30～90m。

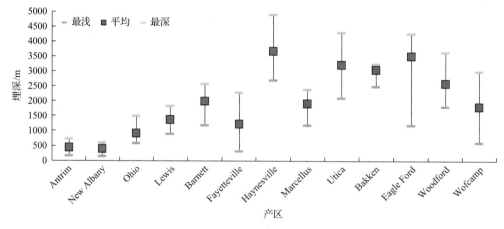

图 1.4　美国页岩气主产区页岩埋深分布图

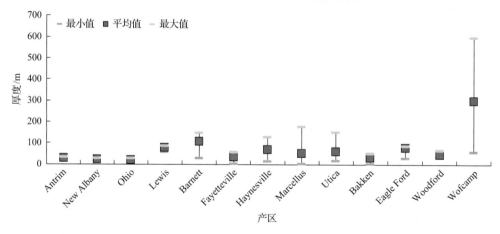

图 1.5　美国页岩气主产区页岩厚度分布图

1.2.3　岩性岩相特征

美国含气页岩的岩性和矿物组成差异较大，主要为硅质页岩和钙质页岩，矿物组成以石英和碳酸盐为主，黏土矿物含量较低(图 1.6)。东部地区主产区主要为混合泥岩和富黏土硅质泥岩，页岩矿物组成中石英含量较高，为 40%～80%，其次为黏土矿物，含量为 16%～30%，碳酸盐含量为 2.7%～32.8%；中部地区主产区主要为富黏土硅质泥岩和混合硅质泥岩，页岩矿物组成中石英含量高，为 67.6%～76.7%，其次为黏土矿物，含量为 20.1%～21.7%，碳酸盐含量为 3.1%～10.8%；西南部主产区主要为黏土质-硅质泥岩，页岩矿物组成中石英含量约为 48%，黏土矿物含量约为 34.5%，碳酸盐含量约为 17.2%；墨西哥湾主产区主要为混合泥岩和钙质-硅质泥岩，页岩矿物组成中碳酸盐含量较高，为 36.5%～45.6%，其次为石英，含量为 34%～39.7%，黏土矿物含量为 14.7%～29.5%；落基山及西部地区主产区主要为混合硅质泥岩，页岩矿物组成中石英含量高，为 53.6%～66.7%，其次为碳酸盐，含量为 22.4%～23.1%，黏土矿物含量为 10.3%～23.9%。

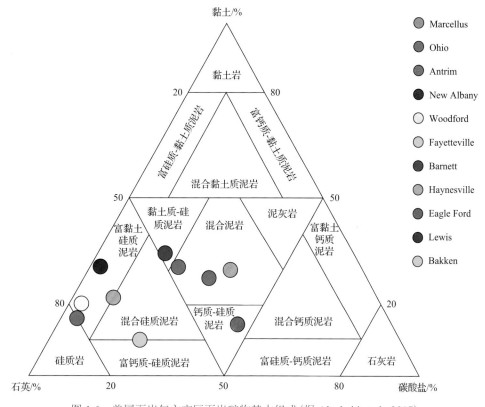

图 1.6 美国页岩气主产区页岩矿物基本组成（据 Alzahabi et al., 2017）

Abouelresh 和 Slatt（2011）提出 Barnett 页岩主要有硅质泥岩、钙质-硅质混合泥岩、白云质泥岩、磷质沉积物、含方解石层状沉积物和再沉积针状泥岩六种沉积岩相。Barnett 页岩中含有丰富的古生物碎屑化石，主要包括放射虫、胶合着的有孔虫、塔斯马尼亚藻、硅质海绵等（Papazis，2005；Loucks and Ruppel，2007）。Bruner 和 Smosna（2011）提出 Marcellus 页岩主要有硅质-碳质泥岩、钙质泥岩、黏土质泥岩、钙质-碳质泥岩和泥灰岩五种沉积岩相。Marcellus 页岩东部较厚，岩石类型主要为黑色页岩、粉砂岩和砂岩；西部较薄，主要为细粒黑色页岩夹灰色页岩（徐向华等，2014）。Fayetteville 页岩岩相特征与 Barnett 页岩和 Marcellus 页岩相似，主要由碳质泥岩、碎屑粉砂岩及黏土、生物硅质岩、有机质、磷酸盐和黄铁矿组成（Handford et al.，1986）。Haynesville 页岩以富含有机质的钙质和硅质页岩为主。Utica 页岩形成于奥陶纪晚期，主要由富含有机质的钙质黑色页岩和灰质泥岩组成（徐向华等，2014）。

Cortez（2012）提出 Wolfcamp 页岩主要有硅质泥岩、钙质泥岩、泥质碳酸盐岩-砾岩、颗粒灰岩四种沉积岩相。Eagle Ford 页岩可以分为上下两段，上段为含生物虫孔薄层钙质页岩，下段为富有机质薄层钙质页岩（Hentz and Ruppel，2011）。Bakken 页岩从老到新分为下、中、上三段，中段岩性变化较大，发育灰色至棕灰色夹粉砂岩与砂岩互层，含少量页岩、白云岩，以及粉晶-砂屑和鲕粒灰岩等，古生物以节肢类为主，少量无节肢腕足类、棘皮类、腹足类等遗迹化石，少见牙形石、植物花粉和介形虫类；上段与下段岩性相似，主要为暗灰色-棕黑色富有机质页岩，页理发育，且含少量钙质（胡健等，2013）。

Woodford、Ohio、Antrim、New Albany 和 Lewis 页岩均以硅质页岩为主。Ohio 页岩可划分三个岩性段：下部 Huron 段为放射性黑色页岩，中部 Three Lick 段为灰色与薄层黑色页岩互层，上部 Cleveland 段为放射性黑色页岩（徐向华等，2014）。

1.2.4　地球化学特征

地球化学参数主要包括 TOC、干酪根类型、有机质成熟度等参数，各气区存在明显差异。

1. TOC

总有机碳（TOC）含量是评价页岩生烃潜力的重要地球化学指标。研究发现吸附气含量与总有机碳含量具有良好的正相关关系，且有机质中发育有大量的微—纳米级孔隙，对页岩气的储集也具有极其重要的作用。

不同层系和不同地区含气页岩 TOC 含量差异较大（图 1.7）。Antrim 页岩和 New Albany 页岩的 TOC 含量较高，分别为 0.3%～24.0% 和 1.0%～25.0%；Lewis 页岩和 Ohio 页岩的 TOC 含量较低，分别为 0.5%～2.5% 和 0%～4.7%；Haynesville 页岩 TOC 含量为 0.5%～4.0%；Barnett 页岩 TOC 含量为 4.0%～5.0%，平均值约为 4.5%；Marcellus 页岩 TOC 含量为 1.4%～12.0%，从东向西逐渐减小，西弗吉尼亚 TOC 含量平均约为 1.4%，宾夕法尼亚州 TOC 含量为 3.0%～6.0%，纽约州 TOC 含量平均约为 4.3%；Utica 页岩 TOC

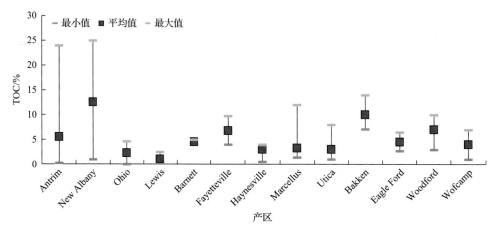

图 1.7　美国页岩气主产区页岩 TOC 含量分布图

含量为 1.0%~8.0%；Fayetteville 页岩 TOC 含量为 4.0%~9.8%；Woodford 页岩 TOC 含量为 3.0%~10.0%；Wolfcamp 页岩 TOC 含量为 1.0%~7.0%；Eagle Ford 页岩 TOC 含量为 2.8%~6.5%；Bakken 页岩 TOC 含量为 7.2%~14.0%。

2. 干酪根类型

干酪根类型不仅控制了产物的类型和数量，还影响页岩的含气量。干酪根类型的判识是进一步了解和认识页岩生气和生油能力的手段，也是评价页岩气的重要指标。美国含气页岩以海相为主，干酪根类型主要为Ⅰ型和Ⅱ型，但部分地区也含有Ⅲ型干酪根。

Antrim 页岩主要为Ⅰ型干酪根；Bakken、Barnett、Eagle Ford 和 Haynesville 页岩含有Ⅰ型和Ⅱ型干酪根；Marcellus 页岩主要为Ⅱ型干酪根，东部含有少量Ⅲ型干酪根；Wolfcamp 页岩以Ⅱ型干酪根为主，含有一定量的Ⅰ型干酪根(Milici and Swezey, 2006)；Fayetteville、Ohio、Utica 和 New Albany 页岩干酪根类型主要为Ⅱ型；Lewis 页岩主要为Ⅲ型干酪根，含有少量的Ⅱ型干酪根。

3. 有机质成熟度

有机质成熟度 R_o 的高低直接决定了页岩的生烃量，随着成熟度的增高，产气量增加。与此同时，随着成熟度的增加，页岩的孔隙大小和结构也将发生改变，影响页岩气的储集性能。美国含气页岩有机质成熟度中等，主要处于成熟—高成熟阶段，有利于天然气的形成和保存(图 1.8)。

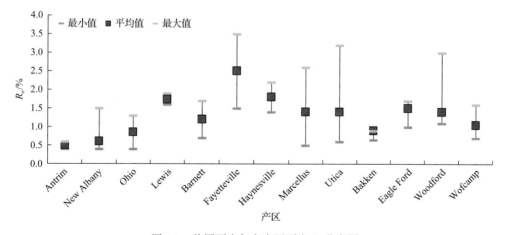

图 1.8　美国页岩气主产区页岩 R_o 分布图

根据 Tissot 和 Welte(1978)提出的有机质生烃模式，当 $R_o<0.5$%时，有机质处于未成熟阶段；当 $R_o=0.5$%~1.3%时，有机质处于成熟阶段；$R_o=1.3$%~2.0%时，有机质处于高成熟阶段；当 $R_o>2.0$%时，有机质处于过成熟阶段。

Antrim 页岩和 Ohio 页岩成熟度较低，主要处于未成熟—成熟阶段，R_o 分别为 0.4%~0.6%和 0.4%~1.3%；Bakken 页岩主要处于成熟阶段，R_o 为 0.65%~0.9%；New Albany

页岩主要处于未成熟—高成熟阶段，R_o 为 0.4%～1.5%；Utica 页岩主要处于成熟—过成熟阶段，R_o 为 0.6%～3.2%；Barnett 页岩、Wolfcamp 页岩和 Eagle Ford 页岩主要处于成熟—高成熟阶段，R_o 分别为 0.7%～1.7%、0.7%～1.6%和 1.0%～1.7%；Marcellus 页岩和 Woodford 页岩主要处于成熟—过成熟阶段，R_o 分别为 0.5%～2.6%和 1.1%～3.0%；Lewis 页岩主要处于高成熟阶段，R_o 为 1.6%～1.9%；Fayetteville 页岩和 Haynesville 页岩成熟度高，处于高成熟—过成熟阶段，R_o 分别为 1.5%～3.5%和 1.4%～2.2%。

1.2.5 储层物性特征

储层物性是评价页岩储集性能的重要指标之一，包括孔隙度和渗透率，页岩储层通常表现为低孔、超低渗特征，孔隙度和渗透率大小决定了页岩的储集能力和页岩气的流动能力。美国含气页岩储层孔隙度总体较高，正在进行商业开采的页岩层系主要分布在 2%～10%，渗透率相对较低，整体低于 $0.1×10^{-3}$mD。

Barnett 页岩孔隙度为 4%～5%，渗透率为 $0.073×10^{-3}$～$0.5×10^{-3}$mD；Marcellus 页岩孔隙度为 9%～11%，渗透率为 $0.1×10^{-3}$～$0.7×10^{-3}$mD；Haynesville 页岩孔隙度为 8%～9%，渗透率为 $0.05×10^{-3}$～$0.8×10^{-3}$mD；Woodford 页岩孔隙度为 3%～9%，渗透率为 $0.1×10^{-3}$～$0.2×10^{-3}$mD；Fayetteville 页岩孔隙度为 2%～8%，渗透率为 $0.1×10^{-3}$～$0.8×10^{-3}$mD；Eagle Ford 页岩孔隙度为 2%～10%，渗透率为 $0.03×10^{-3}$～$1.1×10^{-3}$mD；Utica 页岩孔隙度为 3%～6%，渗透率为 $0.8×10^{-3}$～$3.5×10^{-3}$mD（图 1.9）。

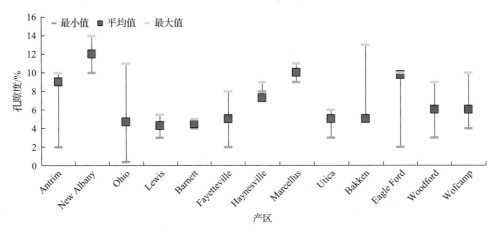

图 1.9　美国页岩气主产区页岩孔隙度分布图

1.2.6 含气性特征

页岩含气性是评价页岩气资源潜力、储量规模和商业开采价值的关键指标，其大小与页岩矿物组成、埋深和地层压力等因素密切相关。美国页岩含气性整体偏好，含气量为 2.0～6.0m^3/t。

含气量最高的页岩储层是 Fort Worth 盆地的 Barnett 页岩，含气量高达 8.50～9.91m^3/t；其次为 Louisiana Salt 盆地的 Haynesville 页岩（2.83～9.34m^3/t）、Arkoma 盆地的 Fayetteville

页岩(1.70～6.23m³/t)、Anadarko 盆地的 Woodford 页岩(5.66～8.50m³/t)和 Western Gulf Coast 的 Eagle Ford 页岩(2.8～5.7m³/t)。其余层系的页岩含气量相对较低,为 1.0～3.0m³/t (图 1.10)。

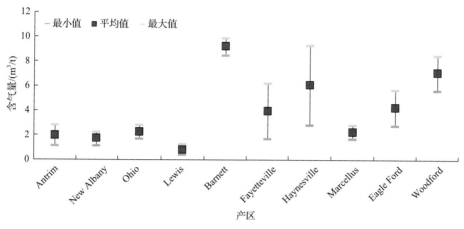

图 1.10 美国页岩气主产区页岩含气量分布图

Barnett、Marcellus、Fayetteville、Haynesville、Woodford、Eagle Ford 等页岩气主产区以游离气为主,吸附气比例相对较小,占 10%～20%。Utica 页岩吸附气比例为 40%, Ohio、Antrim、New Albany、Lewis 页岩气产区以吸附气为主,占 40%～85%。

1.2.7 岩石力学特征

整体上来看,美国主要页岩气产区页岩岩石力学特征具有一定的相似性,同时也存在一定的差异。页岩石英含量为 27%～85%;岩石脆性较强,易压裂形成复杂缝网(表 1.2)。杨氏模量差异大,其中 Marcellus 页岩杨氏模量最高,30～200GPa;其次为 Barnett 页岩和 Haynesville 页岩,两者杨氏模量相近;再次为 Eagle Ford 页岩,杨氏模量为 30～58GPa; Woodford 页岩杨氏模量最低,为 5.2～12GPa。页岩泊松比差异较小,主要分布于 0.15～ 0.3;页岩抗压强度主要为 116～220MPa(表 1.2)。

表 1.2 美国页岩气主产区页岩岩石力学参数统计表(据姚军等,2013)

页岩层系	石英含量/%	杨氏模量/GPa	泊松比	抗压强度/MPa
Woodford	27～53	5.2～12	0.25～0.36	124
Barnett	35～60	39～72	0.15～0.3	160～220
Marcellus	50～70	30～200	0.15～0.35	—
Eagle Ford	35～85	30～58	0.15～0.3	116～154
Haynesville	28～45	30～80	0.15～0.3	120～160

1.2.8 地层压力

地层压力对于页岩的生排烃、页岩气的保存和商业开发具有重要意义,页岩气产量与地层压力具有较好的正相关性。美国含气页岩多为超压地层,主力页岩气产区压力系数相对较高(图 1.11)。

Haynesville、Marcellus、Utica、Woodford、Eagle Ford 页岩气产区均为超压区,压力系数介于 1.2～1.8,Haynesville 压力系数最高,达 2.0。Fayetteville、Baynett 和 New Albany 页岩气产区属于常压区。Antrim、Ohio 和 Lewis 页岩气产区处于低压区,压力系数分布于 0.35～0.92。

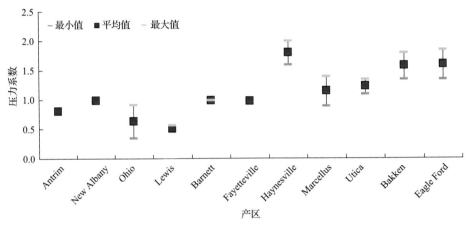

图 1.11　美国页岩气主产区页岩地层压力系数分布图

1.2.9　资源与储量

美国拥有十分丰富的页岩气资源,目前所收集到的 9 个页岩气主产区资源量达 83 万亿 m^3,2018 年评价可采储量为 9.69 万亿 m^3。

1. 页岩气资源量

Marcellus 页岩气产区资源量最高,达 42.47 万亿 m^3;其次为 Haynesville 页岩气产区,资源量约为 20.3 万亿 m^3;再次为 Barnett、Utica、Lewis 和 Fayetteville,页岩气资源量分别为 9.26 万亿 m^3、6.0 万亿 m^3、2.83 万亿 m^3 和 1.47 万亿 m^3;New Albany、Ohio 和 Antrim 页岩气产区地质资源量相近,为 0.3 万亿～0.7 万亿 m^3。

2. 页岩气可采储量

EIA(2019a,2019b)评价美国页岩气可采储量 9.69 万亿 m^3,主要赋存于 Appalachia 盆地(Marcellus 盆地、Utica-Point Pleasant)、Permian 盆地(Wolfcamp/Bone Spring)、TX-LA Salt 盆地(Haynesville/ Bossier)、Western Gulf 盆地(Eagle Ford)、Anadarko 盆地(Woodford)、Fort Worth 盆地(Barnett)、Williston(Bakken/ Three Forks)、Arkoma 盆地(Fayetteville)八个盆地九个页岩气产区。

五个盆地六个页岩气产区 2018 年评价的页岩气可采储量超过 5000 亿 m^3,其累计可采储量占全国页岩气可采储量的 88.44%。Appalachia 盆地的 Marcellus 位居第一,可采储量为 38256.00 亿 m³,占美国可采储量的 39.49%;Permian 盆地的 Wolfcamp/Bone Spring 排名第二,可采储量为 13223.95 亿 m³,占 13.65%;第三是 TX-LA Salt 的 Haynesville/Bossier,可采储量为 12657.61 亿 m³,占 13.07%;前三者累计可采储量占比达 66.21%;第四是 Western Gulf 盆地的 Eagle Ford,可采储量为 8721.57 亿 m³,占 9.00%;第五是 Appalachia 盆地的 Utica-Point Pleasant,可采储量为 6767.72 亿 m³,占 6.99%;第六是 Anadarko 盆地的 Woodford,可采储量为 6059.80 亿 m³,占 6.25%(表 1.3)。

表 1.3　2018 年主要页岩气产区可采储量统计表(据 EIA, 2019b)

盆地名称	页岩气田	州名	可采储量/亿 m³	可采储量比例/%
Appalachia	Marcellus	宾夕法尼亚州、西弗吉尼亚州	38256.00	39.49
Permian	Wolfcamp/Bone Spring	得克萨斯州、新墨西哥州	13223.95	13.65
TX-LA Salt	Haynesville/Bossier	得克萨斯州、路易斯安那州	12657.61	13.07
Western Gulf	Eagle Ford	得克萨斯州	8721.57	9.00
Appalachia	Utica-Point Pleasant	俄亥俄州	6767.72	6.99
Anadarko, S.OK	Woodford	俄克拉何马州	6059.80	6.25
Fort Worth	Barnett	得克萨斯州	4870.49	5.03
Williston	Bakken/Three Forks	北达科他州、蒙大拿州	3398.02	3.51
Arkoma	Fayetteville	阿肯色州	1699.01	1.75
其他页岩	—	—	1227.53	1.27
总可采储量	—	—	96881.68	100.00

注:因计算过程四舍五入,总计数据与各数据之和可能存在微小误差。

美国页岩气可采储量由 2007 年的 6598.95 亿 m³ 快速增长到了 2018 年的 96881.68 亿 m³(图 1.12),12 年增长了近 14 倍。

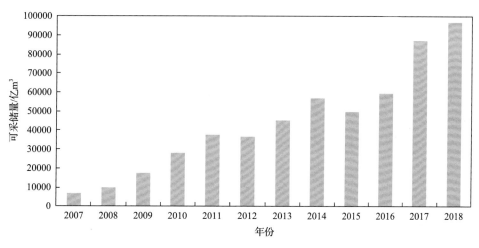

图 1.12　2007～2018 年美国页岩气可采储量统计图

2018 年页岩气可采储量排名前六个州的占比依次为宾夕法尼亚州(Marcellus)占 30.22%、得克萨斯州(Wolfcamp/Bone Spring、Haynesville/Bossier、Eagle Ford)占 29.46%、

西弗吉尼亚州(Marcellus)占 9.28%、路易斯安那州(Haynesville/Bossier)占 7.48%、俄亥俄州(Utica/Pt. Pleasant)占 7.00%、俄克拉荷马州(Woodford)占 6.25%。六个州累计可采储量占比为 89.69%，其中宾夕法尼亚州和得克萨斯州两个州的可采储量占 59.68%(表 1.4)。

表 1.4　2007～2018 年美国各州页岩气可采储量统计表(据 EIA, 2019a)

排名	州名	可采储量/亿 m³											
		2007 年	2008 年	2009 年	2010 年	2011 年	2012 年	2013 年	2014 年	2015 年	2016 年	2017 年	2018 年
1	宾夕法尼亚州	27.18	24.92	1073.21	3032.16	6677.38	9254.21	12551.42	15916.87	15144.96	17267.30	25337.31	29276.17
2	得克萨斯州	4886.35	6418.57	7975.99	10773.98	14041.73	12679.70	13890.81	15335.81	12070.32	16020.80	22275.69	28540.22
3	西弗吉尼亚州	0.00	3.96	194.82	705.37	1711.18	2664.04	5119.11	8016.77	5444.19	6554.21	9711.53	8990.02
4	路易斯安那州	1.70	242.96	2635.44	5683.18	6215.54	3829.28	3251.62	3622.29	2592.12	2728.89	7499.42	7248.53
5	俄亥俄州	0.00	0.00	0.00	0.00	0.00	136.77	656.67	1807.74	3519.78	4381.18	7494.89	6783.57
6	俄克拉荷马州	267.31	1088.78	1809.16	2738.23	3039.24	3559.99	3589.15	4715.60	5287.31	5755.96	6420.83	6058.66
7	新墨西哥州	3.40	0.00	10.19	34.83	40.78	49.84	73.06	182.93	295.63	1580.36	2676.22	3704.40
8	北达科他州	5.95	6.80	104.21	335.55	466.94	891.13	1432.55	1824.17	1954.99	2338.68	2827.15	3323.54
9	阿肯色州	413.43	1085.38	2568.33	3546.96	4193.15	2769.10	3463.43	3311.65	2028.62	1773.20	2007.66	1690.51
10	科罗拉多州	0.00	0.00	1.13	1.13	2.83	15.01	38.51	1068.96	882.07	575.40	533.77	772.20
	其他州	993.64	877.54	799.95	743.03	880.65	791.74	989.96	741.33	504.61	435.23	403.80	493.84
	合计	6598.95	9748.91	17172.44	27594.44	37269.44	36640.81	45056.28	56544.12	49724.58	59411.19	87188.28	96881.68

注：因计算过程存在误差，合计数据与各数据之和可能存在微小误差。

1.3　开发特征

美国页岩气产量快速增长，2020 年产量高达 8050.82 亿 m³，且各大页岩气产区产量差别较大。根据美国六个典型页岩气产区产量递减曲线分析显示，不同页岩气产区历年产量变化特征各有特色，产量递减趋势具有一定的相似性，但也存在一定差异。此外，由于页岩储层非均质性较强，导致各大页岩气产区单井 EUR 差异较大。

1.3.1　总体开发特征

1. 各产区产量变化特征

2007～2019 年主要页岩气产区页岩气产量统计表明：历史上年产量超过 500 亿 m³ 有 Marcellus、Haynesville、Utica、Barnett、Wolfcamp/Bone Spring 和 Eagle Ford 六大页岩气产区，2019 年前六位产量占比 79.72%。年产量 100 亿～500 亿 m³ 的页岩气区包括 Fayetteville、Woodford、Bakken、Niobrara/Codell 和 Mississippian，2019 年产量占比 16.69%。

产量增长速度最快且目前产量最高的是 Appalachia 盆地的 Marcellus 页岩气产区，

2019 年产量高达 2298.82 亿 m^3，占总产量的 32.16%；Permian 盆地的 Wolfcamp/Bone Spring 页岩气产区排行第二，2019 年产量 1021.97 亿 m^3，占总产量的 14.30%；TX-LA Salt 盆地的 Haynesville 页岩气产区位居第三，2019 年产量 925.09 亿 m^3，占总产量的 12.94%；前三位累计占比 59.40%；Appalachia 盆地的 Utica 页岩气产区排名第四，2019 年产量 761.31 亿 m^3，占总产量的 10.65%；Western Gulf 盆地的 Eagle Ford 页岩气产区位列第五，2015 年产量 502.50 亿 m^3，2019 年产量 449.52 亿 m^3，占总产量的 6.29%。Anadarko 盆地的 Woodford 页岩气产区排位第六，2019 年产量 317.28 亿 m^3，占总产量的 4.44%。

受资源潜力、投产时间和开发策略不同，在美国页岩气开发历程中，并非一枝独秀，而是不同产区呈现不同的增长态势和交替上升的发展趋势。2010 年以前 Barnett 一直是美国最大的页岩气产区；2011~2012 年 Haynesville 超过 Barnett 成为最大的页岩气产区；2013 年之后，Marcellus 后来者居上，并一直占据第一大页岩气产区的位置。

Barnett、Fayetteville 和 Eagle Food 页岩气产区已先后进入递减期。Barnett 页岩气产区 2012 年产量达到峰值 520.96 亿 m^3，2019 年产量 241.73 亿 m^3；Fayetteville 页岩气产区 2013 年产量达到峰值 290.79 亿 m^3，2019 年产量 128.97 亿 m^3；Eagle Food 页岩气产区 2015 年产量达到峰值 502.50 亿 m^3，2019 年产量 449.52 亿 m^3。

Haynesville 页岩气产区 2012 年产量达到峰值产量 713.73 亿 m^3 后有所递减，2016 年下降到谷底 383.50 亿 m^3 后开始快速回升，2018 年产量 711.73 亿 m^3，接近历史最高水平，2019 年产量 925.09 亿 m^3，已经超过历史最高水平。

Permian、Utica、Woodford、Bakken、Niobrara/Codell 和 Mississippian 页岩气产量处于持续上升态势（表 1.5，图 1.13）。

表 1.5 美国 2007~2019 年主要页岩气产区页岩气年产量统计表（据 EIA，2020） （单位：亿 m^3）

页岩气田	页岩气年产量/亿 m^3												
	2007 年	2008 年	2009 年	2010 年	2011 年	2012 年	2013 年	2014 年	2015 年	2016 年	2017 年	2018 年	2019 年
Marcellus（PA、WV、OH 和 NY）	0.55	3.32	25.17	111.54	355.15	668.50	1029.89	1366.25	1550.82	1667.79	1769.47	2011.55	2298.82
Permian（TX 和 NM）	85.88	86.96	91.74	96.28	114.65	154.22	204.45	285.50	359.43	409.35	531.39	749.16	1021.97
Utica（OH、PA 和 WV）	0.10	0.10	0.06	0.06	0.92	4.16	29.51	124.78	277.38	405.18	506.99	696.30	761.31
Haynesville（LA 和 TX）	8.26	15.76	125.16	388.87	682.29	713.73	518.37	420.77	390.93	383.50	468.26	711.73	925.09
Eagle Ford（TX）	0.03	0.18	4.34	27.48	106.50	230.32	345.89	440.39	502.50	445.33	420.05	434.53	449.52
Barnett（TX）	265.74	398.03	440.07	457.66	511.04	520.96	479.85	444.45	381.04	324.38	291.85	264.16	241.73
Woodford（OK）	22.63	55.07	87.82	111.43	126.74	151.85	175.41	190.95	219.48	250.93	277.78	292.08	317.28
Bakken（ND 和 MT）	5.62	6.60	9.11	15.01	20.95	40.07	56.47	78.30	104.33	116.12	131.27	161.16	199.72
Niobrara/Codell（CO 和 WY）	48.15	54.15	55.77	57.83	63.12	71.65	84.11	108.20	149.43	169.72	177.38	207.45	254.57
Mississippian（OK）	82.44	78.61	74.30	67.95	66.04	77.46	96.57	117.92	137.88	140.64	181.29	257.95	292.36
Fayetteville（AR）	23.83	75.22	144.88	217.66	264.22	289.43	290.79	288.59	258.94	207.50	171.49	143.77	128.97
其他页岩	173.32	183.75	177.83	184.12	204.77	213.12	207.07	206.19	208.58	205.62	209.06	244.11	256.85

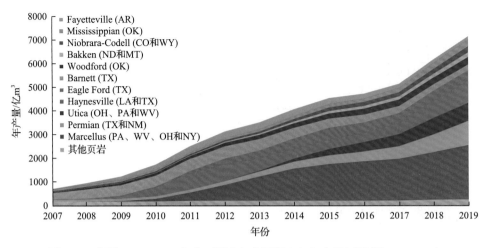

图 1.13　美国 2007～2019 年主要页岩气产区页岩气年产量剖面(据 EIA, 2020)

2. 各州产量变化特征

美国页岩气年产量由 2007 年的 563.55 亿 m³ 快速增加到 2020 年的 8050.83 亿 m³，14 年时间增长了十多倍。通过 2007～2020 年各州页岩气年产量统计发现(表 1.6，图 1.14)，页岩气总产量排名前十的州依次为得克萨斯州、宾夕法尼亚州、路易斯安那州、俄克拉何马州、西弗吉尼亚州、俄亥俄州、阿肯色州、科罗拉多州、北达科他州、新墨西哥州(表 1.6)，年产量增长速度最快、2020 年产量最高、累计产气量最多的前两位分别是得克萨斯州和宾夕法尼亚州(图 1.14)。得克萨斯州页岩气产量占比 31.68%，主产区要包括 Barnett 和 Eagle Ford，以及 Haynesville 和 Wolfcamp/Bone Spring 的部分区域。宾夕法尼亚州页岩气产量占比 23.50%，主产区包括 Marcellus 和 Utica(部分区域)；路易斯安那州页岩气总产量位居第三，产量占比 10.02%，主产区是 Haynesville。前三位页岩气总产量占比 65.20%，前五位占比 78.40%，前十位占比达 98.02%。

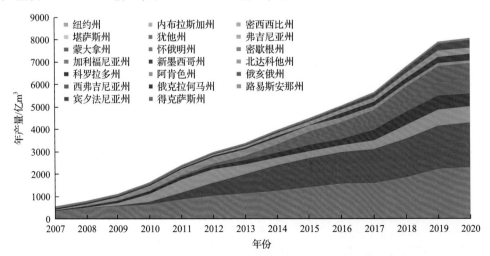

图 1.14　美国 2007～2020 年各州页岩气年产量剖面(据 EIA，2021)

表 1.6 美国 2007～2020 年各州页岩气年产量统计表 (据 EIA, 2021)

(单位：亿 m³)

排名	地区	页岩气年产量														总产量
		2007 年	2008 年	2009 年	2010 年	2011 年	2012 年	2013 年	2014 年	2015 年	2016 年	2017 年	2018 年	2019 年	2020 年	
1	得克萨斯州	358.13	501.1	571.56	652.12	868.32	1037.23	1137.56	1254.11	1409.48	1579.39	1594.89	1850.17	2231.07	2303.52	17348.64
2	宾夕法尼亚州	0	2.76	25.22	113.11	302.5	578.41	863.15	1143	1302.74	1399.18	1513.63	1727.57	1912	1986.97	12870.25
3	路易斯安那州	4.24	10.62	113.44	351.89	591.34	603.3	434.49	339.09	305.57	305.62	388.82	602.12	715	723.3	5488.83
4	俄克拉何马州	23.51	57.9	92.82	115.01	127.19	142.53	187.88	211.44	275.38	273.27	469.87	584.42	631.41	563.23	3755.86
5	西弗吉尼亚州	11.47	15.13	20.26	32.22	64.28	97.65	161.99	249.31	328.82	354.65	395.63	470.73	576.61	699.79	3478.55
6	俄亥俄州	0	0	0	0	0.72	3.62	28.35	126.81	270.75	393.52	486.33	666.8	736.48	656.01	3369.41
7	阿肯色州	23.8	75.25	144.57	217.95	264.83	289.25	291.41	287.59	261.45	207.29	170.85	143.09	127.79	115.61	2620.71
8	科罗拉多州	39.17	46.53	51.06	55.25	59.89	64.79	69.96	89.33	14.09	188.41	197.81	225.3	275.01	302.44	1679.03
9	北达科他州	2	5.25	10.04	18.42	32.56	61.98	87.39	120.99	157.21	164.77	188.17	232.07	289.62	267.92	1638.41
10	新墨西哥州	15.3	16.27	17.16	20.35	26.35	36.12	47.56	61.74	74.93	122.13	154.79	199.27	293.08	353.05	1438.09
11	加利福尼亚州	36.67	33.76	28.89	27.04	26.72	24.88	26.69	30.46	35.35	33.55	31.62	33.04	31.92	29.02	429.6
12	密歇根州	38.61	37.13	35.57	33.98	32.21	30.53	28.66	27	24.86	24.37	22.91	21.66	20.37	15.83	393.69
13	怀俄明州	1.1	1.35	1.15	1.56	1.35	2.62	4.58	7.3	10.42	1.75	20.65	29.12	38.81	30.21	151.98
14	蒙大拿州	4.13	4.11	3.95	3.66	3.71	4.42	5.28	5.35	5.86	5.56	5.12	2.58	2.69	1.67	58.11
15	弗吉尼亚州	5.41	5.51	5.18	4.65	5.24	4.87	3.69	3.49	1.81	0.09	0.09	0.08	0.09	0.08	40.28
16	犹他州	0	0	0	0	0	0.38	0.28	0.25	0.21	0.19	0.76	1.43	1.55	2.06	7.11
17	堪萨斯州	0	0	0	0	0	0	0	0	0	0	0.82	0.02	0.02	0.01	0.87
18	密西西比州	0	0	0	0	0	0	0	0	0.6	0	0	0	0	0	0.61
19	内布拉斯加州	0	0	0	0	0	0	0	0	0	0.1	0.1	0.11	0.1	0.09	0.5
20	纽约州	0	0	0	0	0	0	0	0	0	0	0.01	0	0.01	0	0.02
	年产量	563.55	812.68	1120.87	1647.22	2407.21	2982.57	3378.91	3957.25	4479.52	5053.85	5642.86	6789.59	7883.63	8050.83	54770.54

注：因数据四舍五入，年产量和总产量数据与各相关数据之和存在微小误差，下同。

1.3.2 单井产量递减特征

1. 各产区平均产量及其递减特征

针对美国六个主要页岩气产区"甜点区"产量及其递减特征进行分析，各产区平均单井初期产量由大到小顺序为：Haynesville＞Marcellus＞Eagle Ford＞Woodford＞Fayetteville＞Barnett（Baihly et al., 2015）。分析认为，Haynesville 由于埋藏深、地层压力高，使得单井产量远远高于其他产区，而 Marcellus 和 Eagle Ford 单井产量高的主要原因也是地层压力较高。Woodford、Fayetteville 和 Barnett 页岩气产区主体为常压区，单井初期产量相近，为 5.7 万～8.5 万 m^3/d（图 1.15）。

从图 1.15(a)可以看出，虽然各产区初期产量差别较大，但约从第 20 个月开始，各大产区的产量逐渐接近。通过对产量剖面进行光滑处理后进行的 8 年预测结果可以看出（虚线）[图 1.15(b)]，六个页岩气产区产量逐渐汇集成两组，Haynesville 和 Marcellus 产量始终高于其他产区（Baihly et al., 2015）。

六个主要页岩气产区 2010 年前气井与 2010 年后气井页岩气井平均单井日产递减曲线对比表明（图 1.16），老井中 Haynesville 页岩气产区单井产量最高，其次是 Eagle Ford 和 Marcellus 页岩气产区，两者页岩气产区生产几个月后产量递减率相似，Woodford 初期产量排名第四，再其次是 Fayetteville。生产 12 个月后，Woodford、Fayetteville 和 Barnett 页岩气产区生产速率相近，54 个月以后，Woodford 产量在老井中最低。

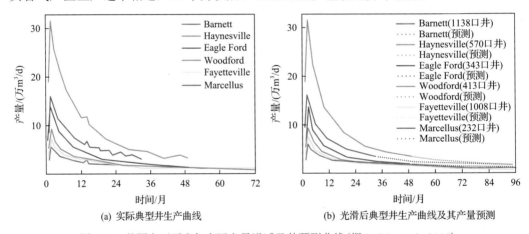

图 1.15　美国主要页岩气产区产量递减及其预测曲线（据 Baihly et al., 2015）

2010 年后，新井中 Haynesville 页岩气产区产量依然最高，其次为 Marcellus、Eagle Ford、Woodford、Fayetteville 和 Barnett。Haynesville 和 Marcellus 具有独特的递减趋势。虽然 Eagle Ford 单井初期产量高于 Barnett，但在生产末期，两者出现相似的产量剖面特征。Woodford 单井产量在生产初期高于 Fayetteville 和 Barnett，但随着生产时间增加会逐渐降低至略高于两者。Fayetteville 单井产量高于 Barnett，但生产约 20 个月后，两者产量几乎相近。通过对 3 年的数据分析发现，Barnett 似乎是 Eagle Ford、Woodford 和

Fayetteville 三个页岩区产量递减曲线的基线边界(Baihly et al., 2010，2015)。

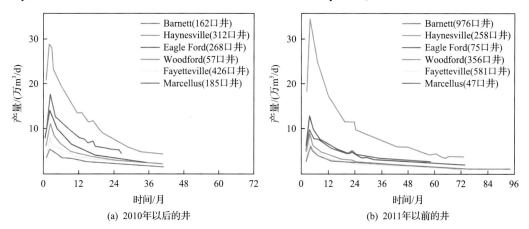

(a) 2010年以后的井　　　　　　　　　　(b) 2011年以前的井

图 1.16　美国主要页岩气产区单井平均日产递减曲线(据 Baihly et al., 2015)

2. 各产区历年产量变化特征

1) Haynesville 页岩气产区

2008～2013 年完钻投产的 570 口水平井主要生产特征表现为单井初期产量很高,早期递减快。初期产量为 27.6 万～54.5 万 m³/d。首年产量递减率高达 80%,生产 2～3 年后,产量基本保持在 5 万 m³/d 左右,其中 2008 年和 2009 年单井产量最高(图 1.17)(Baihly et al., 2010，2015)。据测算,Haynesville 首年采收率为 34%,前 3 年采收率为 64.8%,前 10 年采收率为 80%,且单井无稳产期,达到峰值产量后迅速递减。

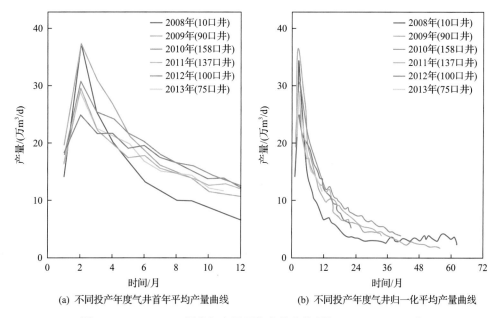

(a) 不同投产年度气井首年平均产量曲线　　　(b) 不同投产年度气井归一化平均产量曲线

图 1.17　Haynesville 页岩气产区平均产量曲线(据 Baihly et al., 2015)

2）Marcellus 页岩气产区

2009～2012 年完钻投产的 232 口水平井初期日产量与递减特征研究表明，2009～2010 年初期单井平均日产量增幅较小，2010～2011 年、2012 年增幅较大（图 1.18）。其间，压裂增产措施的支撑剂量增加了 1.8 倍，水平段长也从 1036m 增加至 1646m（Baihly et al., 2010，2015）。分析认为，储层品质、完井质量和增产措施参数（如施工规模、压裂段数）可能是导致 2010 年以后产量显著增加的根本原因。Marcellus 页岩气产区直井初期产气量一般小于 2.83 万 m^3/d，水平井初期产气量为 4.0 万～25.5 万 m^3/d，而位于宾夕法尼亚州的 50 口水平井的平均初期产气量 11.9 万 m^3/d。直井最终可采储量为 496 万～991 万 m^3，水平井的最终可采储量为 1699 万～8495 万 m^3。

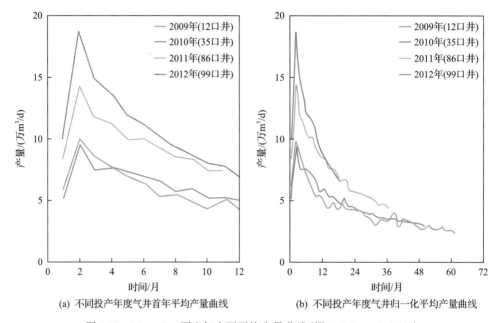

图 1.18　Marcellus 页岩气产区平均产量曲线（据 Baihly et al., 2015）

3）Fayetteville 页岩气产区

2005～2013 年完钻投产的 1007 口水平井初期产量为 2.8 万～6.4 万 m^3/d（图 1.19）。初期日产量与递减特征显示出三类不同的初期产量特征，2005 年完钻投产的井产量最低，2006～2007 年完钻投产的井产量中等，2008～2013 年完钻投产的井产量最高，其中 2012 年的完钻投产的井达到了产量上限，且所有井的产量递减趋势非常相似。通过对比三个时期的初期产量特征发现，2005～2007 年初期产量增加了 50%～60%，2008～2013 年初期产量进一步增加了 40%～60%。研究发现，其间水平井水平段长度大幅增长，从 2005 年的 640m 增加到了 2013 年的 1524m，与此同时，2008 年以后完钻井所使用的支撑剂量比 2005 年增加了三倍多。

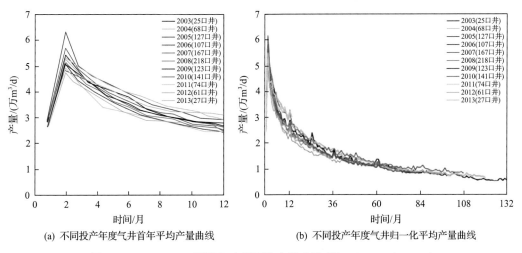

(a) 不同投产年度气井首年平均产量曲线　　　　(b) 不同投产年度气井归一化平均产量曲线

图 1.19　Fayetteville 页岩气产区平均产量曲线（据 Baihly et al., 2015）

4）Barnett 页岩气产区

位于得克萨斯州核心区的 Barnett 页岩气产区 2003～2013 年完钻投产的 1138 口水平井初期日产量与递减特征研究表明，单井平均初期日产量为 5.4 万～6.2 万 m³，首年产量递减率为 45%～55%，具有初期产量低、产量递减慢的特点。其中 2005 年初期产量最高，2012 年初期产量最低，虽然水平段长度增加了约 50%，支撑剂量增加了约 33%，但产量递减趋势相似（图 1.20）（Baihly et al., 2010, 2015）。造成这一现象的主要原因有两个方面：一是由于布井密度增大，井间干扰增强；二是由于储层性质和天然裂缝发育的非均质性，

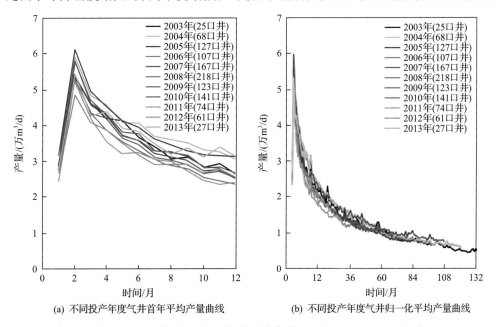

(a) 不同投产年度气井首年平均产量曲线　　　　(b) 不同投产年度气井归一化平均产量曲线

图 1.20　Barnett 页岩气产区平均产量曲线（据 Baihly et al., 2010, 2015）

导致水平段的加长和压裂工艺的提高对产量影响较小。

5)Woodford 页岩油气产区

Woodford 页岩油气产区初期日产量与递减特征研究表明,2006~2010 年所钻的 356 口水平井产量呈现逐渐提高趋势(图 1.21),在此期间水平段长度不断加长,由 914m 增加到 1524m,增产改造强度也不断加大,支撑剂和压裂液用量增加了近 3 倍。由于完井质量相对较差,2011 年比 2010 年产量有所降低。2013 年单井产量与之前相比增加显著,分析认为是对储层品质有了更深入的认识以及更好地总结了前期经验所致。通过 Woodford 页岩油气产区产量变化趋势分析发现,单井产量不仅受水平段长度和改造措施强度的影响,同时还受其他因素,例如井的位置、分布、钻完井技术等影响(Baihly et al., 2010,2015)。

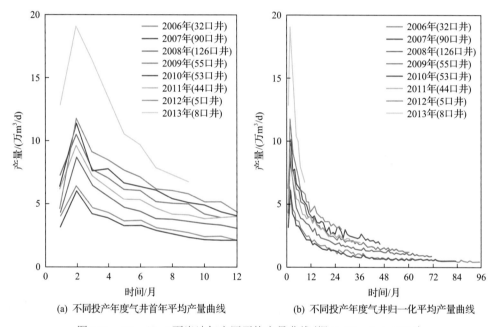

(a) 不同投产年度气井首年平均产量曲线　　　　(b) 不同投产年度气井归一化平均产量曲线

图 1.21　Woodford 页岩油气产区平均产量曲线(据 Baihly et al., 2015)

6)Eagle Ford 页岩气产区

位于得克萨斯州的 Eagle Ford 页岩气产区初期日产量与递减特征表明:2009~2013 年完钻投产的 343 口水平井初期单井日产量 11.3 万~15.6 万 m³,半年的产量递减率为 60%,具有初期产量高、产量递减快的特点(图 1.22)(Baihly et al., 2010, 2015)。单井产量整体变化趋势为 2009 年和 2013 年单井产量变化趋势相似,从 2009 年到 2010 年单井初期产量降低了 25%,2011 年和 2012 年单井初期产量变化趋势相似,约为 12.7 万 m³/d,从 2012 年到 2013 年单井初期产量显著提高,提升幅度约 18%。分析认为导致 2009 年产量高且递减快的原因可能是在增产过程中泵入了大量液体,而导致 2013 年产量快速增加的原因可能是水平段长从 1448m 增加至 1600m。

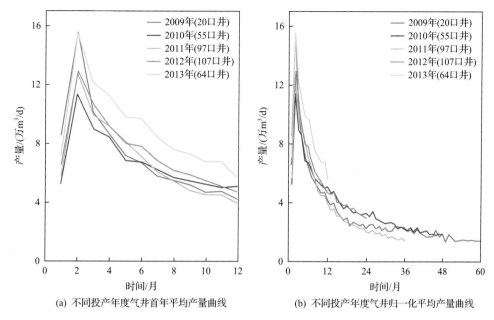

(a) 不同投产年度气井首年平均产量曲线　　　　　(b) 不同投产年度气井归一化平均产量曲线

图 1.22　Eagle Ford 页岩气产区平均产量曲线(据 Baihly et al., 2015)

1.3.3　EUR 分布特征

以 Haynesville、Fayetteville 和 Barnett 三个页岩气产区为例了解 EUR 平面分布特征。由于单位水平段长度的平均 EUR 基本不变，为消除水平段长度对于 EUR 的影响，首先将所有水平井按一定长度进行规整化处理，得到单井 EUR；然后将每个单元(section，面积 2.59km²)内所有井进行算术平均，得到每个单元的 EUR；最后依据 EUR 大小将其进行分类，未钻井单元利用地质特征和数学模型进行推算，得到全区 EUR 平面展布。

在 Haynesville 页岩气产区(图 1.23)，东北部区域的 Caddo 东南部、Bossier 南部、Red River 西部、De Soto 东部，以及 San Augustine 西南部地区为 EUR 高值区，其余地区 EUR 相对较低，且变化较大(Browing et al., 2015)。

Fayetteville 页岩气产区受地质条件(储层非均质性)与工程技术等多种因素影响，单井 EUR(Gülen et al., 2014)差异也较大，中部核心地区单井 EUR 较高，向外围地区逐渐降低。2011 年底前共投产水平井 3689 口井，单井 EUR 分布区间为 0.02 亿~1.86 亿 m³，其中 EUR 大于 0.71 亿 m³ 的占 25.7%，0.42 亿~0.71 亿 m³ 的占 45.1%，小于 0.42 亿 m³ 的占 29.2%(图 1.24)。

Barnett 页岩气产区整个页岩储层原始游离气含量约为 12.57 万亿 m³，非均质性特征明显，东北部 Wise 县和 Tarrant 县原始游离气丰度较高，向西南方向逐渐降低(图 1.25)。通过将 EUR 分为 10 类，水平段长取 1220m，估算 Barnett 页岩气产区 EUR 值。EUR 平面分布图显示，EUR 与原始游离气分布特征相似，Tarrant 县地区 EUR 值较高，由东向西 EUR 值逐渐降低(图 1.25)。

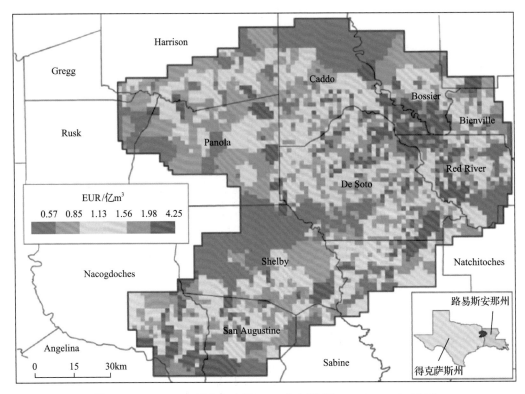

图 1.23 Haynesville 页岩气产区 EUR 分布图（据 Browing et al., 2015）

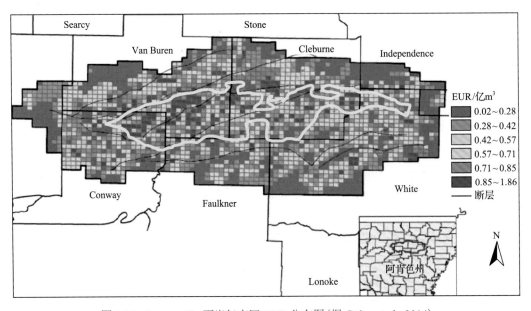

图 1.24 Fayetteville 页岩气产区 EUR 分布图（据 Gülen et al., 2014）

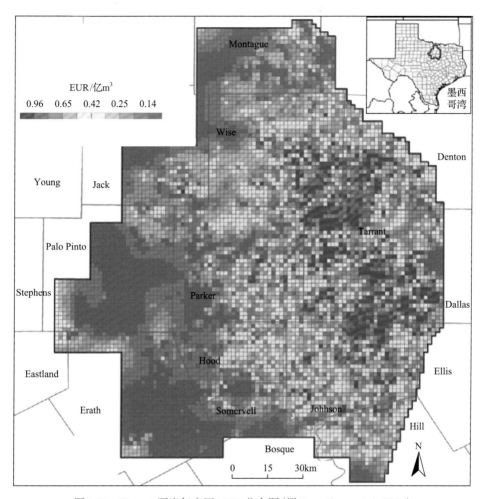

图 1.25 Barnett 页岩气产区 EUR 分布图（据 Ikonnikova et al., 2014）

1.4 开发潜力预测

通过对各类天然气产量统计分析，EIA（2020）预测了未来天然气产量发展趋势，认为天然气的持续增长主要依赖于致密气和页岩气（图 1.26）。由于新发现的天然气抵消了老油田产量下降的影响，在所有情景下海上天然气产量都保持相对平稳。

在高油气供应的情景下，对于资源规模和采收率有更乐观的假设，页岩气和致密气的累计产量比参考情景高 14%。相反，在低油气供应情景下，这些资源的累计产量比参考情景低 20%。由于不利的开采经济条件，除致密气和页岩气之外的陆上天然气（如煤层气）产量到 2050 年将继续下降。

东部页岩气推动了美国天然气产量的快速增长，其次是墨西哥湾沿岸陆上天然气产量增长较快（图 1.27）。天然气总产量是由东部 Marcellus 和 Utica 页岩气产区的持续开发所推动。墨西哥湾沿岸地区的 Eagle Ford 和 Haynesville 页岩气产区也为美国天然气产量

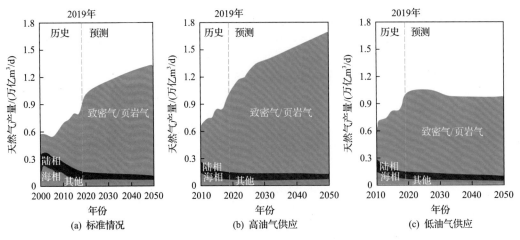

图 1.26　美国 2000～2050 年不同类型天然气产量预测图（据 EIA, 2020）

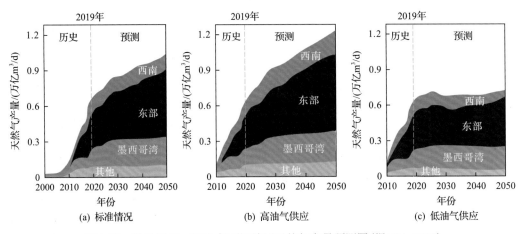

图 1.27　美国 2000～2050 年不同地区天然气产量预测图（据 EIA, 2020）

作出了巨大贡献。西南地区的 Permian 盆地页岩气产量在 2022 年之前将大幅增加,在 2050 年之后保持相对稳定。

技术进步和行业实践的改进降低了生产成本,增加了单井天然气产量和天然气采收率。这些改进在拥有大量未开发资源(例如 Marcellus、Utica 和 Haynesville 页岩气产区)的广阔领域中具有显著的累积效应。

参 考 文 献

胡健, 张水昌, 张斌, 等. 2013. 威利斯顿盆地 Bakken 组页岩沉积相与沉积环境//全国有机地球化学学术会议, 广州.

聂海宽, 张金川. 2010. 页岩气藏分布地质规律与特征. 中南大学学报: 自然科学版, 41(2): 700-708.

徐向华, 王健, 李茗, 等. 2014. Appalachia 盆地页岩油气勘探开发潜力评价. 资源与产业, 16(6): 62-70.

姚军, 孙海, 黄朝琴, 等. 2013. 页岩气藏开发中的关键力学问题. 中国科学: 物理学 力学 天文学, 43(12): 1527-1547.

翟光明, 宋建国, 靳久强, 等. 2002. 板块构造演化与含油气盆地形成和评价. 北京: 石油工业出版社: 123.

Abouelresh M O, Slatt R M. 2011. Shale depositional processes: Example from the Paleozoic Barnett shale, Fort Worth Basin, Texas, USA. Central European Journal of Geosciences, 3(4): 398-409.

Alzahabi A, Soliman M Y, Thakur G C. 2017. Horizontal completion fracturing techniques using data analytics: Selection and prediction//American Rock Mechanics Association, Arma.

Baihly J D, Altman R M, Malpani R, et al. 2010. Shale gas production decline trend comparison over time and basins//SPE Annual Technical Conference and Exhibition, Florence.

Baihly J D, Altman R M, Malpani R, et al. 2015. Shale gas production decline trend comparison over time and basins—Revisited// Unconventional Resources Technology Conference, Florence.

Browning J, Ikonnikova S, Male F, et al. 2015. Study forecasts gradual Haynesville production recovery before final decline. Oil & Gas Journal, 113（12）: 64-71.

Bruner K R, Smosna R. 2011. A comparative study of the Mississippian Barnett Shale, Fort Worth Basin, and Devonian Marcellus Shale, Appalachia. AAPG Bulletin, 91（4）: 475-499.

Cortez M. 2012. Chemostratigraphy, paleoceanography, and sequence stratigraphy of the Pennsylvanian-Permian Section in the Midland Basin of West Texas With Focus on the Wolfcamp Formation. Arlington: The University of Texas.

EIA. 2017. Shale in the United States. https://www.eia.gov/energy _in _brief/article/shale_in_the_united states.cfm.

EIA. 2019a. http://www.eia.gov/dnav/ng/ng_enr_shalegas_a_epg0_r5301_bcf_a.htm.

EIA. 2019b. U.S. crude oil and natural gas proved reserves, Year-End 2018. https://safety4sea.com/wp-content/uploads/2020/01/ EIA-U.S.-Crude-Oil-and-Natural-Gas-Proved-Reserves-Year-End-2018-2019_12.pdf.

EIA. 2020. Annual Energy Outlook 2020. https://www.eia.gov/outlooks/archive/aeo20/pdf/AEO2020%20Full%20Report.pdf.

EIA. 2021. https://www.eia.gov/dnav/ng/NG_SUM_LSUM_A_EPG0_FGS_MMCF_A.htm.

Gregory Zuckerman. 2014. 页岩革命. 艾博译. 北京: 中国人民大学出版社.

Gülen G, Ikannikova S, Browing J R, et al. 2014. Fayetteville shale-production outlook. SPE Economics & Management, 7（2）: 47-59.

Handford C R. 1986. Facies and bedding sequences in shelf-storm-deposited carbonates-Fayetteville Shale and Pitkin Limestone （Mississippian）, Arkansas. Journal of Sedimentary Petrology, （56）: 123-137.

Hentz T F, Ruppel S C. 2011. Regional stratigraphic and rock characteristics of Eagle Ford Shale in its play area: Maverick Basin to East Texas Basin//AAPG Annual Convention and Exhibition, Houston.

Ikonnikova S, Browning J, Horvath S C, et al. 2014. Well recovery, drainage area, and future drill-well inventory: Empirical study of the Barnett Shale gas play. SPE Reservoir Evaluation & Engineering, 17（4）: 484-496.

Loucks R G, Ruppel S C. 2007. Mississippian Barnett Shale: Lithofacies and depositional setting of a deep-water shale-gas succession in the Fort Worth Basin, Texas. AAPG Bulletin, 91（4）: 523-533.

Milici R C, Swezey C S. 2006. Assessment of Appalachian Basin oil and gas resources: Devonian shale-Middle and Upper Paleozoic total petroleum system. U.S. Geological Survey Open-File Report 2006-1237: 1-70.

Papazis P K. 2005. Petrographic characterization of the Barnett Shale, Fort Worth Basin, Texas. Austin: University of Texas at Austin, CD-ROM（SW0015）.

第 2 章

Barnett 页岩气产区

Barnett 页岩气产区位于美国得克萨斯州北部的 Fort Worth 盆地，页岩埋深 1200～2500m，厚度 30～150m，孔隙度 3%～5%，渗透率 70～500nD，TOC 含量 4%～8%，有机质成熟度 0.4%～1.7%，含气量 2.8～8.5m³/t。Barnett 页岩气开发始于 20 世纪 80 年代，是美国第一个实现商业开发的页岩气产区，2002 年首次应用水平井钻井+滑溜水多段压裂，首创提高单井产量的关键技术，被誉为页岩气开发技术的孵化器和诞生地。此后，其成功经验在 Fayetteville、Haynesville 和 Marcellus 等推广应用，页岩气产量迅猛增长。2010 年之前 Barnett 一直是北美第一大页岩气产区，2011 年开始缓慢递减，2018 年页岩气产量 264.16 亿 m³。

2.1 勘探开发历程

Barnett 页岩气产区位于美国得克萨斯州北部的 Fort Worth 盆地，主产区域包括 Montague、Jack、Wise、Denton、Palo Pinto、Parker、Tarrant、Earth、Hood、Johnson 等县(图 2.1)。

2.1.1 勘探历程

20 世纪 80 年代以前，Fort Worth 盆地 Barnett 页岩并非目的层，但页岩中大量气显示和意外的小规模产量引起米切尔(Mitchell)能源公司的高度关注。第一口页岩气井 C.W. Slay No.1 位于得克萨斯州 Wise 县的东南部，完钻于 1981 年，截至 2003 年 7 月该井已累计产页岩气 3115 万 m³。

对该区进行页岩含气量和吸附能力评价等研究，重新评估了其资源潜力，坚定了米切尔能源公司在页岩中寻找天然气的信心。

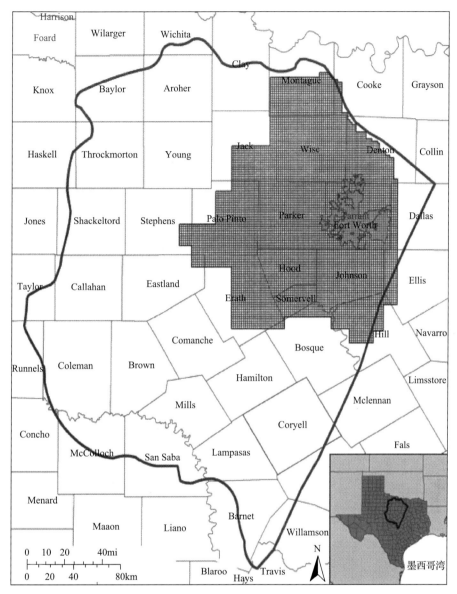

图 2.1　Barnett 页岩气产区分布范围及地理位置图(据 Bruner and Smosna, 2011)

1981～1989 年完钻井 63 口，气井产量大多不具经济价值，钻探的主要目的是深化储层及气井产能认识，发展完井技术以便提高单井产量。早期压裂工艺主要采用 CO_2 或 N_2 压裂，之后逐渐发展到凝胶压裂。1986 年米切尔能源公司采用大规模凝胶压裂(MHF)，单井液量 1820m³，支撑剂 568t，理论上裂缝半长达到 45m，但单井产量并未达到预期。

1990～1994 年，Barnett 页岩气产区新增钻井 200 口，其中包括 Newark East 页岩气田的第一口水平井——T.P. Sims B #1 井(1992 年)。根据这些井的生产情况，评估单井可采储量可达 0.28 亿 m³，总体上产能较低。

1995～1999 年，Barnett 页岩气产区又新增钻井 365 口。在此期间，米切尔能源公司尝试采用不同技术对 Barnett 页岩储层进行压裂改造。1997 年，首次采用滑溜水对页岩气井进行压裂，替代了之前采用的黏度较大的凝胶压裂液。滑溜水压裂具有两大优点：一是以清水作为主要的压裂液成分，比采用凝胶压裂液成本低；二是清水压裂能产生更多、分布更广的裂缝网络，从而沟通更多储层。应用滑溜水代替凝胶进行页岩气井压裂，极大地提高了单井产量，产量增幅可达 2 倍(唐代绪等，2011)，作业费用降低了 65%，标志着页岩气直井开发完井技术取得了重大突破。

2.1.2 开发历程

1997 年滑溜水压裂取得成功后，加快了 Barnett 页岩气的开发步伐，2000 年投产新井 192 口，2001 年 663 口，2003 年直井数量达到峰值 813 口，之后随着水平井的规模应用，直井数量逐步减少。

1992 年在 Barnett 页岩层中完钻第一口水平井，1993 年 GRI 对该井进行了评估，得出的结论是："直井水力压裂对于 Barnett 页岩气开发更具有经济性"。米切尔能源公司在 1998 年又钻了两口水平井，井眼轨迹方向分别垂直和平行于最大水平主应力方向，对比发现垂直方向的水平井效果相对较好。但由于这两口水平井不在核心区内，且压裂规模较小，与同期直井相当，两口水平井未实现盈利，于是又回归到采用直井压裂。此时正值油气价格上涨，米切尔能源公司集中力量在核心区进行产能扩建。可以说，米切尔能源公司历经 17 年通过技术创新逐步证实了 Barnett 页岩的商业价值。

2001 年 8 月，Devon 公司认识到 Barnett 页岩蕴藏的巨大潜力，2002 年收购了米切尔能源公司，工程师们提出水平井钻井、滑溜水压裂和微地震监测相结合的技术思路，使得水平井提高单井产量的优越性得以充分体现，有效提高了单井产量。水平井技术突破后便快速推广应用，2003 年 Barnett 完钻水平井 70 口，页岩气年产量上升到 84.93 亿 m³，2004 年水平井达到近 400 口，2005 年水平井在数量上首次超过直井，2008 年水平井比例已经达到 93%，2010 年水平井数超过 1000 口。

Newark East 气田为 Barnett 页岩气的主产区，也是当时得克萨斯州最大的气田，面积 1300km²。2011 年页岩气产量达到 548.2 亿 m³，截至 2011 年累计钻井数量达到 15870 口(图 2.2)。

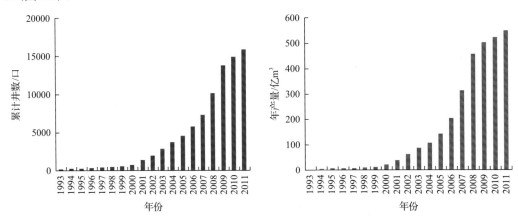

图 2.2 Newark East 气田累计井数与年产量

截至 2011 年底，Barnett 累计产页岩气 3058 亿 m³，占美国页岩气总产量的 70%。

2.2　地 质 特 征

2.2.1　构造特征

Barnett 页岩发育于美国得克萨斯州北部的 Fort Worth 盆地，横跨 25 个郡，面积 1.3 万 km^2（图 2.3）。

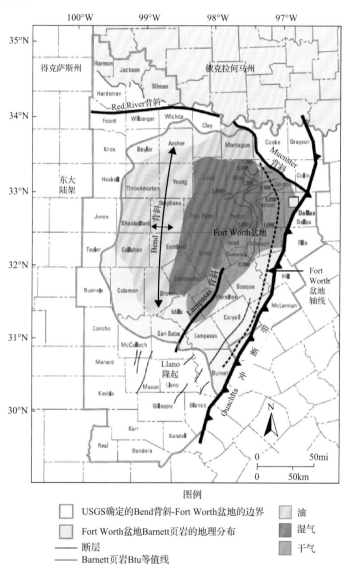

图 2.3　Fort Worth 盆地构造特征（据 Bruner and Smosna, 2011）

Btu 为英热单位，1Btu=1.05435×10^{3}J

晚密西西比世，得克萨斯州中北部因距离 Iapetus 洋盆较近而受到海侵，沉积形成 Barnett 页岩。到宾夕法尼亚纪末期，Ouachita 冲断带侵入现在的得克萨斯州北部，潜没在北美板块下的南美板块，沿冲断带前缘形成了前陆盆地。

Barnett 页岩地质边界：东部为 Ouachita 冲断带前缘、北部为 Muenster 和 Red River 背斜，西部为东大陆架和 Concho 背斜，南部为 Llano 隆起。

2.2.2 地层及沉积特征

Barnett 页岩上覆地层为 Marble Falls 石灰岩，下部不整合于 Ellenburger 石灰岩之上（图 2.4）。Barnett 页岩储层在东北部厚 150m 且埋深大于 2550m，向西、向南储层逐渐减

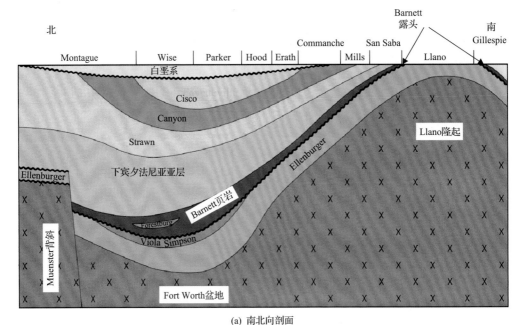

(a) 南北向剖面

(b) 东西向剖面

图 2.4 Barnett 页岩剖面图（据 Bruner and Smosna, 2011）

薄至 60m、埋深变浅至 1200m(Zhao et al., 2007)。

2.2.3 储层特征

Barnett 页岩埋深为 1200~2500m,呈现出西南部浅、东北部深的总体特征,西南部最浅处不足 300m,向东逐渐变深,最深处超过 2250m(图 2.5)。

Barnett 页岩的 R_o 分布在 0.4%~1.7%(图 2.6),北部和西部地区较低,随着埋藏深度增加,向东 R_o 逐渐升高,超过 1500m 埋深后,R_o 超过 1.1%,盆地东南部 R_o 最高达 1.7%。

Barnett 页岩呈现东厚西薄的整体趋势,开发主体区——Newark East 气田页岩厚度为30~150m(图 2.7)。

Barnett 页岩中存在许多粒内孔,可能是在干酪根热解生成油气的过程中产生的(图 2.8),与主要断层相邻的基质孔隙部分被方解石充填。根据压汞分析和扫描电镜结果,80%的孔喉直径小于 5nm(图 2.9)。页岩储层平均孔隙度为 3%~6%。

Barnett 页岩基质渗透率从纳达西至微达西不等。高值范围为 0.02~0.10mD(Jarvie,2004),低值范围为 0.0005~0.00007mD。影响因素比较复杂,渗透率受天然裂缝、断层和地应力的影响。

Gale 和 Holder(2008)对 Barnett 页岩天然裂缝进行了表征,研究认为 Barnett 页岩天然裂缝发育,多为高角度(>75°)狭窄细长形(宽度<0.05mm,长宽比>1000∶1)裂缝,呈北西西向梯形排列。天然裂缝大都被方解石充填,基本没有观察到开放型天然裂缝。Gale和 Holder(2008)认为,这些天然裂缝在水力压裂时可作为薄弱层被重新激活,因此提高了改造体积,进而提高了单井产量。

页岩气产区富含有机质的 Barnett 页岩平均含水饱和度为 25%~43%,在有机质含量较高的地层中,含水饱和度较低,主要是因为富有机质页岩在生烃过程中会损耗水,使地层变干。因有机质含量较高,Barnett 页岩被认为偏油湿,因此在完井中压裂液返排率较高,在 Newark East 气田的一些地区压裂液返排率高达 60%~70%。

Barnett 页岩气储存在孔隙、微裂缝中,以及吸附在固体有机质和干酪根上。吸附气含量与地层压力有关,低至 20%~25%,高至 40%~60%。地层压力从常压至略微超压(1.02~1.18MPa/100m),钻井深度为 1200~2500m,地层压力为 12~27MPa。

Barnett 页岩中石英含量高(表 2.1),岩石脆性强,天然裂缝较发育,有利于储层改造。通过水力压裂诱导可以产生复杂的相互连通的裂缝网络,形成更大的泄流面积。

Barnett 页岩各项参数分布范围广,非均质性较强。核心区位于 Deton 县、Wise县和 Tarrant 县,储层厚度为 30~150m,埋藏深度为 1500~2400m,TOC 含量为 4%~8%、有机质成熟度为 1.1%~1.7%、孔隙度为 3%~5%、渗透率为 70~500nD,含气量为 2.8~8.5m³/t。

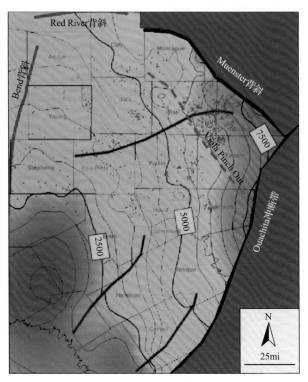

图 2.5　Barnett 页岩埋深等值线图（据 Tian and Ayers, 2010）（单位：ft）

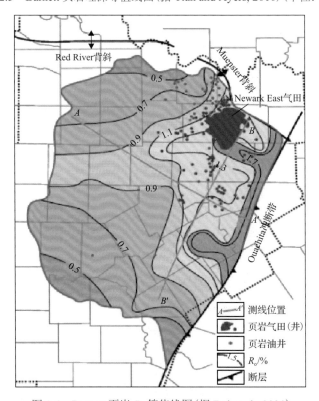

图 2.6　Barnett 页岩 R_o 等值线图（据 Dai et al., 2020）

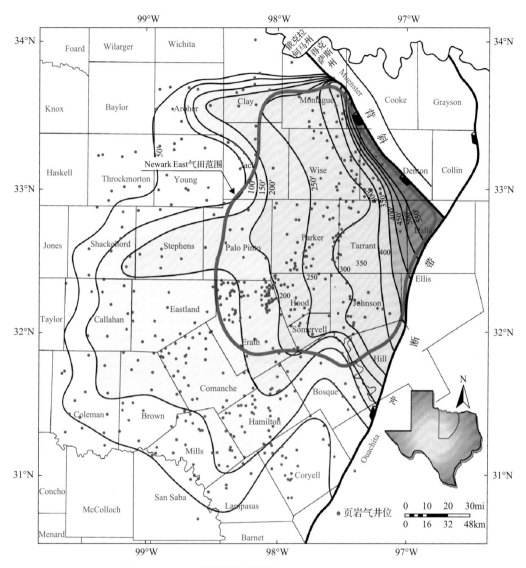

图 2.7　Barnett 页岩厚度图（据 Bruner and Smosna, 2011）

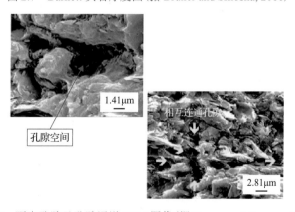

图 2.8　页岩孔隙及孔隙通道 SEM 图像（据 Bruner and Smosna, 2011）

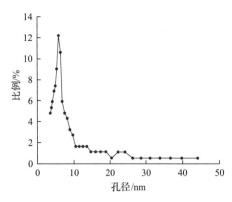

图 2.9 压汞分析孔径分布图（据 Sakhaee-Pour and Bryant，2011）

表 2.1 Barnett 页岩矿物组分组成（据 Bruner and Smosna，2011）

矿物	百分比含量/%
石英	35～50
黏土(主要为伊利石)	10～50
碳酸盐、白云石、菱铁矿	0～30
长石	7
黄铁矿	5

2.2.4 资源分布与潜力

Kuuskraa 等(1998)最早给出定量评价结果。评价基础参数包括：①含气区展布(按最小、中间和最大区域，类似于目前的核心区、Ⅰ类区和Ⅱ类区)；②井距(单井井控面积 1.3km²)；③核心区内和周边区域的开发成功率(86%)；④气液比(为将液态烃包含进去)；⑤采收率(7%～20%)；⑥单井泄气面积(0.04～0.12km²)。计算得到 Barnett 页岩气的技术可采资源量为 2830 亿 m³。

Pollastro 等(2003)首次采用 USGS 的含油气系统概念评价了 Barnett 页岩气资源潜力。评价参数包括：①烃源岩区域展布和厚度；②有机质丰度、干酪根类型(Ⅱ)和成熟度；③储层、盖层和圈闭特征。研究区划分三个评估单元：第一个评估单元是 Newark East "甜点区"的 Barnett 页岩，即裂缝型硅质页岩气评价单元，发育硅质页岩、厚度较大，略微超压，处于生气窗内，并且上下部被非渗透性地层包围。该评价单元单井平均 EUR 为 3540 万 m³，大约 5 年后进行重复压裂，EUR 增加 2120 万 m³。第二个评估单元是 Barnett 页岩的边远区(即 Ellenburger 裂缝型 Barnett 页岩气评价单元)，位于生气窗内，但是没有下部的隔挡层，且上部局部缺失隔挡层。第三个评估单元是资源潜力最小的区域，即盆地北部和背斜裂缝型页岩气和页岩油评价单元，既产油又产气，上下部的隔挡层都可能不具备。

Hayden 和 Pursell(2005)在当时开发水平和风险评价的基础上，将非核心区分为Ⅰ类区(Johnson、Parker 和 Hood)和Ⅱ类区(向西和向南的郡)。Ⅰ类区一般不具备下部的压裂隔挡层(Viola-Simpson 石灰岩),但是这个问题可以通过水平井钻井和实施更小规模的多级压裂来解决。核心区和Ⅰ类区资源丰度为 15.3 亿~15.9 亿 m^3/km^2。Ⅱ类区已开发的面积最小,该区可能处于生油窗内(R_o<1.0%)。

Pollastro 等(2007)更新了 USGS 的 Barnett 页岩气评价结果(只有两个评价单元,不包含生油单元),采用的也是含油气系统概念。输入参数包括已测试的单元(面积约 0.16km^2)数、成功的单元数、生产井 EUR、基于地质不确定性的评价单元总面积、估算的泄气面积、对增加储量具有潜力的未测试区域的面积百分比、估计的未来成功率以及未测试区域的 EUR。采用了位于 Greater Newark East 裂缝型具有隔挡层的连续 Barnett 页岩评价单元(4660km^2)内的约 1700 口产气直井的勘探和生产历史,以及 177 口多级压裂井的 EUR 值。该评价单元地质不确定性和输入数据的分布不确定性被最小化。在连续的 Barnett 页岩气扩展区评价单元(1.8 万 km^2)也采用了 134 口产气直井的生产历史和 78 口井的 EUR 值。第二个评价区地质不确定性更大(钻井更少,生产历史更短)。Pollastro 等(2007)估算 Greater Newark East 具有压裂隔挡层的连续 Barnett 页岩气评价单元的未发现技术可采页岩气总量为(4130 亿±370 亿)m^3[图 2.10(a)]。在该评价单元以外的扩展区域待发现的技术可采页岩气总量为(3285 亿±990 亿)m^3[图 2.10(b)]。

最近的一次评价结果是2013年2月由美国得克萨斯大学奥斯汀分校经济地质局提出的,预测最新的 Barnett 页岩气可采储量为 12460 亿 m^3,至 2030 年页岩气年产量将由目前的 566 亿 m^3 降至 255 亿 m^3(图 2.11)。

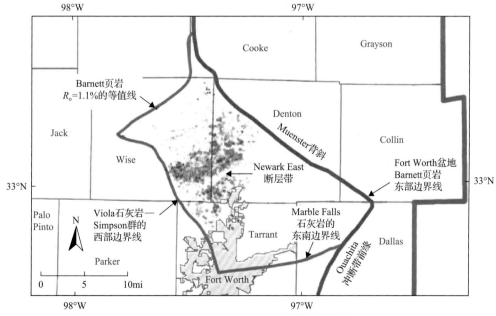

(a) Greater Newark East Barnett页岩气评估单元

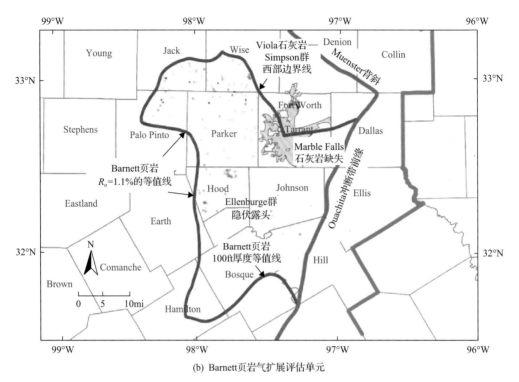

(b) Barnett页岩气扩展评估单元

图 2.10　页岩气资源量评估单元划分图（据 Pollastro et al., 2007）

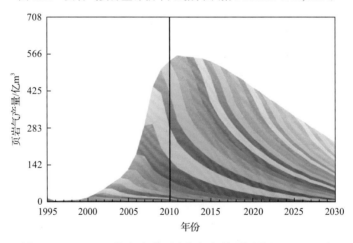

图 2.11　Barnett 历年投产井页岩气年产量预测（据 BEG, 2013）

2.3　开　发　特　征

2.3.1　开发工艺技术

Barnett 页岩气产区是页岩气开发关键技术的孵化器和诞生地，在此诞生的关键技术包括水平井钻井、压裂及重复压裂等，为美国率先实现页岩气革命提供了"杀手锏"。

1. 钻井工艺

Barnett页岩气开发目前以水平井为主，采用二开井身结构，表层套管采用9 5/8″、36#、J-55 STC，下深0～600m；生产套管采用5 1/2″、17#、N-80 LTC，下深0～3700m（图2.12）。

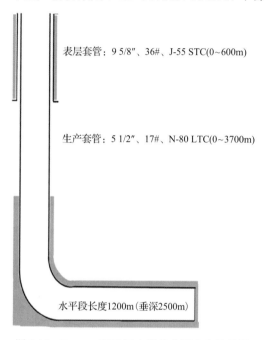

表层套管：9 5/8″、36#、J-55 STC(0～600m)

生产套管：5 1/2″、17#、N-80 LTC(0～3700m)

水平段长度1200m(垂深2500m)

图2.12　Barnett页岩气水平井典型井身结构图

为减少对环境影响、降低作业成本，目前采用丛式井组钻井，一般每个平台钻10口井左右，井数视实际的地表条件而定，Chesapeake公司在Barnett页岩区一个平台曾经钻过26口井。

2. 压裂工艺

Barnett页岩气井水平段较短的井只压一级，不需水泥固井。水平段较长的井要多级压裂，需要固井。如射孔簇间距太近，应力阴影会限制中间射孔簇位置的裂缝延伸，裂缝将在水平段根部和趾部过度延伸。优化段间距为缝高的1.5倍，一般为90～120m，可削弱裂缝干扰。为避免形成多条相互干扰的裂缝，射孔簇长度小于4倍的井筒直径，即小于1.3m，射孔孔密为18～22孔/m。采用定向射孔，相位角为60°。

固井水泥(酸溶性的更好)隔绝射孔簇之间的环空，在各射孔簇形成独自的水力裂缝。在段塞注入压裂的前置液中，采用交联剂和100目石英砂产生数量较少但缝宽更大的主裂缝，以提高井筒周围区域后期铺砂能力。

生产管柱采用2 3/8″油管(EUE油管扣)，下深一般为0～2300m。

因为Barnett页岩气产区是世界上第一个被开发的页岩气产区，以下完井方法均在Barnett页岩进行过试验。

1）不固井、裸眼单级压裂

早期在水平井中下入套管，不进行水泥固井，3～4 个射孔段，射孔数有限，排量为 16～20BMP（BMP 即 bbl/min）。压裂液可以沿套管与裸眼之间的环空自由流动，在水平段的任何地方都可以起裂，随机性强，有些井只在一个点产生裂缝。

2）衬管固井、限流量压裂

最早在 Barnett 页岩中采用的套管固井方法，目的调整限定流量，要求排量高，裂缝随机起裂。与早期试验相比，裸眼完井较衬管固井产量和采收率更高。

3）衬管固井、多级压裂

典型的完井方法，包括水平井衬管固井以及桥塞射孔压裂，射孔和压裂后采用电缆泵入或连续油管坐封桥塞实现机械封隔。压裂完成后采用连续油管钻除桥塞。方法虽然有效，但连续油管多次使用、每级压裂施工射孔枪、压裂设备的费用都很高，耗时长。水泥固井使许多天然裂缝被堵塞。

4）不固井、裸眼多级压裂

2004～2006 年出现了新方法，采用水力坐封机械式管外封隔器，可膨胀的胶筒替代了水泥起到隔离作用，滑套机构在封隔器之间可以产生开孔，不需射孔（图 2.13）。这些工具可通过液压或投球进行操作，段与段之间不需要桥塞。一趟管柱连续泵压可完成所有压裂施工，不需要钻机，节约时间和费用。

图 2.13　Barnett 页岩气裸眼水平井多级压裂方法示意图

目前较为常用的完井方法为上述方法的后两种。

Barnett 页岩储层富含硅质，脆性强易压裂。由于裂缝在岩石中仅延伸几英尺，因此在天然裂缝和人工裂缝之间必须建立一个长且宽的流动通道。页岩压裂后形成的流动通道一般为正方形或矩形，长 450～900m，宽 120～300m。

Barnett 典型页岩气井滑溜水压裂用水量为 2275～27300m^3（高值为水平井用量），压裂液中添加减阻剂；支撑剂用量为 36～450t（高值为水平井用量），泵排量为 7.6～16m^3/min。返排时间短的需 2～3 天，长的会一直持续到整个生产寿命结束。返排液量占注入量的 20%～70%。下部和上部的 Barnett 页岩有时会合并压裂，有时单独压裂，后者形成的压裂流动通道更长。

在 Barnett 页岩层的上下存在石灰岩隔挡层，下部为 Viola-Simpson 石灰岩，上部为 Marble Falls 石灰岩。这些隔挡层被作为 Barnett 页岩气生产"甜点"的标志之一，否则生产风险将增加。在 Barnett 页岩的压裂设计中要考虑通过储层的上下压裂隔挡层来控制缝高，使压裂的能量不会从页岩层中传导出去，否则会降低压裂效率，并且利用隔挡层阻止诱导裂缝穿透至附近的水层。如果 Barnett 页岩下部的 Ellenburger 组石灰岩中的地层水侵入到 Barnett 页岩中，会大幅降低页岩气井产量。

3. 重复压裂工艺

通常，Barnett 页岩气井第一年产量递减 50%，一般在生产 5 年后要进行重复压裂，通过重复压裂，可进一步提高单井产量和 EUR。

重复压裂包括含纤维基转向剂的压裂液、裂缝转向技术和实时裂缝监测。

转向液包含多种成分，含有暂时堵塞裂缝、使液体流动转向和在原地及井筒附近诱导产生新裂缝的可降解材料。压裂期间实时诊断技术用于确定水平段压裂液与储层接触以及泵入的转向塞情况，以确保获得最大的水平泄流面积。

该方法不需要成本较高的干预技术，并且可以实时优化压裂施工。在产量递减预测的基础上预计 6 个月内即可收回投资。而且在 20 年以上的生产周期内，单井 EUR 预计增加 20%。

实例：一口井初产约 6.2 万 m^3/d，4 年后产量递减至 1.4 万 m^3/d。通过早期储层改造的微地震监测成果，发现可以通过重复压裂沟通更多储层。初次压裂分 5 个射孔段，重复压裂时，新增了 4 个射孔段(图 2.14)，以此改进压裂液注入情况和井筒泄流面积。最终 9 个射孔段沿 600m 水平段的间隔平均 80m。

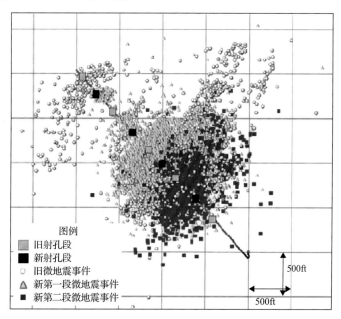

图 2.14　新增 4 个射孔段重复压裂微地震监测图(据 Potapenko et al.，2009)

重复压裂后该井气产量提高到 4.5 万 m³/d (图 2.15)，估算 EUR 增加 20%。

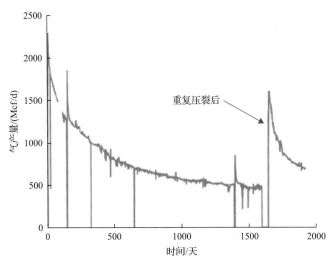

图 2.15 重复压裂前后产量变化对比图 (据 Potapenko et al.，2009)

Mcf 表示千立方英尺

4. 绿色完井工程

从环保角度考虑，为减少完井过程中环境污染，一些公司实施绿色完井工程。例如，Devon 公司自 2004 年以来，在 Barnett 页岩气开发中通过实施绿色完井工程 (图 2.16)，已累计减少 Barnett 页岩气井的甲烷排放 7.1 亿 m³。该工程主要是在压裂后的返排阶段，将与返排液一同产出的页岩气分离出来，通过管道收集加以利用，避免直接排放到大气中。

图 2.16 Barnett 页岩气绿色完井现场施工图 (Devon 公司)

具体施工流程：首先通过除砂器 (图 2.16 右侧) 除砂，砂子通过一条直径 2in[①]的管线进入处理槽；然后通过气水分离器 (图 2.16 左侧) 进行气水分离，分离的水也进入处理槽，

———————————

① 1in=2.54cm。

同时分离的页岩气进入分离管线,最终到达处理厂。

2.3.2 典型井生产特征

Barnett具有典型的页岩气井生产特征,初期产量高但递减快(图2.17)。直井与水平井初始产量、最终可采储量差异均较大(表2.2)。

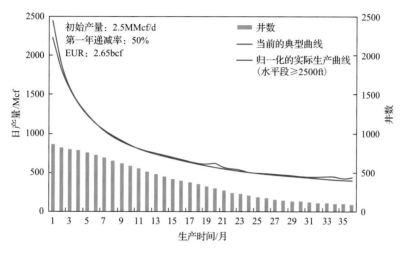

图2.17 Barnett页岩气井典型生产曲线(据EIA,2011)

MMcf表示百万立方英尺;bcf为十亿立方英尺

表2.2 Barnett页岩气直井与水平井的生产特征参数(2011年)

参数	直井	水平井
井控面积/km^2	0.1~0.2	0.1~0.2
初产产量/(万 m^3/d)	2~2.8	4.5~7.1
EUR/万 m^3	1982.2~2831.7	6796.1~9911.0
采收率	一般为7%~12%,井距小且水平段短时为12%~20%,重复压裂后可达20%	一般为7%~12%,井距小且水平段短时为12%~20%,重复压裂后可达20%
第一年产量递减率/%	60~65	50~55
单井成本/万美元	100	200
发现和开发成本/(美元/m^3)	0.06	0.03

Barnett页岩气水平井单井30年平均采出量7500万 m^3,页岩气井产量遵循双曲递减规律。双曲递减指数 b 为1.35~1.65,平均为1.5。$b > 1$,表明为非稳态流动,说明井距仍有进一步缩小的空间。初期产量平均约5.7万 m^3/d,第一年产量平均递减率50%左右。核心区与非核心区的页岩气井在产量上存在差异(图2.18)。

2.3.3 不同长度水平井生产特征

水平井长度是影响页岩气井生产特征的重要参数,统计发现气井产能随着水平井长度逐步降低(图2.19)。虽然水平段长度增加能够提高单井EUR,但更短的水平段能够更有效地扩大单位长度的泄流面积。

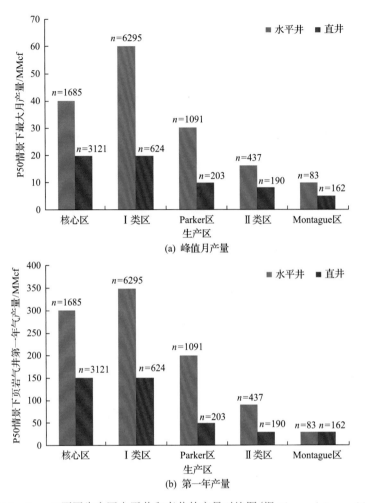

(a) 峰值月产量

(b) 第一年产量

图 2.18　Barnett 不同生产区水平井和直井的产量对比图(据 Tian and Ayers, 2010)

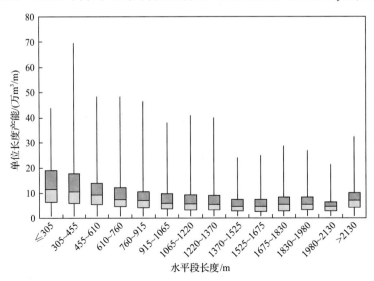

图 2.19　生产超过 6 个月的水平井单位长度产能与水平段长度的关系(据 Ikonnikova et al., 2014)

2.3.4　分区生产特征

根据储层特征差异，Barnett 页岩气产区开发早期被分为两个区——核心区（Ⅰ类区）和未开发区。从历史上看，大多数 Barnett 页岩气产量来自位 Denton 县、Wise 县和 Tarrant 县的 Newark East 气田和其周边的核心区/"甜点区"（图 2.20），米切尔能源公司的页岩气勘探开发即大多始于这里。

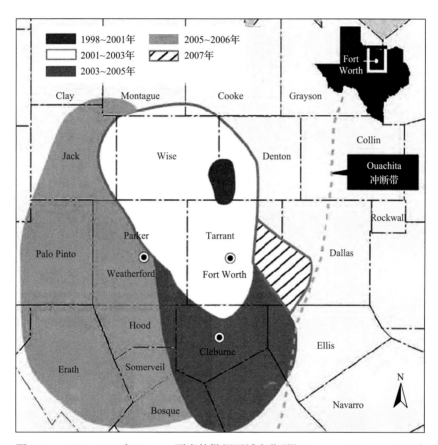

图 2.20　1998～2007 年 Barnett 页岩的勘探区域变化（据 Bruner and Smosna, 2011）

进入 21 世纪，Barnett 页岩气开发区块已经由核心区逐步向北扩展到 Montague 县和 Cooke 县，向南延伸至 Parker 县和 Johnson 县。勘探工作已向西、向南和向东扩大至 Clay、Jack、Palo Pinto、Erath、Hood、Somervell、Hamilton、Bosque、Dallas、Ellis 和 Hill 等县（图 2.21）。

Ikonnikova 等（2014）将每口井均一化到 1219m 的水平段长度，按单元（1mi^2 为 1 单元，约 2.59km^2）计算 EUR 并分为 10 个等级，图中暖色调表明 EUR 高、冷色调表明 EUR 低（图 2.22）。高 EUR 气井主要分布于埋藏深度大（地层压力高、R_o 相对较高）、储层厚度大的中东部区域——核心区及Ⅰ类区。

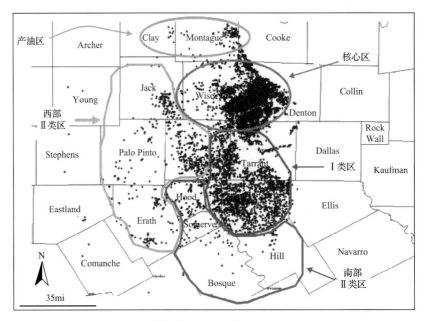

图 2.21　Barnett 页岩气井井位和生产分区 (据 Tian and Ayers, 2010)

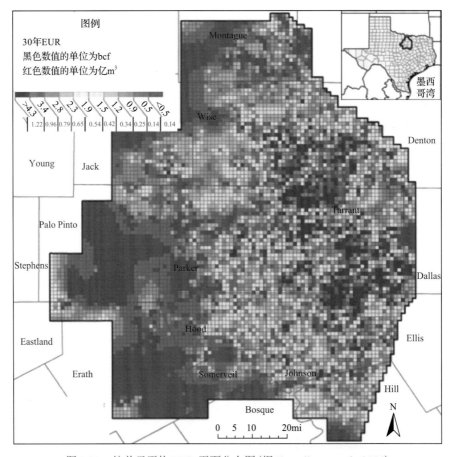

图 2.22　按单元平均 EUR 平面分布图 (据 Ikonnikova et al., 2014)

参 考 文 献

唐代绪, 赵金海, 王华, 等. 2011. 美国 Barnett 页岩气开发中应用的钻井工程技术分析与启示. 中外能源, 16(4): 47-52.

BEG (The Bureau of Economic Geology of the University of Texas at Austin). 2013. Rigorous assessment of shale gas reserves forecasts reliable supply from Barnett shale through 2030. https://www.beg.utexas.edu/files/content/beg/research/shale/New, %20Rigorous%20Assessment%20of%20Shale%20Gas%20Reserves%20Forecasts%20Reliable%20Supply%20from%20Barnet t%20Shale%20Through%202030.pdf.

Bruner K R, Smosna R. 2011. A Comparative study of the Mississippian Barnett Shale, Fort Worth Basin, and Devonian Marcellus shale, Appalachia Basin. https://searchworks.stanford.edu/view/13164526.

Dai J X, Dong D Z, Ni Y Y, et al. 2020. Several essential geological and geochemical issues regarding shale gas research in China. Journal of Natural Gas Geoscience, 5(4): 169-184.

Gale J F W, Holder J. 2008. Natural fractures in the Barnett Shale: Constraints on spatial organization and tensile strength with implications for hydraulic fracture treatment in shale-gas reservoirs//The 42nd U.S. Rock Mechanics Symposium. ARMA-08-096.

Hayden J, Pursell D. 2005. The Barnett shale: Visitors guide to the hottest gas play in the US. Houston: Pickering Energy Partners, Inc.

Ikonnikova S, Browning J, Horvath S, et al. 2014. Well recovery, drainage area, and future drill-well inventory: Empirical study of the Barnett shale gas play. SPE Reservoir Evaluation & Engineering, 17(4): 484-496.

Jarvie D. 2004. Evaluation of hydrocarbon generation and storage in the Barnett shale, Ft. Worth Basin, Texas. https://www.researchgate.net/publication/285783479_Evaluation_of_hydrocarbon_generation_and_storage_in_barnett_shale_fort_worth_ba sin_texas.

Kuuskraa V A, Koperna G, Schmoker J W, et al. 1998. Barnett shale rising star in Fort Worth basin. Oil and Gas Journal, 96: 67-76.

Pollastro R M. 2007. Total petroleum system assessment of undiscovered resources in the giant Barnett Shale continuous (unconventional) gas accumulation, Fort Worth Basin, Texas. AAPG Bulletin, 1(4): 551-578.

Potapenko D I, Tinkham S K, Lecerf B, et al. 2009. Barnett Shale refracture stimulations using a novel diversion technique//SPE Hydraulic Fracturing Technology Conference, The Woodlands.

Sakhaee-Pour A, Bryant S L. 2011. Gas permeability of shale. SPE-146944-MS.

Tian Y, Ayers W B. 2010. Barnett shale (Mississippian), Fort Worth basin, Texas: Regional variations in gas and oil production and reservoir properties//Canadian Unconventional Resources and International Petroleum Conference, Calgary.

第 3 章

Fayetteville 页岩气产区

Fayetteville 页岩气产区位于阿肯色州北部与俄克拉何马东部的 Arkoma 盆地中部，有利区面积达 23400km²。Fayetteville 页岩埋深为 457～1981m，厚度为 15～167m，孔隙度为 2.0%～8.0%，TOC 含量为 2.0%～9.5%，R_o 值为 1.5%～4.0%，含气量为 1.7～6.2m³/t。Fayetteville 页岩气于 2004 年投入开发，是继 Barnett 之后第二个商业开发的页岩气产区，2012 年，Fayetteville 页岩气产量达到峰值，年产页岩气 290 亿 m³，2015 年产量开始大幅递减，2019 年页岩气产量 129 亿 m³。截至 2019 年底，Fayetteville 累计产页岩气量超过 2510 亿 m³。

3.1　勘探开发历程

3.1.1　勘探历程

2002 年，美国 Southwestern Energy 公司 (SWN) 的一个勘探小组发现：在 Arkoma 盆地 Wedington 砂岩储层获得的天然气产量远远超出传统分析所能解释的产气量。进一步调查显示：Wedington 砂岩直接覆盖在 Fayetteville 页岩之上，推测富含有机质的页岩很可能对气井生产发挥了一定作用。

该研究小组随后开展了近一年的油气系统研究，并得出以下结论：Fayetteville 页岩具有与 Barnett 页岩相似的地球化学特征和储层物性。2003 年，SWN 公司在 Fayetteville 页岩气产区开始勘探，2004 年 7 月成功完成了发现井 (图 3.1)——Thomas #1-9 井 (Harpel et al., 2012) 的钻探，测试日产页岩气 1.5 万 m³。

3.1.2　开发历程

Fayetteville 页岩气开发之初主要采用直井，2004 年投产直井 14 口，主要目的是证实开采的可行性和落实目标层位。2005 年投产直井 37 口，同年 2 月完成第一口水平井 Vaughan#4-22H，采用泡沫压裂，由于相应基础设施不够完善，测试初期日产气仅 1.65 万 m³，开发效果并不理想。鉴于 Barnett 水平井取得越来越好的开发效果，SWN 公司持续探索并改进水平井压裂工艺技术，到 2005 年底共投产水平井 13 口。随着技术进步，水平井实施效果变好，2006 年转变开发方式，以水平井为主，当年新投产水平井 103 口，投产直井仅 12 口。到 2007 年 6 月，SWN 公司共完钻页岩气井 303 口，其中水平井 219 口，分布在 8 个县 33 个先导试验区，通过改进以滑溜水为主的水平井多段压裂技术，开展三维全区地震勘探，采用"工厂化"作业模式，以及逐渐完善配套基础设施，使得开采效果不断提升(Harpel et al., 2012)。2008～2010 年，SWN 公司在 Fayetteville 页岩的钻井数量为 1832 口(其中 2010 年 658 口，2009 年 570 口，2008 年 604 口)。2012 年，Fayetteville 页岩气产量达到峰值，年产页岩气 290 亿 m³。由于有利区面积有限、油气行业整体低迷、钻井工作量减少等，2015 年页岩气产量开始递减，2019 年产量降至 129 亿 m³(图 3.2)。

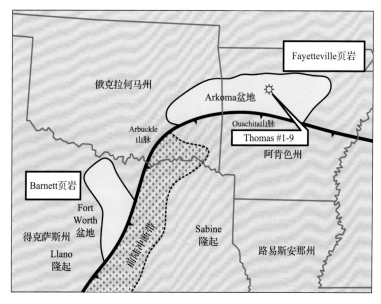

图 3.1　Fayetteville 页岩气区发现 Thomas #1-9 井位置(据 Harpel et al., 2012)

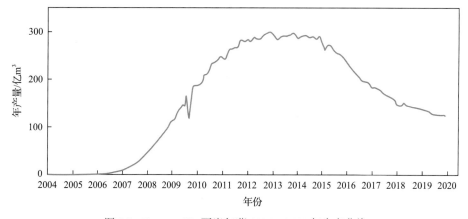

图 3.2　Fayetteville 页岩气藏 2004～2020 年生产曲线

截至 2019 年底，Fayetteville 累计生产页岩气超过 2510 亿 m³。

3.2 地 质 特 征

3.2.1 构造特征

1. 区域构造特征

Fayetteville 页岩发育区位于美国阿肯色州 Arkoma 盆地，其北部为 Ozark 高原，南部为 Ouachita 褶皱带，西接南俄克拉何马盆地，东部为 Reelfoot 裂谷，又称密西西比地堑(图 3.3)。

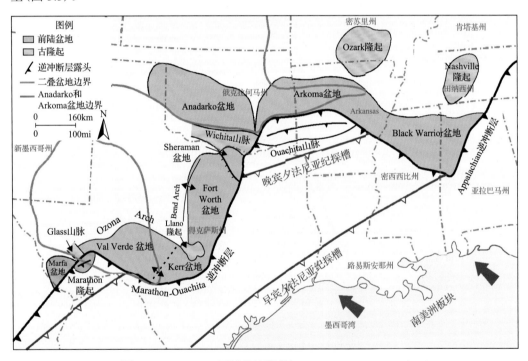

图 3.3　Fayetteville 区域构造图(据 C & C Reservoirs, 2011)

2. 断层及断裂特征

断裂作用形成了规模巨大的北东走向正断层，然而 Ouachita 褶皱带构造的形成，通常认为是沿着北美南部边缘的陆陆碰撞对正北方向的挤压作用所造成的(Ramakrishnan et al., 2011)。当前最大的水平应力方向是北东-南西向，推测缘于构造整体从北-北西向南-南东方向的延伸，反映出造山后的地层应力的松弛现象。此外，区内发育多组北东-南西走向的正断层(Kimmeridge Energy，2015)。

3. 储层埋深

Fayetteville 页岩储层埋藏深度整体较浅，由北向南储层埋藏深度变大，北部出露地表，主体埋深为 360～2250m，南部最深超过 3000m（图 3.4）。

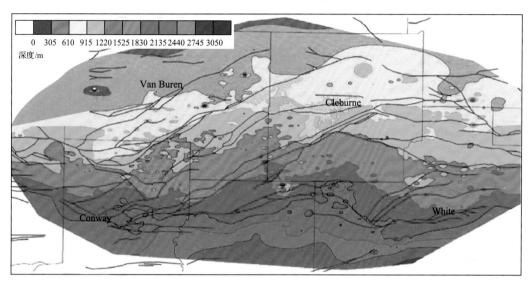

图 3.4　Fayetteville 页岩储层埋藏深度图（据 Houseknecht et al., 2014）

3.2.2　地层及沉积特征

Fayetteville 页岩形成于密西西比纪的陆棚环境，包括 Chesterian 沉积旋回中的海侵体系域和高位体系域。该旋回由最大海泛面划分，最大海泛面覆盖了整个陆棚区域，包括北 Arkoma 盆地及南 Ozark 区域。泥质陆架受风暴控制，沉积于鲕粒浅滩与滨面之间，水深从潮间带（Pitkin 石灰岩）到大约 200m 的陆架/陆坡。向西，Fayetteville 页岩与上覆 Pitkin 石灰岩整合接触；向东，Pitkin 石灰岩逐渐过渡为页岩，即 Fayetteville 页岩。Fayetteville 页岩下段富含有机质，以黑色页岩、含黄铁矿页岩与少量粉砂岩互为夹层。Fayetteville 页岩下段与下部的 Hindsville 石灰岩整合接触（图 3.5）。Hindsville 石灰岩向东逐渐过渡为 Batesville 砂岩（Handford, 1986）。

3.2.3　储层特征

1. 岩石矿物特征

Fayetteville 页岩主要由碳质泥岩、碎屑粉砂岩及黏土、生物硅质岩、有机质、磷酸盐和黄铁矿组成（Handford, 1986），Fayetteville 页岩矿物组成与 Barnett 页岩和 Marcellus 页岩相似，碳酸盐含量为 10%～20%，石英含量为 45%～50%，黏土含量为 25%～30%，脆性矿物含量约为 70%（表 3.1）。

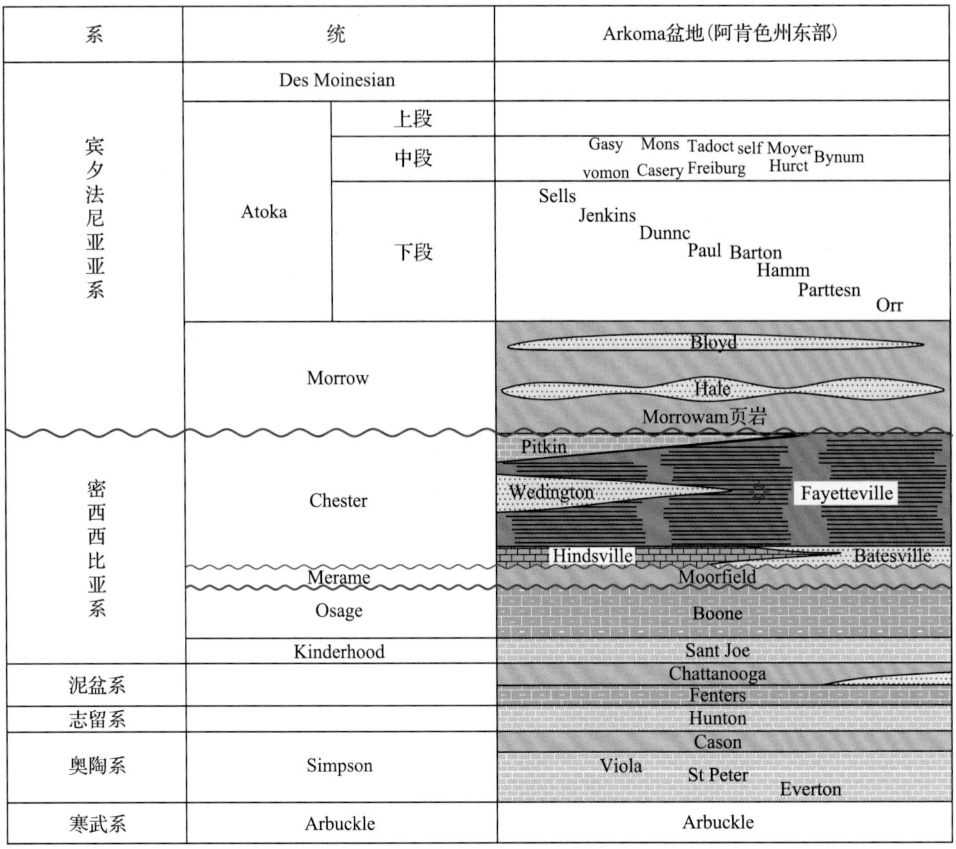

系	统		Arkoma盆地(阿肯色州东部)
宾夕法尼亚亚系	Des Moinesian		
	Atoka	上段	
		中段	Gasy Mons Tadoct self Moyer Bynum vomon Casery Freiburg Hurct
		下段	Sells Jenkins Dunnc Paul Barton Hamm Parttesn Orr
密西西比亚系	Morrow		Bloyd Hale Morrowam页岩
	Chester		Pitkin Wedington Fayetteville Hindsville Batesville Moorfield
	Merame		
	Osage		Boone
	Kinderhood		Sant Joe
泥盆系			Chattanooga Fenters
志留系			Hunton
奥陶系	Simpson		Cason Viola St Peter Everton
寒武系	Arbuckle		Arbuckle

图 3.5 Fayetteville 页岩地层剖面图

表 3.1 Fayetteville 页岩矿物组成统计表

矿物	成分	含量/%
黏土矿物	绿泥石	<5
	伊利石	20～25
非黏土矿物	方解石	5～10
	白云石	5～10
	石英	45～50

2. 有机地球化学特征

全区页岩 TOC 含量为 2.0%～9.5%，北部区域相对较高。Arkoma 盆地东部地区 Fayetteville 页岩的有机质成熟度为 2.0%～4.0%，处于过成熟演化阶段，以生干气为主，主力产气区 R_o 为 2.0%～3.2%。向西至俄克拉何马地区同时期沉积的地层 Caney 页岩的 R_o 为 1.0%～2.0%(图 3.6)。区域上东部整体高于西部，有利于页岩气的生成与聚集(Houseknecht et al., 2014; Kimmeridge Energy, 2015)。

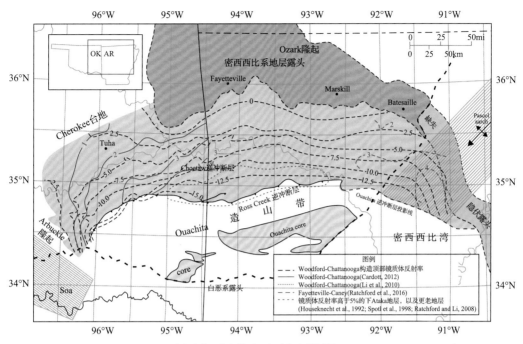

图 3.6　Fayetteville 页岩有机质成熟度平面分布图（据 Houseknecht et al., 2014）

3. 储层物性

Fayetteville 页岩孔隙度为 2%～8%，渗透率为 5×10^{-8}～$5\times10^{-7}\mu m^2$（Kimmeridge Energy，2015）。Fayetteville 页岩具有三种储集类型：①溶蚀微孔隙，为游离气提供存储空间；②有机质孔，孔径为 5～100nm；③天然裂缝，裂缝开度为 25～50nm（Bai et al.,2013）（图 3.7）。

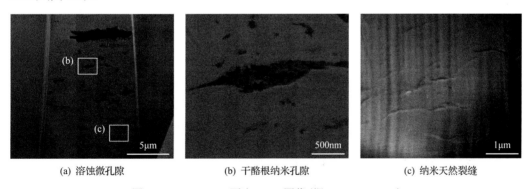

(a) 溶蚀微孔隙　　　　(b) 干酪根纳米孔隙　　　　(c) 纳米天然裂缝

图 3.7　Fayetteville 页岩 SEM 图像（据 Bai et al., 2013）

4. 储层展布特征

基于 200 口井数据，Houseknecht 等（2014）对 Fayetteville 页岩的自然伽马和 TOC 值进行了线性相关分析，结果显示自然伽马和 TOC 值具有良好的正相关关系，其中大于

150API 的自然伽马与大于 2% 的 TOC 相关性最佳。自然伽马值大于 150API 对应 TOC 值大于 2%，由此 GR＞150API 的页岩净厚度为有效厚度 (图 3.8)。

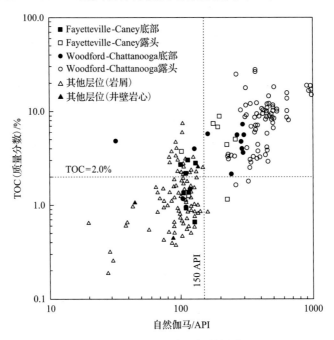

图 3.8　Fayetteville 页岩自然伽马与 TOC 含量相关图 (据 Houseknecht et al., 2014)

　　基于以上结论，确立了两种类型高自然伽马厚度，以此来圈定 TOC＞2% 的 Fayetteville 页岩平面分布特征。第一种参数是高自然伽马值地层的总厚度，指的是纵向上 GR 曲线在顶界和底界均大于 150API 的页岩总厚度；第二种参数是高自然伽马值地层的净厚度，指的是纵向上 GR 曲线均大于 150API 的累计页岩厚度。只有当 GR 曲线顶界和底界之间的值均大于 150API 时，高自然伽马总厚度才与高自然伽马净厚度等同。

　　根据 200 口井数据统计可知，Arkoma 盆地 Fayetteville 页岩的高自然伽马页岩净厚度与高自然伽马页岩总厚度的平均比值为 0.36，这主要是受这套页岩层系中石灰岩夹层的影响。根据掌握的这两类参数绘制了 Fayetteville 页岩平面厚度分布图，可见在盆地东西部页岩厚度特征明显不同 (图 3.9)。

　　从高自然伽马页岩总厚度来看，92.7°W 以西大部分地区页岩厚度为 30～60m，而 92.7°W 以东地区页岩厚度为 60～91m。从高自然伽马页岩净厚度来看，92.7°W 以西大部分地区页岩厚度为 0～15.24m，而 92.7°W 以东地区页岩厚度 15.24～45.72m。

　　Fayetteville 页岩可进一步细分为上、中、下三段 (图 3.10)，其中主要的页岩气目的层段为 Fayetteville 页岩上段和下段 (Harpel et al., 2012)。上段由纹层状页岩组成，孔隙度高，厚度为 0～122m，其中在工区东南部 White 区域厚度最薄 (0～15m)，在工区中西部 Van Buren 地区厚度适中 (30～60m)，在工区东北部 Cleburne 地区厚度最大 (60～122m)。中段伊利石及伊蒙混层 (I/S) 含量高，具有高压裂梯度及低孔隙度，通常作为压裂遮挡层。下段分为 FAY 下段、FAY 下段 2 及 FAY 下段 3 三部分，其中 FAY 下段 2 和 FAY 下段 3

为主要目标层段，FAY 下段 2 黏土含量最低，孔隙度最高，下段页岩整体具有天然裂缝发育、孔隙度高、黏土含量低及压裂梯度低的特征（Ramakrishnan et al., 2011）。下段页岩厚度为 0～60m，其中在工区南部 Faulkner-White 地区厚度最薄（0～15m），在工区中部以及北部 Van Buren-Cleburne 地区厚度较大（30～60m）。工区内整个 Fayetteville 页岩层系厚度变化趋势表现为由西向东逐渐变厚，由南向北逐渐变厚，反映当时整个沉积中心位于盆地的东北部。

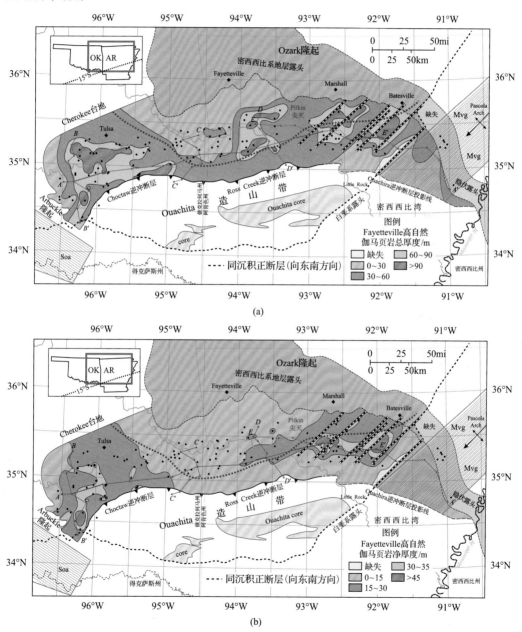

图 3.9　Fayetteville 高自然伽马页岩总厚度(a)和高自然伽马页岩净厚度(b)平面分布图
（据 Houseknecht et al., 2014）

59

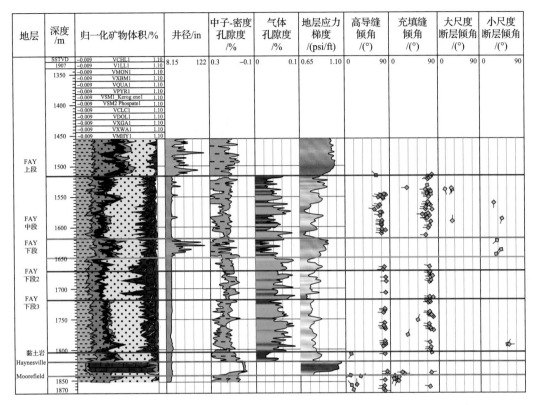

图 3.10 Fayetteville 页岩岩石物理和地应力成果图（据 Ramakrishnan et al., 2011）

5. 地质力学特征

Fayetteville 页岩气主要目标层段 FAY 下段 2 和 FAY 下段 3 页岩地质力学特征存在较大差异（Briggs, 2014）。一是 FAY 下段 2 页岩杨氏模量为 $7.5\times10^3\sim8.7\times10^3$MPa，平均值为 8.2×10^3MPa，明显大于 FAY 下段 3 页岩的 $3.2\times10^3\sim3.6\times10^3$MPa 及其平均值 3.4×10^3MPa；二是 FAY 下段 2 和 FAY 下段 3 两个层段泊松比差异相对较小，分别为 $0.133\sim0.185$ 和 $0.145\sim0.167$（Briggs, 2014）（表 3.2）。

表 3.2　**Fayetteville 页岩地质力学参数统计表**（据 Briggs，2014）

层位	杨氏模量/10^3MPa	泊松比
FAY 下段 2	7.5～8.7（8.2）	0.133～0.185（0.161）
FAY 下段 3	3.2～3.6（3.4）	0.145～0.167（0.156）

注：括号内数据为平均值。

3.2.4　资源分布与潜力

据 Browing 等（2014）估算，Arkoma 盆地中部页岩气开发区面积为 7088.8km²，通过测井解释校正的孔隙体积计算出原始游离气地质储量为 2.27 万亿 m³，技术可采储量为 1.08 万亿 m³，经济可采储量为 0.50 万亿 m³。游离气储量丰度呈现出中部高，为 4.26 亿～

5.04 亿 m³/km²（Pore 县南部、Conway 县西部、Van Buren 县东南部、Cleburne 县西南部），向南、向北降低的趋势（图 3.11）。

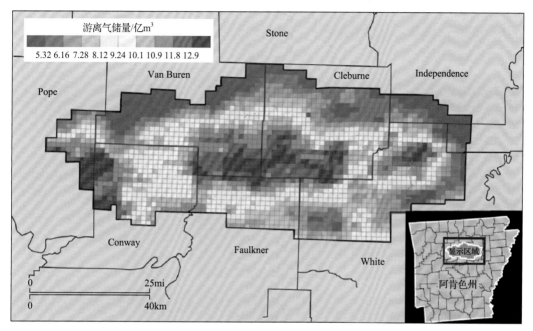

图 3.11　Fayetteville 页岩气区游离气储量丰度图（据 Browing et al., 2014）

3.3　开 发 特 征

3.3.1　水平井及其部署

1. 水平井方位

理论分析认为：平行于最小水平主应力方向部署水平井，压裂后形成与水平井垂直的水力裂缝，可以大幅度提高单井改造体积（SRV），从而获得高产。

Fayetteville 最小水平主应力方向为 NW-SE 向，初期主要按 NW-SE 向布井。由于征用土地边界线主要为 SN 向，按 SN 向布井可以部署更多的井，由此水平井主体方位改为 SN 向（占 56%）。为对比分析不同方位水平井的开发效果，按方位将水平井划分为 NW-SE、NE-SW、SN 及 EW 四个方向，按 EUR 大小将气井划分为四类，依据各类气井比例评价不同方位气井的开发效果。2005～2009 年共投产水平井 1998 口，依据 EUR 由高到低排序，按井数等分为 1～4 共四类，每类约 500 口井。

2009 年投产 832 口水平井，NW-SE 向 1+2 类井比例为 71%，SN 向 1+2 类井比例为 64%[图 3.12（a）]。从短期生产动态看，水平井方位平行于最小主应力时开发效果相对较好。统计 2005～2009 年 1990 口井，NW-SE 向 1+2 类井比例为 39%，而 SN 向 1+2 类井

比例高达 58%［图 3.12(b)］，因此从长期生产动态看，SN 走向的水平井具有更好的开发
效果；另外，NE-SW 与 EW 向的水平井数量较少，1+2 类井与 NW-SE 向的气井比例基
本一致。因此水平井方位是否一定与最小主应力平行，需要依据现场试验结果确定。如
果水平井方位影响不大，则可以灵活部署水平井，以便提高城市规划区等不宜布井区域
的资源动用，另外还可以降低水平井倾角，降低钻遇断层等风险。

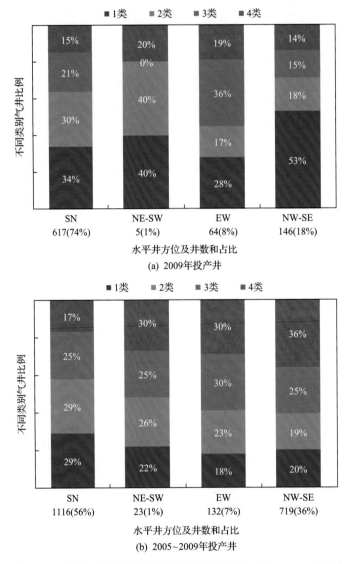

图 3.12　不同水平井方位四类井比例关系图(据 Gülen et al., 2014)

2. 水平段长度

水平段长度逐年提高是美国页岩气开发的大趋势。受地面条件与地下地质条件等限
制，同一年度水平段长度变化范围很大，2013 年水平段长度为 1200~3600m，平均为

1630m。截至 2013 年底，共投产水平井 4950 口，水平段长度大于 1800m 的水平井 1000 口,约占 20%,水平段长度大于 2100m 的水平井 375 口,约占 7.6%[图 3.13(a)](Kimmeridge Energy, 2015)。随着水平段长度的增加与工艺技术的进步,2004~2008 年单位长度的产能缓慢增长。2009 年之后,由于向外围拓展地质条件变差,施工难度逐渐增加,单位长度水平段的产能有所下降,最高 25%的高产气井单位长度(1km)的初产由 2008 年的 9.72 万 m³/d 降到 2014 年的 7.01 万 m³/d,降幅为 17.8%[图 3.13(b)](Kimmeridge Energy, 2015)。但由于水平段长度增加,平均单井产量不断提高,由 2008 年的 8.74 万 m³/d 提高到 2014 年的 10.78 万 m³/d。

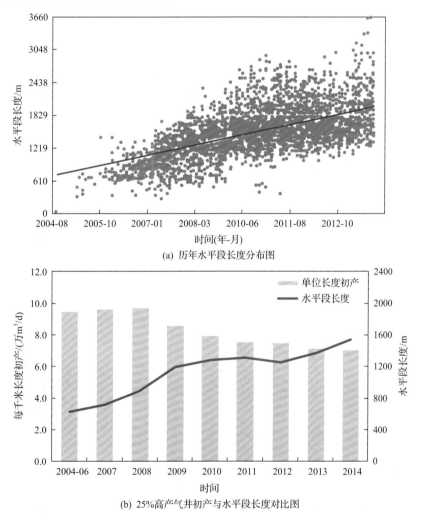

(a) 历年水平段长度分布图

(b) 25%高产气井初产与水平段长度对比图

图 3.13 2004~2014 年水平井长度及单位长度初产关系图(据 Kimmeridge Energy, 2015)

长水平井并不能确保单井一定获得高产,同一长度水平井产量幅度变化很大,如水平段长度 2400m 左右水平井,初期日产量范围 3 万~15 万 m³[图 3.14(a)],但表现为随着水平段长度的增加,单井产量也呈增加的总体趋势。统计分析表明:单井平均初产与水平段长度具有良好的正相关关系［图 3.14(b)］，如水平段长度为 470m 左右的井共 54 口，平均初产 2.97 万 m³/d；水平段长度为 1370m 左右的井共 1553 口，平均初产 5.83 万 m³/d。由于水平段长度超过 2700m 的井数较少，产量偏低，并不具代表性。由于技术进步，随着水平段长度的增加，单井综合成本呈下降趋势，且单井产量也有所提高，由此长水平段水平井可以获得更好的经济效益。在 0.124 美元/m³ 气价下，SWN 公司常规水平井内部收益率约为 10%，长水平段水平井内部收益率则高达 20%；如果气价提高到 0.14 美元/m³，常规水平井内部收益率为 20%，长水平段水平井内部收益率提高到 40%。

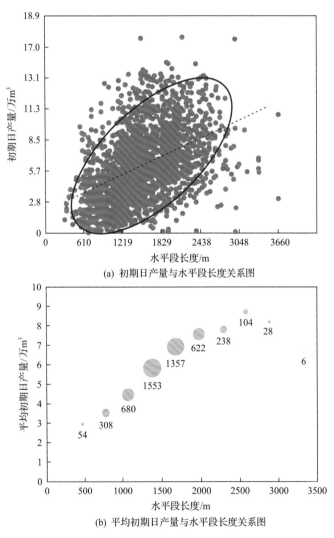

(a) 初期日产量与水平段长度关系图

(b) 平均初期日产量与水平段长度关系图

图 3.14　初期日产量、平均初期日产量与水平段长度关系图(据 Kimmeridge Energy，2015)

图(b)中数字为井数

3.3.2　典型井生产特征

与常规天然气井相比，页岩气井总体表现为单井产量低、初期产量递减快、EUR 相对较小等特点。Fayetteville 页岩气井生产历史曲线表明，在最初的几个月里，天然气产量达到峰值，在接下来几个月里产量逐渐下降 [图 3.15(a)]。根据 Fayetteville 页岩气典型生产曲线也不难看出，随着时间的推移，页岩气产量逐渐降低，其中首年产量递减率最快，累计产量逐渐增加，增加速率逐渐放缓 [图 3.15(b)]。同时，产量下降率开始稳定在第四年相对较低的水平。

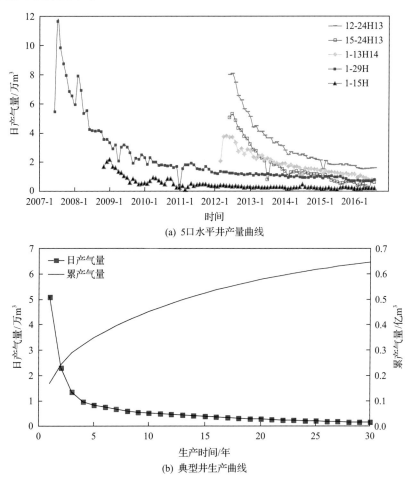

图 3.15　5 口水平井及 Fayetteville 典型井生产曲线(据 Mason，2011)

3.3.3　产量变化与分布特征

1. 产量总体分布特征

Fayetteville 页岩气田 2005～2010 年共投产水平井 2840 口，高峰月平均单井日产气主要分布在 2.83 万～5.66 万 m³，占 36%；其次为 5.66 万～8.5 万 m³ 和小于 2.83 万 m³，各占约 25%；高于 8.5 万 m³ 的气井仅占 14%[图 3.16(a)](Mason，2011)。依据单井高峰月产气量至第 12 月产气量计算首年递减率，首年递减率平均为 56%，其中递减率小于

50%的仅占 31%，50%～60%的占 34%，高于 60%的占 35%[图 3.16（b）]。

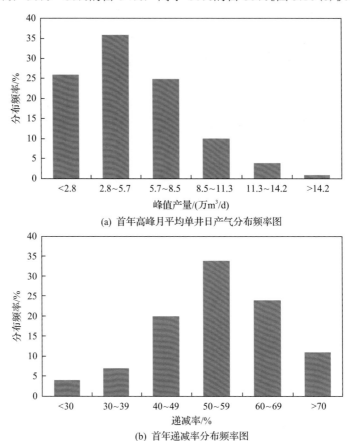

(a) 首年高峰月平均单井日产气分布频率图

(b) 首年递减率分布频率图

图 3.16 Fayetteville 页岩气田高峰月平均单井日产气与首年递减率分布图（据 Mason，2011）

2. 产量平面变化特征

受地质条件与工程技术等多因素影响，页岩气单井产量差异较大（Sheffer，2014）。高产井零星分布，较为分散，仅在局部富集，部分高产区覆盖范围 5～15 个单元（每单元 2.59km²），面积达 10～40km²；在 Conway 县东北至 Cleburne 县中西部一带为高产富集区带，即"甜点区"，"甜点区"内高产井区比例高、高产区连片面积大，但亦存在一定数量的低产井（图 3.17）。

3.3.4　EUR 变化及分布特征

1. 历年 EUR 变化特征

通过对 Fayetteville 页岩气产区 2008～2011 年水平井 EUR（图 3.18）对比图可知，单井 EUR 相对较低，2008 年投产气井 EUR 平均为 0.52 亿 m³，2009～2011 年提高了水平段长度，平均 EUR 提高到 0.86 亿～0.91 亿 m³。

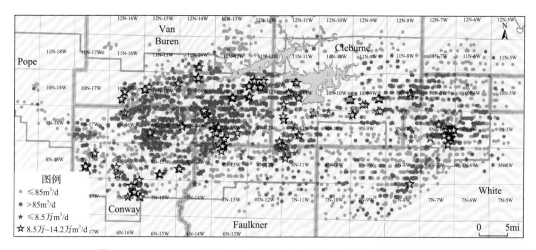

图 3.17 Fayetteville 页岩气田单井产量平面分布图（据 Sheffer, 2014）

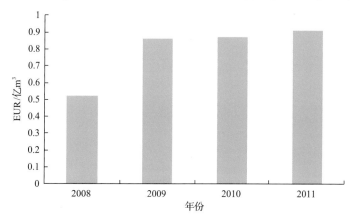

图 3.18 Fayetteville 页岩气田 2008～2011 年单井 EUR 变化趋势图

根据 2005～2012 年单位长度 EUR 变化趋势图（Hwang, 2015）发现，2005 年开发效果相对较差，随着工艺技术的进步，2006 年有大幅提升；2006～2012 年单位长度 EUR 保持相对稳定，标志着开采技术趋于稳定（图 3.19）。

2. EUR 分布特征

2011 年底前投产 3689 口水平井，单井 EUR 分布区间为 0.02 亿～1.86 亿 m^3。Gülen 等（2014）依据单元平均 EUR 将其划分为 6 类：其中大于 0.71 亿 m^3 的 I 类区占 25.7%，0.42 亿～0.71 亿 m^3 的 II —IV 类区占 45.1%，小于 0.42 亿 m^3 的 V—VI 类区占 29.2%（图 3.20）。

针对这种具有较强非均质特征的页岩气产区，为降低开发风险，避免规模出现低产低效井，优选优质储层发育区及有利区，SWN 公司在 8 个县设置 33 个先导试验区（图 3.21），并在 4 个常规气试验区探索比 Fayetteville 页岩层更深的 Moorefield 页岩和 Chattanooga 页岩储层开发的可行性，共完钻 303 口井，其中水平井 219 口（Ershaghi, 2012）；通过开辟早期试验区、滚动开发的方式，逐渐提高地质认识程度，同时持续改进工程技术，有

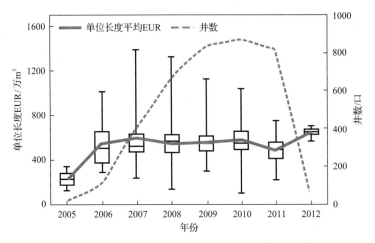

图 3.19　2005～2012 年 Fayetteville 单位长度 EUR 变化趋势图(据 Hwang, 2015)

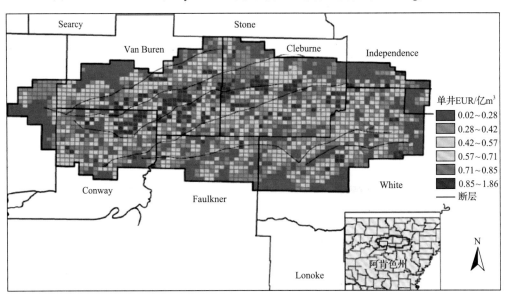

图 3.20　Fayetteville 页岩气田单井 EUR 平面分布图(据 Gülen et al., 2014)

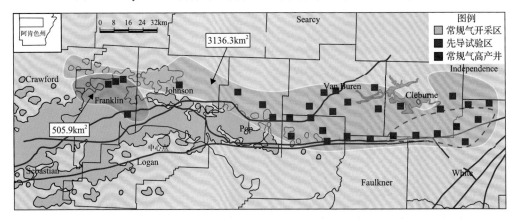

图 3.21　Fayetteville 页岩气先导试验区分布图(据 Ershaghi，2012)

效地提高了开发效果，使低效井的比例不断降低。若把 EUR 小于 0.4 亿 m^3 的井定义为低效井，全区 2007～2013 年低效井的比例占 20.92%，其中 2007～2008 年投产井中，低效井的比例高达 39.12%，2009～2010 年这一比例降低到 18.72%，2011～2012 年进一步降为 10.43%，2013 年仅为 5.51%。

3.4　经验与启示

Fayetteville 是继 Barnett 之后第二个商业开发的页岩气产区，仅用 6 年时间就达到 Barnett 开发 28 年的产能规模，其开发实践对我国页岩气开发具有重要启示：

(1)以富含有机质页岩品质为主线，依据有效储层厚度优选建产有利区，依据厚度、孔隙度、TOC/R_o、埋藏深度和矿物成分五项指标划分核心区与有利区。开发早期设置先导试验区、实施滚动评价开发，避免规模钻遇低效井，降低开发风险，提高开发效果。

(2)随着水平段长度逐渐增加，平均单井产量同步提高，其成本持续降低，技术进步使长水平井取得较好的开发效果与效益。为了提高城市规划区等不宜布井区域的资源动用，在水平主应力差较小条件下，可灵活调整水平井方位部署水平井。

(3)页岩气单井产量低、初期递减快，需持续、大量钻井，并不断提高认识、改进工艺，才能实现降本增效，保持气田上产与稳产。

参 考 文 献

Bai B, Elgmati M, Zhang H, et al. 2013. Rock characterization of Fayetteville shale gas plays. Fuel, 105(3): 645-652.

Berg B. Characterizing Shale Plays: The importance of recognizing what you don't know//Society of Petroleum Engineers Distinguished Lecturer Program. SPE2013-2014 Distinguished Lecturer Series, Houston.

Briggs K E. 2014. The influence of vertical location on hydraulic fracture conductivity in the Fayetteville shale. College Station: Texas A&M University.

Browing J, Tinker S W, Ikonnikova S, et al. 2014. Study develops Fayetteville shale reserves, production forecast. Oil and Gas Journal, 112(1): 64-73.

C & C Reservoirs. 2011. Field evaluation report-north America-Fayetteville shale play: 1-47.

Ershaghi I. 2012. Fayetteville shale gas gase Study.

Gülen G, Ikannikova S, Browing J, et al. 2014. Tinker. Fayetteville shale-production outlook. SPE Economics & Management, 7(2): 47-59.

Handford C R. 1986. Facies and bedding sequences in shelf-storm-deposited carbonates-Fayetteville Shale and Pitkin Limestone (Mississippian), Arkansas. Journal of Sedimentary Petrology, (56): 123-137.

Harpel J, Barker L, Fontenot J, et al. 2012. Case History of Fayetteville shale completions//SPE Society of Petroleum Engineers SPE Hydraulic Fracturing Technology Conference, Woodlands.

Housekneckt D W, Rouse W A, Paxton S T, et al. 2014. Upper Devonian-Mississippian stratigraphic framework of the Arkoma basin and distribution of potential source-rock facies in the Woodford-Chattanooga and Fayetteville-Caney shale-gas systems. AAPG Bulletin, 98(9): 1739-1759.

Hwang A T. 2015. The impact of cluster drilling technology on well productivity and profitability: A case study of the Fayetteville Shale Play. Austin: The University of Texas at Austin.

Kimmeridge Energy. 2015. Deconstructing the Fayetteville: Lessons from a mature shale play. http://kimmeridge.com/wp-content/uploads/2018/12/Kimmeridge-Deconstrucingthe-Fayetteville.pdf.

Mason J E. 2011. Well production profile for the Fayetteville shale gas play resvisited. Oil and Gas Journal, Pre-Publication. http://www.solarplan.org/documents/Well%20Production%20Profiles%20for%20the%20Fayetteville%20Shale%20Gas%20Play%20Revisited_Mason_9%20April%202012.pdf.

Ramakrishnan H, Peza E A, Sinha S, et al. 2011. Understanding and predicting Fayetteville shale gas production through integrated seismic-to-simulation reservoir characterization workflow//SPE Annual Technical Conference and Exhibition, Denver.

Sheffer G. 2014. The Fayetteville Shale. Spring: Southwestern Energy.

第 4 章

Haynesville 页岩气产区

Haynesville 页岩气产区位于得克萨斯州东北部以及路易斯安那州西北部的墨西哥湾盆地 Sabine 隆起，具有典型的高温高压特征，地层温度为 71~143℃，地层压力为 54~98MPa。埋藏深度为 2700~4900m，北浅南深；页岩储层厚度为 15~130m，北厚南薄。Haynesville 页岩平均孔隙度为 8%~10%，含水饱和度为 20%~30%，基质渗透率为 5~800nD，TOC 含量为 2%~6%，R_o 为 1.4%~2.2%。Haynesville 页岩于 2007 年投入开发，采用先评价后规模上产的开发模式，水平井部署方位为南北向，合理井网密度 0.46km²/口，水平井长度逐年增加；2012 年页岩气产量 713 亿 m³，成为当时产能规模最大的页岩气产区，2019 年页岩气产量为 925 亿 m³，是北美第三大页岩气产区。

4.1 勘探开发历程

Haynesville 页岩气产区面积约为 13468km²，主要位于得克萨斯州东北部以及路易斯安那州西北部，得克萨斯州境内主要覆盖 Harrison、Rusk、Panola、Shelby 等 7 个县，路易斯安那州境内主要覆盖 Caddo、Bossier、De Soto、Red River 等 8 个县(图 4.1)。已完钻页岩气井主要位于路易斯安那州，占比超过 70%。

4.1.1 勘探历程

2004 年 4 月，第一口钻探 Haynesville-Bossier 页岩的发现井(Elm Grove Plantation#15 井)显示出良好的含气性(Pope et al., 2009)。2005 年 10 月 Encana Oil and Gas 公司在路易斯安那州 Red River 县连续开钻 3 口评价井，通过岩心分析及测井解释证实 Bossier 底部和 Haynesville 发育约 335m 厚的优质页岩(Brittenham, 2013)。2006 年早期，随着 Penn Virginia Oil and Gas 公司的加入，大量测试资料证实 Haynesville 页岩具有实施水平井和多段压裂技术的可行性，2007 年 12 月，第一口水平井 SLRT#2 成功完钻，初期产量 7.36 万 m³/d(Pope et al., 2009)，拉开了 Haynesville 页岩大规模勘探开发的序幕，随后

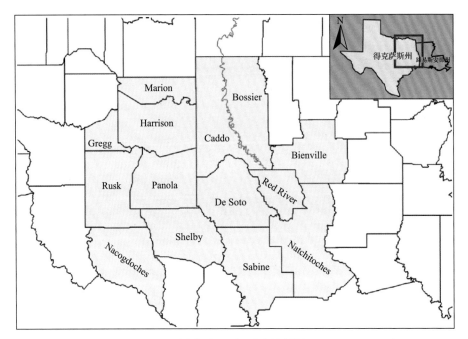

图 4.1　Haynesville 页岩气产区地理位置图(据 Parker et al., 2009)

Encana Corporation、Devon Energy、Southwestern Energy 等超过 15 家公司先后进入该区进行工业化开采。

4.1.2　开发历程

　　Haynesville 页岩气产区按照完钻井数与产量变化可分为三个开发阶段：①建产期(2008～2012 年)，该阶段大量钻井，产量迅速上产；②递减期(2013～2016 年)，受成本和天然气价格的影响，新井数量大幅减少，产量迅速递减；③恢复期(2017 年至今)，伴随着技术的进步以及天然气价格的提升，投产力度逐渐恢复，产量逐步提升。

　　建产期：Haynesville 在 2007 年末投入商业开发，初期以直井为主，主要目的是评价储层物性和获取岩心资料。随着天然气价格持续走高，相应基础配套设施及压裂工艺逐步完善，投产井数和水平井数量急剧增加。2010 年，Henry Hub 天然气价格约为 4.5 美元/MMBtu[①]时，223 部钻机处于活跃状态，投产井数达到历史之最，2010 年和 2011 年共投产井数约 1900 口，Haynesville 页岩气田产量也随之迅速上升，2012 年 1 月产量达到历史峰值 2.09 亿 m³/d，成为当时北美第一大页岩气田。

　　递减期：天然气价格不稳定，大幅度波动，高生产成本导致开发生产不足以弥补亏空，投产井数暴跌，2016 年 Henry Hub 天然气价格不足 2 美元/MMBtu 时，钻机数量不足 20 口，Haynesville 页岩气产量在 2016 年 3 月下跌至 0.98 亿 m³/d，相比 2012 年 1 月降幅高达 53%。

　　恢复期：2017 年随着生产成本的降低、开发技术的优化以及天然气价格的逐步升

---

　　① 1MMBtu=2.52 亿 cal=1.05435GJ。

高，投产井数逐步恢复，气田产量稳步提高，2017 年产气量约 469 亿 m³，2018 年 10 月超过历史峰值产量，产气量达 712 亿 m³，2019 年产气量继续上升至 925.5 亿 m³。截至 2019 年底，Haynesville 页岩气产区累计产气量 5750 亿 m³ (图 4.2)。

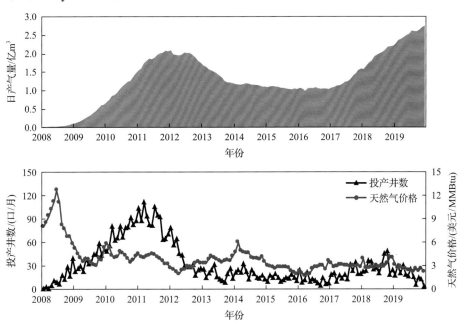

图 4.2 Haynesville 页岩气产区日产气量、月投产井数及天然气价格与时间关系图

4.2 地 质 特 征

Haynesville 页岩位于墨西哥湾盆地中北部背斜带，构造稳定，页岩发育少量微裂缝，是一套在相对半封闭沉积环境下形成的、富含有机质的上侏罗统页岩，具有埋藏深、温压高、厚度大等特点。整体而言，其资源丰富，开发潜力大。

4.2.1 构造特征

1. 区域构造特征

Haynesville 页岩分布于墨西哥湾盆地中北部背斜带，这个地区被称为 Sabine 隆起，其东侧为北路易斯安那盐丘盆地，西侧为东得克萨斯盐丘盆地，北部为 Ouachita 山脉，并沿着路易斯安那州和阿肯色州边界发育一系列断裂带，南部为墨西哥湾盆地中心区 (图 4.3)。

2. 断裂特征

Haynesville 页岩在盆地内连续发育、构造稳定，页岩中发育少量微裂缝，在西南及东南部分发育大型生长断层，可横向延伸几十千米甚至上百千米(图 4.4)。在大型断层附近，由于保存条件不足，不利于页岩气"甜点区"形成，布井数量在大型断层附近急剧减少。

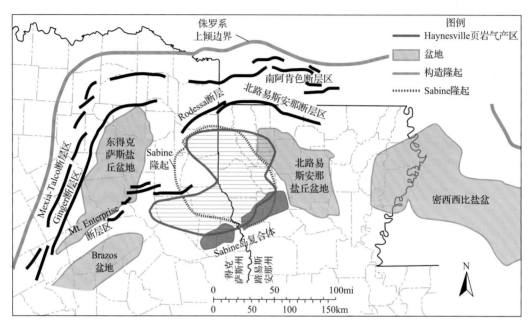

图 4.3　Haynesville 页岩气产区区域构造图(据 Hammes et al., 2011)

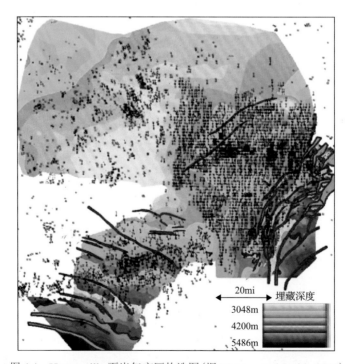

图 4.4　Haynesville 页岩气产区构造图(据 Metzner and Smith, 2013)

3. 储层埋深

Haynesville 页岩气产区进一步可细分为 7 个区：①Shelby Trough；②Carthage；③Greenwood-Waskom；④Spider；⑤Woodardville；⑥Caspiana Core；⑦Haynesville Combo（图 4.5）。页岩埋藏深度 2700～4900m，呈现出北浅南深的格局(图 4.5)。北部沉积中心埋深小于 3000m，南部(①区、④区和⑤区南部)埋深超过 4200m，其中埋藏深度较深的区域大型生长断层普遍发育。

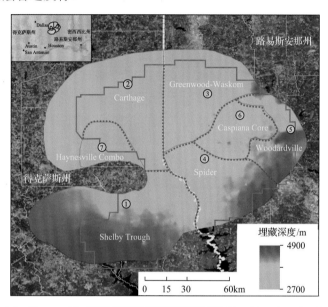

图 4.5   Haynesville 页岩气产区埋藏深度图(据 Wood Mackenzie, 2016)

4.2.2   地层及沉积特征

1. 地层特征

Haynesville 页岩形成于晚侏罗世，位于 Smackover 石灰岩之上和 Bossier 页岩之下（图 4.6)。Bossier 页岩是晚侏罗世碳酸盐岩和硅质碎屑岩层中的远端沉积，页岩之下是相对较薄的蒸发岩和碳酸盐岩，并在 Sabine 隆起上覆盖着粉砂岩和砂岩。从 Haynesville 到 Bossier 的过渡层标志着沉积环境的一个重要转变，从富含碳酸盐和有机质沉积物的半封闭环境转变为富含硅质碎屑、贫有机质沉积物的开阔环境。Haynesville 页岩和 Bossier 页岩地层覆盖在 Smackover 碳酸盐岩之上，为海平面长期上升作用的结果。

2. 沉积特征

Haynesville 页岩具有多源沉积的特点，既有盆地内原生的碳酸盐沉积，也有外源的碎屑沉积。碳酸盐主要来自西侧碳酸盐岩台地及鲕粒滩，碎屑来自东北部三角洲、滨岸沉积。碳酸盐岩台地、鲕粒滩、古隆起以及深水陆棚形成的局限盆地环境，造成页岩具有较强的非均质性(图 4.7)。

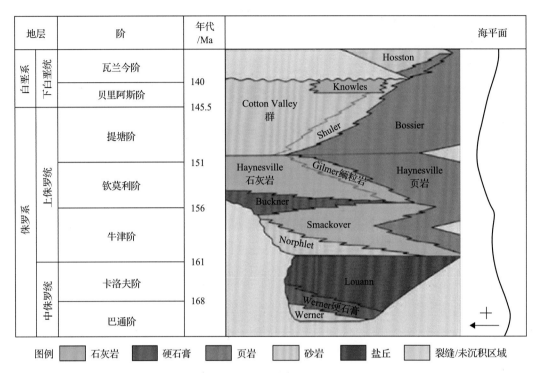

| 地层 | | 阶 | 年代/Ma | 海平面 |

图 4.6　Haynesville 页岩地层纵向分布图（据 Keator, 2018）

图例　石灰岩　硬石膏　页岩　砂岩　盐丘　裂缝/未沉积区域

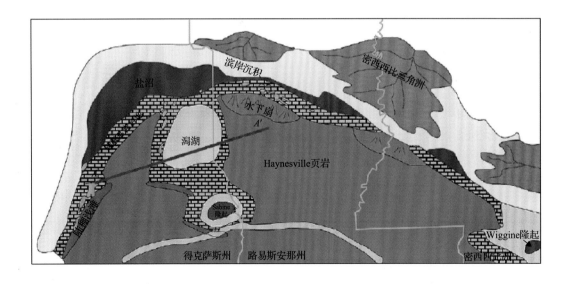

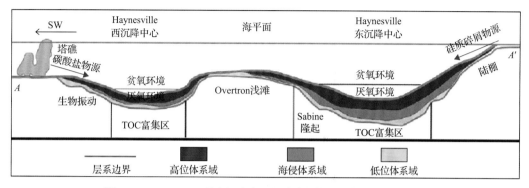

图 4.7　Haynesville 页岩沉积相及沉积剖面图(据房大志等, 2015)

4.2.3　储层特征

1. 岩石矿物特征

Haynesville 页岩是一套富含有机质的硅质页岩，页理发育，富含多种生物化石，包括菊石、双壳类、海胆等。利用 X 射线衍射分析所得到的大量矿物学数据对 Haynesville 页岩气产区上侏罗统岩石矿物学特性进行了定量评价(图 4.8)。

石英含量为 12%～46%(质量分数)，常与方解石含量成反比。在整个地层剖面中均不存在钾长石，在 Smackover 组上段较粗的沉积物中偶尔观察到角状粉粒的微斜钾长石颗粒。斜长石含量一般为 3%～12%，方解石含量为 3%～60%，白云岩含量从 0%到 18% 不等，黄铁矿含量为 1%～15%，最低的部位在 Smackover 组上段，最高的部位在 Rabbit Ears 组下段。黏土含量为 8%～55%，薄片和扫描电镜(SEM)中可观察到数量不等的白云母、绿泥石和伊利石。

2. 有机地球化学特征

Haynesville 页岩 TOC 含量平均为 2%～6%，纵向上从上 Smackover 石灰岩到下 Bossier 页岩有增大趋势。Smackover 石灰岩—Haynesville 页岩过渡层到下 Haynesville 页岩之间的夹层 Rabbit Ears 页岩 TOC 含量最高，平均含量超过 5%(图 4.9)，且 TOC 含量与孔隙度呈良好的正相关关系(图 4.10)。

Haynesville 组 R_o 为 1.4%～2.2%，有机质干酪根类型主要为Ⅰ型和Ⅱ$_1$型，有机质成熟度主体处于过成熟早期—中期阶段，以生干气为主。

3. 储层物性

Haynesville 页岩平均孔隙度为 8%～10%，含水饱和度为 20～30%，从孔隙度与厚度乘积等值线图可知，其呈现中部和南部较大，向周围缩小的趋势(图 4.11)。

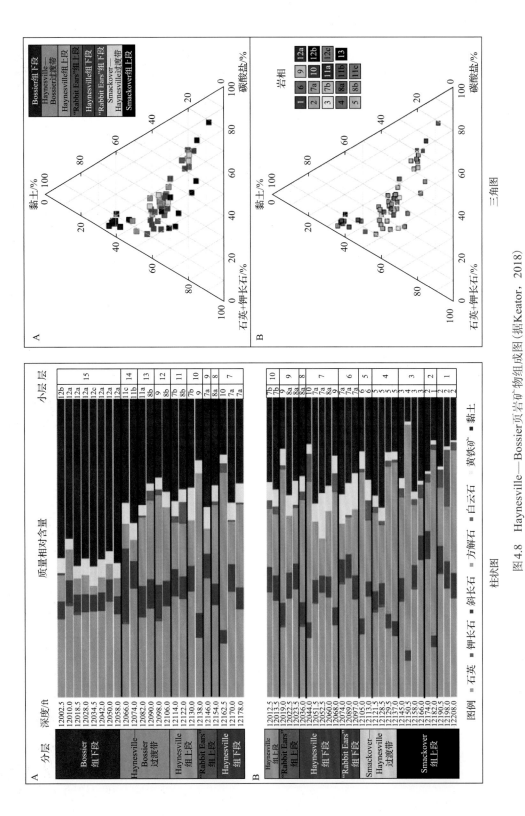

图 4.8　Haynesville—Bossier 页岩矿物组成图（据 Keator，2018）

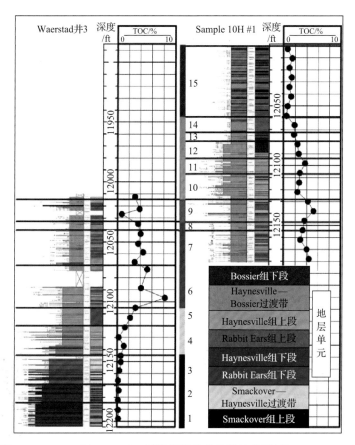

图 4.9　Haynesville—Bossier 页岩有机地球化学柱状图（据 Keator, 2018）

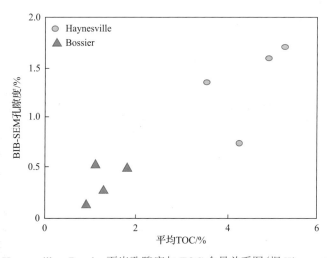

图 4.10　Haynesville—Bossier 页岩孔隙度与 TOC 含量关系图（据 Klaver et al., 2015）

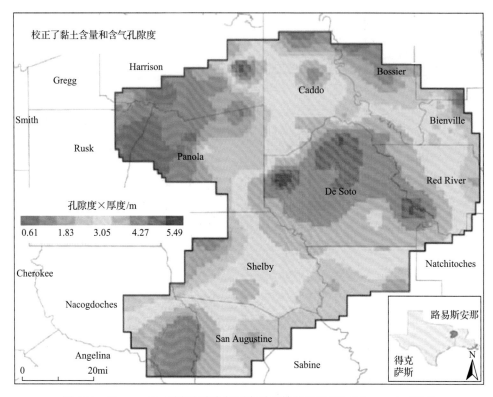

图 4.11　Haynesville 页岩孔隙度与厚度乘积等值线图(据 Gülen et al., 2015)

通过抛光扫描电镜(BIB-SEM)研究 Haynesville 页岩孔隙空间形态, 主要可以分为四种储集类型: 有机质间孔(IntraO)、有机质矿物内孔隙(InterOM)、矿物内孔隙(InterM)、矿物间孔隙(IntraM)。对孔径大小及其比例进行量化表征: 孔径 10nm 以下的孔隙数量最多, 但占比较小; 孔径 10～100nm 的孔隙对网格连通性和流体流动贡献最大; 孔径 100～2000nm 的孔隙体积最大, 对流体储层能力贡献最大(图 4.12)。

4. 储层展布

从 Haynesville 页岩典型剖面可知(图 4.13), Haynesville 页岩气田储层厚度差异较小, 大部分厚度较大, 主要集中在 30～60m。全区厚度分布在 15～130m, 呈现北厚南薄的特征, 北部沉积中心(②区、③区北部)最厚达 120～130m, 南部(①区、④区南部)则小于 30m(图 4.14)。

5. 地质力学特征

Haynesville 页岩泥质含量高, 储层杨氏模量较低, 为 $1.5 \times 10^{-6} \sim 2.5 \times 10^{-6} N/m^2$; 泊松比较高, 为 0.25～0.32, 表现为较强的塑性特征。裂缝闭合压力梯度高, 为 2.04～2.5MPa/100m, 导致地层裂缝更易闭合, 因此要实现该区效益开发须加大储层改造力度。

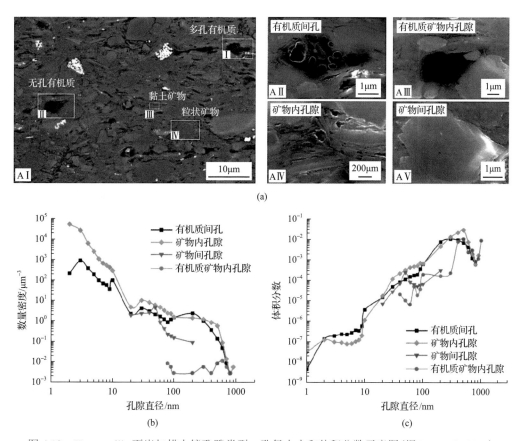

图 4.12　Haynesville 页岩扫描电镜孔隙类型、孔径大小和体积分数示意图(据 Ma et al., 2018)

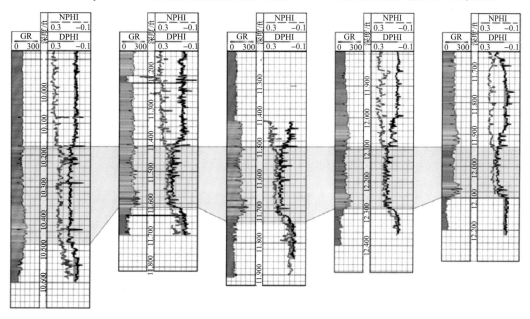

图 4.13　Haynesville 页岩产区典型剖面图(据 Browning et al., 2015)

GR-自然伽马，单位 API；NPHI-中子孔隙度；DPHI-密度孔隙度

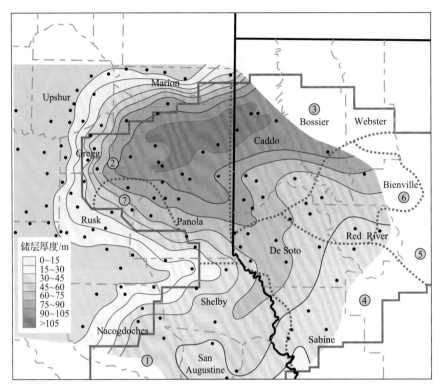

图 4.14　Haynesville 页岩储层厚度图（据 Hammes et al., 2011）

6. 温压特征

由于储层埋深较大，Haynesville 页岩具有高温高压特性，压力梯度为 1.81～1.92MPa/100m，根据实测数据推算至储层中部深度，地层压力为 54～98MPa，地层温度为 71～143℃。

4.2.4　资源分布与潜力

Haynesville 页岩游离气储量约为 19.8 万亿 m³，净游离气储量为 12.8 万亿～13.8 万亿 m³（Gülen et al., 2015）。技术可采储量约为 4.16 万亿 m³，游离气储量丰度整体呈现出中部和南部高，向周围降低的趋势，高值主要分布在⑥区全区以及①区和⑤区南部，为 11.95 亿～17.5 亿 m³/km²（图 4.15）。

4.3　开　发　特　征

Haynesville 页岩气产区单井具有初期产量高、递减快等特点，主体采用先评价后规模上产的开发模式；单平台双排布井作业，三开井身结构设计，井间距 200m，井网密度 0.46km²/口，水平段长度逐年增加，水平井方位为南北走向；采用缩小段间距、簇间距

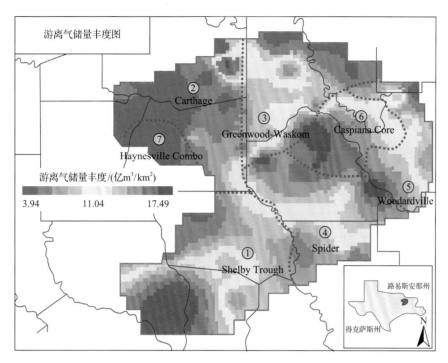

图 4.15　Haynesville 页岩气田游离气储量丰度图（据 Gülen et al., 2015）

并加大泵入液量和砂量，从而实现大规模改造，增大泄气面积。通过工艺技术的不断改进，Haynesville 页岩气产区生产成本逐步降低，开发潜力区域范围越来越大。

4.3.1　水平井及其部署

1. 水平井方位

Haynesville 页岩气产区主要位于 Sabine 隆起带，该背斜带在东西向的挤压应力作用下形成，呈南北走向，其最小主应力方向为南北向，位于 Sabine 隆起带的 Haynesville—Bossier 页岩气区水平井部署方向大致为南北向，与最小水平主应力方向平行（图 4.16）。

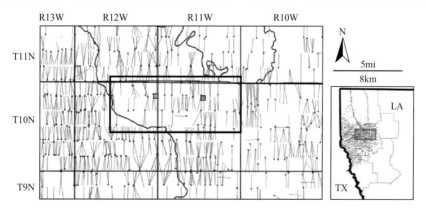

图 4.16　Haynesville 页岩气产区井位部署方向示意图（据 Keator, 2018）

2. 井网井距

在布井作业方式上，Haynesville 页岩气产区采用平台式设计，单平台双排布置，一个平台部署 8 口井，平均单井占用井场面积小，平台利用率高，井间距 200m，理想井网密度 0.46km²/口。为了评估目前井网井距是否合理，BHP 公司对 Haynesville 页岩气井压窜影响程度进行评价统计，结果表明当老井与新井之间的距离小于 1500m，老井井底流压小于 14MPa 时，新井加密容易压窜，导致井间干扰。2011 年，Encana 公司尝试采用"勺"形布井，通过"勺"形反向造斜缩小靶前距，对平台正下方储量进行利用，资源利用率高(图 4.17)。

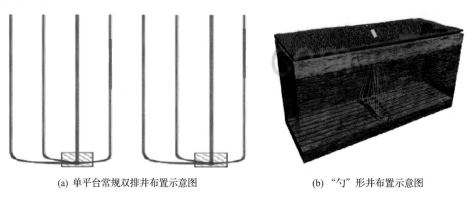

(a) 单平台常规双排井布置示意图   (b) "勺"形井布置示意图

图 4.17　Haynesville 页岩气产区布井示意图

3. 井网部署

开发初期，对该区的地质认识还不十分清晰、产能主控因素尚不明确，2007 年只在②区、③区两个区域部署了少量井。2008 年在更大范围内拓展，新增 78 口井，分布在 57 个窗口，评价范围遍布 5 个区，以期能快速获得全区不同地质条件下气井生产情况，从而寻找"甜点区"[图 4.18(a)]。

经过 2007~2008 年遍布 5 个区的评价，对各区气井生产效果认识更加清晰，为了提高开发效果，降低开发风险，迅速在有利区集中部署，2009 年共投产 422 口井，部署在核心区及周围高产部位，分布在 238 个窗口，其中新窗口 205 个，新井主要集中在⑥全区、③区南部和④区北部，②区全区评价但井数较少[图 4.18(b)]；2010 年主体围绕前期部署井向外拓展，同时加大西南部①区及东南部④区和⑤区开发力度，但井数相对较少[图 4.18(c)]；2011 年以已有窗口布井为主，同时进一步向深层拓展，逐步在①区、④区和⑤区南部布井[图 4.18(d)]。随着大规模钻井，Haynesville 页岩气产量也随之快速上升，2010 年年产量为 389 亿 m³，2011 年年产量跃升到 683 亿 m³，2012 年年产量达到历史最高水平 714 亿 m³。由于 2012 年天然气价格暴跌，新钻井数减少，新增气井部署以"甜点区"⑥区及其邻近④区和⑤区井网加密为主，新增窗口主要在⑦区及④区、⑤区南部[图 4.18(e)]，以规避开发风险。

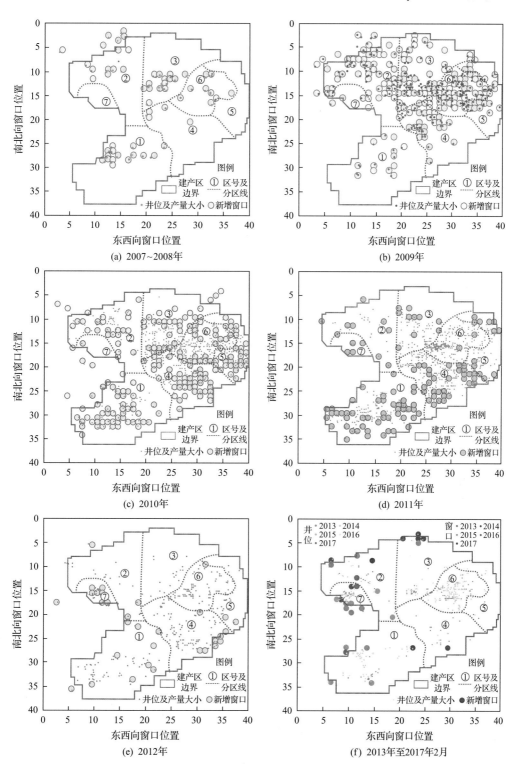

图 4.18　2007～2017 年 Haynesville 页岩气产区布井示意图(据万玉金等, 2021)

图中小圆点代表井位, 大圆圈代表窗口, 不同年度颜色各异

Haynesville 页岩具有埋藏深度大、地层温度、压力高等特点，其钻井成本相比北美其他页岩气产区更高，因此其开发效益更依赖于单井高产。2013~2016 年天然气价格不稳定、大范围波动，井数逐年减少，新增窗口数更是越来越少。当天然气价格下跌时，开发商主要选择在老区补充布井，避开投资高风险区域，井位部署更多集中在"甜点区"⑥区，以及埋藏浅的②区和⑦区[图 4.18(f)]。

图 4.19(a) 为 2017 年井网密度图，图中圆圈面积越大表示窗口中的井数越多。经过 10 年左右的勘探与开发，Haynesville 在 7 个区都部署了一定数量的开发井，但在⑥区核心区气井数量最多，井网密度最大，其他区域井网密度相差不大。按 Haynesville 理想井网密度 0.46 口/km² 测算，每个窗口布井数可达 36 口。从图 4.19(b) 中可知，截至 2017 年，部署 1~3 口井的窗口数占比近 48%，大于 8 口井的窗口数占比只有 18.4%，超过 10 口井的窗口占比 12.3%。可见开发历经十年之久，井网密度还是十分低，每个窗口平均只有 5.3 口井，距离 36 口井的理想布井状态，还有很大的布井潜力。其原因是多方面的：①Haynesville 开发有利区面积大，生产页岩气的油气公司多，具有更多的井位部署选择；②与北美其他页岩气产区相比，Haynesville 埋藏深，裂缝欠发育，基质渗透率低，但孔隙度高、储量丰度高，每个窗口可布井数量多；③"甜点区"井网密度(⑥区)远高于非"甜点区"，主要是非"甜点区"经济性相对较差，在气价低迷阶段，评价建产节奏很低。

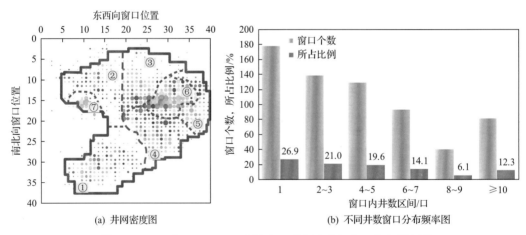

(a) 井网密度图   (b) 不同井数窗口分布频率图

图 4.19　2017 年 Haynesville 页岩气田井网密度与窗口分布频率图

4. 水平井长度

2008 年 Haynesville 页岩气田处于商业开发初期阶段，水平段长度平均约为 800m；2009 年水平井大规模应用后上升到 1400m 左右；随后几年缓慢增长，这主要是由于路易斯安那州租赁条约及矿权限制，水平段长度不得超过 1400m，个别长水平井主要集中在得克萨斯州；如今随着可溶桥塞的大规模使用以及钻完井技术的不断进步，2020 年平均水平段长度增至 2476m，较初期提高 210%[图 4.20(a)]，并且可在一个平台上钻遇 Bossier

页岩储层和 Haynesville 页岩储层。图 4.20(b)为不同长度水平井井数图，从中可知水平井长度为 1000～1500m 的井数最多，共 2607 口，占比约为 31.8%；水平井长度为 1500～2000m 的井数次之，共 883 口，占比约 20.4%；水平井长度超过 3500m 的水平井共 92 口，占比约为 2.14%；水平井长度最长为 4380m。

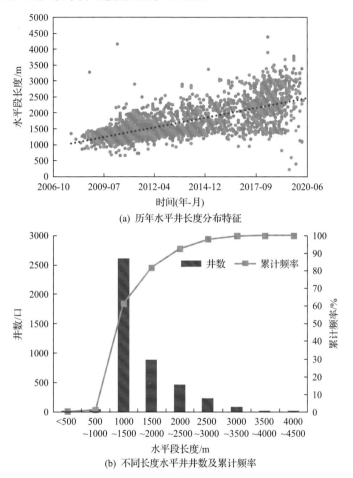

(a) 历年水平井长度分布特征

(b) 不同长度水平井井数及累计频率

图 4.20　Haynesville 页岩气产区水平井长度变化趋势图

虽然水平度长度逐年提高，但建井周期稳定在 110～150 天。2010 年平均建井周期为 141.6 天，2019 年平均建井周期 147.7 天(图 4.21)。此外，通过技术的持续优化与升级，单段压裂成本和百米压裂成本逐年降低，单井总成本基本稳定：2010 年单段压裂成本 43.8 万美元/段，百米段长压裂成本 37.1 万美元，单井成本 838.2 万美元；2019 年单段压裂成本 7.5 万美元/段，百米段长压裂成本 17.8 万美元，单井成本 897 万美元(图 4.22)。

4.3.2　产量变化与分布特征

1. 典型井产量变化特征

Haynesville 页岩气产区典型井初期产量 53 万 m^3/d，平均单井 EUR 为 2.1 亿 m^3

（图 4.23）。根据典型井产量测算，Haynesville 页岩气单井首年采出 EUR 的 34%，前三年采出 64.8%，前 10 年采出 80%。单井无稳产期，达到峰值产量后迅速递减。

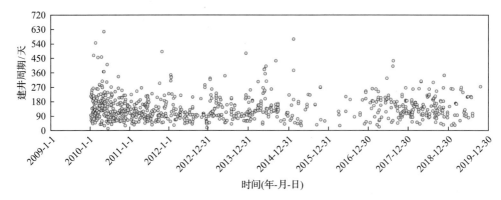

图 4.21　Haynesville 页岩气产区埋深 3000～3500m 完钻页岩气水平井建井周期分布

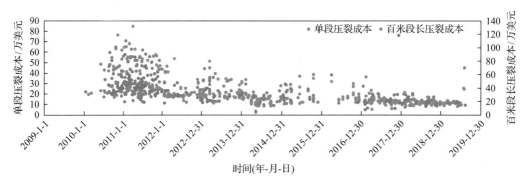

图 4.22　Haynesville 页岩气产区埋深 3000～3500m 完钻页岩气单段压裂成本和百米段长压裂成本分布

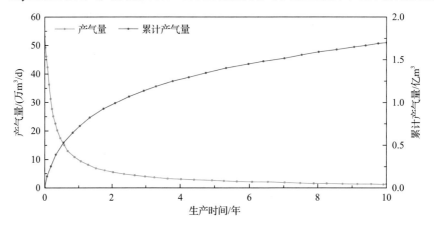

图 4.23　Haynesville 页岩气产区典型井生产曲线

2. 不同水平井长度产量变化特征

绘制 Haynesville 页岩气田平均水平井长度与单位长度 EUR 关系图，从图 4.24 可知，当气井水平段长度介于 625～2500m 时，单位长度 EUR 曲线波动变化，即当水平井长度介于 625～2000m 时，单位长度 EUR 呈下降趋势，但当水平井长度超过 2000m 时，单位长度 EUR 又开始逐渐上升。图中彩色点处单位长度 EUR 最高，对应水平段长度 2375m。这主要是由于水平井投产时间差异较大，工艺技术水平不一致，导致产量差异较大。当水平井长度继续增加，超过 2500m 时，单位长度 EUR 逐渐下降。

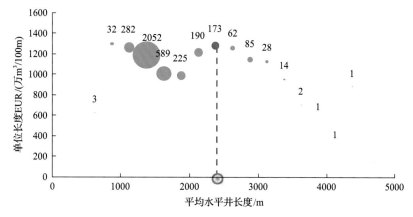

图 4.24　Haynesville 页岩气产区平均水平井长度与单位长度 EUR 关系

图中数字代表井数

3. 历年产量变化特征

Haynesville 页岩埋藏深、地层压力高导致气井总体表现为单井初期产量高、无稳产期、递减快，统计 3554 口水平井生产数据后发现：高峰月平均单井日产气 25 万 m³，其中分布在 20 万～40 万 m³ 的井占比最大，约为 69%；其次为小于 20 万 m³ 的井，约占 24%，大于 40 万 m³ 的井占比最少，约 7%，鉴于 Haynesville 页岩气产区采用"控压生产"方式，其实际初期产量可能更高[图 4.25 (a)]。依据高峰月产气量至第 12 月产量计算首年递减率，平均值约 68.1%，其中首年递减率主要分布在 70%～90%，约占 50%；其次为 50%～70% 的井，约占 36%；小于 50% 和大于 90% 的井分别占 11% 和 3%[图 4.25 (b)]。

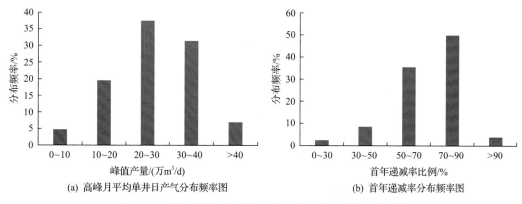

图 4.25　高峰月平均单井日产气与首年递减率分布频率图

为了更加清晰地显示不同投产年份气井产量变化情况，绘制 Haynesville 页岩气产区历年投产井标准化生产曲线(图4.26)以及Haynesville页岩气产区历年投产井首年产量递减率(图4.27),从中可知整体上随着投产年份的增加,气井产量递减幅度逐渐减小,2010年投产气井递减最快,生产末期与其他年份投产气井产量差异较大,这主要是由于随着投产时间的增加,越来越多的井开始采用"控压生产"方式;投产井首年产量递减率总体同样呈小幅度下降趋势,由2009年的70.6%降低至2019年的50.6%。

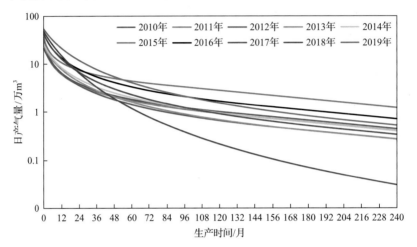

图4.26　Haynesville页岩气产区历年投产井标准化生产曲线

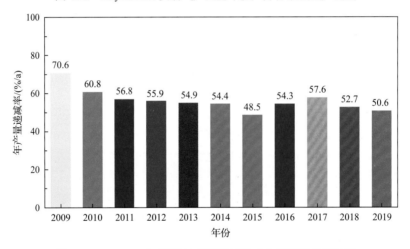

图4.27　Haynesville页岩气产区历年投产井首年产量递减率

4. 分区产能变化特征

Haynesville页岩气田初期采用"放压"生产方式,在这种生产方式下,通常采用前一个月或前三个月的平均日产气量(IP)评价气井初始产能,在此条件下得到的IP可以进行对比研究。开发效果最好的产区为⑥区,这是由于该产区页岩孔隙度大、微裂缝较发育,其单井初期平均产量33万 m^3/d,单井EUR为3.17亿 m^3,内部收益率达17%,净现值188万美元;开发效果最不理想的产区为②区,主要是由于页岩物性差、品质低,其单井初期平均产量为 18 万 m³/d，单井 EUR 为 1.72 亿 m³，内部收益率 2%，净现值 –263 万美元，由此可见，Haynesville 页岩各产区开发效果差别较大，高产井主要集中在⑥Caspiana Core 产区（表 4.1）。

表 4.1　**Haynesville 页岩各产区开发效果表**（据 Wood Mackenzie, 2016）

产区	单井初期产量/(万 m³/d)	单井 EUR/亿 m³	内部收益率/%	净现值/万美元
①Shelby Trough	32	2.44	6	–172
②Carthage	18	1.72	2	–263
③Greenwood-Waskom	23	2.48	10	3
④Spider	33	2.49	10	9
⑤Woodardville	32	2.87	11	92
⑥Caspiana Core	33	3.17	17	188
⑦Haynesville Combo	16	2.59	13	114

5. 分类产量变化特征

绘制 Haynesville 页岩气产区各单元 EUR 分布特征，如图 4.28 所示。从图中可知，Haynesville 页岩气产区 EUR 大致可分为 6 类，分别是六类区 EUR＜0.57 亿 m³，五类区 EUR 为 0.57 亿～0.85 亿 m³，四类区 0.85 亿～1.13 亿 m³，三类区 1.13 亿～1.56 亿 m³，二类区 1.56 亿～1.98 亿 m³ 以及一类区 1.98 亿～3.40 亿 m³，其中高产井（一类区）主要分布在⑥区以及①区南部，其余区域高产井分布较散。

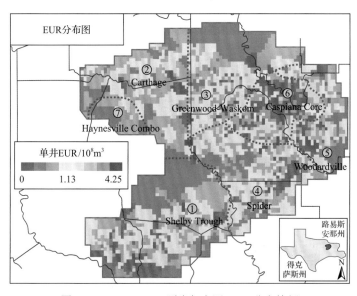

图 4.28　Haynesville 页岩气产区 EUR 分布特征

根据 EUR 分类结果，绘制不同分类产量变化曲线，如图 4.29 所示。从中可知：不同分类单井日产曲线都在投产初期迅速上升到峰值产量，随后迅速递减；一类区单井峰值产量约 18 万 m³/d，平均单井 EUR 为 2.24 亿 m³；二类区单井峰值产量 14 万 m³/d，平均单井 EUR 为 1.67 亿 m³；三类区单井峰值产量 11.5 万 m³/d，平均单井 EUR 为 1.27 亿 m³；四类区单井峰值产量 9.5 万 m³/d，平均单井 EUR 为 0.93 亿 m³；五类区单井峰值产量 7 万 m³/d，平均单井 EUR 为 0.68 亿 m³；六类区单井峰值产量 4 万 m³/d，平均单井 EUR 为 0.40 亿 m³。

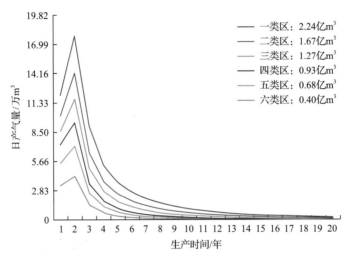

图 4.29　Haynesville 页岩气产区不同 EUR 分类平均单井产量曲线

6. 产量预测

图 4.30 为 Haynesville 页岩气产区不同情形产量预测曲线，从图中可知：低情形下

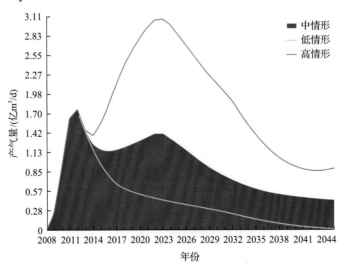

图 4.30　Haynesville 页岩气产区不同情形产量预测曲线

（天然气价格 3 美元/MMBtu），全区产量未来将一直处于递减阶段，预测 2045 年，共投入新井 1971 口，累计产量 5125 亿 m³，Haynesville 页岩产区 60%的面积将被合理开发；中情形下（天然气价格 4 美元/MMBtu），全区产量在 2022～2023 年达到峰值，产气为 1.3 亿～1.4 亿 m³/d，随后开始递减，预测 2045 年，共投入新井 6268 口，累计产量为 11950 亿 m³，Haynesville 页岩产区 80% 的面积将被合理开发；高情形下（天然气价格 6 美元/MMBtu），全区产量同样在 2022～2023 年达到峰值，约为 3 亿 m³/d，预测 2045 年，共投入新井 12640 口，累计产量为 23701 亿 m³，Haynesville 页岩产区 90%的面积将被合理开发。

4.3.3 产能主控因素分析

1. 储层非均质性影响浅层 EUR 分布，高温高压特性影响深层 EUR 分布

储层埋深较浅区域，如北部 Caddo、Bossier 埋深在 3300m 左右，其 EUR 分布主要受储层非均质性影响，孔隙度、厚度越大，游离气储量丰度越高，EUR 大于 2 亿 m³ 的单井连片分布，只出现个别低产低效井。

储层埋藏较深区域，如南部 San Augustine 埋深超过 4000m，其 EUR 分布主要受储层高温高压物性的影响，在孔隙度、厚度较大区域，Haynesville 页岩区块特殊的高温高压特性（压力梯度约为 2MPa/100m，温度为 71～143℃）导致钻完井难度增大、相应配套设备、技术不完善，EUR 大于 2 亿 m³ 的单井与低产低效井间互分布，低产低效井比例占绝大部分（图 4.31）。

2. 以富含"MR"为主线，寻找"甜点中的甜点"，提高优质井比例

为了提高优质井比例，保证"甜点区"内高产井大面积连续分布，Encana 公司在 2008～2011 年在路易斯安那州北部"甜点区"内开辟了一个试验区，开展连续三维地震解释，该实验区内部署了 58 口水平井，通过对比 17 种不同地震和岩石属性与单井 EUR 的相关性，最终发现 MR 值与 EUR 相关性最强。M 指岩石硬度，其代表着水力压裂后裂缝在岩石的延伸程度；R 指体积密度，其代表着岩石含气孔隙度的大小。从 Haynesville 试验区平均 MR 值分布图可知，在试验区内 MR 值差异较大，呈现西低东高的特征，沿着 A-A′剖面逐步增大（图 4.32）；为了消除工艺技术不同所带来的 EUR 的改变，Encana 公司对 EUR 数据进行了标准化处理，包括水平段长度、泵排量、施工压力、段间距和簇间距等参数，从 MR 值与 EUR 关系图可知（图 4.33），随着 MR 值的减少，单井 EUR 越高，相关系数高达 0.8。

针对"甜点区"内一定数量的低产、低效井，应以富含 MR 为主线，寻找"甜点区"内的优质"甜点"，确保高产井大面积连续分布。

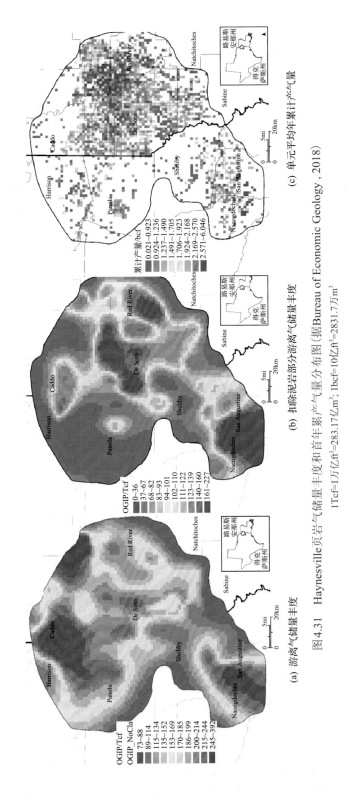

OGIP/Tcf
OGIP_NoCla
73~88
89~114
115~134
135~152
153~169
170~185
186~199
200~214
215~244
245~392

(a) 游离气储量丰度

OGIP/Tcf
0~36
37~67
68~82
83~93
94~101
102~110
111~122
123~139
140~160
161~227

(b) 扣除泥岩吸附部分游离气储量丰度（据Bureau of Economic Geology，2018）
1Tcf=1万亿ft³=283.17亿m³；1bcf=10亿ft³=2831.7万m³

累计产量/bcf
0.021~0.923
0.924~1.236
1.237~1.490
1.491~1.705
1.706~1.923
1.924~2.168
2.169~2.570
2.571~6.046

(c) 单元平均年累计产气量

图4.31 Haynesville页岩气储量丰度和首年累计产气量分布图

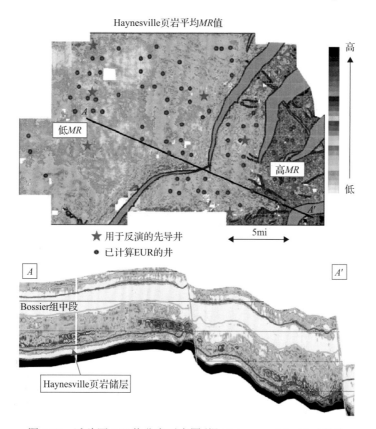

图 4.32　试验区 *MR* 值分布示意图（据 Metzner and Smith, 2013）

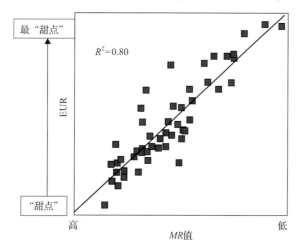

图 4.33　校正后 EUR 与 *MR* 值相关性分析图（据 Metzner et al., 2013）

参 考 文 献

房大志, 曾辉, 王宁, 等. 2015. 从 Haynesville 页岩气开发数据研究高压页岩气高产因素. 石油钻采工艺, 7(2): 58-62.

万玉金, 何畅, 孙玉平, 等. 2021. Haynesville 页岩气产区井位部署策略与启示. 天然气地球科学, 32(2): 288-297.

Brittenham M D. 2013. Geologic analysis of the upper Jurassic Haynesville shale in East Texas and West Louisiana: Discussion.

AAPG Bulletin, 97（3）: 525-528.

Browning J, Ikonnikova S, Male F, et al. 2015. Study forecasts gradual Haynesville production recovery before final decline. Oil & Gas Journal, 113（12）: 64-71.

Bureau of Economic Geology. 2018. Final Report Prepared for the U.S. Department of Energy: Update and Enhancement of Shale Gas Outlooks. Austin: The University of Texas at Austin.

Gülen G, Ikonnikova S, Browning J, et al. 2015. Production scenarios for the Haynesville shale play. SPE Economics & Management, 7（4）: 138-147.

Hammes U, Hamlin H S, Ewing T E. 2011. Geologic analysis of the Upper Jurassic Haynesville shale in east Texas and west Louisiana. AAPG Bulletin, 95（10）: 1643-1666.

Keator A E. 2018. Geologic characterization and reservoir properties of the Upper Smackover Formation, Haynesville Shale, and Lower Bossier Shale, Thorn Lake Field, Red River Parish, Louisiana, USA. Denver: Colorado School of Mines.

Klaver J, Desbois G, Littke R, et al. 2015. BIB-SEM characterization of pore space morphology and distribution in postmature to overmature samples from the Haynesville and Bossier shales. Marine and Petroleum Geology, 59: 451-466.

Ma L, Slater T, Dowey P J, et al. 2018. Hierarchical integration of porosity in shales. Scientific Reports, 8（1）: 1-14.

Metzner D, Smith K L. 2013. Case study of 3D seismic inversion and rock property attribute evaluation of the Haynesville Shale//Unconventional Resources Technology Conference, Denver.

Parker M A, Buller D, Petre J E, et al. 2009. Haynesville shale-petrophysical evaluation//SPE Rocky Mountain Petroleum Technology Conference, Denver.

Pope C, Peters B, Benton T, et al. 2009. Haynesville shale-one operator's approach to well completions in this evolving play//SPE Annual Technical Conference and Exhibition, New Orleans.

Wood Mackenzie. 2016. Building momentum in a low price environment. Haynesville key play report. Edinburgh: Wood Mackenzie Limited.

第 5 章

Marcellus 页岩气产区

Marcellus 页岩分布于美国东北部的 Appalachia 盆地，核心区面积为 12.95 万 km^2。页岩孔隙度为 6%～10%，渗透率为 0.13～0.77mD，总有机碳含量为 1.4%～12%。页岩厚度为 15～180m，埋藏深度为 300～2400m，由北西向南东逐渐增加；西部未成熟区 R_o 小于 0.5%；向东过渡到富液的湿气区，R_o 介于 0.5%～1.3%，R_o 介于 1.3%～2.0% 的为干气区，R_o 超过 2.0% 的为过成熟区。核心区压力梯度为 1.04～1.15MPa/100m，资源丰度为 4.37 亿～16.40 亿 m^3/km^2。Marcellus 第一口页岩气水平井于 2007 年投入开采，从 2011 年开始页岩气产量呈爆发式增长，2013 年超过 1000 亿 m^3，2018 年超过 2000 亿 m^3，2019 年达到 2299 亿 m^3，占美国页岩气总产量的 32.2%，是目前北美最大的页岩气产区。

5.1 勘探开发历程

1839 年，首次在纽约州 Marcellus 地区发现了出露于地表的页岩，故将该页岩命名为 Marcellus 页岩。Marcellus 页岩为泥盆纪浅海沉积，形成于 Appalachia 盆地，总面积约 24.60 万 km^2。在俄亥俄州、西弗吉尼亚州、宾夕法尼亚州和纽约州广泛发育，同时还在马里兰州、肯塔基州、田纳西州和弗吉尼亚州的部分地区出现(图 5.1)。

5.1.1 勘探历程

2005 年，Range Resources 公司在宾夕法尼亚州华盛顿县钻探了一口名为 Rentz#1 的直井，以评价洛克波特(Lockport)白云岩的油气前景。洛克波特是 Appalachia 盆地志留系白云岩，位于 Marcellus 页岩下方。

Rentz#1 井洛克波特目的层段的天然气显示欠佳，地质学家 Bill Zagorski 试图尝试从这口井中获得新突破。在整理资料过程中，他回想起钻穿洛克波特白云岩时，曾在泥盆系页岩层段见到气显示；通过对老井资料复查，发现历史记录中均报告有气显示甚至井喷，而这些气显示的深度正是在 Marcellus 页岩附近(Durham，2010)。Zagorski 查阅了

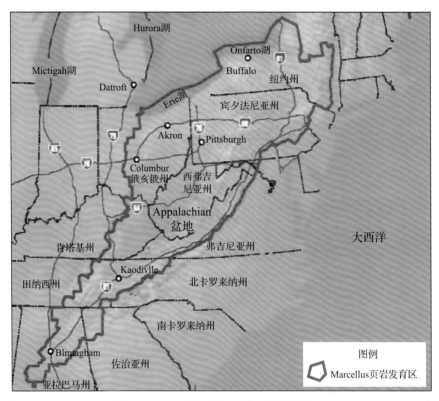

图 5.1 Appalachia 盆地 Marcellus 页岩发育区地理位置图（据 Avary and Lewis, 2008）

大量相关文献，包括二十年前 DOE 和 SPE 出版物，以寻找关于 Marcellus 页岩中天然气资源的相关信息。基于以上认识，Zagorski 向公司申请在 Marcellus 页岩层段完井。几个月后，Zagorski 到休斯敦，购买米切尔能源公司的生产技术，试图开发页岩气并获得利润。

在 Marcellus 页岩重新完井后，获得了可观的初始天然气产量，公司备受鼓舞。2006 年在 Marcellus 页岩又钻了几口水平井，虽然喜忧参半，但经过反复试验，最终通过对米切尔能源公司所用的轻型压裂液进行改型，称为"滑溜水压裂液"。事实证明，这是一项有效的生产技术，在页岩气开发中得到快速推广应用。

Marcellus 页岩气第一口成功的水平井 Gulla#9 于 2007 年投产，初始产量 13.9 万 m³/d，这无论在常规气井还是非常规气井中都是非常出色的。Zagorski 认为 Gulla#9 是 Marcellus 页岩气的发现井，他也因此成为 Marcellus 页岩气开发的第一人。

5.1.2 开发历程

自 2004 年在宾夕法尼亚州华盛顿县发现 Marcellus 页岩以来，到 2010 年，短短 6 年间，在 Appalachia 盆地获批钻探超过 7100 口页岩气井，直井初始日产量 0.003 万～14 万 m³，水平井初始产量 0.01 万～73.6 万 m³/d。

图 5.2 展示了从 2008～2019 年 Marcellus 页岩气产量变化，从 2011 年开始产量呈爆发式增长，2013 年超过 1000 亿 m³，2018 年超过 2000 亿 m³，2019 年达到 2299 亿 m³，Marcellus 页岩气产量占当年美国页岩气总产量的 32.2%。

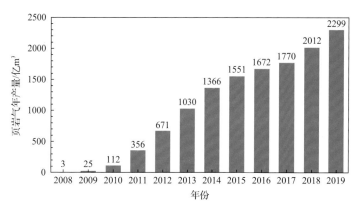

图 5.2　Marcellus 页岩气历年产量

资料来源：EIA. 2019. https://www.eia.gov

5.2　地　质　特　征

Marcellus 页岩分布于美国东北部的 Appalachia 盆地。Appalachia 盆地是两亿年前历经三次独立造山运动形成的非对称型前陆盆地，北东-南西向长 1730km，北西-南东向宽 32～499km，总面积为 48.04 万 km²。

5.2.1　构造特征

1. 区域构造特征

Appalachia 盆地的基底构造和断层控制了该区(包括 Marcellus 页岩)沉积。基底断层分为两类：①平行于盆地走向并与罗马海槽相关的断层；②垂直于盆地走向发育的转换断层，解释为横向构造不连续(Harper and Laughrey，1987)。这些基底断层在古生代多次复活，并一直延续到第四纪(图 5.3)。

2. 断层及裂缝发育特征

Lash 和 Engelder(2008)与 Engelder 等(2009)对 Marcellus 页岩中露头的裂缝发育进行了研究。

Range Resources 公司 2004～2009 年钻探的几口井的 FMI 分析显示发育三种裂缝：①钻井导致的裂缝，呈北东-南西向，与推算的 σ_{Hmax} 方向平行；②由高电阻率模式定义的弥合裂缝，主要呈北西-南东向，与 Engelder 等(2009)提出的第二种裂缝以及在岩心中观察到的多种裂缝模式相似；③断层和断裂具有不同的方向，与 Engelder 等(2009)提出的第一种和第二种断裂相似。其他方向断裂也很有代表性，并被认为与擦痕(低角度)和高角度断层裂缝相关。

3. 储层埋深

Marcellus 页岩埋藏深度为 300～2400m，由北西向南东逐渐增加(图 5.4)，最深部分

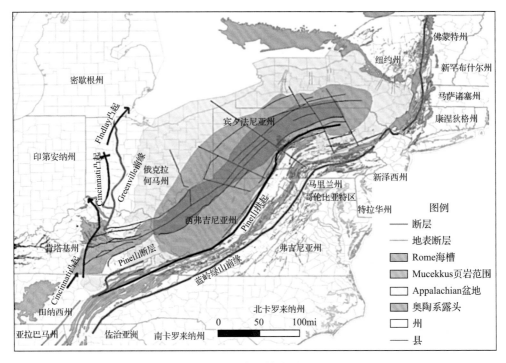

图 5.3　Marcellus 页岩气产区构造图（Shumaker，1996）

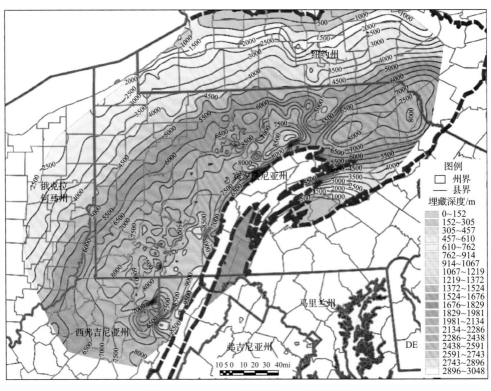

图 5.4　Marcellus 页岩埋藏深度等值线图

资料来源：EIA. 2017. https://www.eia.gov

与构造前缘附近的向斜有关，大多数生产井位于埋藏深度 600～1800m 的区域。

5.2.2　地层及沉积特征

1. 地层特征及其展布

Marcellus 页岩和上覆盖层 Mahantango 构成了泥盆纪中晚期沉积的 Hamilton 组。Marcellus 页岩具有软到中等韧性及强放射性，呈灰黑色到黑色，碳酸盐胶结物充填在缝隙内(图 5.5)。页岩中富含黄铁矿，尤其在地层底部存在大量黄铁矿，石灰岩中有化石出现。

(a) 2285.78～2287.52m 处黑色钙质　　(b) 2271.06～2274.72m 处　　(c) 黑色富有机质
页岩，下部为石灰岩和灰色页岩　　黑色富有机质 Marcellus 页岩　　页岩样品放大图

图 5.5　西弗吉尼亚州 Monongalia 县页岩岩心样品(据 Zagorski et al., 2012)

Marcellus 页岩主要包含三部分：底部 Union Springs、中部 Cherry Valley 和顶部 Oatka Creek。底部 Union Springs 为富含有机质、黄铁矿的灰黑色或黑色薄层状页岩，伴随灰质泥岩充填在裂缝中。

Marcellus 页岩横跨 Appalachia 盆地，在纽约州中南部厚度达 180m，向南、向东逐渐变薄(图 5.6)，在邻近宾夕法尼亚东北部，厚度为 60～180m。生产井大部分位于页岩厚度超过 15m 的区域，厚层富气页岩呈弧形向西南延伸，穿过纽约州、宾夕法尼亚州和西弗吉尼亚州的向斜，并与 Appalachia 构造平行。

2. 沉积特征

Appalachia 前陆盆地发育有早寒武纪至早二叠纪硅质碎屑岩和以碳酸盐岩为主的台地边缘沉积序列。盆地从东北部边缘向西南倾斜，在冲断褶皱带深度达 5000m 以上(Filer, 2003；Harper，1999)。

Appalachia 盆地以前寒武系结晶岩为基底，发育寒武系至二叠系沉积岩，厚度达 12000m。下寒武统为碎屑岩沉积，下寒武统至中奥陶统地层厚度为 30～2500m；上奥陶统下部为 Utica 黑色页岩，向上过渡为紫红色页岩、砂岩及泥岩互层，地层厚度为 760～1025m；下志留统主要为砂岩，为区域性含气层系，地层厚度为 55～365m；中—上志留

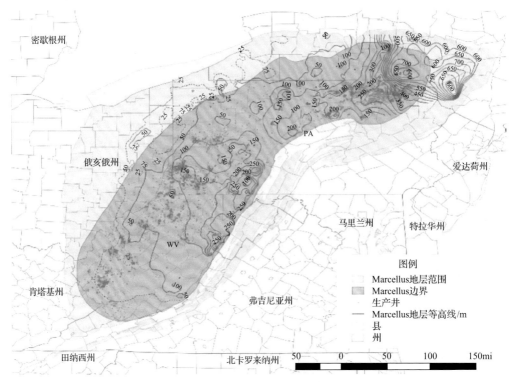

图 5.6　Marcellus 页岩储层厚度等值线图

资料来源：EIA. 2017. https://www.eia.gov

统由砂岩、页岩、石灰岩和蒸发岩组成，地层厚度为 380～520m；下泥盆统由石灰岩和页岩组成，是主要产气层，地层厚度为 50～60m；中—上泥盆统厚度为 110～2800m，下部为褐色页岩，厚约 300m，为盆地主要烃源岩，上部为厚层三角洲砂岩，是重要油气产层；密西西比系以粉砂岩和砂岩为主，夹页岩，地层厚度为 300～600m。整个沉积剖面中，页岩约占一半，以泥盆系中上部黑色页岩最为发育，厚度为 100～540m。黑色页岩是泥盆系—中上古生界常规油气和非常规油气的主力烃源岩。

5.2.3　储层特征

1. 岩石矿物特征

Marcellus 页岩主要矿物成分：石英含量为 10%～60%、长石为 0%～10%、黄铁矿为 5%～13%、黏土矿物为 9%～35%、方解石为 3%～48%、白云石为 0%～10%（Marcellus 下段碳酸盐矿物更丰富），以及石膏为 0%～6%（Avary and Lewis, 2008；Boyce and Carr, 2009；Roen, 1984；Wrightstone, 2009；Zielinski and McIver, 1982）。

2. 有机地球化学特征

1）有机质含量

Marcellus 页岩总有机碳（TOC）含量为 1.4%～12%，不同学者统计 TOC 含量结果存在差异，如 1.40%～4.30%(Milici and Swezey, 2006)、4.27%(Lash, 2007)、4.0%～6.0%(Gottschling and Royce, 1985)、2.0%～10.0%(Wrightstone, 2009)、3.87%～11.1%(Hill et al., 2007b)、10%～12%(Engelder and Gold, 2008)。

不同层段、不同区域页岩的有机质含量变化幅度较大，Marcellus 底部页岩 TOC 含量在西弗吉尼亚州北部和宾夕法尼亚州西南地区最高值达 6%，在盆地中心部位为 2%～4%。Marcellus 顶部页岩在俄亥俄州中部最高值达 6%，俄亥俄州东部和宾夕法尼亚州西南地区下降为 2%～4%(图 5.7)。

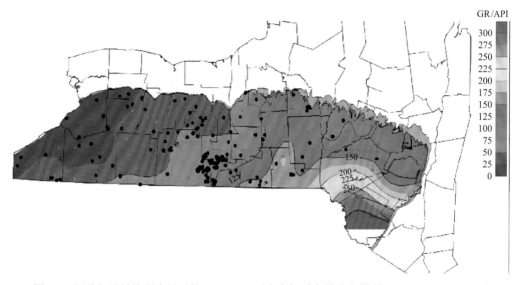

图 5.7　测井伽马射线强度显示的 Marcellus 页岩有机质含量分布图(据 Zagorski et al., 2012)

TOC 含量与自然伽马具有很强的正相关性(Schmoker，1981)，TOC 含量为 5%的线可以用 200API 等值线来刻度。Marcellus 下段自然伽马超过 400API，表明底部 TOC 含量较高。

2）有机质成熟度

Marcellus 页岩的有机质成熟度由西向东逐渐增加，西部属于未成熟区，R_o 小于 0.5%；向东过渡到富液的湿气区，R_o 介于 0.5%～1.3%，R_o 介于 1.3%～2.0%的为干气区，R_o 超过 2.0%的为过成熟区(图 5.8)。

有机质成熟度主要受埋藏深度影响，富液气井通常位于西部埋藏较浅区域，气井多位于该区块的中东部，埋藏相对较深；在宾夕法尼亚州西南部和西弗吉尼亚州北部，干气产区的 R_o 为 1.3%～2.8%。

3. 储层物性特征

1）孔隙度

Marcellus 页岩孔隙主要由粒间孔和裂缝组成。粒间孔主要是粉砂、黏土颗粒和有机质中的基质孔隙，平均孔隙度为 6%～10%。页岩有机质成熟度较高时(R_o>2.0%)，基

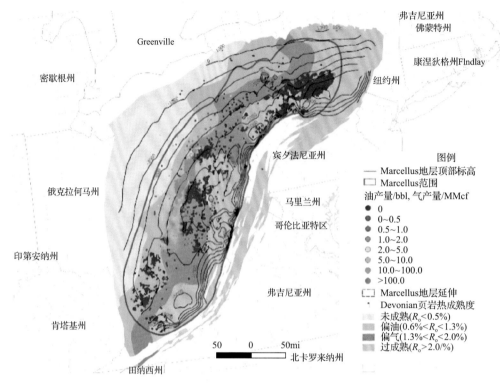

图 5.8　Marcellus 页岩有机质成熟度与油气比分布图

资料来源：EIA. 2016. https//:www.eia.gov

质孔隙度通常为 2% 甚至更高。Gottschling 和 Royce (1985) 给出了三种不同有机质含量 (0%，5%，10%) 时地层岩石密度和孔隙度之间的线性关系。Yildirim 等 (2019) 通过测井曲线校正，得到通过密度测井曲线计算平均孔隙度为 6.25%，通过声波测井曲线得到的平均孔隙度为 3.46%。

2）渗透率

Zielinski 和 McIver (1981，1982) 指出，Marcellus 页岩渗透率为 0.13～0.77mD，平均为 0.363mD。Hill 等 (2007a, 2007b) 给出的渗透率范围为 0.004～0.216mD，Engelder 和 Fischer (1994) 给出的渗透率范围为 0.2～0.4mD。页岩极低的渗透率源于有机质的塑性压缩作用。Soeder 和 Kappel (2009) 指出 Marcellus 页岩的渗透率主要受作用在岩石上的地应力的影响，双重净围压使得岩石的渗透率下降接近 70%；液态烃的存在也会降低气相渗透率。

3）饱和度

Marcellus 页岩含气饱和度为 55%～80%。气藏开发过程中几乎无地层水产出，表明页岩中没有自由水，水相的相对渗透率为零。

4. 储层展布特征

Marcellus 页岩在 Appalachia 盆地广泛发育，由西南向东北方向延伸，主要分布在纽约州、宾夕法尼亚州、俄亥俄州、西弗吉尼亚州、马里兰州和弗吉尼亚州的 19.43 万 km² 范围内。Marcellus 页岩在 Appalachia 盆地东部(弗吉尼亚州至宾夕法尼亚州)和北部(纽约州)出露至地表。页岩边界为东至 Allegheny 构造前缘、东北部至 Adirondack 隆起、西部至 Waverly 或 Cincinnati 背斜。

Marcellus 页岩气核心区面积为 12.95 万 km²,其中宾夕法尼亚州占 38.35%、西弗吉尼亚州占 21.33%、纽约州占 20.06%。针对页岩气的勘探、矿权租赁、市场准入、钻井和地层评价活动也主要集中在上述三个州。

5. 地质力学特征

地层压力为 2.8～27.6MPa,具轻微超压特征。超压区主要分布在宾夕法尼亚州东北和西南地区、西弗吉尼亚州东北地区。页岩气核心区压力梯度为 1.04～1.15MPa/100m。Lash 和 Engelder(2011)认为晚泥盆纪卡茨基尔三角洲时期较高的沉积速率是造成 Rhinestreet 页岩超压的主要原因。

然而,Marcellus 页岩在西弗吉尼亚州西南区域的地层表现为欠压状态。Wrighstone(2009)的研究给出了西弗吉尼亚州西南区域的页岩压力梯度为 0.23～0.45MPa/100m,西弗吉尼亚州中心部位 Marcellus 页岩的压力梯度为 0.45～0.79MPa/100m(图 5.9)。

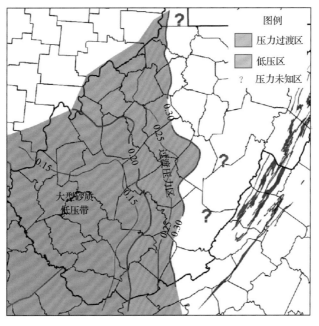

图 5.9　西弗吉尼亚州 Marcellus 页岩地层压力梯度分布图(单位:MPa/100m)(据 Pankaj et al., 2018)

5.2.4　资源分布与潜力

2019 年,美国地质调查局(USGS)对 Appalachia 盆地中泥盆纪 Marcellus 页岩中天然气和天然气凝析液(NGL)资源进行评估。评估区域包括肯塔基州、马里兰州、纽约州、俄亥俄州、宾夕法尼亚州、田纳西州、弗吉尼亚州和西弗吉尼亚州的部分地区(图 5.10)。

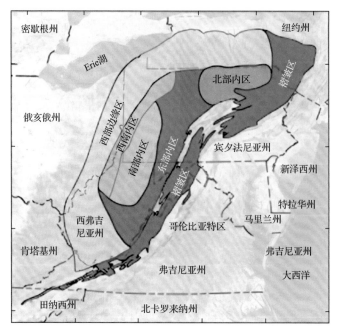

图 5.10　USGS 在 Marcellus 页岩中定量评估的六个评估单元划分

资料来源：USGS. 2019. https//:www.usgs.gov

评估基于泥盆纪页岩-古生界含油气系统(TPS)，地质要素包括：①烃源岩(烃源岩组成、富集程度、有机质成熟度以及相应的油气产出和保存条件)；②岩石类型、分布特征和储层性质(矿物成分、脆性、裂缝、厚度、孔隙度和渗透率)；③圈闭和盖层的类型与分布，以及它们相对于油气生成的时间(Higley and Enomoto, 2019；Higley et al., 2019)。本次评估的 Marcellus 页岩主要是富含有机质的海相页岩，所含油气资源是自生自储的，主要基于油气产区的热成熟水平进行评估。

USGS 按六个评估单元(AU)定义并定量估算了天然气和液化气资源量，评估单元所使用的输入数据列于表 5.1。Marcellus 页岩资源主要基于泥岩底部深度大于 305m、镜质组反射率大于等于 0.5%、厚度大于 7.6m。有关 Marcellus 页岩厚度、深度、断层和破裂、热成熟度和压力分布，岩相组成以及其他局部到区域资源控制的信息在 Zagorski 等(2012)、Wang 和 Carr(2013)、Higley 和 Enomoto(2019)，以及 Higley 等(2019)的文章中均有详细论述。

表 5.1　**Marcellus 页岩中六个连续评估单元的关键输入数据**

评价参数	北部内区				南部内区			
	最小值	中值	最大值	平均值	最小值	中值	最大值	平均值
单元面积/km²	2024	8094	15379	8499	2024	14974	21449	12816
井控面积/km²	0.32	0.49	0.97	0.59	0.32	0.49	0.97	0.59
成功率/%	60	75	90	75	50	70	90	70
未测试单元比例/%	65	75	85	75	80	85	90	85
平均 EUR/亿 m³	0.28	0.85	1.70	0.89	0.28	0.57	1.13	0.59

续表

评价参数	西南内区				东部内区			
	最小值	中值	最大值	平均值	最小值	中值	最大值	平均值
单元面积/km²	1214	6475	13638	7109	283	9308	37977	12942
井控面积/km²	0.32	0.49	0.97	0.59	0.32	0.49	0.97	0.59
成功率/%	60	80	90	80	50	80	90	73.3
未测试单元比例/%	80	85	90	85	90	96	99	95
平均 EUR/亿 m³	0.28	0.57	1.13	0.59	0.14	0.28	0.85	0.31

评价参数	西部边缘区				褶皱区			
	最小值	中值	最大值	平均值	最小值	中值	最大值	平均值
单元面积/km²	61	43505	87011	43525	4	20235	48896	23045
井控面积/km²	0.24	0.32	0.45	0.34	0.24	0.32	0.45	0.34
成功率/%	20	30	40	30	10	20	40	23.3
未测试单元比例/%	98	98.5	99.9	98.8	98	98.5	99.9	98.8
平均 EUR/亿 m³	0.01	0.03	0.06	0.03	0.01	0.01	0.03	0.01

资料来源：USGS. 2019. https://www.usgs.gov。

USGS 评估结果为：天然气总资源量为 27.3 万亿 m³，F95—F5 的范围为 9.73 万亿～ 51.4 万亿 m³；天然气凝析液（NGL）资源量为 2.4 亿 m³，F95—F5 的范围为 0.8 亿～4.8 亿 m³（表 5.2）。

表 5.2　**Marcellus 页岩中六个评估单元的资源量结果**

评价单元（AUs）	类型	资源量							
		气/亿 m³				NGL/万 m³			
		F95	F50	F5	平均	F95	F50	F5	平均
北部内区	气	3023	6858	13118	7307				
南部内区	气	3022	7502	13652	7815	3482	9365	20034	10240
西南内区	气	1913	4672	8952	4955	3927	10224	21370	11130
东部内区	气	1395	5127	13107	5923	254	1129	3641	1431
西部边缘区	气	328	1070	2145	1131	382	1336	3101	1479
褶皱区	气	49	173	406	193				
总资源量		9730	25401	51380	27323	8045	22053	48145	24279

注：因计算过程存在四舍五入，总资源量与各相关数据之和存在微小误差。

资料来源：USGS. 2019. https://www.usgs.gov。

Marcellus 页岩油气藏储量分布在两个区域：第一个位于西南部地区，包括西弗吉尼亚州北部和宾夕法尼亚州西南部[图 5.11（a）]；第二个位于宾夕法尼亚州东北部[图 5.11（b）]。

西南部地区页岩厚度为 18～45m，具有高孔隙度、高有机碳含量和高渗透率特征，直井测试产量为 2.8 万～14.2 万 m³/d，水平井产量为 2.8 万～73.6 万 m³/d（Range Resources Corporation，2010）。

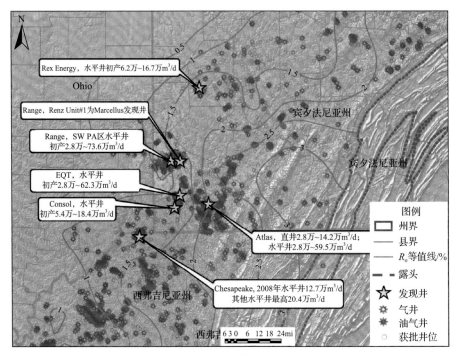

(a) 西南部

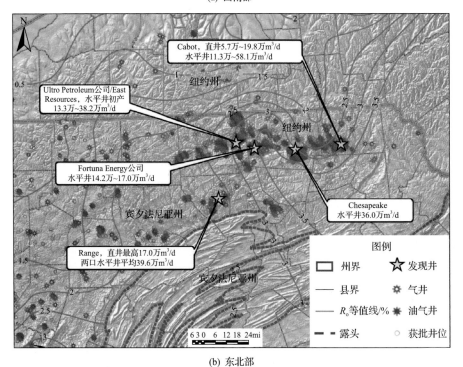

(b) 东北部

图 5.11　Marcellus 页岩气分布图（据 Zagorski et al., 2012）

　　东北部地区页岩厚度为 60～105m，由于有机质成熟度较高，沥青含量高，直井产量为 0.28 万～19.8 万 m³/d，水平井产量 11.3 万～58.1 万 m³/d。

5.3　开发特征

5.3.1　水平井及其部署

1. 水平井方位

根据 EGSP 的研究成果，包括地应力、微地震，以及岩心中观察到的钻井诱导裂缝的方向，Appalachia 盆地的最大水平主应力方向是北东-南西向。因此，北西-南东向是 Marcellus 页岩大多数水平井的主要方位。

2. 井网井距

Marcellus 页岩在纽约州、宾夕法尼亚州、俄亥俄州、西弗吉尼亚州连续分布。多数情况下，国家管理机构会确定可行的井距单元。随页岩气藏的开发，井距趋于逐渐减小。Marcellus 页岩气藏的初期开发井距为 0.77 口/km² 或 1.54 口/km²，后期井网加密使得部分趋于井距达到 3.09 口/km² 和 6.18 口/km²。

3. 水平井长度

图 5.12 为 2011～2018 年直井和水平井钻机数量。开发初期，开发商选用直井和不同水平段长度的水平井进行开发。随着钻井数量增多，逐渐确定最佳的开发方式。Marcellus 页岩气最优天然气开采方式与不同区域的储层厚度、储层岩石构成、含水饱和度、压力、埋深和其他一些因素相关。

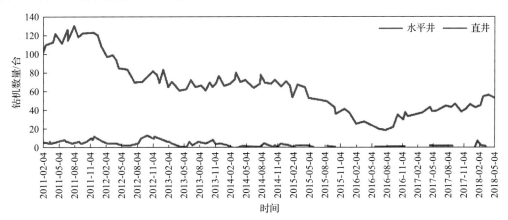

图 5.12　2011～2018 年 Marcellus 页岩气水平井和直井钻机数量统计 (据 Yildirim et al., 2019)

图 5.13 是某开发商 2007～2018 年平均水平段长度变化趋势图。2007～2016 这十年间，平均水平段长由 610m 增长到 2100m，平均水平段长 1205m。自 2017 年开始，大幅

增加水平段长度到 3000m 左右，最长水平段长超过 5490m。

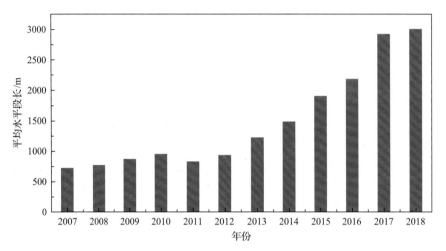

图 5.13　2007～2018 年 Marcellus 页岩气井平均水平段长（据 Yildirim et al., 2019）

5.3.2　典型井生产特征

1. 直井

1983 年之前，Marcellus 页岩气的气井通常采用 22700～36320kg 砂和泡沫混合压裂液进行压裂，之后逐步采用单段氮气或氮气泡沫压裂液（14 万～28 万 m^3）和中等规模砂量（2000～5000 袋）。氮气泡沫压裂通常用于埋深较浅或地层压力较低的页岩气井（Sumi, 2011）。目前压裂液主要采用大量滑溜水（398～3180m^3）和中等规模砂量（2000～5000 袋），在较低压力条件下以 4.8～15.9m^3/min 的流量泵入地层。压裂液中添加剂包括减阻剂、杀菌剂、除氧剂或稳定剂、表面活性剂、阻垢剂、盐酸和破乳剂等。Marcellus 典型页岩气直井压裂用水 3028m^3、砂 113500kg（Sumi, 2008）。

2. 水平井

Marcellus 页岩气水平井典型的压裂施工流程为：①酸化阶段，压裂液为数千加仑（1gal=3.785412L）的水和盐酸的混合物，主要目的是清理井筒内的水泥残留物、溶解近井地层中的碳酸盐矿物，从而开启部分裂缝；②利用大量滑溜水开启地层达到减阻目的，滑溜水还能辅助支撑剂进入裂缝网络；③利用大量滑溜水携带较低浓度细粒支撑剂进入地层；④泵入粗粒支撑剂；⑤利用清水清除井筒附近的支撑剂。

直井初期产气量一般小于 2.83 万 m^3/d，水平井初期产气量 3.96 万～25.47 万 m^3/d。Engelder 给出了 Marcellus 页岩气在宾夕法尼亚州 50 口水平井的平均初始产气量为 11.89 万 m^3/d；直井 EUR 为 495 万～991 万 m^3，水平井为 1700 万～8495 万 m^3/d。

图 5.14 展示了 Marcellus 早期典型水平井生产曲线，峰值日产气 12.18 万 m^3，预测 EUR 为 1.06 亿 m^3，其中第一年累计产气量为 0.19 亿 m^3，在 EUR 中占比 17.9%；前 5 年

累计产气量为 0.44 亿 m³，占比 41.5%；前 10 年累计产气量为 0.6 亿 m³，占比 56.6%。

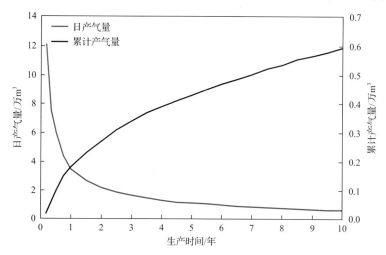

图 5.14　Marcellus 页岩气产区典型水平井生产曲线

图 5.15 展示了 Marcellus 页岩气主要作业公司 2017 年单位长度 EUR 对比。每千米 EUR 整体分布在 0.28 亿～4.04 亿 m³，中值为 1.49 亿～2.32 亿 m³。

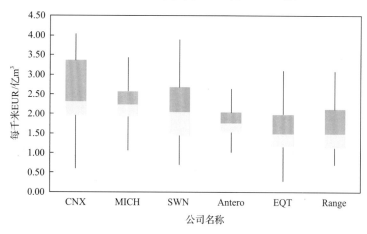

图 5.15　Marcellus 主要作业公司 2017 年单位长度 EUR 对比（据 Yildirim et al., 2019）

5.3.3　产量分布特征

Marcellus 页岩气井主要分布在东北部地区，处于生气窗—高过成熟阶段，日产量 63.6～318m³（油当量）。在南部和西部，由于成熟度低，烃源岩处于生油窗阶段，因而油井与气井并存，油井日产量和气井日产量多小于 318m³（桶油当量）。

5.3.4　EUR 变化及分布特征

Gary 总结了宾夕法尼亚州 2008～2014 年所有 Marcellus 水平井的 EUR 评估结果，截至 2017 年 6 月，利用公开生产数据可预测 EUR 的水平井共 4936 口。

1. 历年 EUR 变化特征

宾夕法尼亚州 4936 口 Marcellus 页岩气井 EUR 整体位于 5664 万～79296 万 m³，约 2500 口的 EUR 在 11328 万～16992 万 m³，EUR 在 5664 万～28320 万 m³ 的井占总井数的近 90%（图 5.16）。

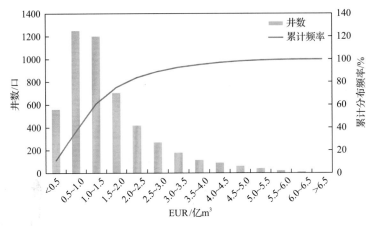

图 5.16　宾夕法尼亚州 2008～2014 年 Marcellus 页岩气井 EUR 分布

从 2008～2017 年历年产量变化来看，随着时间推移，新钻井首年月产气量逐年提高，从 5.7 亿 m³ 提高到 56.6 亿 m³，增加了近十倍。至 2017 年，所有井月产量约为 113.3 亿 m³（图 5.17）。

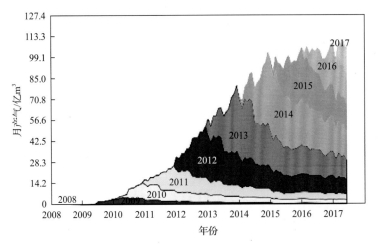

图 5.17　宾夕法尼亚州 2008～2017 年 Marcellus 页岩气井产量曲线

2. EUR 分布特征

宾夕法尼亚州单井 EUR 平均为 1.76 亿 m³，中值为 1.42 亿 m³。地区差异明显：东北部的六个县，单井最高 EUR 超过 5.66 亿 m³，单井平均 EUR 为 2.04 亿 m³；怀俄明县

EUR 为 3.40 亿 m³。

5.3.5　产能主控因素分析

Zagorski 等(2012)对 Marcellus 页岩油气富集高产要素进行了综合分析，发现有机质成熟度、TOC 含量、埋藏深度、压力梯度、页岩厚度、储层物性(孔隙度和渗透率)、含气量、基底断层与构造复杂性、天然裂缝发育程度、水平井钻井轨迹和地层可压性 11 项要素对产能均有影响。下面选择关键主控因素分别阐述。

1. 有机质成熟度

Marcellus 页岩的有机质成熟度向东南方向增加(图 5.18)，R_o 从宾夕法尼亚州西北部和俄亥俄州东部的 0.5%到宾夕法尼亚州东北部和纽约东南部的 3.5%以上。

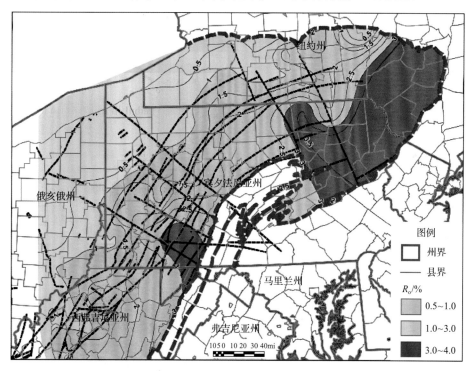

图 5.18　Marcellus 页岩成熟度分布和主要基底断裂分布(据 Zagorski et al., 2012)

Marcellus 页岩气开发中的两个新兴核心区域具有不同的有机质成熟度特征。在西南部地区，Marcellus 页岩气井主要分布在 R_o 为 1.0%～2.8%的区域内。在东部的干气窗以及混合天然气区都发现了商业天然气。

2. TOC 含量

对宾夕法尼亚州 Range Resources 钻探的 15 口井的全岩心和井壁取心数据的分析表明，TOC 值为 1%～15%。Nyahay 等(2007)研究表明，纽约州 Marcellus 页岩的 TOC 值平均为 6.5%，范围从小于 1% 到 11%。

3. 埋藏深度

Marcellus 页岩底部钻探深度向东南逐渐增加，超过 2752m。Marcellus 已钻探的井主要位于 1375～2750m 深度范围内。

4. 压力梯度

目前，Marcellus 页岩的准确压力梯度图尚不可用，缺少生产井的压力测试数据报告。利用有限的完井数据估计压力梯度为 0.91～1.81MPa/100m。

Marcellus 页岩中存在三个压力区域：低压区、压力过渡（仍处于负压）区以及正常压力至超压区（图 5.19）。在西弗吉尼亚州南部和中南部，Marcellus 页岩和其他较浅储层的压力梯度较低，为 0.23～0.57MPa/100m，气井产能低。推测压力过渡区贯穿西弗吉尼亚州中部，压力梯度为 0.57～0.91MPa/100m。在西弗吉尼亚州中北部和向北进入宾夕法尼亚州和纽约南部，Marcellus 页岩属于正常压力至超压区，压力梯度预计为 0.97～1.81MPa/100m。

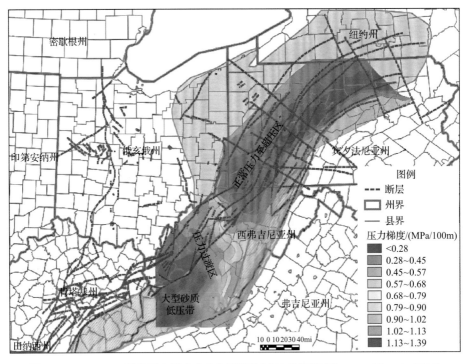

图 5.19　Marcellus 页岩压力梯度分布与罗马海槽的关系图（据 Zagorski et al., 2012）

5. 页岩厚度

最新的工业钻探活动主要位于页岩厚度大于 15m 的区域。

6. 储层物性

最新的测井和岩心数据证实，Marcellus 页岩气的几个大区域都具有较高的孔隙度和渗透率。西南部孔隙度为 5%～15%，东北部为 4%～10%，远高于 Appalachia 盆地的其他页岩。

Range Resources 公司在 Marcellus 页岩层中钻探的油气井数据，计算渗透率为 130～2000nD 以上。多数学者认为，具有商业价值的页岩渗透率的最小值为 100nD，超过 500nD 的页岩被认为是非常好的储层。

7. 资源丰度

Marcellus 页岩气钻井最活跃地区的资源丰度为 4.37 亿～16.40 亿 m^3/km^2。岩心和测井分析表明 Marcellus 页岩具有足够高的原地含气量。Range Resources 公司（Range Resources Corporation, 2010）指出，西南部地区资源丰度为 4.37 亿～15.31 亿 m^3/km^2，平均为 10.93 亿 m^3/km^2；宾夕法尼亚州 Susquehanna 县为 16.40 亿 m^3/km^2。Marcellus 页岩气开发井主要位于丰度大于 5.47 亿 m^3/km^2 的地区。

5.4　经验与启示

页岩气井高产高 EUR 须具备以下几个条件：①连续厚度大，TOC 含量高几乎是所有页岩产气层的共同特点；②足够大的生气强度，对于生物成因的页岩气，如 Appalachia 盆地的上泥盆统页岩，冰川、淡水供应和微生物活动控制着页岩的生气量，而对于绝大多数的热成因页岩气，高—过成熟阶段页岩内滞留油的二次裂解大量生气是富集关键因素；③脆性矿物的含量高，由于页岩气井均需要压裂改造，石英、长石、碳酸盐等脆性矿物含量对压裂效果起重要作用；④储层物性好，不同页岩系统的储集空间类型不同，主要有晶间孔、溶蚀孔、有机质生烃孔和层理缝、微裂缝等，除了 Hayensville 或 Doig 这种碳酸盐矿物含量高、溶蚀孔发育的特殊页岩外，一般页岩的孔隙度都不高，因此需要天然裂缝提供储集空间，同时改善储层物性，断裂附近裂缝过于发育也可能造成天然气大量散失；⑤适当的埋深、超压、地表等与经济指标相关的条件。

参 考 文 献

Avary K L, Lewis J E. 2008. New interest in cores taken thirty years ago: The Devonian Marcellus shale in northern West Virginia. http://www.papgrocks.org/avary_pp.pdf.

Boyce M, Carr T. 2009. Lithostratigraphy and petrophysics of the Devonian Marcellus interval in West Virginia and Southwestern Pennsylvania. http://www.unconventionalenergyresources.com/marcellusLithoAndPetroPaper.pdf.

Durham L S. 2010. Eagle Ford joins shale elite. AAPG Explorer, 31(S1): 20-24.

Engelder T, Fischer M P. 1994. Influence of poroelastic behavior on the magnitude of minimum horizontal stress, Sh in overpressured parts of sedimentary basins. Geology, 22(10): 949-952.

Engelder T, Gold D. 2008. Structural geology of the Marcellus and other Devonian gas shales: Geological conundrums involving joints, layer-parallel shortening strain, and the contemporary tectonic stress field: Field Trip Guidebook//AAPG–Society of Exploration Geophysicists Eastern Section Meeting, Pittsburgh.

Engelder T, Lash G G, Uzcátegui R S. 2009. Joint sets that enhance production from Middle and Upper Devonian gas shales of the Appalachia Basin. AAPG bulletin, 93 (7): 857-889.

Filer J K. 2003. Stratigraphic evidence for a Late Devonian possible back-bulge basin in the Appalachia basin, United States. Basin Research, 15 (3): 417-429.

Gottschling J C, Royce T N. 1985. Nitrogen gas and sand: A new technique for stimulation of Devonian Shale. Journal of Petroleum Technology, 37 (5): 901-907.

Harper I A, Laughrey C D. 1987. Geology of the oil and gas fields of southwestern Pennsylvania//Mineral Resource Report. Harrisburg: Pennsylvania Geological Survey Publication: 148-166.

Harper J A. 1999. The Geology of Pennsylvania. Pittsburgh: Bureau of Topographic & Geologic Survey and Pittsburgh Geological Society: 108-127.

Higley D K, Enomoto C B. 2019. Burial history reconstruction of the Appalachian Basin in Kentucky, West Virginia, Ohio, Pennsylvania, and New York, using 1D petroleum system models. The Mountain Geologist, 56 (4): 365-396.

Higley D K, Heidi M L, Catherine B E. 2019. Controls on petroleum resources for the devonian marcellus shale in the appalachia Basin Province, Kentucky, West Virginia, Ohio, Pennsylvania, and New York. Mountain Geologist, 56 (4): 323-364.

Hill R J, Jarvie D M, Zumberge J, et al. 2007a. Oil and gas geochemistry and petroleum systems of the Fort Worth Basin. AAPG Bulletin, 91 (4): 445-473.

Hill R J, Zhang E, Katz B J, et al. 2007b. Modeling of gas generation from the Barnett shale, Fort Worth Basin, Texas. AAPG Bulletin, 91 (4): 501-521.

Lash G G, Engelder T. 2008. Marcellus shale subsurface stratigraphy and thickness trends: Eastern New York to northeastern West Virginia. http://www.searchanddiscovery.net/documents/2008/08167eastern_abs/ abstracts/lash.htm.

Lash G G, Engelder T. 2011. Thickness trends and sequence stratigra-phy of the Middle Devonian Marcellus Shale, Appalachian Basin: Impli-cations for Acadian Foreland basin evolution. American Association of Petroleum Geologists Bulletin, 95: 61-103.

Lash G G. 2007. Influence of basin dynamics on Upper Devonian black shale deposition, western New York State and northwest Pennsylvania. http://www.searchanddiscovery.com/documents/2007/07022lash/index.htm.

Milici R C, Swezey C S. 2006. Assessment of appalachian basin oil and gas resources: Devonian shale-middle and upper paleozoic total petroleum system. Reston: U.S. Geological Survey, Open-File Report: 2006-1237.

Nyahay R, Leone J, Smith L B, et al. 2007. Update on regional assessment of gas potential in the Devonian Marcellus and Ordovician Utica shales of New York: Search and Discovery Article 10136. http://www.searchanddiscovery.com/documents/ 2007/07101nyahay/#05.

Pankaj P, Shukla P, Kavousi P, et al. 2018. Determining optimal well spacing in the Marcellus shale: A case study using an integrated workflow. SPE Argentina Exploration and Production of Unconventional Resources Symposium, Neuquen, Argentina.

Range Resources Corporation. 2010. Range resources company presentation, August 2010. http://b2icontent.irpass.cc/790% 2F112383.pdf?AWSAccessKeyId=1Y51NDPSZK99KT3F8VG2&Expires=1282674243&Signature=T%2FrJ6ggrDsxTUsOJXDNyXk KvHbI%3D.

Roen J B. 1984. Geology of the Devonian black shales of the Appalachia Basin. Organic Geochemistry, 5: 241-254.

Schmoker W J. 1981. Determination of organic-matter content of appalachian devonian shales from gamma-ray logs. AAPG Bulletin, 65 (7): 1285-1298.

Shumaker R C. 1996. Structural history of the Appalachia Basin//Roen B, Walker B J. The Atlas of Major Appalachia Gas Plays. Morgantown: West Virginia Geological and Economic Survey Publication, 25: 8-21.

Soeder D J, Kappel W M. 2009. Water resources and natural gas production from the Marcellus Shale. Delawave: District of Columbia Water Science Center.

Sumi L. 2008. Shale gas: Focus on the marcellus shale. Washington D. C.: The Oil & Gas Accountability Project/Earthworks.

Sumi L. 2011. Shale gas: Focus on the Marcellus Shale, for the oil and gas accountability project/earthworks. http://www. earthworksaction.org/marcellusshale08.cfm.

Wang G H, Carr T R. 2013. Organic-rich Marcellus shale lithofacies modeling and distribution pattern analysis in the Appalachia Basin. American Association of Petroleum Geologists Bulletin, 97（12）: 2173-2205.

Wrightstone G. 2009. Marcellus shale-geologic controls on production//American Association of Petroleum Geologists Annual Convention, Denver CO, June. http://www. searchanddiscovery. net/documents/2009/10206wrightstone/index. htm.

Yildirim L T, Wang J Y, Elthworth D. 2019. Petrophysical evaluation of shale gas reservoirs: A field case study of Marcellus shale// Abu Dhabi International Petroleum Exhibition & Conference, Abu Dhabi.

Zagorski W A, Wrightstone G R, Bowman D C. 2012. The Appalachia Basin Marcellus gas play: Its history of development, geologic controls on production, and future potential as a world-class reservoir//Breyer J A. Shale Reservoirs-Giant Resources for the 21st Century, AAPG Memoir, 97: 172-200.

Zielinski R E, McIver R D. 1981. Resource and exploration assessment of the oil and gas potential in the Devonian gas shales of the Appalachia Basin. Monsanto Research Corp., Miamisburg.

Zielinski R E, McIver R D. 1982. Resources and exploration assessment of the oil and gas potential in the Devonian gas shales of the Appalachia Basin. U.S. Department of Energy, Morgantown Energy Technology Center: 326.

第 6 章

Utica 页岩气产区

Utica 页岩为晚奥陶世沉积的海相地层，发育于 Appalachia 盆地，呈北东-南西向，主要分布在俄亥俄、宾夕法尼亚和西弗吉尼亚等州。Utica 页岩由暗色脆性页岩和灰质页岩交互组成，其中 Point Pleasant 层段方解石含量高，利于压裂改造。该页岩区压力梯度为 0.98～2.03MPa/100m，地温梯度为 1.26～2.41℃/100m，页岩厚度为 30～152m，孔隙度为 3.7%～6.0%，TOC 含量为 1%～5%，埋深为 610～4267m，由北西向南东方向逐渐变深，有机质成熟度为 0.66%～1.43%，西部为页岩油区，原油资源量为 1.29 亿 t，页岩气为 0.026 万亿 m^3，凝析油为 123 万 t；东部为页岩气区，页岩气资源量为 1.05 万亿 m^3，凝析油为 2720 万 t。Utica 页岩 2011 年投入开发，2013 年开始大规模建产，产量快速增长，2019 年页岩气产量达 761.31 亿 m^3，是北美第四大页岩气产区。

6.1　勘探开发历程

Utica 页岩位于 Marcellus 页岩之下，主要分布于加拿大 Quebec 地区和美国纽约州南部、俄亥俄州东部、宾夕法尼亚州西部及西弗吉尼亚州北部(图 6.1)。

6.1.1　勘探历程

Utica 页岩的早期勘探在加拿大 Montreal 地区和 Quebec 地区，1970～1990 年期间，只有少数几家公司的少量井钻遇 Utica 页岩，发现少量天然气，未能取得预期效果。2000 年以来，Talisman 和 Forest 两大公司开始关注 Utica 页岩气，并在 2007～2010 年钻探 27 口井，包括 10 口水平井。2008 年 9 月，Talisman 公司钻遇 Utica 页岩的一口直井，测试获得 2.27 万 m^3/d 页岩气，产量持续保持 18 天。由于页岩气开发对环境的影响，2011 年 Quebec 地区页岩气的勘探开发活动暂时停止。

美国境内的勘探活动要晚于加拿大 Quebec 地区，2007～2010 年仅有 5 口井钻遇 Utica

页岩。2011 年 8 月，Chesapeake 公司进入美国俄亥俄州 Utica 页岩气产区，另有多家油气公司相继涌入俄亥俄州东北部及其附近，购买 Utica 页岩矿产租赁权，该区被业内认为可能是美国最后一个规模大且尚未进行商业开采的页岩油气产区。

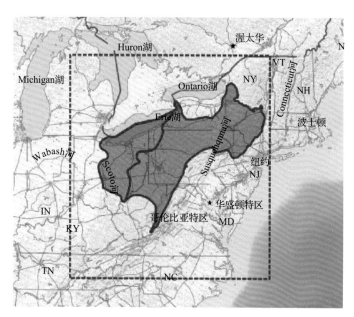

图 6.1　Utica 页岩产区地理位置图(据 Schenk, 2015)

6.1.2　开发历程

2011 年区内钻井显示出较好的含油气性，进而开启了 Utica 页岩商业开发的进程，钻井数量和产量大幅增加。2011 年 5 月，投产 2 口井，日产气 15.57 万 m³；2012 年底，累计投产 83 口井，日产气 242.11 万 m³；2013 年底，累计投产 378 口井，日产气 1644.65 万 m³，其中俄亥俄州累计产油超过 57 万 m³，累计产气超过 29 亿 m³，占俄亥俄州总产油量的 45%和总产气量的 58%。

根据俄亥俄州 2013 年下半年产量数据建立单井累计产量泡泡图，此处将产气量转换成桶为单位油当量(6000scf 气等于 1bbl 油)。可以看出平面上由北西向南东方向产量增大，西北部为页岩油产区(绿色)，产量相对较低，东南部为页岩气产区(红色)，产量相对较高(图 6.2)。

2014 年 12 月，多家公司获得 Utica/Point Pleasant 水平井钻探许可共 1474 口(图 6.3)，累计投产 856 口井，年产气量超过百亿立方米。随着勘探开发程度加深，钻探范围由俄亥俄州向宾夕法尼亚州扩展，钻井证实页岩储层在俄亥俄州沿南北向展布，向北延伸转变为北东-南西向，至宾夕法尼亚州又沿东西向展布。尽管在纽约州已获得钻探许可，但由于埋藏较深，纽约州禁止使用超过 30m³ 压裂液的水力压裂工作，且禁止城镇范围内的一切钻探工作，因此纽约州的 Utica 页岩气未投入开发。

119

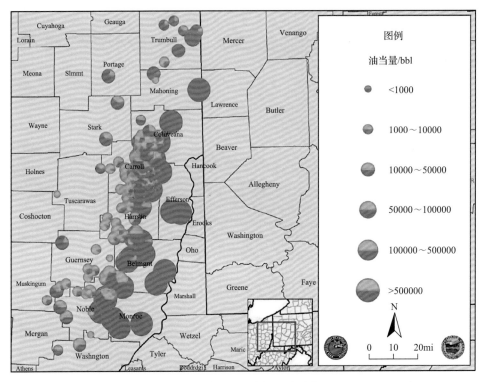

图 6.2　2013 年俄亥俄州 Utica 页岩油气当量图（据 John et al.，2014）

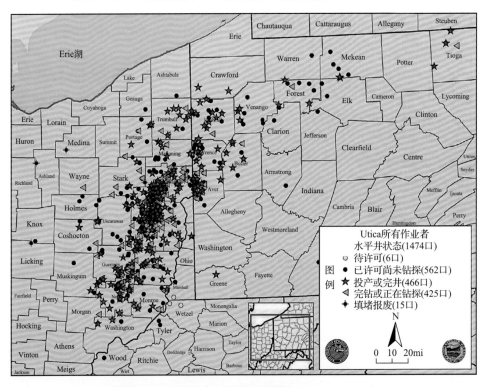

图 6.3　Utica 页岩产气钻井分布图（John et al.，2014）

2015 年 12 月, 累计投产页岩气井 1366 口, 年产气量 277.38 亿 m³; 2016 年 12 月, 累计投产 1671 口井, 年产气量突破 400 亿 m³; 2017 年 12 月, 累计投产 2050 口井, 年产气量突破 500 亿 m³ 大关; 2018 年 12 月, 累计投产 2406 口井, 年产气接近 700 亿 m³; 2019 年 12 月, 累计投产 2758 口井, 年产天然气 761.31 亿 m³(图 6.4)。

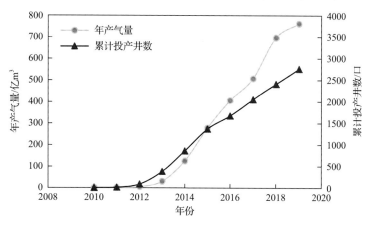

图 6.4　Utica 页岩气产区累计投产井数与年产气量曲线(据 EIA, 2019)

6.2　地质特征

6.2.1　构造特征

Utica 页岩气产区位于 Appalachia 盆地, 是早古生代发育起来的前陆盆地, 页岩发育于 Appalachia 褶皱带前缘, 伴随造山带的隆起而形成。Appalachia 褶皱带为加里东期北美板块和非洲板块碰撞形成的北东-南西向展布的向东倾斜的大型逆掩断裂带, 主要历经三次大的构造事件: Taconic、Acadian 和 Alleghanian 构造运动。晚寒武世—早中奥陶世, 北美板块向古 Iapetus 洋板块俯冲, 导致 Taconic 构造运动, 形成晚奥陶世前陆盆地; 中晚泥盆世的陆陆碰撞, 导致 Acadian 构造运动并形成泥盆纪前陆盆地; 中石炭世的 Alleghanian 构造运动形成盆地现今的形态。地层沉积在向东倾斜的三期前陆盆地内, 形成三套主要的沉积旋回, 每一旋回底部为碳质页岩、中部为碎屑岩、顶部为碳酸盐岩, 其中就沉积了奥陶系的 Utica 页岩层。

1. 区域构造特征

Appalachia 盆地是一个不对称的北东走向的海槽凹陷, 东南为 Blue Ridge Green Mountain 前缘, 西北为 Cincinnati 拱起, 是对 Alleghanian 造山事件的响应(Quinlan and Beaumont, 1984; Gao et al., 2000)。盆地从东北向西南倾斜, Cincinnati 拱起、Findlay 拱起和 Greenville 前缘沿着区块的西部边界向北延伸。肯塔基州地质调查局根据盆地 10416 口井的信息完成了地层划分与对比, 井位范围横跨 5 个州以及包括印第安纳州、密歇根州、Ontario 省南部和加拿大各州的边界区域。以平均海平面海拔深度为基础，Utica 和 Point Pleasant 组的顶面构造等值线图显示地层埋深由北西向南东逐渐增加，两套地层的最深部分与构造前缘附近的向斜有关（图 6.5）。

2. 断层及断裂特征

Pine Mountain 断层、Pine Mountain 逆冲断层和 Blue Ridge Green Mountain 前沿带地层东缘呈北东-南西向分布（图 6.6）。Pine Mountain 逆冲断层以西是罗马海槽（Rome Trough），寒武系伸展构造控制了页岩沉积，并通过基底断裂的活化促进了自然断裂。断裂大致可以分为两类：①与盆地走向大致平行的基底断裂，该断裂带的形成可能与罗马海槽有关；②垂直于罗马海槽的转换断层，该断裂体系被解释为走向构造的不连续面（Harper and Laughrey, 1987）。这些基底断层也从侧面反映了被重新激活的软弱带时间在古生代，并一直延续到第四纪。

3. 储层埋藏深度

Utica 页岩埋深由北西向南东逐渐增大（图 6.7）。在宾夕法尼亚州中部，Utica 页岩发育于 Marcellus 页岩下方约 2133m（7000ft）处，主体埋深 3048～4267m（10000～14000ft）；在俄亥俄州东部，Utica 页岩在 Marcellus 页岩下方约 914m（3000ft），主体埋深仅为 610～2438m（2000～8000ft）。

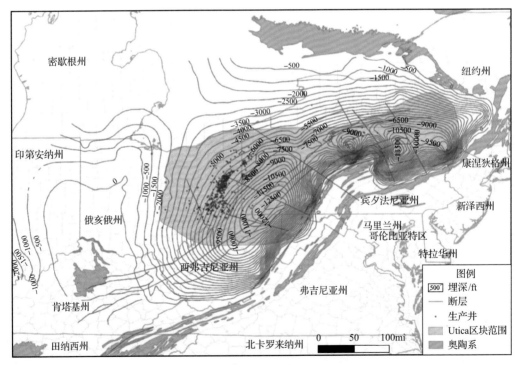

(a) Utica 顶面构造图

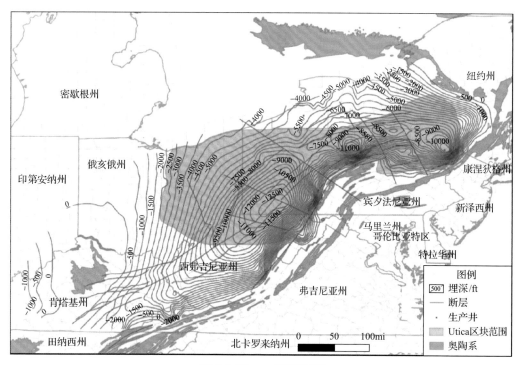

(b) Point Pleasant 顶面构造图

图 6.5　Utica 和 Point Pleasant 顶面构造图（据 EIA, 2017）

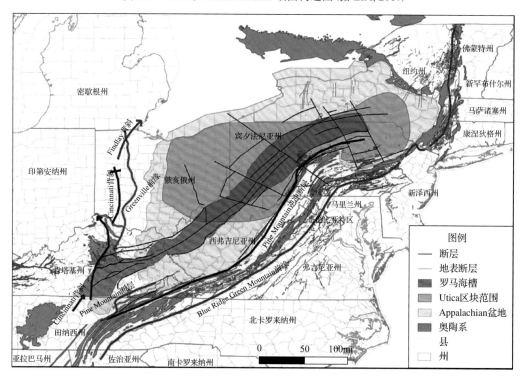

图 6.6　Appalachia 盆地构造特征图（据 EIA, 2017）

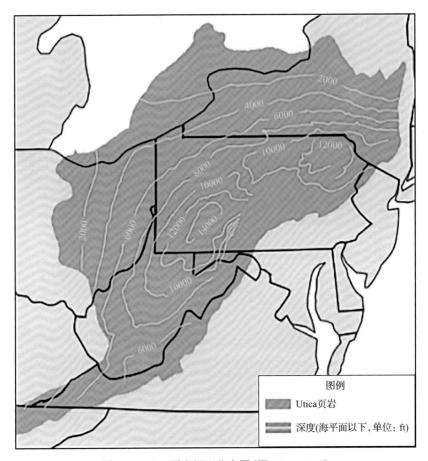

图 6.7　Utica 页岩埋深分布图（据 King, 2017）

6.2.2　地层及沉积特征

1. 地层特征

Appalachia 盆地晚奥陶世早期沉积地层包括 Kope 组、Utica 页岩、Point Pleasant 组和 Lexington/Trenton 组（图 6.8）。

Kope 组是指 Utica 页岩上部的低有机质含量的页岩和粉砂岩层段，它与肯塔基州的 Calloway Creek 石灰岩、纽约州的 Lorraine 群、宾夕法尼亚州和西弗吉尼亚州的 Reedsville 页岩同期形成，厚度 12～480m。Kope 组和 Point Pleasant 组之间的所有地层统称为 Utica 页岩。在肯塔基州，Utica 页岩相当于 Clays Ferry 组上段，而在纽约州则对应 Indian Castle 页岩上段。在 Appalachia 褶皱带露头，Utica 页岩不发育，被同期形成的 Antes 页岩和 Martinsburg 组所替代。Utica 页岩向南尖灭于俄亥俄州南部和弗吉尼亚州西部，沿 Sebree 海槽延伸至西南部（Kolata et al.，2001），大致对应肯塔基州和印第安纳州的边界。Point Pleasant 组位于 Utica 页岩和 Lexington/Trenton 组上部地层之间，由石灰岩和暗色页岩的互层组成，该层段对应肯塔基州 Clays Ferry 组下段和纽约州 Indian Castle 页岩下段，该地层向北延伸至 Utica 页岩下部，由富含生物化石的石灰岩、页岩以及少量粉砂岩交互组成。Lexington/Trenton 组上段与肯塔基州 Lexington 石灰岩的 Millersburg 和 Grier 石灰岩段（未分化）以及纽约州的 Dolgeville 组相当，由具有不规则层理的富含生物化石的瘤状灰岩以及 Lexington 石灰岩上部的页岩组成（图 6.8）。

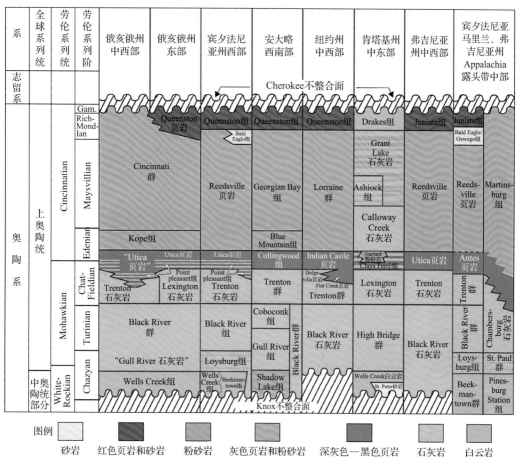

图 6.8　上奥陶系地层划分对比图（据 John et al., 2014）

2. 沉积特征

Utica—Point Pleasant 层段是在横跨美国东部的一次重大海侵期间沉积的。页岩成分表明有机物质大量流入，循环受限且能量低。沉积环境处于浅海地区，经常经历风暴和藻华，这种环境导致了页岩和石灰岩互层沉积。Point Pleasant 沉积环境相当浅，由风暴主导，在有机质丰富和有机质贫乏的沉积区，水深变化不大。在石灰岩中发现的化石表明，水中氧气充足，长期暴露在阳光下。Utica 和 Point Pleasant 组相对于 Trenton 地台环境代表一个更深的沉积区域，具有跨地台、环流受限和缺氧的沉积环境。该单元的沉积与 Trenton 碳酸盐岩沉积同时开始，以响应 Taconic 造山运动的挤压作用，从而改变了盆地形状和水深。这些单元的沉积随着位于 Utica 地层之上的 Cincinnati 组为代表的环境被深水和开阔海完全淹没而停止。

6.2.3 储层特征

1. 岩石矿物特征

Utica 页岩是由暗色脆性页岩和灰质页岩交互组成，常见生物扰动构造，局部生物化石发育（Smith，2013）。Utica 页岩碳酸盐含量（主要是方解石）大于 40%，泥质含量小于 15%，脆性好，易于压裂。Utica 底部碳酸盐含量较高，向上则富含黏土矿物。

测试的 Utica 页岩样品取自加拿大 Montreal 和 Quebec 之间的 Stlawrence Lowlands 低地，该处页岩的分布为 Appalachia 盆地 Utica 页岩的北东方向延伸，可对美国 Utica 页岩气产区有一定的参考价值。实验共采样三块，其中一个样本来自 1417m 深的 Utica 组 Indian Castle 段，另外两个样本分别来自 1487m 和 1584m 的 Utica 组 Dolgeville 段。

测试样品的 X 射线衍射分析结果见表 6.1。结果表明 Utica 组 Indian Castle 段的页岩伊利石和石英含量相对高，而来自 Utica 组 Dolgeville 段的样品方解石含量非常高，为钙质页岩。对加拿大魁北克省的 Utica 矿物学特征进行了评价，得到了类似的结果：方解石含量为 30%～80%，平均 60%；石英和长石含量不超过 30%，平均含量 15%；黏土含量 20%～30%。

表 6.1　Utica 组 X 射线衍射样品中的矿物含量（据白宝君等，2016）

Utica 页岩段	黏土矿物含量/%		非黏土矿物含量/%		
	绿泥石	伊利石	方解石	白云石	石英
Indian Castle	5～10	20～25	20～25	<1	25～30
Dolgeville[1]	<1	5～10	65～70	<1	10～15
Dolgeville[2]	2～5	5～10	55～60	2～5	10～15

①Dolgeville 组（1487m）。
②Dolgeville 组（1584m）。

2. 有机地球化学特征

Utica—Point Pleasant 组页岩 TOC 总体分布在 1%～5%。Point Pleasant 组为一套富含有机质的钙质页岩，局部夹石灰岩。富含有机质地层单元中碳酸盐含量为 40%～60%，TOC 可达到 4% 甚至 5%。平面上，Utica 页岩有机碳含量通常在 Appalachia 盆地的中心范围内最高，可达 3% 以上，并向盆地边缘逐渐减小（图 6.9）。

Utica 的热成熟程度自西向东逐渐增加，至俄亥俄州东部急剧增加。在俄亥俄州中部（图 6.10），采样深度从 Clermont 县的 30.5m 到 Vinton 县的 1463m，R_o 介于 0.66%～0.84%。在俄亥俄州东部（图 6.11），样品深度为 2652～4572m，R_o 为 0.94%～1.43%。宾夕法尼亚州 Utica—Point Pleasant 组的有机质成熟度由西北部的 0.9% 向东南盆地方向逐渐增加，超过 1.8%。

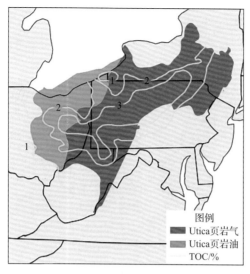

图 6.9　Utica 页岩有机碳含量分布图(据 King, 2017)

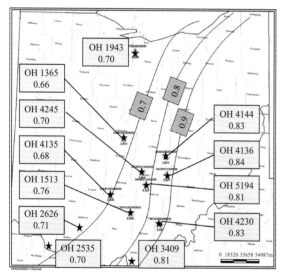

图 6.10　俄亥俄州中部 R_o 分布(单位：%)
(据 John et al., 2014)

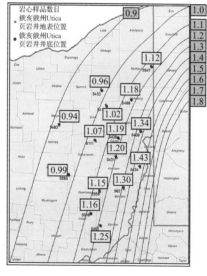

图 6.11　俄亥俄州东部 R_o 分布(单位：%)
(据 John et al., 2014)

3. 储层物性特征

Utica 页岩孔隙度范围为 3.7%～6.0%，渗透率范围为 0.00008～0.003583mD。白宝君等 (2016) 通过压汞法绘制了压汞、退汞曲线及孔喉分布图(图 6.12)，由图可知，孔喉直径为 15～200nm，孔径中值为 30nm。进汞压力为 24.13～144.79MPa，对应孔喉直径为 15～60nm。样品的总连通孔率为 14.56%。基于孔隙度测定的数据，利用修正的高采尼 [$K=100\phi d_p^2/(32\tau)$，其中 K 为渗透率，mD；ϕ 为孔隙度，%；d_p 为孔喉直径，m；τ 为迁曲度，无因次] 方程来估算岩心渗透率，经测量可得其中弯曲度 $\tau=2.23$。样品的平均孔喉直径为 30nm，平均孔隙度为 14.56%，因此，Utica 页岩样品的平均渗透率为 1.84×10^{-3}mD。

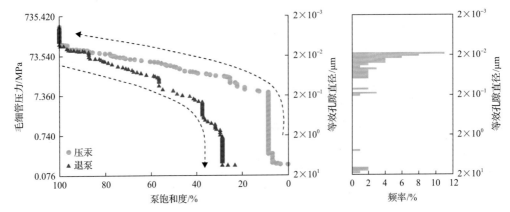

图 6.12　Utica 页岩 Dolgeville 组（1584m）压汞曲线及孔径分布（据白宝君等，2016）

通过对 Utica 页岩进行扫描电镜成像。图 6.13（a）显示了 Utica 页岩中的微孔和纳米孔，粒间孔径范围为 15～50nm。图 6.13（b）显示了在黏土矿物中发现了另一种孔隙类型，被称为粒内孔或矿物孔隙，其孔隙间的开口喉道为 5～10nm。

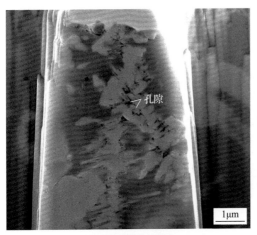
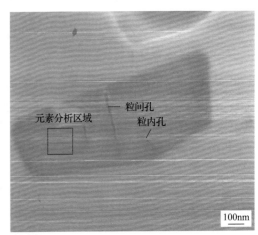

(a) 样品横断截面图像　　　　　(b) 石英粒间孔隙放大图

图 6.13　Utica 组 Dolgeville 段页岩样品（1487m）中的次表层扫描电镜图像（据白宝君等，2016）

Utica 页岩样品中存在四种类型的纳米孔隙：25～50nm 的裂缝、20～100nm 的黄铁矿晶间孔、10～50nm 的有机质纳米孔隙，以及具有 5nm 开口喉道的粒内孔或矿物孔隙（图 6.14）。

4. 储层展布特征

Utica 页岩的厚度变化范围较大，介于 30～152m。厚度最大的区域位于 Appalachia 盆地东侧，可达 122～152m，并且通常向西北方向倾斜（图 6.15）。Devon 能源公司对四口井进行了取心和测井分析，井位在平面上的分布如图 6.16（a）所示，连井剖面如图 6.16（b）所示，从图中可以看出地层呈层状连续展布，向南地层减薄，碳酸盐含量增加，有机质含量减少。

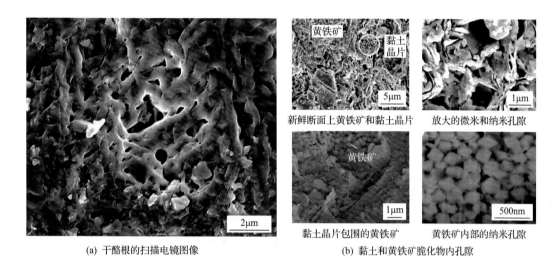

(a) 干酪根的扫描电镜图像

(b) 黏土和黄铁矿脆化物内孔隙

图 6.14　Utica 组 Indian Castle 段样品(1417m)的扫描电镜图(据白宝君等，2016)

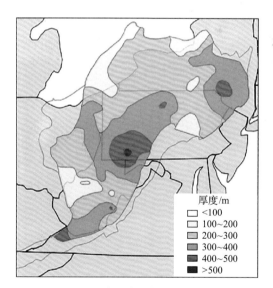

图 6.15　Utica 页岩厚度分布特征(据 King, 2017)

(a) 井位分布图

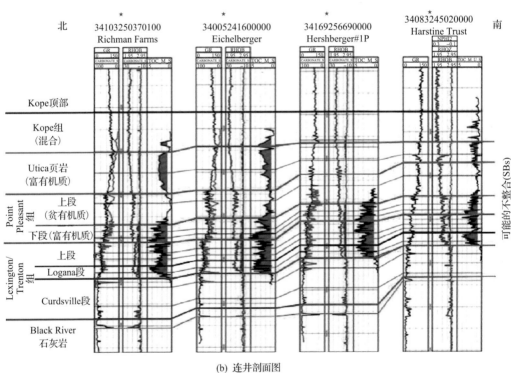

(b) 连井剖面图

图 6.16　Utica 页岩井位分布图及地层自北向南连井剖面图(据 John et al., 2014)

5. 地质力学特征

Point Pleasant 层段的方解石含量较高，因此它在应力作用下发生破裂和维持裂缝张开的能力较强，提取了由同步反演得到的纵波阻抗和横波阻抗、由概率神经网络分析得到的密度参数，依此计算地震体的杨氏模量和泊松比等属性(Chopra et al., 2017)。将从 Utica 层段到 Trenton 层段内的这些参数进行交会绘制图。应该注意的是，泊松比在 0.23 以下的大多数数据点(用红色和绿色多边形圈起来)都来自 Point Pleasant 层段。因此，认为这个层段在应力作用下易发生破裂。根据杨氏模量特性，可以从相对意义上检验该层段维持裂缝张开的能力。由图 6.17(a)可以看出，绿色多边形包围的数据点对应的杨氏模量值要高于红色多边形所包围的数据点的杨氏模量。如图 6.17(b)所示，当将这些数据点投射到穿过各井的任意垂直线上时，注意到这条线的北侧比南侧表现出更高的脆性。

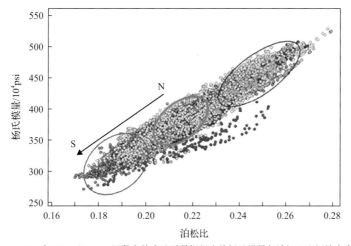

(a) 由Utica至Trenton层段内的由地震数据得出的杨氏模量与泊松比之间的交会图

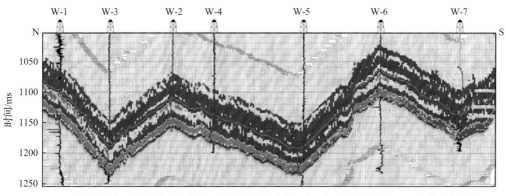

(b) 把交会图上不同多边形中的数据点簇投射到垂直线上时，发现在测量区北侧显示出较强的脆性

图 6.17　地震属性图(据 Chopra et al., 2017)

6. 温压特征

Utica 页岩具有高压特点，绝大部分地区压力梯度在 1.36MPa/100m 左右，四个主要评价州中纽约州压力梯度最小(表 6.2)。纽约州大部分地区压力梯度为 0.98MPa/100m，南部少部分地区为 1.13MPa/100m；俄亥俄州大部分地区为 1.36MPa/100m，中东部小部

分地区为 1.58～2.03MPa/100m；宾夕法尼亚州大部分地区为 1.36MPa/100m，中南部少部分地区为 1.58MPa/100m，西南部为 1.58～2.03MPa/100m；西弗吉尼亚州大部分地区为 1.36MPa/100m，北部狭长地带为 1.58～2.03MPa/100m。

表 6.2　压力梯度数据表（据 John et al., 2014）

州	压力梯度/(MPa/100m)	
	低值	高值
纽约州(NY)	0.98	1.13
俄亥俄州(OH)	1.36	2.03
宾夕法尼亚州(PA)	1.36	2.03
西弗吉尼亚州(WV)	1.36	2.03

　　Utica 页岩具有高温特点，地温梯度分布在 0.0070～0.0134°F/ft(1.26～2.41℃/100m)（图 6.18）。宾夕法尼亚州北部、俄亥俄州北部及西弗吉尼亚州部分地区地温梯度较高，平均地温梯度约 0.012°F/ft(2.16℃/100m)，局部能达到 0.0134°F/ft(2.41℃/100m)以上。纽约州地温梯度较低，平均地温梯度约 0.0088°F/ft(1.58℃/100m)。

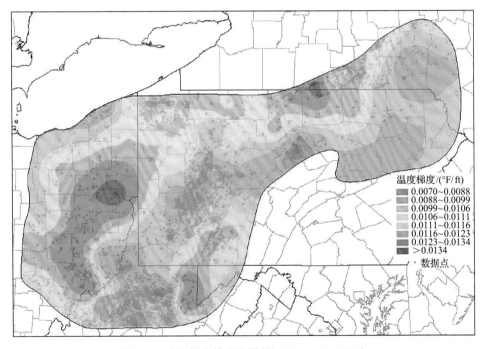

图 6.18　地温梯度等值线图（据 John et al.，2014）

6.2.4　资源分布与潜力

　　美国地质调查局(USGS)对 Appalachia 盆地上奥陶统 Utica 页岩非常规油气资源进行了评估。评估范围包括马里兰州、纽约州、俄亥俄州、宾夕法尼亚州、弗吉尼亚州和西弗吉尼亚州的部分地区(图 6.19)。

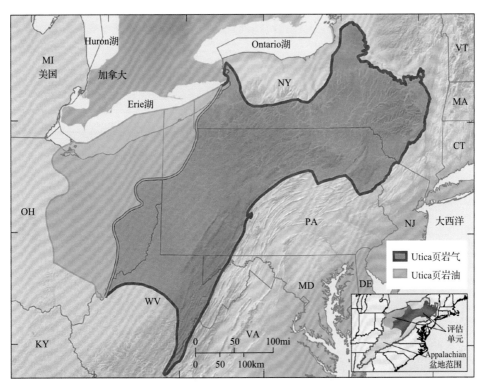

图 6.19　Appalachia 盆地 Utica 区块资源分布图（据 Kirschbaum et al., 2012）

Utica 页岩气评价单元定义代表有机质成熟度的牙形石色变指数 CAI 大于 2，TOC 含量大于 1%，东南部以 Allegheny 断裂前缘为边界，东部到纽约州 Utica 露头，南至岩相变为碳酸盐岩为止（Patchen et al.，2006）。Utica 页岩油评价单元定义牙形石色变指数 CAI 大于 1，TOC 含量大于 1%，南至美国—加拿大边界处岩相由页岩转变为碳酸盐岩为边界。油气界限大致以 CAI 为 1 区分。表 6.3 中列出了评价单元中的主要计算参数。

表 6.3　**Appalachia 非常规油气资源计算参数列表**（据 Kirschbaum et al., 2012）

参数	页岩油				页岩气			
评价输入参数	最小值	众数	最大值	平均值	最小值	众数	最大值	平均值
潜在生产面积/km²	54635	60705	66776	60705	104413	127885	151358	127885
平均单井泄油面积/km²	0.61	1.01	1.42	1.01	0.49	0.61	0.73	0.61
评价单元中"甜点区"占比/%	7	14	22	14	9	21	50	27
"甜点区"输入参数								
平均 EUR（油的单位为 t，气的单位为万 m³）	5489	10979	27447	11802	566	1699	3115	1753
成功率/%	70	80	90	80	75	85	95	85
非"甜点区"输入参数								
平均 EUR（油的单位为 t，气的单位为万 m³）	1372	4117	13723	4666	113	283	1699	362
成功率/%	5	20	35	20	10	40	70	40

Utica 总资源量：页岩油为 1.29 亿 t；页岩气为 1.08 万亿 m³，其中页岩气区资源量为 1.06 万亿 m³，页岩油区为 0.03 万亿 m³；天然气凝析液为 2843 万 t，其中页岩气区为 2720 万 t，页岩油区为 123 万 t(表 6.4)。

表 6.4 具体评价单元的评价结果展示(据 Kirschbaum et al., 2012)

评价单元	总资源量											
	油/万亿 t				气/万亿 m³				液化气/万 t			
	F95	F50	F5	平均值	F95	F50	F5	平均值	F95	F50	F5	平均值
页岩气					0.58	1.01	1.68	1.06	970.5	2501.3	5221.3	2720
页岩油	0.81	1.25	1.90	1.29	0.01	0.03	0.04	0.03	54.7	123	218.7	123
总资源量	0.81	1.25	1.90	1.29	0.59	1.04	1.72	1.08	1025.2	2624.3	5440	2843

6.3 开 发 特 征

6.3.1 水平井及其部署

1. 水平井方向

页岩气水平井通常垂直于最大主应力方向，随后的增产措施会产生横切裂缝，从而实现体积改造(SRV)的最大化。对于具有极低渗透率的页岩，这样更易产生紧密间隔的横向水力裂缝。如图 6.20 所示，Utica 区块俄亥俄州东部地区页岩气水平井方位整体呈北西-南东方向，这与该地区"甜点区"裂缝发育的走向一致。

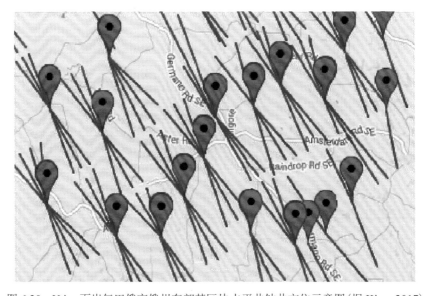

图 6.20 Utica 页岩气田俄亥俄州东部某区块水平井钻井方位示意图(据 King, 2017)

2. 井网井距

据 EIA 能源报告，2019 年 Marcellus、Utica、Haynesville、Eagle Ford 和 Barnett 等主要页岩气田水平井井距范围集中在 244～429m（图 6.21）。尽管北美页岩气水平井井距整体呈现减小的趋势，但 Marcellus、Utica、Haynesville 及 Barnett 等主要页岩气田井距较 2011 年均有所增加。2011 年，Utica 页岩气区建产初期井距约为 402m，2017 年增加到 429m。HESS 公司和 CQT 公司的水平井距较小，两者 2019 年公布的水平井距分别只有 259m 和 366m。

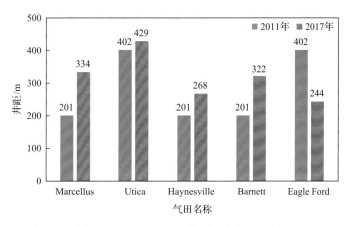

图 6.21 北美页岩气主产区平均井距变化（据丁麟等，2020）

3. 水平井长度

与美国其他页岩气产区类似，Utica 页岩气产区水平段长度逐年增加，从 2011 年到 2017 年，平均水平段长度从 1417m 增加到 2630m（图 6.22）。2015 年之前，天然气价格

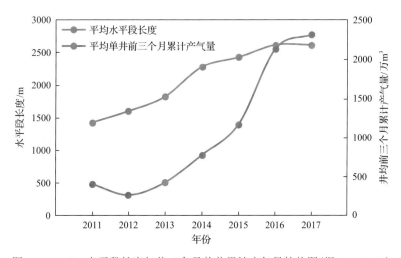

图 6.22 Utica 水平段长度与前三个月单井累计产气量趋势图（据 EIA，2018）

持续稳定在 2.75 美元/MMBtu，水平段长度不断增加，2016 年价格降至 1.5 美元/MMBtu，受经济效益影响，水平段长度无显著增加。产量也随着水平段长度的增加而增加，前三个月平均单井累计产量从 2011 年的 431 万 m^3 增加到 2017 年的 2333 万 m^3。

4. 压裂工艺

Utica 目前主要采用滑溜水压裂液，以石英砂作为支撑剂。总体上，支撑剂强度随时间逐渐增大(图 6.23)，平均强度从 2013 年的 2t/m 增加到 2016 年的 2.47t/m。

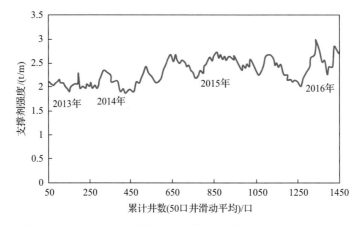

图 6.23　Utica 水平井压裂支撑剂强度图(据 ENVERUS，2018)

段间距对水平井的产能至关重要，必须根据储层本身的特点进行优化。图 6.24 显示了过去几年 Utica 段间距逐渐减小，从 2013 年的 116m 下降到 2016 年的 55m。

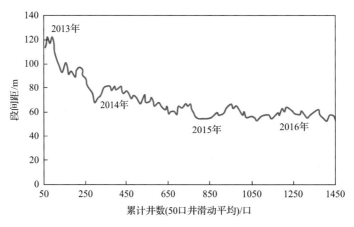

图 6.24　Utica 水平井段间距图(据 ENVERUS，2018)

图 6.25 为 2013～2017 年不同的公司完井措施。AR、CHK、RICE 和 ASCENT 支撑剂强度随时间变化不大，ECR 由 2.69t/m 增加到 3.62t/m，GPOR 由 2.86t/m 下降到 2.18t/m。目前，RICE 支撑剂强度最大，平均为 4.31t/m。各公司段间距随时间都在减小，目前 CHK 的段间距最大，为 73m，而 ECR 的段间距最小，为 46m。

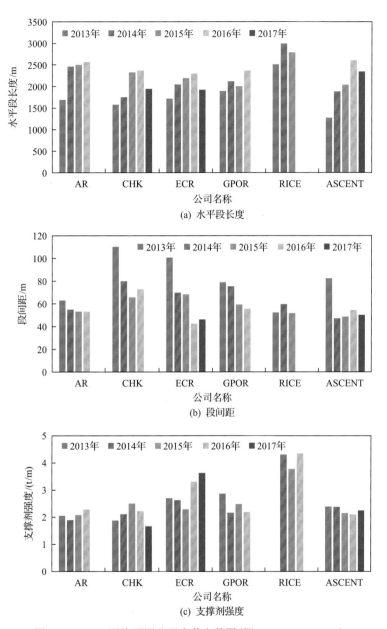

图 6.25 Utica 区块不同公司完井参数图（据 ENVERUS, 2018）

6.3.2 典型井生产特征

根据 Utica 区块气井生产特征，Eclipse 公司选取了有足够长生产历史的井建立了两种典型井特征曲线，分别是基础曲线和优势曲线（图 6.26），以此来预测俄亥俄州 Utica 页岩气井的生产潜力。其中基础曲线单井 EUR 为 1858 万 m³/100m，峰值日产气量为 102.5 万 m³；优势曲线单井 EUR 为 2137 万 m³/100m，峰值日产气量为 114.8 万 m³。

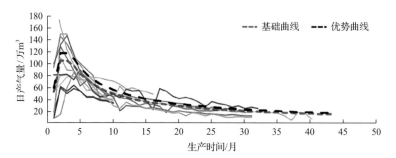

图 6.26　Utica 页岩气井典型日产气量曲线（据 Eclipse Resources, 2018）

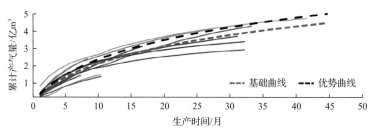

图 6.27　Utica 页岩气井典型累计产气量曲线（据 Eclipse Resources, 2018）

6.3.3　产量变化特征

Utica 区块页岩气日产量呈逐年上升趋势［图 6.28(a)］，2015 年底日产气量达到 1.05 亿 m³，2016 年日产量增加幅度有所减缓，2017 年产量又迅速上升，2019 年 9 月达到高峰，日产气量为 2.36 亿 m³。Utica 区块页岩油产量呈现"三段式"的特点［图 6.28(c)］：投产初期，页岩油产量迅速增加，2015 年底日产油量为 10038t；2018 年初日产油量降到 5417t，随后产量开始迅速增加；2019 年 9 月再次达到高峰，日产油量为 10767t。

将所有投产井按照投产年将生产时间拉齐［图 6.28(b)、(d)］，图中曲线粗细代表井数的多少。不同投产年日产气曲线遵循同一变化规律，即产量初期较高，产量递减快。从 2011 年投产至 2020 年，随着生产时间的进行，气井初期产量逐渐增高，曲线上移，从侧面反映了 Utica 页岩气区开发措施及工艺的不断进步。

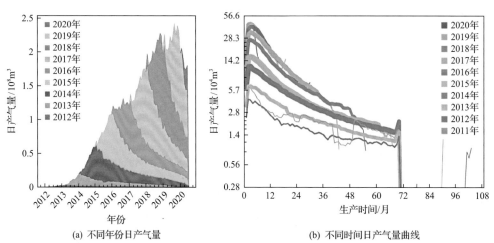

(a) 不同年份日产气量　　　　　　　(b) 不同时间日产气量曲线

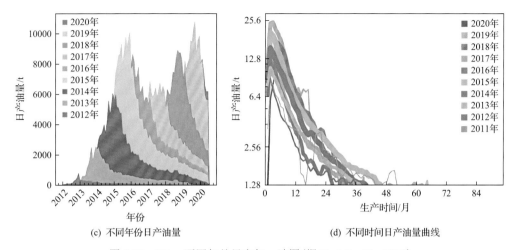

(c) 不同年份日产油量　　　　　　　　(d) 不同时间日产油量曲线

图 6.28　Utica 不同年份日产气、油图（据 ShaleProfile, 2020）

截至 2020 年 7 月，Utica 页岩气区累计产气量为 3237.5 亿 m³。累计产气量排名前五的公司分别为 Ascent Resources（711.7 亿 m³）、Gulfport Energy（593.2 亿 m³）、EAP Ohio（534.0 亿 m³）、EQT（330.5 亿 m³）及 Antero Resources（283.3 亿 m³）[图 6.29(a)]。

从各州产量分析，俄亥俄州累计产气量为 2961.7 亿 m³，占 Utica 页岩产区的 91.5%，宾夕法尼亚州和西弗吉尼亚州累计产气量分别仅有 249.8 亿 m³ 和 26.1 亿 m³[图 6.29(b)]。原因在于俄亥俄州东部地质条件优越，建产区页岩厚度为 60～90m，埋藏深度为 600～2400m，R_o 为 0.8%～1.43%，有机质含量较高，平均为 2%～3%，单井产量高、凝析油含量也高，钻井活动主要集中在该区。西弗吉尼亚州北部建产区虽然埋藏相对较深，但紧邻俄亥俄州东部，地质条件与之相当，但有利区范围有限。宾夕法尼亚州建产区范围广，但埋藏更深，深度为 1500～3000m，R_o 都大于 1.2%，以产干气为主，单井产量相对较低，产能规模相对较小，该区以埋藏较浅的 Marcellus 页岩气开发为主体。

Utica 区块累计产油量为 1720.75 万 t。累计产油量排名前五的公司分别为 EAP Ohio（597.52 万 t）、Ascent Resources（498.73 万 t）、Eclipse Resources（274.85 万 t）、Antero Resources（121.82 万 t）及 Gulfport Energy（76.05 万 t）[图 6.29(c)]。

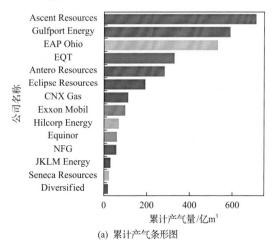

(a) 累计产气条形图

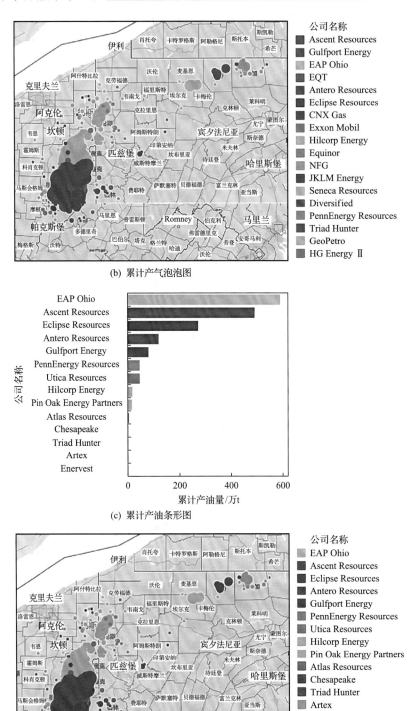

(b) 累计产气泡泡图

(c) 累计产油条形图

(d) 累计产油泡泡图

图 6.29　Utica 不同公司累计产气、产油图（据 ShaleProfile, 2020）

　　美国西北部是主要页岩油产区，因此俄亥俄州累计产油量最高，为 1701 万 t，占整个页岩油产量的 98.9%，宾夕法尼亚州和西弗吉尼亚州累计产油量分别仅有 19.34 万 t 和 0.1 万 t[图 6.29(d)]。

参 考 文 献

白宝君, 孙永鹏, 刘凌波. 2016. 加拿大魁北克省奥陶系 Utica 页岩岩石物理特性. 石油勘探与开发, 43(1): 69-76.

丁麟, 程峰, 于荣泽, 等. 2020. 北美地区页岩气水平井井距现状及发展趋势. 天然气地球科学, 31(4): 559-566.

Chopra S, Sharma R, Nemati M H, et al. 2017. Seismic reservoir characterization of Utica-Point Pleasant shale with efforts at quantitative interpretation: A case study//SEG Unconventional Resources Technology Conference, Houston.

Eclipse Resources. 2018. Eclipse Resources(ECR)Investor Presentation-Slideshow. https://seekingalpha.com/article/4142262-eclipse-resources-ecr-investor-presentation-slideshow.

EIA. 2017. Utica Shale Play Geology review. U. S. Energy Information Administration. https://www.eia.gov/maps/pdf/UticaShalePlayReport_April2017.pdf.

EIA. 2018. Natural gas weekly update. https://www.eia.gov/naturalgas/weekly/archivenew_ngwu/2018/05_24/#itn-tabs-2.

ENVERUS. 2018. https://www.enverus.com/.

Gao D, Shumaker R C, Wilson T H. 2000. Along-Axis segmentation and growth history of the Rome Trough in the Central Appalachia Basin. AAPG Bulletin, 84(1): 75-99.

Haeri-Ardakani O, Sanei H, Lavoie D, et al. 2015. Geochemical and petrographic characterization of the Upper Ordovician Utica Shale, southern Quebec, Canada. International Journal of Coal Geology, 138: 83-94.

Harper I A, Laughrey C D. 1987. Geology of oil and gas fields of southwestern Pennsylvania. 4th ed. Harrisburg: Pennsylvania Geological Surey: 148-166.

John H, Eble C, Ronald A, et al. 2014. A geologic play book for Utica shale Appalachia Basin exploration. Morgan Town: Utica Shale Appalachia Basin Exploration Consortium.

King H M. 2017. Utica Shale: The natural gas giant below the Marcellus. https://geology.com/articles/utica-shale/.

Kolata D R, Huff W D, Bergstrm S M. 2001. The Ordovician Sebree Trough: An oceanic passage to the Midcontinent United States. Geological Society of America Bulletin, 113(8): 1067-1078.

Kirschbaum M A, Schenk C J, Cook T A, et al. 2012. Assessment of undiscovered oil and gas resources of the Ordovician Utica Shale of the Appalachian Basin Province. Reston: United States Geological Survey: National Assessment of Oil and Gas: 2012-3116.

Patchen D G, Hickman J B, Harris D C, et al. 2006. A geologic play book for Trenton-Black River Appalachian Basin exploration: U.S. Department of Energy Report, Morgantown: DOE Award Number DE-FC26-03NT41856.

Quinlan G M, Beaumont C. 1984. Appalachia thrusting, lithospheric flexure, and the Paleozoic stratigraphy of the Eastern Interior of North America. Canadian Journal of Earth Sciences, 21(9): 973-996.

Schenk C J. 2015. National assessment of oil and gas project-utica shale unconventional assessment: U.S. geological survey data release. https://www.sciencebase.gov/catalog/item/5d1cdb5fe4b0941bde64b08b.

ShaleProfile. 2020. US-update through July 2020. https://shaleprofile.com/blog/us/us-update-through-july-2020/.

Smith L B. 2013. Shallow transgressive onlap model for Ordovician and Devonian organic-rich shales//Unconventional Resources Technology Conference, New York.

第 7 章

Eagle Ford 页岩油气产区

Eagle Ford 页岩为白垩纪沉积的海相地层，主要发育于墨西哥湾沿岸地区 Maverick 盆地、San Marcos 凸起和得克萨斯东部盆地，呈北东-南西向展布。页岩埋深跨度大，从露头到 5900m 均有分布，厚度从北向南变化区间为 15～100m。Eagle Ford 划分为上下两段，下段泥页岩段有机碳含量为 4.0%～7.0%，平均为 5.1%；上段石灰岩段 TOC 为 2.0%～5.0%，平均为 3.2%。页岩有机质成熟度为 1.0%～1.7%，从西北向东南依次相变为 3 个区：油区、湿气与凝析气区、干气区，总面积为 5.3 万 km^2，原油资源量为 11.6 亿 t，天然气为 1.87 万亿 m^3，凝析油为 2.65 亿 t。干气区分为西南和东南两部分：西南部平均水平段长为 1828m，首月平均日产气量为 17.1 万 m^3，EUR 为 2.32 亿 m^3；东南部平均水平段长为 1981m，首月平均日产气量为 14.2 万 m^3，EUR 为 0.89 亿 m^3。Eagle Ford 页岩油气发现于 2008 年，2009 年规模钻井，2010 年钻井数超过 1000 口，2014 年超过 5000 口，页岩油气产量快速增长，2015 年页岩气产量达到峰值 503 亿 m^3。受价格下跌影响，2015 年钻完井大幅减少超 50%，2016 年产量递减，近期处于相对稳产阶段，2019 年页岩气产量为 450 亿 m^3，是北美第 5 大页岩气产区。

7.1 勘探开发历程

位于得克萨斯州南部的 Eagle Ford 页岩呈北东-南西向展布，南部边界平行于 Sligo 陆架边缘，向北部大范围延伸，环绕 Maverick 盆地(图 7.1)。Eagle Ford 油气产区从西北向东南依次相变为 3 个区，即油区、湿气与凝析气区、干气区(图 7.1)。

Eagle Ford 油气生产始于 2008 年 10 月完钻的水平井 STS#1，2009 年开始大量钻井，2010 年已有 1103 口井陆续完井。受油价上升的影响，Eagle Ford 页岩气产区钻机数量快速上升，2012 年 6 月份，钻机数量达到峰值 246 台，之后受油价下降影响，钻机数量下降，2017 年 7 月钻机数量下降至 100 台以下。随着技术不断创新，页岩油、凝析油以及天然气的产量快速攀升。

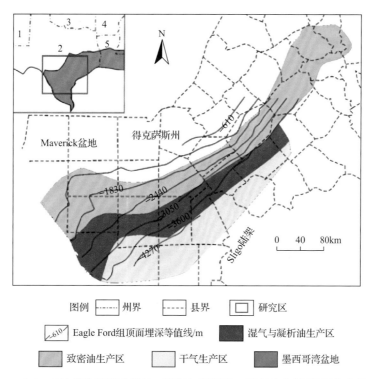

图 7.1 Eagle Ford 地理位置及致密油、湿气与凝析油、干气分布图(据赵俊龙等，2015)

1.新墨西哥州；2.得克萨斯州；3.俄克拉何马州；4.阿肯色州；5.路易斯安那州

2008 年 Eagle Ford 页岩气产量为 5.66 万 m³/d，页岩油产量为 48t/d，凝析油产量为 31t/d。截至 2019 年 4 月，天然气产量上升到 1.40 亿 m³/d，页岩油产量为 12.91 万 t/d，凝析油产量约为 2.42 万 t/d(图 7.2)。

三种类型油气产量最大值均出现在 2015 年，主要是因为在 2014 年颁布了 5613 项钻井许可。随后随着国际油价市场动荡，颁发钻井许可也相应减少，到 2019 年 6 月钻井许

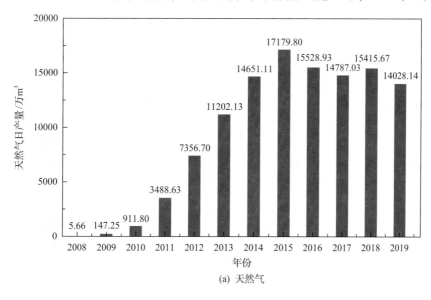

(a) 天然气

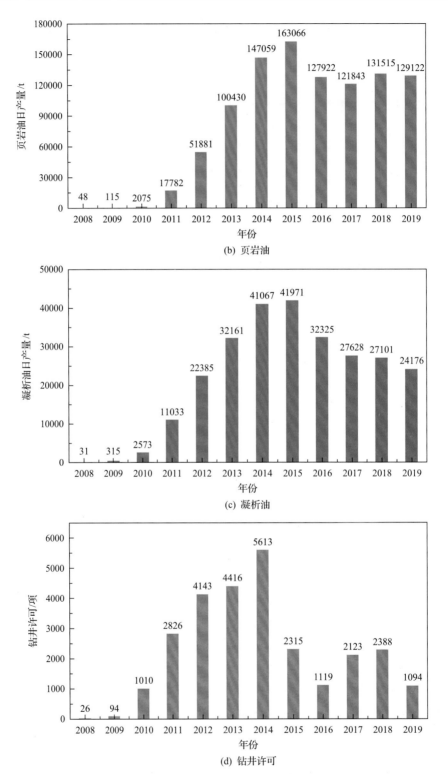

图 7.2 Eagle Ford 页岩天然气、页岩油、凝析油以及钻井许可年度分布 (据 RRC, 2019)

可仅颁发 1094 项(RRC, 2019)。截至 2019 年底，Eagle Ford 页岩气产区累计产气量约为 3408 亿 m³。2019 年页岩气产量为 450 亿 m³，是北美第 5 大页岩气产区(图 7.3)。

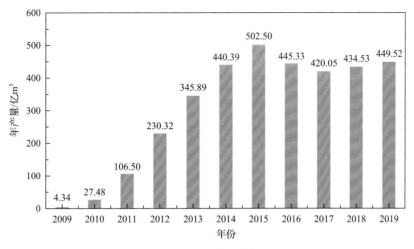

图 7.3　Eagle Ford 页岩气产量变化趋势图(据 RRC，2019)

7.2　地 质 特 征

7.2.1　沉积构造特征

Eagle Ford 页岩为白垩纪沉积的海相地层，主要发育于墨西哥湾沿岸地区 Maverick 盆地、San Marcos 凸起和得克萨斯东部盆地，盆地类型属于中生代裂谷盆地(边瑞康等，2014)。墨西哥沿岸地区属于墨西哥湾盆地北部的内陆带，在晚古生代北美板块与南美板块-非洲板块碰撞形成泛古陆，而墨西哥湾盆地就是这个泛古陆在中生代开始的解体过程中形成的(胡文海和陈冬晴，1995；Walper，1972)。至晚白垩世，稳定沉降的格局遭到破坏，产生了范围很广的地层间断，即塞诺曼阶的地层不整合。之后的塞诺曼晚期和土伦期发生了广泛的海侵，海水侵入内陆，直至 Wohito(沃希托)和 Appalachia 山脉。此次海侵，在得克萨斯中部到佛罗里达北部地区沉积了 Woodbine/Tuscaloosa 群陆源碎屑岩，之后在得克萨斯中部和东北部，以及路易斯安那与之相邻地区，土伦阶 Eagle Ford 组海相页岩又覆盖于 Woodbine 群之上(图 7.4)。白垩纪末的 Laramie(拉腊米)运动使墨西哥湾盆地北部物源区隆起，盆地中心在沉积载荷作用下大规模沉降，北部内陆带中生界地层形成北西-南东向倾斜的展布特点(图 7.5)(胡文海和陈冬晴，1995)。

7.2.2　地层展布特征

Eagle Ford 页岩埋深跨度较大，从露头到 Stuart City 陆棚 5900m 深度均有分布，厚度从北向南变化区间为 15～100m。Eagle Ford 上部为 Austin 石灰岩，下部与 Buda 组石灰岩不整合接触(图 7.4、图 7.5)，沉积在一个平缓的斜坡上(Mullen，2010)。在得克萨

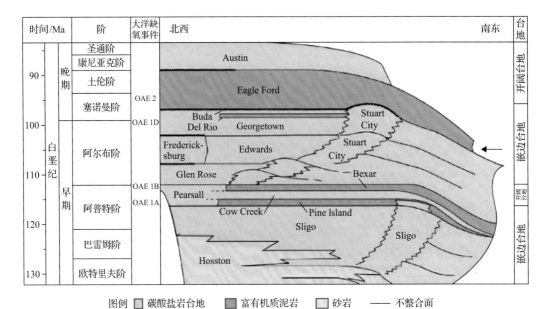

图 7.4　得克萨斯南部白垩纪地层沉积模式(据 Fairbanks and Ruppel, 2012)

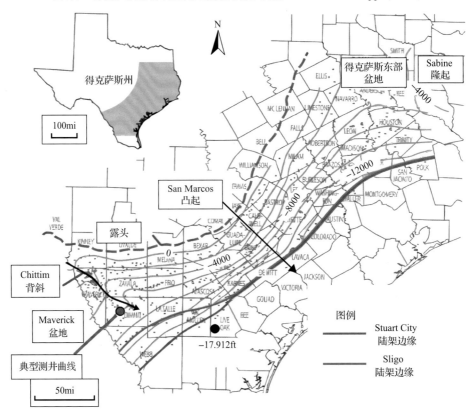

图 7.5　Buda 石灰岩顶部构造等高线展布特征(据 Hentz and Ruppel, 2011)

斯东部盆地,该组则位于 Pepper 页岩/Woodbine 群(下部)和 Austin 群(上部)之间(图 7.6)。

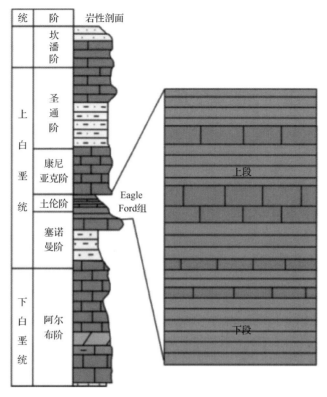

图7.6　Eagle Ford 岩性柱状图与地层对比图（据 Hentz and Ruppel, 2011）

Fairbanks 和 Ruppel（2012）将 Eagle Ford 页岩划分成上下两段。

Eagle Ford 上段为相对高能、浅水、高位海退沉积环境，在海滨附近发生沉积，为灰色纹层状含有虫孔泥粒灰岩相、浅-灰色交错层理含有虫孔泥粒灰岩/粒状灰岩相、灰白至铁锈色-橘黄色薄层膨润土相、浅-灰色结核状含有虫孔泥粒灰岩/粒状灰岩相。上段 GR 值比下段低，通常为 45～60API，局部薄层达到 120API；电阻率测井则具有向上增大趋势。上段分布相对局限，主要分布在 Maverick 盆地和 San Marcos 凸起。其厚度在 San Marcos 凸起最薄，向 Stuart City 礁缘以及 Maverick 盆地方向增厚，厚度一般为 77.2～91.44m（图 7.7）。

Eagle Ford 下段为低能、厌氧的海侵沉积环境，主要为暗灰色块状黏土质泥岩相、灰色块状黏土质含有孔虫以及灰色块状纹层状黏土质含有孔虫泥岩相。下段表现为高 GR，电阻率曲线则具有向上降低的特征。下段的分布范围由 Maverick 盆地沿北东向延伸至得克萨斯东部盆地，但是厚度变化较大。在 San Marcos 背斜区厚度减薄，沿着东南向 Stuart City 礁缘以及西南向 Maverick 盆地方向厚度逐渐增大，最大值出现在 Maverick 县中部。厚度一般分布在 53.34～60.96m（Hentz and Ruppel，2011）（图 7.8）。

从区域上看，Eagle Ford 上段与下段接触关系多变，在大部分区域，Eagle Ford 上段与上覆的 Austin 组具有明显的岩性接触界面，但是在 Maverick 盆地 Eagle Ford 过渡段则覆盖在 Eagle Ford 上段之上。过渡段与 Eagle Ford 上段的区别主要是通过岩性识别，从 Eagle Ford 上段向 Eagle Ford 过渡段其岩性由深灰富有机质钙质泥岩向浅灰和灰色周期性纹层的 Edwards 石灰岩过渡（图 7.9）。过渡段通常会出现生物扰动构造并在局部富

147

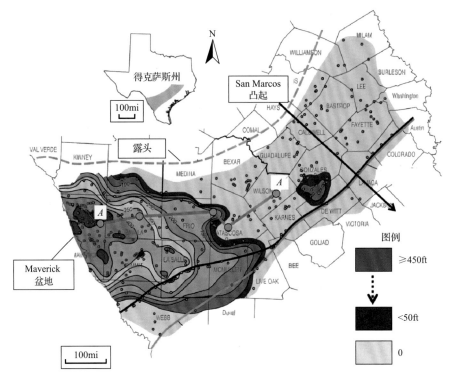

图 7.7　Eagle Ford 上段厚度等值线图（据 Hentz and Ruppel, 2011）

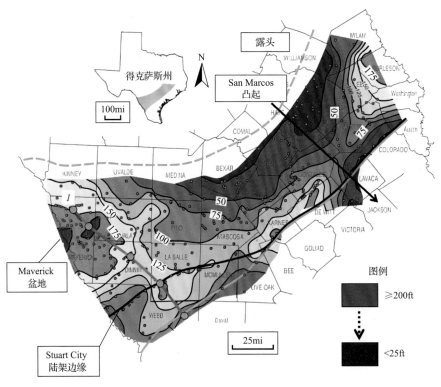

图 7.8　Eagle Ford 下段厚度等值线图（据 Hentz and Ruppel, 2011）

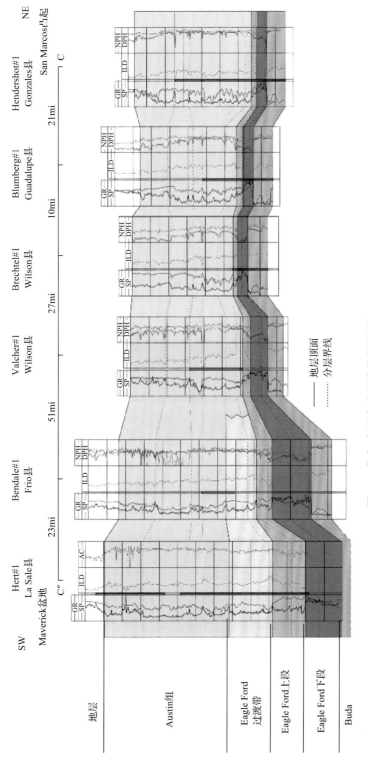

图7.9　北东-南西向地层连井剖面(据Harbor,2011)

GR-自然伽马；ILD-电阻率；NPH-中子孔隙度；SP-自然电位；AC-声波时差；DPH-密度孔隙度

集新型冰洲石，在测井曲线上表现为 GR 曲线迅速向上增加，随后是 GR 呈现不规则尖峰，电阻率则是向上增大。过渡段仅在 Maverick 盆地局部分布，厚度一般为 27.43～38.1m，向 San Marcos 凸起方向，过渡段厚度减薄，相变为贫有机质有生物扰动构造的 Austin 组。

7.2.3 有机地球化学特征

Eagle Ford 页岩 TOC 平均值为 3.7%～4.5%，生烃潜力约为 414mg/g（Grabowski，1995），其中 Eagle Ford 下段泥页岩段有机碳含量较高，达 4.0%～7.0%，平均为 5.1%；根据测井密度和电阻率计算，TOC 含量具有北西-南东向增大的趋势，在 Zavala 和 Frio 县 TOC 达到最大值（图 7.10）。Eagle Ford 上段石灰岩段 TOC 为 2.0%～5.0%，平均为 3.2%（Treadgold et al., 2011）， 平面上具有从北向南增大趋势，并在 Maverick 盆地达到最大值（图 7.11）。

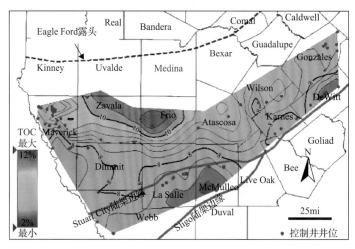

图 7.10 Eagle Ford 下段 TOC 等值线分布图（单位：%）

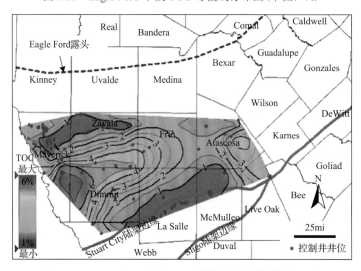

图 7.11 Eagle Ford 上段 TOC 等值线分布图（单位：%）

通过对得克萨斯东部盆地露头样品有机质显微组分研究，认为有机质类型以 II 型为主，80%～85%易于生油的干酪根集中发育于处于海侵体系域的 Eagle Ford 下段(Slatt et al., 2012；Robison，1997)。Harbor(2011)对得克萨斯南部井下未熟和成熟样品进行了氢指数以及 T_{max} 研究，认为未熟样品($T_{max}<435℃$，R_o=0.5%)相比成熟样品能更好地揭示有机质类型。图 7.12 显示来自 Eagle Ford 上段和下段未成熟样品均展现出生油潜力高，仅有 1 个来自 Eagle Ford 下段样品氢指数较低，属于混合生油/气有机质类型。Eagle Ford 组具有沿北西-南东向埋深逐渐增大特点，热演化程度也随之增高，从而形成依次发育油—凝析油/湿气—干气的油气分布序列(图 7.13)。

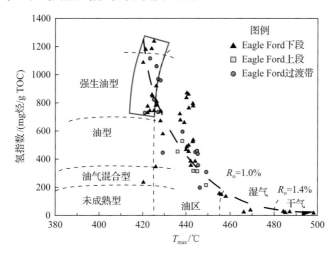

图 7.12　Eagle Ford 氢指数与 T_{max} 图解(据 Harbor, 2011)

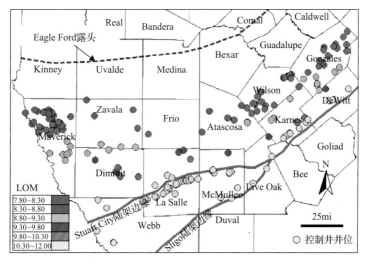

图 7.13　Eagle Ford 下段页岩成熟度分布(LOM 数据引自 Cardneaux, 2012)

含油气区有机质成熟度主要为 1.0%～1.7%，油气成熟起始埋深约为 2287m，其中石油富集在埋深 2439m 左右的地层内，凝析油富集在埋深 3049m 左右的地层内，干气富集在埋深 4268m 左右的地层内(Chaudhary, 2011)。

7.2.4 储层特征

1. 矿物组成特征

碳酸盐含量高是 Eagle Ford 页岩的最大特点，92 块页岩 XRD 分析结果表明碳酸盐含量为 9%～90%，平均为 56%(图 7.14)。碳酸盐主要矿物是方解石、白云石、铁白云石以及菱铁矿等。方解石主要来自上部含氧水体中的远洋浮游生物，此外，底栖生物也对方解石的含量具有一定贡献。上部石灰岩段碳酸盐体积分数一般在 70% 以上，下部富有机质泥岩段也在 32%～62%。

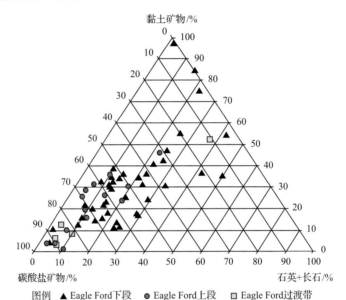

图 7.14 Eagle Ford 组矿物成分三角图(据 Harbor,2011)

Eagle Ford 页岩中石英含量不高，且下段明显高于上段。平面上具有自西向东石英含量逐渐降低、碳酸盐和黏土含量逐渐升高的特点，主要是由于晚白垩世西部地区沉降幅度大于东部地区，并有更多的陆源碎屑沉积。石英含量低使得 Eagle Ford 页岩脆性较低，地应力的各向异性较强，多形成顺层理发育的微裂缝，而不是硬度较大岩石所形成的复合裂缝。虽然碳酸盐脆性较低，但分布范围大、沉积环境稳定的发育特点使 Eagle Ford 组成为有利的压裂改造目的层段。产油区钻完井多使用聚合物，而不能使用滑溜水，在压裂过程中需要添加大量粒径较大的支撑剂来提供足够的导流能力。

2. 储层物性

Wang 和 Liu(2011)评价 Eagle Ford 页岩的基质孔隙度为 5%～14%，渗透率为 0.04～1.3mD。Martin 等(2011)认为，Eagle Ford 页岩孔隙度分布在 3%～10%，平均为 6%；渗透率在 0.003～0.405mD，平均为 0.18mD。Vassilellis 等(2010)认为，总孔隙度为 3.4%～14.6%，压力梯度为 0.97～1.47MPa/100m。Mendoza 等(2011)研究表明，在 157.2℃ 下，

平均孔隙度为 9%～12%，平均渗透率为 0.000042mD。

Odusina 等(2011)利用核磁共振技术(NMR)对一些未保压的岩心进行孔隙度评价而预测到的含水饱和度是 36%±24%。Orangi 等(2011)研究表明，该区含水饱和度为 20%～40%，而孔隙压缩系数较高。Mullen(2010)对取自东北部页岩地层的样品进行岩心分析认为，孔隙度为 8%～18%，含水饱和度为 7%～31%，基质渗透率为 0.02～1.2mD。余杰等(2017)对 Eagle Ford 页岩 705 块样品进行了系统的分析认为，页岩孔隙度为 0.9%～14.5%，平均为 5.5%；基质渗透率为 0.00014～0.00116mD，平均为 0.00030mD(图 7.15)，下段物性要好于上段。Pommer(2014)研究认为，对于低成熟度的样品(R_o 在 0.5%左右)，孔隙主要由矿物质间的粒间孔组成，孔径分布在 35.9～52.7nm；而对于高成熟度样品(R_o 为 1.2%～1.3%)，有机质生成油气裂解形成的孔隙为主要孔隙类型，其孔隙大小为 11～15nm，粒间孔对总孔隙的贡献降低，且粒间孔尺寸也较小(中值孔径为 20.3～40.6nm)。

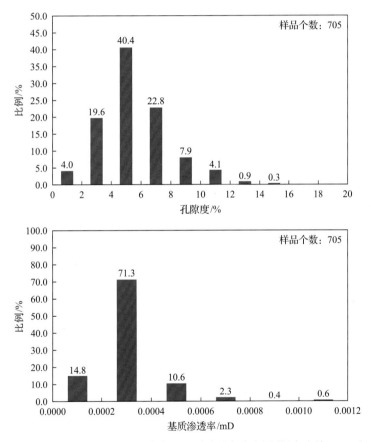

图 7.15　Eagle Ford 页岩孔隙度、基质渗透率分布图(据余杰等，2017)

3. 压力特征

Eagle Ford 组具有超压特点，压力系数为 1.35～1.8，压力梯度为 1.0～1.5MPa/100m。

7.2.5 资源潜力评价

应用地质评价方法，USGS 对得克萨斯州 Eagle Ford 页岩以及与之相关的墨西哥湾塞诺曼阶—土伦阶未探明的技术可采资源量进行了评估。

根据岩性、地层厚度、有机质成熟度、区域地质特征以及产区的空间分布特征，将 Eagle Ford 及塞诺曼阶—土伦阶划分为(图 7.16)：Eagle Ford 组泥灰岩中连续的产油评价单元主要由美国-墨西哥边界线、25%黏土含量线以及镜质组反射率 0.6%等值线以及 1.3%等值线所限定；Eagle Ford 组泥灰岩产气评价单元则主要以镜质组反射率 1.3%为界进行限定；塞诺曼阶—土伦阶泥岩中连续的油气评价单元由黏土含量 25%线、得克萨斯州与路易斯安那州界限以及成熟度为 0.6%和 1.3%所限定；产气评价单元由 25%黏土含量等值线以及镜质组反射率 1.3%等值线所围限。表 7.1 中列出了评价单元中的主要计算参数。

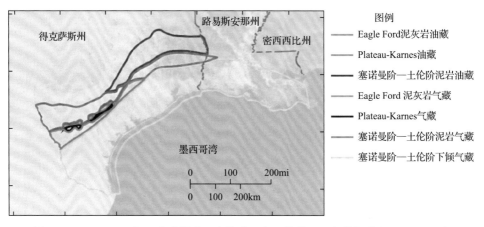

图 7.16　Eagle Ford 组及塞诺曼阶—土伦阶 7 个评价单元展布特征(据 USGS, 2018)

计算结果表明，Eagle Ford 评价单元总的资源量(表 7.2)：页岩油约为 11.92 亿 t，页岩气约为 1.87 万亿 m^3，凝析油约为 2.65 亿 t。

表 7.1　Eagle Ford 组及塞诺曼阶—土伦阶地层主要资源计算参数列表

评价参数	Eagle Ford 泥灰岩油藏				Plateau-Karnes 油藏			
	最小值	众数	最大值	平均值	最小值	众数	最大值	平均值
有利产区面积/km^2	15309.42	20319.49	22909.5	19512.80	1295.01	1643.04	2011.31	1649.78
平均井控面积/km^2	0.24	0.4	0.48	0.38	0.24	0.4	0.48	0.38
未试井区占比/%	63	73	76	70.7	4	22	36	20.7
成功率/%	85	90	95	90	95	97	99	97
平均 EUR	7000t	21000t	42000t	21840t	15400t	28000t	49000t	28980t

续表

评价参数	塞诺曼阶—土伦阶泥岩油藏				Eagle Ford 泥灰岩气藏			
	最小值	众数	最大值	平均值	最小值	众数	最大值	平均值
有利产区面积/km²	10521.94	17037.45	29420.96	18993.45	4451.59	8093.8	11533.665	8026.35
平均井控面积/km²	0.32	0.49	0.57	0.46	0.32	0.49	0.57	0.46
未试井区面积占比/%	97	98	99	98	88	93	95	92
成功率/%	50	70	90	70	80	85	90	85
平均 EUR	1400bcf	15400bcf	28000bcf	15820bcf	2831.7bcf	7079.25bcf	12742.65bcf	7302.9543bcf

评价参数	Plateau-Karnes 气藏				塞诺曼阶—土伦阶泥岩气藏			
	最小值	众数	最大值	平均值	最小值	众数	最大值	平均值
有利产区面积/km²	1092.66	1505.45	1764.45	1454.18	4046.9	6070.35	12140.7	6071.70
平均井控面积/km²	0.32	0.49	0.57	0.46	0.49	0.57	0.65	0.57
未试井区面积占比/%	94	88	90	87.3	100	100	100	100
成功率/%	90	95	99	94.7	10	50	90	50
平均 EUR	4247.55 万 m³	8495.1 万 m³	14158.5 万 m³	8718.8043 万 m³	849.51 万 m³	2548.53 万 m³	8495.1 万 m³	2865.6804 万 m³

表 7.2 具体评价单元的评价结果展示

油气评价单元	类型	资源总量											
		油/万 t				气/亿 m³				凝析油/万 t			
		F95	F50	F5	平均	F95	F50	F5	平均	F95	F50	F5	平均
Eagle Ford 泥灰岩油藏	油	47558	69468	104202	71806	1614	2778	4624	2900	1400	2688	4956	2870
Plateau-Kames Trough 油藏	油	1078	2492	4228	2548	63	149	266	155	84	210	420	224
塞诺曼阶—土伦阶泥岩油藏	油	25088	42896	71414	44856	887	1701	3125	1816	784	1652	3304	1792
Eagle Ford 泥灰岩气藏	气					6208	9714	14742	9997	8596	14266	22876	14798
Plateau-Kames Trough 气藏	气					1673	2249	3070	2294	3136	4424	6286	4536
塞诺曼阶—土伦阶泥岩气藏	气					314	1264	3635	1523	448	1848	5460	2254
塞诺曼阶—土伦阶下倾气藏	气	未定量评价											
油藏资源总量		73724	114856	179844	119210	2562	4628	8015	4871	2268	4550	8680	4886
气藏资源总量						8195	13227	21447	13814	12180	20538	34622	21588
资源总量		73724	114856	179844	119210	10757	17855	29462	18685	14448	25088	43302	26474

7.3 开发特征

7.3.1 水平井部署及压裂工艺

1. 井网井距

Eagle Ford 页岩井距分布范围较广，从小于 100m（0.16km²/井）到大于 1726m（2.59km²/井）均有分布，且不同油气产区井距分布也不尽相同：①在页岩油产区，随着厚度增加，生产井井距逐渐增大，东北油区块井距平均为 569m（0.32km²/井），黑油区块平均为 493m（0.24km²/井），最厚的 Maverick 油区块平均为 1138m（1.3km²/井）；②湿气与凝析油产区井距差别不大，且普遍较小，在 Karnes Trough 区块井距平均为 402m（0.12km²/井），Edwards 区块 493m（0.24km²/井），Maverick 区块为 569m（0.32km²/井），Hawkville 区块为 493m（0.24km²/井）；③页岩气产区井距介于页岩油产区和凝析油产区之间，其中东南区块井距平均为 1138m（1.3km²/井），西南区块为 734m（0.54km²/井）（图 7.17）。虽然减小井距能最大化利用矿权，但也存在一定风险：例如在高密度井区再打加密井则可能会发生压窜以及井间干扰；大规模的压裂改造会造成裂缝叠置，从而影响整体项目的经济效益。一些作业者如 Devon 和 BP 意识到上述存在的风险，从而更倾向于大井距布井。

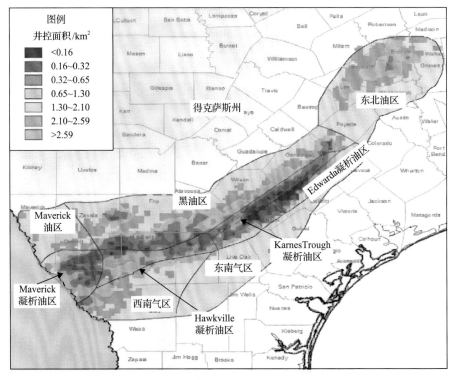

图 7.17　Eagle Ford 页岩井控范围分布图（据 Wood Mackenzie, 2017）

2. 水平井长度

对水平井井身结构的设计一直在逼近工程参数的极限，更长的水平段能使其在接触更多岩石的同时降低成本。在水平段长上，Bakken页岩水平井技术一直是行业的领军者，但是Eagle Ford页岩的作业者也一直在尝试更长的水平段长。EOG和Chesapeake公司作为主要作业者，正在对大于3000m的水平段长水平井进行测试，而其他作业者所钻水平井的平均段长为1500～2286m。

对不同区块水平井的长度进行统计，发现从2014年到2017年，水平井长度基本呈增长趋势(图7.18)。2014年至2017年，8个区块平均水平段长分别为1774m、1856m、1874m和1972m。但不同的作业区也存在差异，其中Edwards区块随着时间变化，水平段长基本保持不变，这是因为较短的水平段就能保持很好的经济效益，而其他区块则在尝试更长的水平段长。

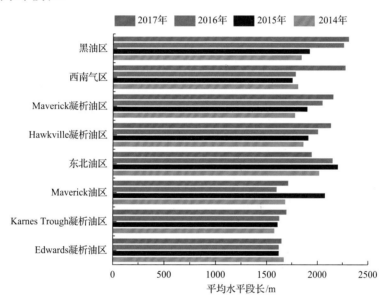

图7.18　不同区块水平井段长度分布特征(据Wood Mackenzie, 2017)

更长的水平段长和优化的完井设计对产量提高产生了积极作用，但是用首月平均日产与水平段长度做归一化处理，发现更长的水平段长并不一定与归一化的首月日产量正相关，这主要是因为产量并不仅仅受控于水平段长，地质条件、完井设计、压裂规模等都可能影响单井产量。

3. 压裂工艺

2015年之前，支撑剂量主要为1.5～2.25t/m，2015年之后提高至2.25～3.0t/m，另外支撑剂量大于3.0t/m也逐渐成为主流(图7.19)。同时用水量也快速增加，自2016年以来用水量上升了13%，在作业活跃区，水量一般都高于15m^3/m，Chesapeake、EOG和Cabot公司在完井方面一直处于技术领先地位，目前正在测试加液量大于20m^3/m所带来的生产效果改善情况。

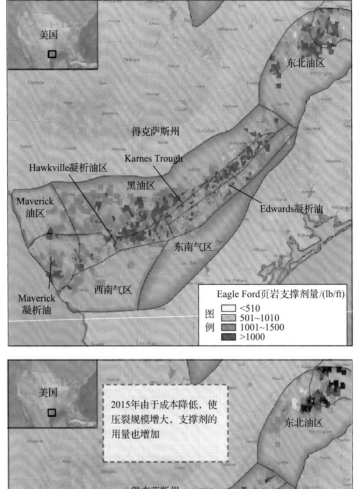

图 7.19　2015 年前后支撑剂量分布对比图（据 Wood Mackenzie, 2017）

2017 年完井当中有相当一部分井所用支撑剂量成为 48 个州中之最。Eagle Ford 的支撑剂用量正在以每年18%的比例逐年上升,BHP和Chesapeake公司已经在测试支撑剂量大于7.3t/m的效果,但是到目前为止并没有见到该支撑剂用量能给产量带来巨大改善作用的相关报道。总体来看,加大支撑剂用量确实能对产量提高带来一定正面影响,因为加大石英砂泵入在一定程度上改善了储层的连通性,从而使产量增加。

7.3.2　不同区块生产特征

Wood Mackenzie(2017)将Eagle Ford页岩气分为两个区:东南页岩气产区(Southeast Gas)和西南页岩气产区(Southwest Gas)。东南页岩气产区水平井长度一般为1981m,且变化不大;支撑剂用量为1.8t/m,压裂液量为12m³/m,均呈上升趋势;井距维持在1.3km²/井(井距650m,以水平段长1981m计算),钻井周期平均为25天,并在不断缩短,开发风险指数以及钻井成本均在不断下降,具体参数指标见表7.3。

表7.3　东南页岩气产区井身设计参数表(据Wood Mackenzie, 2017)

参数(Wood Mackenzie 基准值)	参数值	趋势
水平段长度/m	1981	平稳
支撑剂用量/(t/m)	1.8	增加
滑溜水量/m³	365.8	增加
重度/(°API)	45	平稳
井距/(km²/井)	1.3	平稳
钻井周期/天	25	提速
风险/%	5	下降
成本/万元	4550	下降

东南产气区油的初期产量为6.3t/d,年递减率为8%,EUR为3150万t;干气初期产量为14.2万m³/d,年递减率为6%,30年的EUR为0.89亿m³(表7.4和图7.20)。

西南产气区水平井水平段长平均为1828m,支撑剂用量2.66t/m,压裂用液量16m³/m,均呈不断增加趋势。井距相比东南产气区明显下降,具体参数指标见表7.5。

对2016年1月到2017年4月的63口井的公开发表数据研究表明,水平段长从2015年的1767m上升到2017年4月的1828m,单位长度支撑剂量和压裂液量分别增加了33%和45%。不同的作业者在实施加密井网时都不同程度地出现了压窜现象,为预防这种情况发生,作业者将井间距增加到335m。最大作业者Lewis Petro Properties目前与BP合

表7.4　东南产气区井参数(据Wood Mackenzie, 2017)

类型	油	干气
前30天平均产量	6.3t/d	14.2万m³/d
180天累计产量	160万t	1684.9万m³
EUR	3150万t	0.89亿m³
年递减率	8%	6%
生命周期	30年	

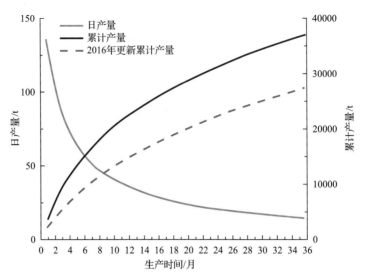

图 7.20 东南产区产量递减曲线特征（据 Wood Mackenzie, 2017）

表 7.5 西南产气区井参数（据 Wood Mackenzie, 2017）

参数（Wood Mackenzie 基准值）	参数值	趋势
水平段长度/m	1828	增加
支撑剂用量/(t/m)	2.66	增加
滑溜水/m³	487.7	增加
重度/(°API)	58	平稳
井距/(km²/井)	0.54	下降
钻井周期/天	20	提速
风险/%	30	平稳
成本/万元	4099	下降

作在 Webb County 尝试较短的水平段长和重复压裂。西南产气区油的初期产量 20.7t/d，年递减率为 8%，30 年 EUR 为 1.03 万 t；干气的初期产量 17.1 万 m³/d，年递减率为 6%，30 年 EUR 为 2.32 亿 m³，具体指标见表 7.6 和图 7.21。

表 7.6 西南产气区井的递减特征（据 Wood Mackenzie, 2017）

类别	油	干气
前 30 天平均日产量	20.7t/d	17.1 万 m³/d
180 天累计产量	210 万 t	2361.6 万 m³
EUR	1.03 万 t	2.32 亿 m³
年递减率	8%	6%
生命周期	30 年	

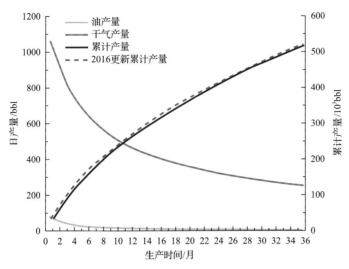

图 7.21　西南产区产量递减曲线特征(据 Wood Mackenzie, 2017)

7.3.3　产量变化与分布特征

由于受地质条件以及开发工艺影响，其初始产量与 EUR 呈现较大差异(表 7.7)：

(1)在页岩油生产区，东北油区块与黑油区初期日产量较为接近，分别为 60.20t 和 70.42t，而 Maverick 油区块初期日产最低为 26.60t；三个区块的 EUR 分别为 5.61 万 t、6.73 万 t 和 2.81 万 t。

(2)湿气区与凝析油产区初期日产量差别不大，分布在 77.00～112.00t，EUR 分布在 7.08 万～11.96 万 t。

(3)页岩气产区初期产量差别较小，但 EUR 差异较大。东南气区初期日产量为 14.19 万 m^3，EUR 为 0.89 亿 m^3；西南气区初期日产 17.08 万 m^3，EUR 为 2.32 亿 m^3。

表 7.7　Eagle Ford 不同区块开发参数特征

类别	原油区			凝析气区			干气区		
	Maverick 油区	黑油区	东北油区	Maverick 气区	Hawkville 气区	Karnes Trough 气区	Edwards 气区	西南气区	东南气区
区块面积/km²	3798.38	12674.89	10756.66	2844.99	3067.83	1988.47	3785.12	5831.58	8279.96
风险系数/%	25.00	40	20	60	70	90	90	30	10
井距/m	1138	402	569	569	493	402	493	734	1138
井区面积/km²	0.61	17.00	1.72	12.90	11.24	15.17	12.14	2.91	0.20
风险区面积/km²	2.36	67.50	25.17	8.44	24.55	29.57	44.64	10.24	2.39
IP30 油/(t/d)	26.60	70.42	60.20	112.00	77.00	110.60	95.34	21.28	6.30
IP30 气/(万 m³/d)	0.88	1.30	1.13	14.73	3.31	2.86	9.06	17.08	14.19
EUR(油单位为万 t,气单位为亿 m³)	2.81	6.73	5.61	10.05	7.08	11.96	12.74	2.32	0.89

由于不同区块埋深差异较大，开发工艺要求不同，导致开采成本存在一定差异，因

此 Eagle Ford 不同区块盈亏平衡点也各不相同(图 7.22、图 7.23),凝析油开采盈亏平衡

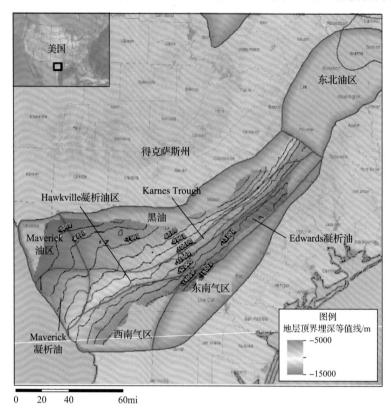

图 7.22　Eagle Ford 不同区块埋深(据 Wood Mackenzie, 2017)

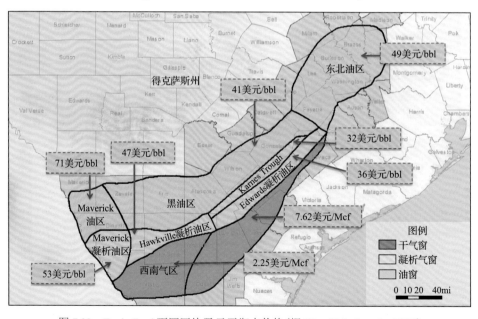

图 7.23　Eagle Ford 不同区块盈亏平衡点价格(据 Wood Mackenzie, 2017)

点 580～2443 元/t(36～53 美元/bbl)，页岩油 1890～3274 元/t(41～71 美元/bbl)，天然气 0.5～1.74 元/m³(2.25～7.62 美元/Mcf)(图 7.23)。受国际油价市场的影响，从 2015 年开始 Eagle Ford 的油气产量均开始下滑，2018 年随着原油价格上涨，勘探开发活动再次活跃，产量也得到了提升。虽然 Eagle Ford 液态烃产量已经超过了 Bakken 和 Bone Spring，但是要赶上 Permian 还有一定难度。目前来看，Eagle Ford 区块约还有 74%井未开钻，而约有 50%未钻井集中分布在凝析油区块(图 7.24)。

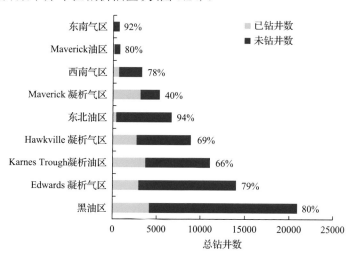

图 7.24 Eagle Ford 不同区块钻井数以及未钻井数分布(据 Wood Mackenzie, 2017)

百分数为未钻井数百分比

参 考 文 献

边瑞康, 武晓玲, 包书景, 等. 2014. 美国页岩油分布规律及成藏特点. 西安石油大学学报(自然科学版), 29(1): 1-9.

胡文海, 陈冬晴. 1995. 美国油气田分布规律和勘探经验. 北京: 石油工业出版社.

余杰, 秦瑞宝, 刘春成, 等. 2017. 页岩气储层测井评价与产量"甜点"识别——以美国鹰潭页岩气储层为例. 中国石油勘探, 22(3): 104-112.

赵俊龙, 张君峰, 许浩, 等. 2015. 北美典型致密油地质特征对比及分类. 岩性油气藏, 27(1): 44-50.

Cardneaux A P. 2012. Mapping of the oil window in the Eagle Ford Shale Play of Southwest Texas using thermal modeling and log overlay analysis. Baton Rouge: Louisiana State University.

Chaudhary A S. 2011. Shale oil production performance from a stimulated reservoir volume. College Station: Texas A&M University.

Fairbanks M D, Ruppel S C. 2012. High resolution stratigraphy and facies architecture of the upper Cretaceous (Cenomanian-Turonian) Eagle Ford Formation, Central Texas. AAPG Annual Convention and Exhibition, Long Beach.

Grabowski G J. 1995. Organic-rich Chalks and Calcareous Mudstones of the Upper Cretaceous Austin Chalk and Eagle Ford Formation, South-central Texa. Berlin: Springer-Verlag.

Harbor R L. 2011. Facies characterization and stratigraphic architecture of organic-rich mudrocks, upper Cretaceous Eagle Ford formation, South Texas. Austin: The University of Texas at Austin.

Hentz T F, Ruppel S C. 2011. Regional stratigraphic and rock characteristics of Eagle Ford shale in its play area: Maverick Basin to East Texas Basin//AAPG Annual Convention and Exhibition, Houston.

Martin R, Baihly J, Malpani R, et al. 2011. Understanding production from Eagle Ford-Austin chalk system//SPE Annual Technical Conference and Exhibition, Denver.

Mendoza E, Aular J, Sousa L. 2011. Optimizing horizontal well hydraulic fracture spacing in the Eagle Ford formation//North Americal Unconventional Gas Conference and Exhibition, The Woodlands.

Mullen J. 2010. Petrophysical characterization of the Eagle Ford Shale in South Texas. Canadian Unconventional Resources International Petroleum Conference, Calgary.

Odusina E O, Sondergeld C H, Rai C S. 2011. Society of Petroleum Engineers Canadian Unconventional Resources Conference//Canadian Unconventional Resources Conference-NMR Study of Shale Wettability. Society of Petroleum Engineers, Calgary.

Orangi A, Nagarajan N, Honarpour M, et al. 2011. Unconventional shale oil and gas condensate reservoir production, impact of rock, fluid and hydraulic fractures//SPE Hydraulic Fracturing Technology Conference, The Woodland.

Pommer M E. 2014. Quantitative assessment of pore types and pore size distribution across thermal maturity，Eagle Ford Formation，South Texas. Austin: University of Texas at Austin.

Robison C R. 1997. Hydrocarbon source rock variability within the Austin Chalk and Eagle Ford Shale（Upper Cretaceous），East Texas, USA. International Journal of Coal Geology, 34(3/4): 287-305.

RRC. 2019. https://www.rrc.texas.gov/oil-gas/major-oil-gas-formations/permian-basin/permianbasin-links/.

Slatt R M, O'Brien N R, Romero A M, et al. 2012. Eagle Ford condensed section and its oil and gas storage and flow potential// American Association of Petroleum Geologists Annual Convention and Exhibition, Long Beach.

Treadgold G, Campbell B, McLain B, et al. 2011. Eagle Ford shale prospecting with 3D seismic data within a tectonic and depositional system framework. The Leading Edge, 30(5): 48-53.

USGS. 2018. Assessment of undiscovered oil and gas resources in the Eagle Ford Groupand Associated Cenomanian Turonian Strata, U.S. Gulf Coast, Texas. https://www.usgs.gov/.

Vassilellis G, Li C, Seager R, et al. 2010. Investigating the expected long-term production performance of shale reservoir//Canadian Unconventional Resources and International Petroleum Conference, Calgary.

Walper J L. 1972. Plate tectonics and the origin of the Caribbean Sea and the Gulf of Mexico. Transactions-GCAGS, 22: 105, 106.

Wang J W, Liu Y. 2011. Well performance modeling in Eagle Ford shale oil reservoir//North America Unconventional Gas Conference and Exhibition, The Woodlands.

Wood Mackenzie. 2017. Eagle Ford key play report. www.woodmac.com.

第8章

Woodford 页岩油气产区

Woodford 页岩油气产区位于俄克拉何马州东部 Anadarko(阿纳达科)、Ardmore(阿德莫尔)和 Arkoma(阿科马)三个盆地。页岩厚度为 15～180m，主体埋藏深度为 2000～4500m，孔隙度为 4%～6%，渗透率小于 0.1mD；页岩 TOC 含量为 5%～6%，R_o 为 0.5%～3.5%，含气量为 1.13～2.64m³/t。Woodford 页岩油气发现始于 20 世纪 40 年代，但长期处于停滞状态。进入 21 世纪后，直至 2003 年完钻第一口页岩气井，2005 年应用水平井有效提高了单井产量，落实了该区开发潜力。Anadarko 盆地中西部为干气区，向东依次过渡为湿气区和油区，Ardmore 盆地主要产油，而 Arkoma 盆地主要为气区。2008 年规模建产后，页岩气产量快速上升，2019 年达到最高产量 318.55 亿 m³；2020 年受新冠疫情以及世界能源转型的影响，产量下降到 273.54 亿 m³。截至 2020 年底，Woodford 页岩油气产区累计产页岩气 2577 亿 m³，累计产油 3376.75 万 t。

8.1 勘探开发历程

Woodford 页岩发育在俄克拉何马州东部的 Anadarko 盆地、Ardmore 盆地和 Arkoma 盆地(图 8.1)。与得克萨斯州 Fortworth 盆地 Barnett 页岩气产区和阿肯色州 Arkoma 盆地 Fayetteville 页岩气产区相邻。

8.1.1 勘探历程

Woodford 页岩油气于 1939 年首次在俄克拉何马州东南部获得发现，采用直井，目标是针对下伏更深的地层。开发早期，使用酸或柴油把 Woodford 页岩地层压开，尽管测试结果令人失望，但至少表明 Woodford 页岩可以生产烃类(Vulgamore et al.，2007)。受控于技术原因，此后以 Woodford 页岩为主要目标的钻探活动处于停滞状态。

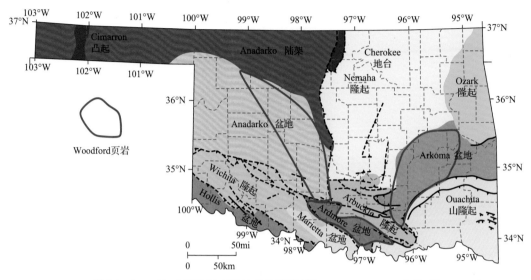

图 8.1　Woodford 页岩气产区地理位置图（据 Cardott，2012，有修改）

进入 21 世纪后，借鉴 Barnett 页岩开发经验，2003 年在 Woodford 页岩钻探第一口直井并进行测试；2004 年在 Woodford 页岩中完井 22 口；2005 年应用水平井取得良好的生产效果，证实了 Woodford 页岩商业开发的潜力。

8.1.2　开发历程

通过借鉴邻区开发经验，以及早期勘探评价，落实了 Woodford 页岩油气的开发潜力，Devon Energy、Newfield Exploration、Chesapeake Energy（CHK）、Marathon Oil、Range Resources、Continental Resources、SM Energy、Cimarex Energy、Antero Resources、Petroquest Energy、Southwestern Energy 等 20 余家公司参与该区页岩油气开发。

回顾 Woodford 页岩油气开发历程，可分为三个阶段：

第一阶段——开发评价阶段：2006 年 5 月开始采用多钻机钻井，并不断增加水平段长度和压裂强度，逐步完善钻完井技术。

第二阶段——先导试验阶段：2007 年末开始平台钻井与工厂化作业，不仅降低了成本，也有效地提高了作业效率与单井产量。基于该区开发潜力的认识深化，2008 年 BP 公司收购 CHK。

第三阶段——规模开发阶段：2010 年，页岩气年产量达到 112.45 亿 m³；2019 年达到 318.55 亿 m³；2020 年受新冠疫情以及世界能源转型的影响，产量大幅下跌，下降到 273.54 亿 m³（图 8.2）。2008 年致密油产量为 11.63 万 t，2012 年为 101.55 万 t，2015 年上升到 361.39 万 t，2019 年达到 538.54 万 t，2020 年产量止增转跌，为 534.30 万 t。

截至 2020 年底，累计产气 2577 亿 m³，累计产油 3376.75 万 t。

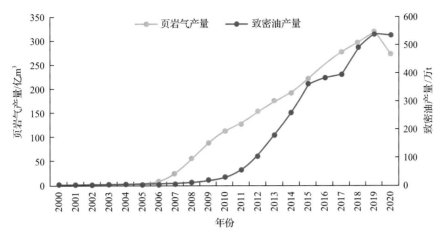

图 8.2　Woodford 页岩油气产量变化趋势图(据 EIA，2020)

8.2　地 质 特 征

8.2.1　构造特征

Woodford 页岩主要分布在 Anadarko、Arkoma 与 Ardmore 三个盆地。

Anadarko 盆地南部发育大型逆冲断层 3 条和正断层 2 条，北部无大型断层；页岩由东北向西南倾斜，埋藏深度为 3048~7925m；页岩厚度分布范围为 30~183m(100~600ft)，呈现储层中部薄、南部厚的特征；大多数油气井集中在盆地中西部页岩较厚且远离断层的地方[图 8.3(a)]。

Arkoma 盆地内部无明显大型断层，盆地边缘分布些许逆冲断层和正断层；页岩埋藏深度为 600~3048m，页岩厚度为 15~91m，呈现北薄南厚的特征；大多数油气井集中在盆地页岩厚且无断层的南部[图 8.3(b)]。

Ardmore 盆地中部发育大型正断层 13 条，盆地边缘分布大型逆冲断层；页岩埋藏深度为 1524~4572m，页岩厚度为 60~152m，呈现中部薄、边缘厚的特征；少数油气井零星分布在页岩较厚且远离断层的盆地北部边缘[图 8.3(c)]。

8.2.2　地层及沉积特征

Arkoma 盆地 Woodford 页岩与下部 Hunton 组不整合接触，该组由石灰岩和泥灰岩组成，岩溶特征明显。上部为早期密西西比 Kinderhook 页岩和碳酸盐岩(图 8.4)。

在 Anadarko 盆地，含燧石、高有机质的 Woodford 页岩同样与下部志留系—泥盆系 Hunton 组不整合接触，上部被上密西西比 Chesterian 页岩所封盖(图 8.5)。

Woodford 页岩沉积始于 380Ma 前，时间跨度约 20Ma。Woodford 页岩通常细分为上段、中段和下段。下段是受构造控制的沉积中心，其中之一是加拿大北部的 Cana 沉积中心，该区域一直是 Woodford 页岩早期水平井活动重点。中段和上段在整个盆地中分布更加广泛，但在这些沉积中心也显示出增厚的特征，表明在整个 Woodford 页岩沉积时期

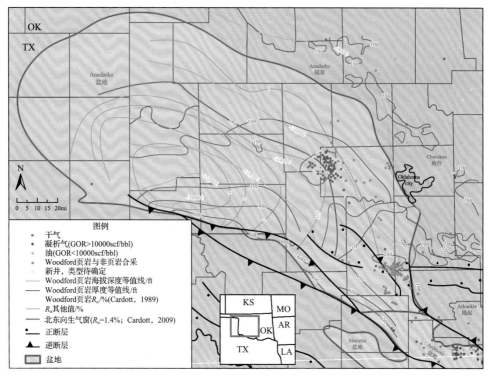

(a) Anadarko盆地

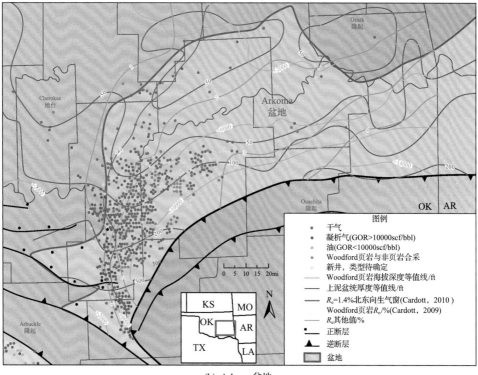

(b) Arkoma盆地

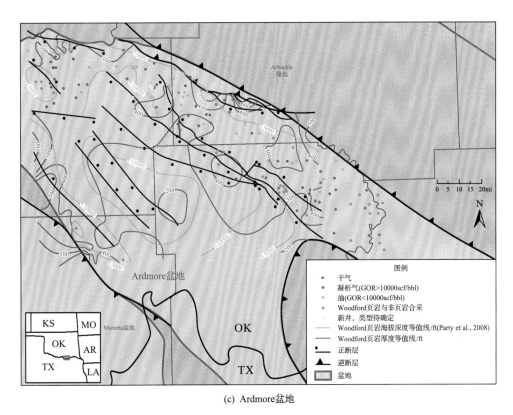

(c) Ardmore盆地

图 8.3　Anadarko 盆地、Arkoma 盆地与 Ardmore 盆地构造井位图(据 EIA，2011a，2011b，2011c)

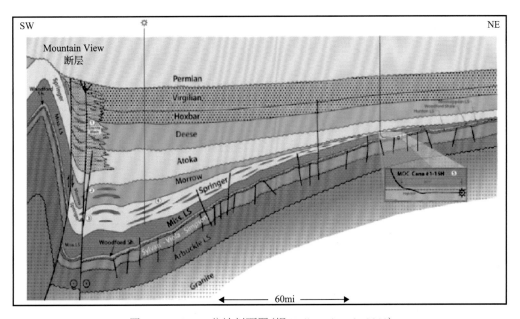

图 8.4　Arkoma 盆地剖面图(据 Kulkarmi et al., 2012)

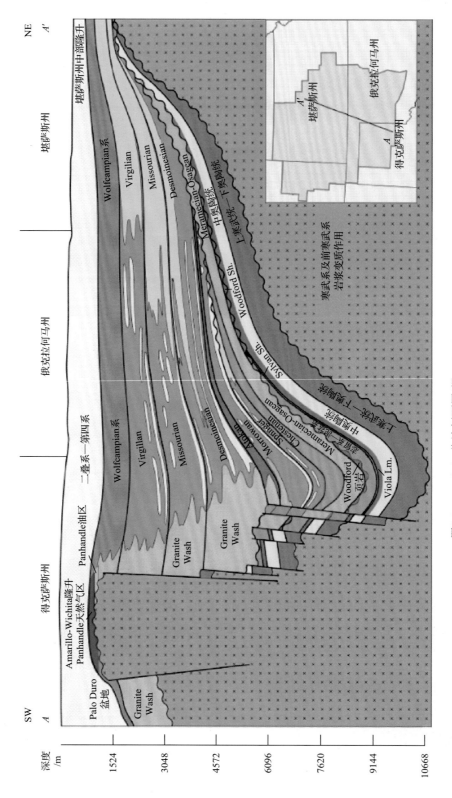

图8.5　Anadarko盆地剖面图(据Richard and John, 2021)

持续下沉。有些区域只存在上段，主要是在北部，这也是沉积变浅和在 Hunton 界面上逐步超覆的证据。

8.2.3　储层特征

1. 岩石矿物特征

分布最广泛、最具特色的 Woodford 页岩是黑色页岩，包含黑色硅质岩、粉砂岩、砂岩、白云岩和灰色页岩。优质储层是含硅质页岩，包括黑色硅质岩、石英质黑色页岩和粉砂质黑色页岩，密度大、脆性强、压裂后保持一定开放性的裂缝网络。有机质丰度高、成熟的裂缝发育的区域最具开发潜力。

图 8.6(a) 为 Woodford 页岩露头，图 8.6(b) 为黑色硅质页岩岩心照片。

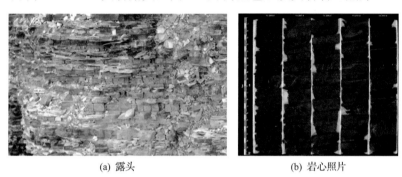

(a) 露头　　　　　　　　　　　(b) 岩心照片

图 8.6　Woodford 页岩露头与岩心照片

Woodford 页岩属硅质页岩(图 8.7)，石英含量为 48%～74%，长石为 3%～10%，伊利石为 7%～25%，黄铁矿为 0%～10%，碳酸盐含量小于 20%。高钙质含量样品位于 Woodford 页岩的边缘和 Hunton 组石灰岩的下部。黏土含量为 20%～70%，伊利石占主导，没有高岭石。白云石和菱铁矿是主要的碳酸盐矿物，方解石含量小于 40%。石英和总黏土含量呈负相关关系(图 8.8)。

图 8.7　Woodford 页岩微观电镜扫描成像图

sil 表示硅质；pyr 表示黄铁矿；ker 表示干酪根；org 表示有机质

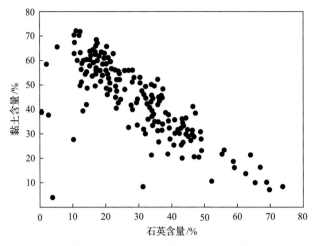

图 8.8　石英含量与黏土含量关系图

2. 有机地球化学特征

Woodford 页岩是优质的烃源岩，据估计俄克拉何马州中部和南部产出的 85％以上的原油来自 Woodford 页岩。Woodford 页岩富含海相有机质，其中 Anadarko 盆地和 Arkoma 盆地 TOC 含量高，接近 6％，Ardmore 盆地相对较低（图 8.9），TOC 在低于 1％（碎石层）到 35％（黑页岩）之间变化，有机质主要为 II 型干酪根。

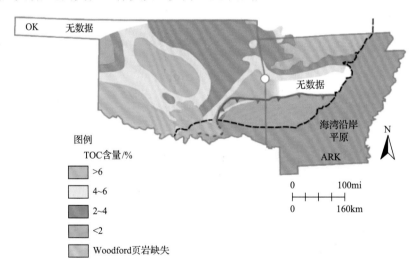

图 8.9　Woodford 页岩 TOC 含量分布图（据 Thorkelson et al.，2013）

Woodford 页岩从未成熟到变质均有分布，R_o=0.37％～4.89％（图 8.10）。深盆和造山带有机质成熟度最高，构造高点成熟度最低。在 Anadarko 盆地和 Arkoma 盆地，Woodford 页岩热成熟度最高；在 Oyakita 造山运动构造带，相当一部分地层已经局部变质。在大陆架环境中，成熟度中等，构造高点上成熟度最低，如中央台地、Pecos 穿隆、Nemaha 隆起、Arbuckle 山隆起和 Oyakita 造山运动构造带的峰带。在深盆 Woodford 页岩处在生气窗中，然而在陆棚和台地环境中，Woodford 在生油窗中(Thorkelson et al.，2013)。

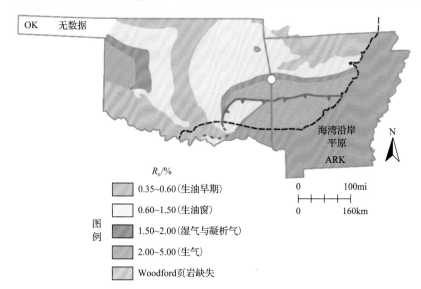

图 8.10　Woodford 页岩有机质成熟度分布图(据 Thorkelson et al.，2013)

3. 储层物性

Woodford 页岩：高成熟度的页岩孔隙度为 2%～10%，平均为 6%；生油窗内的页岩(低热成熟度)孔隙度为 3%～5%。Woodford 页岩渗透率小于 0.1mD，含气量为 1.13～2.64m³/t。

依据海相页岩双孔隙介质孔隙度数学模型，选取两口典型井：Cattle 井和 Cometti 井(图 8.11)对 Arkoma 盆地新田公司探区 Woodford 页岩的总孔隙度构成进行定量评价

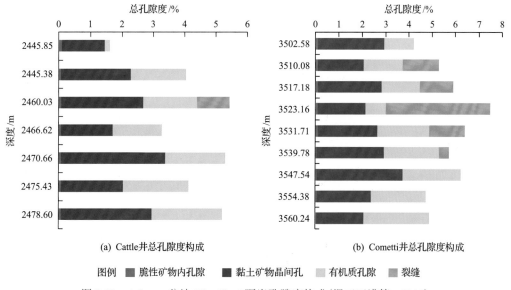

图 8.11　Arkoma 盆地 Woodford 页岩孔隙度构成(据王玉满等，2016)

（Jacobi et al.，2009；王玉满等，2016；Gupta，2018）。

Cattle 井位于构造稳定区，富有机质页岩厚度为 47.85m；TOC 含量为 2%～7%，平均为 5.8%；R_o 值为 2%；总孔隙度为 2.4%～5.4%，平均为 4.4%；裂缝孔隙度为 0%～1%，平均为 0.15%；裂缝仅见于 2460.03m 深度点。由此可见：在构造稳定区，Woodford 页岩裂缝不发育，以基质孔隙为主。

Cometti 井位于褶皱与页岩滑脱变形带，富有机质页岩厚度为 57.91m；TOC 值一般为 1.1%～11.2%，平均为 6.5%；R_o 值为 2.2%；总孔隙度为 3.1%～7.5%，平均为 5.7%；裂缝孔隙度为 0.4%～4.5%，平均达 1.6%；裂缝集中分布于 3510～3540m 深度段。由于裂缝发育，该井段含气饱和度为 60%～88%，平均为 78%，高于 Cattle 井区（38%～86%，平均 67%）。可见在褶皱与滑脱变形区，Woodford 页岩一般具有高孔隙度和高含气饱和度。

4. 地质力学特征

纵向上地质力学响应特征具有一定差异：Woodford 页岩上段脆性较高，泊松比为 0.1～0.3，在该段进行压裂改造较容易；Woodford 页岩中段和下段表现出较强的延展性，泊松比为 0.05～0.2，在该段进行压裂改造较为困难，泵送时间长，储层难以被压开，支撑剂无法进行有效支撑（图 8.12）。

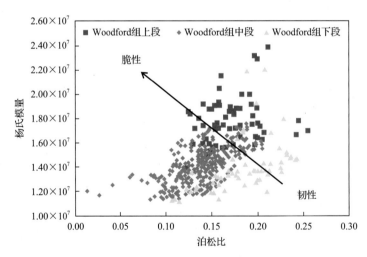

图 8.12　Woodford 页岩脆性特征（据 Ukwu，2015）

5. 温压特征

Woodford 页岩井底温度为 77～105℃，地层压力系数为 1.73～2.18。

8.2.4　资源分布与潜力

2014 年，IHS 公司对 Woodford 页岩非常规油气资源进行了评估，评估范围包括 Anadarko、Ardmore 和 Arkoma 三大盆地（图 8.13）。

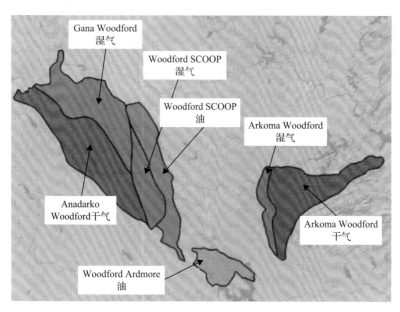

图 8.13　Woodford 非常规油气资源分布图

由于不同盆地或者地区埋藏深度及有机质成熟度等地质条件有所差异，决定了不同盆地或者地区是以产油为主还是以产气为主，表 8.1 列出了不同盆地或者地区主要地质条件及地质储量丰度。

表 8.1　Woodford 非常规油气资源统计表

盆地	类型	深度/m	厚度/m	压力梯度/(MPa/100m)	TOC/%	成熟度/%	气储量丰度/(亿 m³/km²)	油储量丰度/(万 t/km²)
Anadarko	Cana Woodford 页岩气	2000～4500	25～100	1.13	4～6	0.9～3.5	10.9～26.2	
	Woodford SCOOP 页岩气	2000～4000	30～100	1.36	6	0.9～1.6	10.4～13.7	
	Woodford SCOOP 致密油	1800～2500	20～40	1.36	6	0.6～1.2		45.0
Ardmore	Woodford 致密油	1500～4500	20～50	1.13	6	0.5～2.4		25.4～38.6
Arkoma	Woodford 页岩气	1000～4000	25～60	1.13	3～5	0.7～3.5	6.0～8.2	

Anadarko 盆地中西部以产页岩气为主，Cana Woodford 页岩气地质储量丰度 10.9 亿～26.2 亿 m³/km²。Woodford SCOOP 页岩气地质储量丰度 10.4 亿～13.7 亿 m³/km²；东部以产致密油为主，地质储量丰度为 45.0 万 t/km²。

Ardmore 盆地以产致密油为主，地质储量丰度为 25.4 万～38.6 万 t/km²。

Arkoma 盆地以产页岩气为主，地质储量丰度为 6.0 亿～8.2 亿 m³/km²。

8.3 开发特征

8.3.1 水平井及其部署

1. 水平井方位

Woodford 页岩天然裂缝不发育，水平井部署垂直于最大主应力方向，其中 Woodford 页岩核心区，所有水平井部署方位为南北向。

以 Arkoma 盆地某研究区为例：该区域地震数据表明存在一个 EW 向断层/裂缝网络和一个 NEE-SWW 次生断层/裂缝网络，因此该区域水平井方位为 NS，同时该方向也接近最小水平应力方位角（图 8.14）。

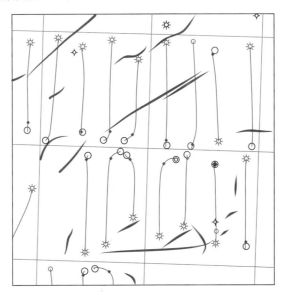

图 8.14　Woodford 页岩水平井部署方位图（据 Waters et al., 2009）

2. 井网井距

不同公司都相继开展过井距优化的现场试验，具体根据 EUR 目标来确定。Newfield 公司在 Woodford 进行了 80acre（1acre=4046.856m²）和 40acre 两种井距对比的现场试验。井控面积 80acre 井位部署：井距 400m，即 1mi²（1609m×1609m≈2.59km²）区域内布 4 口井［图 8.15(a)］；井控面积 40acre 井位部署：井距 200m，1mi² 区域内布 8 口井［图 8.15(b)］。

现场试验结果：降低井距后，单井 EUR 从 1.50 亿 m³ 下降到 1.13 亿 m³，降低了约 25%（图 8.15）；但同等面积中页岩气采收率从 35% 提高到 50%，与此同时，平台钻井成本也明显降低。当存在断层及各类边界时，水平井段尽可能避免钻遇断层，布井模式如图 8.16 所示。

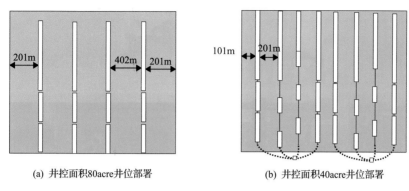

(a) 井控面积80acre井位部署　　　　(b) 井控面积40acre井位部署

图 8.15　两种井距布井模式

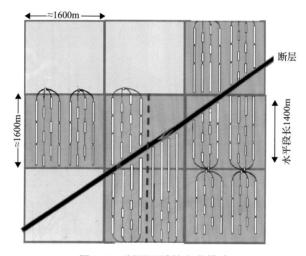

图 8.16　断层区域的布井模式

3. 水平井长度

以 Anadarko 盆地 Woodford 页岩两个核心区 Cana 和 SCOOP 为例(图 8.17)，描述

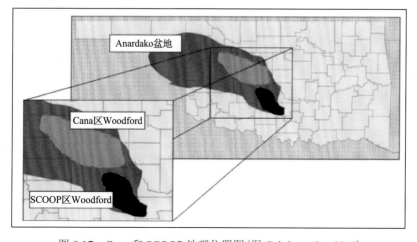

图 8.17　Cana 和 SCOOP 地理位置图(据 Calvin et al.，2017)

Woodford 页岩水平井长度变化趋势。

2007 年在 Cana 地区 Woodford 页岩开始采用水平钻井和完井，并于 2012 年扩展到 SCOOP 地区。图 8.18 显示，2014 年之后两个区域水平井段长度明显增加，由平均 1220m 增长到 1500～3000m。

为提高压裂效果，支撑剂用量从 2015 年 5 月后大幅增加，从 900～1500kg/m 增长到超过 2500kg/m（图 8.19）；压裂液用量在 2011～2016 年期间稳步上升，从最初 12.4m³/m 上升到 24.8m³/m（图 8.20）。

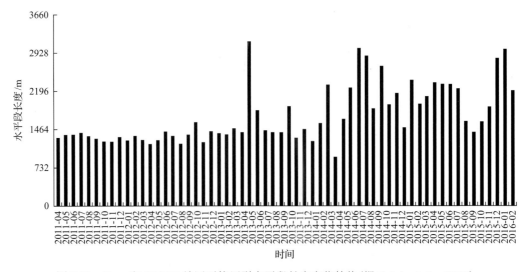

图 8.18　Cana 和 SCOOP 地区平均压裂水平段长度变化趋势（据 Calvin et al.，2017）

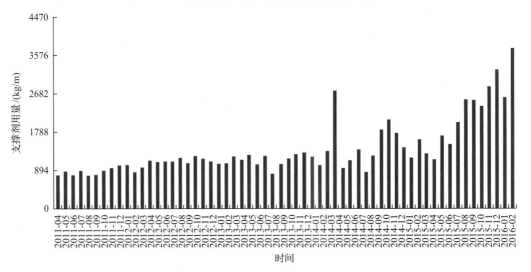

图 8.19　Cana 和 SCOOP 地区平均支撑剂用量变化趋势（据 Calvin et al.，2017）

8.3.2　典型井生产特征

选取 Woodford 页岩核心区位于 Arkoma 盆地西部俄克拉何马州 Hughes 地区和 Coal

地区 413 口水平井的生产数据，获得平均单井产量生产曲线和累计产量曲线(图 8.21)，初期日产 8.5 万 m³，5 年累计产量超过 4530 万 m³。

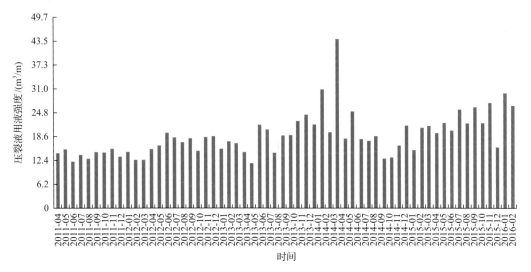

图 8.20　Cana 和 SCOOP 地区平均压裂液用液强度变化趋势(据 Calvin et al.，2017)

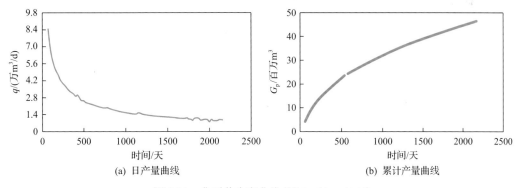

(a) 日产量曲线　　　　　　　　　(b) 累计产量曲线

图 8.21　典型井生产曲线(据 Bashir，2016)

　　为更好地预测未来产气量，选取六种产量递减方法进行预测(30 年)，分别是 Arps 递减法、延伸指数递减法(streched exponential decline)、Duong 法、Ali 模型法(1)、Ali 模型法(2)和 Power Law 法，结果如图 8.22 所示。其中延伸指数递减法预测累计产气量结果最低，为 5380 万 m³，Ali 模型法(1)预测结果最高，为 12175 万 m³。从不同预测方法结果与现阶段实际产气量对比发现，延伸指数递减法预测误差最大，Ali 模型法(2)和 Duong 法预测误差最小(图 8.23)，因此取两种方法预测平均值为 Arkoma 盆地 Woodford 页岩单井累计产气量(30 年)8495 万 m³。

8.3.3　EUR 变化与分布特征

　　2012 年初，Marathon 石油公司利用研究区内动静态资料(图 8.24)，建立生产动态与地质/岩石物理属性之间的关系，并通过该关系评估未来钻探区域的开发风险、识别新的租赁机会。EUR 通过 DCA、Topaze 等计算核对，经过多次迭代，生成了包含 359 口水平井可靠且可用的数据集。

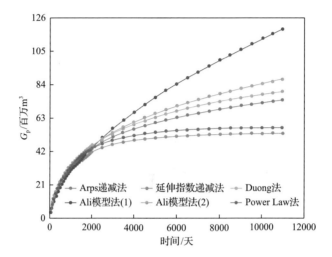

图 8.22　六种产量递减方法预测结果图（据 Bashir，2016）

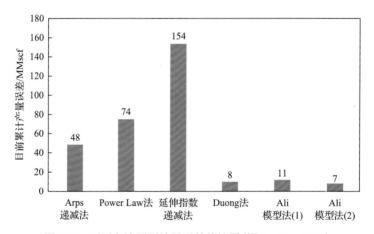

图 8.23　不同方法预测结果误差统计图（据 Bashir，2016）

　　通过分析生产数据与地质/岩石物理属性关系，发现 EUR 与总页岩厚度、中子/密度测井孔隙度曲线交会确定的页岩有效厚度及储量丰度的相关性较好（图 8.25）。这些原始的、初始的 EUR 是目标函数，页岩总厚度、有效厚度和储量丰度三个关键属性参数用于预测 EUR，三个关键属性参数的组合为线性回归形成 EUR 预测模型（图 8.26）。

　　依据 EUR 与三个关键属性参数的关系，以及综合预测模型为基础，结合经济评价指标，生成了开采低风险、中风险和高风险区分布图，以此助力"甜点区"的优化确定。图 8.27（a）～（c）是分别以三个关键属性为基础的分布图，图 8.27（d）是综合三个属性所生成的分布图。

　　从图 8.27（d）可知，高产井主要分布在低风险区，而低产井在高、中和低风险区都有分布。影响单井 EUR 的因素是多方面的，压裂可大幅提高单井产量，若储存品质差、井位部署不合理，改造效果将大大降低。

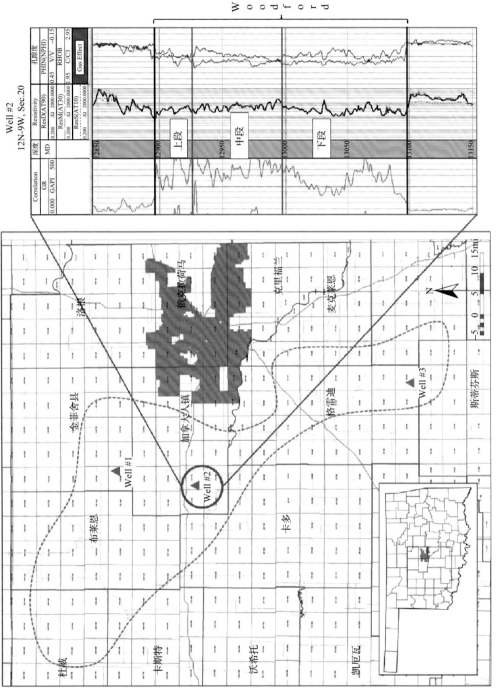

图8.24　Marathon石油公司研究区位置图(Thorkelson et al., 2013)

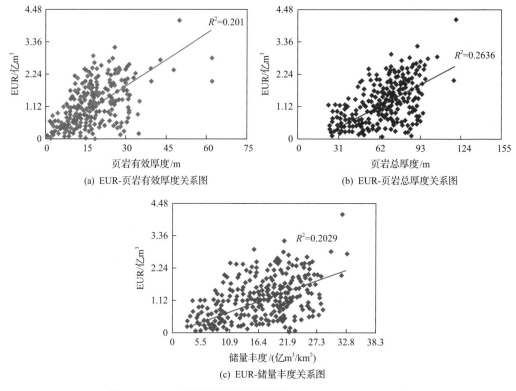

(a) EUR-页岩有效厚度关系图

(b) EUR-页岩总厚度关系图

(c) EUR-储量丰度关系图

图 8.25　EUR 单因素分析结果图（据 Thorkelson et al.，2013）

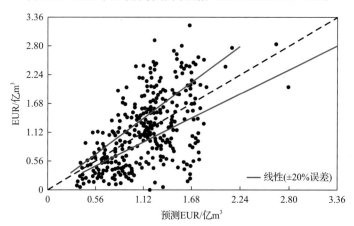

图 8.26　EUR 综合影响因素分析结果图（据 Thorkelson et al.，2013）

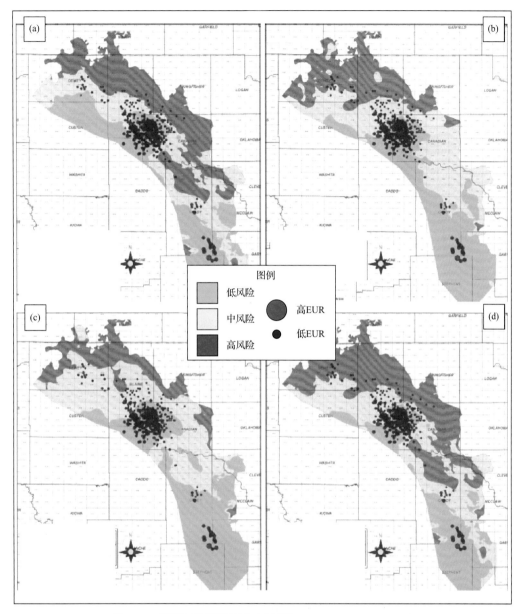

图 8.27　不同风险区预测分布图（据 Thorkelson et al.，2013）

参 考 文 献

王玉满, 李新景, 董大忠, 等. 2016. 海相页岩裂缝孔隙发育机制及地质意义. 天然气地球科学, 27(9): 1602-1610.

Bashir M O. 2016. Decline curve analysis on the Woodford shale and other major shale plays//SPE Western Regional Meeting, Anchorage.

Calvin J, Grieser B, Bachman T. 2017. Enhancement of well production in the SCOOP Woodford shale through the application of microproppant//SPE Hydraulic Fracturing Technology Conference and Exhibition, The Woodlands.

Cardott B J. 1989. Thermal maturation of the Woodford Shale in the Anadarko Basin//Johnson K S. Anadarko Basin symposium, 1988: Oklahoma Geological Survey Circular, 90: 32-46.

Cardott B J. 2009. Woodford gas-shale plays of Oklahoma: Louisiana oil and gas symposium presentation. http://www.ogs.ou.edu/fossilfuels/pdf/LAoilgas2009.pdf.

Cardott B J. 2011. Application of organic petrology to shale oil and gas potential of the Woodford Shale, Oklahoma//TSOP Annual Meeting Presentation. http://www.ogs.ou.edu/fossilfuels/pdf/2011TSOPOrganicPetGS.pdf.

Cardott B J. 2012. Thermal maturity of Woodford shale gas and oil plays, Oklahoma, USA. International Journal of Coal Geology, 103: 109-119.

Cardott B J. 2012. Woodford Shale Structure and Isopach Maps.

Comer J B. 1992. Organic geochemistry and paleogeography of Upper Devonian formations in Oklahoma and western Arkansas//Johnson K S, Cardott B J. Source rocks in the southern Midcontinent, 1990 Symposium: OGS Circular 93: 70-93.

EIA. 2011a. Woodford Shale play, Anadarko Basin, Oklahoma and Texas (includes structure and isopach contours). http://www.eia.gov/oil_gas/rpd/shaleusa7.pdf.

EIA. 2011b. Woodford Shale play, Ardmore Basin, Oklahoma (includes structure and isopach contours). http://www.eia.gov/oil_gas/rpd/shaleusa8.pdf.

EIA. 2011c. Woodford Shale play, Arkoma Basin, Oklahoma (includes structure and isopach contours). http://www.eia.gov/oil_gas/rpd/shaleusa6. pdf.

EIA. 2020. Dry shale gas production estimates by play. https://www.eia.gov/naturalgas/data.php#production.

Gupta I. 2018. Rock typing in Eagle Ford, Barnett, and Woodford Formations. SPE Reservoir Evaluation & Engineering, 21 (3): 654-670.

Gupta N. 2012. Integrated petrophysical characterization of the Woodford Shale in Oklahoma//SPWLA 53rd Annual Logging Symposium, Cartagena.

Jacobi D J, Breig J, Le Compte B, et al. 2009. Effective geochemical and geomechanical characterization of shale gas reservoirs from the wellbore environment: Caney and the Woodford Shale//SPE Annual Technical Conference and Exhibition, New Orleans.

Kulkarni M, Cox S A, Woods M E, et al. 2012. Quantifying proved undeveloped reserves in the Woodford Shale: A seamless integration of statistical, empirical, and analytical techniques//SPE Annual Technical Conference and Exhibition, San Antonio.

Party J M, Wipf R A, Byl J M, et al. 2008. Woodford Shale, Ardmore Basin, Oklahoma: A developing shale play: Oklahoma Geological Survey Gas Shales Workshop presentation. http://www.ogs.ou.edu/pdf/GSPartyS.pdf.

Richard D F, John R M. 2021. The Anadarko "Super" Basin: 10 key characteristics to understand its productivity. AAPG Bulletin, 105 (6): 1199-1231.

Thorkelson J, Fox P, Madhav M K, et al. 2013. Data driven Woodford shale risk Characterization//SPE/AAPG/SEG Unconventional Resources Technology Conference, Denver.

Ukwu D. 2015. The elastic nature of the Woodford Shale//SPE Production and Operations Symposium, Oklahoma City.

Vulgamore T B, Clawson T D, Pope C D. et al. 2007. Applying hydraulic fracture diagnostics to optimize stimulations in the Woodford shale//SPE Annual Technical Conference and Exhibition, Anaheim.

Waters G A, Dean B K, Downie R, et al. 2009. Simultaneous hydraulic fracturing of adjacent horizontal wells in the Woodford shale//SPE Hydraulic Fracturing Technology Conference, The Woodlands.

第9章

Permian 页岩油气产区

Permain 盆地是美国页岩油气产量最多的盆地，且仍呈上升趋势。二叠系有三套页岩油气产层：Spraberry、Wolfcamp 和 Bone Spring，原油产量占全盆地的 3/4。Spraberry 组页岩 TOC 含量为 4%~13%，R_o 为 0.5%~0.9%；Wolfcamp 组页岩 TOC 含量为 2%~8%，R_o 为 0.7%~1.6%；Bone Spring 组页岩 TOC 为 1%~4.17%，R_o 平均为 0.62%。2018 年 EIA 预测 Permain 盆地 Wolfcamp/Bone Spring 页岩油储量 15.2 亿 t，页岩气 1.2 万亿 m^3。2007 年以来，Permain 盆地油气产量迅速上升，其中致密油的增量更加迅速，由 2009 年的 12.2 万 t/d 增至 2018 年 6 月的 44.7 万 t/d，同期致密气产量由 1.36 亿 m^3/d 增至 2.97 亿 m^3/d。

9.1 勘探开发简况

Permain 盆地位于美国西南缘得克萨斯州西部和新墨西哥州东南部，面积 17.4 万 km^2。盆地发育多套页岩层系，主要为二叠系 Wolfcamp 统、Lonard 统 Bone Spring 组和 Spraberry 组，其中 Wolfcamp 统是主力层系。

1973 年，Permain 盆地原油产量达 1 亿 t，2007 年已下降至 4000 万 t。页岩油气开发使 Permain 盆地重获新生，2007 年原油产量逐步上升，2012 年以来，雪佛龙、埃克森美孚和壳牌等石油巨头纷纷涌入 Permain 盆地，使其成为美国第二轮页岩油气钻探风暴的中心。从 2013 年开始，Permain 盆地的水平井主要分布逐渐向 Delaware 盆地和 Midland 盆地转移(图 9.1)。2014 年 6 月油价暴跌前的产量为 21.78 万 t/d，2016 年 2 月油价最低时的产量为 26.9 万 t/d，2017 年 6 月的产量为 32.88 万 t/d，2018 年底日产量已达 52.06 万 t。其中，Permain 盆地页岩气日产量由 44.5 万 m^3 增长至 2020 年的 821.2 万 m^3。

Wolfcamp 统已成为 Permain 盆地油气生产的主力层系，多数钻探活动都在 Delaware 盆地和 Midland 盆地，产层为上 Wolfcamp 统 A 段和 B 段，其中 B 段产量更高。Wolfcamp 统生产井数量从 2005 年的 2200 口增加到 2018 年的 7750 口，单井平均初始原油产量从

5.1t/d 增至 70.6t/d，井均日产气从 2831m³ 增加到同期的 5663m³（图 9.2）。EIA 预计 Wolfcamp 的产量将继续推动 Permain 盆地的产量增长。

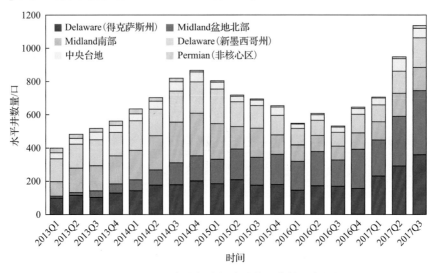

图 9.1　Permain 盆地各次级盆地水平井数量直方图

2013Q1 表示 2013 年第一季度，其他含义类似。资料来源：Permian Basin latest trends and perspectives. 2017. https://www.rystadenergy.com/

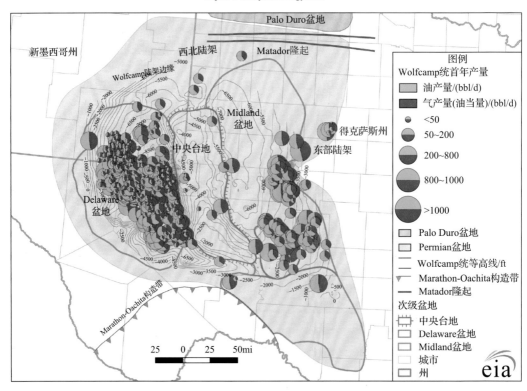

图 9.2　Wolfcamp 统油气产量比分布图

资料来源：https://www.eia.gov

9.2　地　质　特　征

9.2.1　构造特征

1. 区域构造特征

Permain 盆地属于北美地台南缘的内克拉通盆地。宾夕法尼亚纪的地壳运动，使盆地北部的 Amarillo（阿马里洛）-Wichita（威奇托）山脉隆起、盆地东南部的 Marathon（马拉松）-Ouachita（沃希托）冲断带褶皱以及西北边的佩德纳陆块升起，形成了盆地的雏形，经中生代 Laramide 运动的块断褶皱，西南部山岳隆升，最终形成"三洼两隆"构造格局。三个次级盆地分别为西部 Delaware 盆地、东部 Midland 盆地和南部 Val Verde 盆地；中央台地将 Delaware 盆地和 Midland 盆地分开，Ozona 隆起将 Midland 盆地和 Val Verde 盆地分开。其中 Delaware 盆地和 Midland 盆地是主要油气产区（图 9.3）。

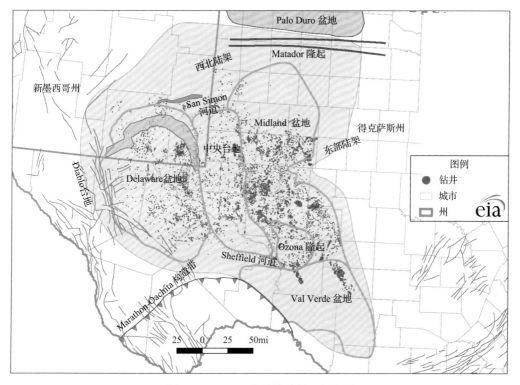

图 9.3　Permain 盆地构造单元划分图

资料来源：https://www.eia.gov

2. 储层埋深

Wolfcamp 统页岩埋深为 610～2896m（图 9.4），在 Delaware 盆地和 Midland 盆地中部埋深最大。尽管 Delaware 盆地和 Midland 盆地地层发育相似，但二叠系在 Delaware

盆地中埋藏深度更大，地层温度更高。Lonard 统 Bone Spring 组在 Delaware 盆地埋深为305～2286m。

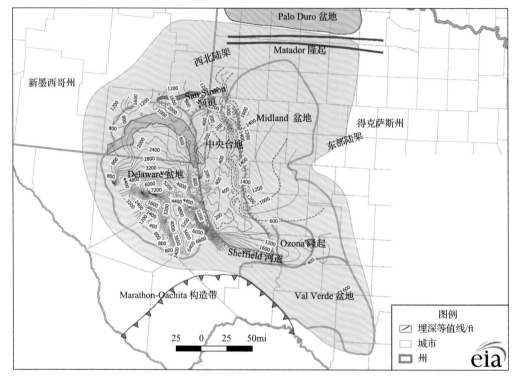

图 9.4　Permain 盆地 Wolfcamp 统埋深图

资料来源：https://www.eia.gov

9.2.2　地层及沉积特征

Permain 盆地基底为寒武系的变质岩和火成岩，晚寒武世—志留纪的原始托巴萨盆地，是一宽阔而稳定的浅水碳酸盐岩台地，主要沉积碳酸盐岩和富含有机质的泥页岩。早石炭世即密西西比纪时期，由于北美板块南部与南美板块北部碰撞造山，盆地内为冲积平原环境，主要为砂泥岩混合沉积。晚石炭世至早二叠世，即宾夕法尼亚纪开始，盆地开始构造分异形成现今盆地—台地—陆架的构造格局，其中陆架与台地主要沉积碳酸盐岩，而盆地内为碎屑岩沉积。二叠纪末，泛大陆逐渐解体，导致海平面下降，海水退出，海洋环流受限，Delaware 盆地和 Midland 盆地边缘及中央台地形成碳酸盐岩岩礁 (Oriel et al.，1967；Robinson，1988；Yang and Dorobek, 1995)。

Permain 盆地古生代地层发育较全，盆地内沉积厚度大于 4500m，在次级构造单元Delaware 盆地二叠系厚度最大。由于构造运动，中新生代以上升剥蚀为主，沉积地层较薄，总厚度约 500m，主要为河流、湖泊沉积。

9.2.3　储层特征

Permain 盆地页岩主要发育在二叠系 Wolfcamp 统、Lonard 统 Bone Spring 组和

Spraberry 组。其中 Wolfcamp 统在 Delaware 盆地和 Midland 盆地均发育，而 Bone Spring 组仅在 Delaware 盆地发育，Spraberry 组仅在 Midland 盆地发育（图 9.5）。

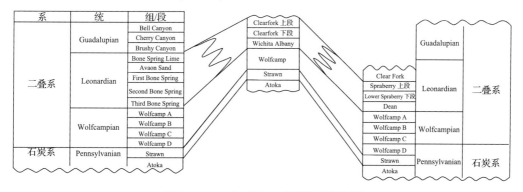

图 9.5　Permain 盆地二叠系地层柱状图

资料来源：Permian_WolfCamp_BoneSpring_Delaware_EIA_Report_Feb2020. https://www.eia.gov

1. 岩石矿物特征

Wolfcamp 组沉积和成岩作用控制了储层的非均质性。Wolfcamp 组自上而下分为 A、B、C 和 D 四段（Gaswirth，2017）。Delaware 盆地和 Midland 盆地钻井主要集中在 Wolfcamp A 段和 B 段。Wolfcamp 组为深水碳酸盐斜坡相、深水硅质重力流与碳酸盐重力流相。发育钙质泥岩/粉砂岩，与富含有机质泥岩互层，并发育硅质粉砂岩和硅质泥岩（表 9.1）。

表 9.1　**Permain 盆地 Wolfcamp 统不同岩性矿物成分比例**（据孙相灿，2018）

岩性	黏土矿物/%	脆性矿物/%	
		碳酸盐矿物	石英、长石、黄铁矿等
硅质泥岩	46.2	4.8	45.2
钙质泥岩	34.0	31.1	32.0
砾岩	14.8	71.2	12.9
粒泥灰岩/泥粒灰岩	2.0	59.0	39.0

Bone Spring 组为典型深水浊积扇沉积，储层主要由砂岩、碳酸盐岩和泥岩互层组成。以底部的砂岩层作为标准层，将 Bone Spring 组分为 1 段、2 段、3 段（图 9.6）。

Midland 盆地 Spraberry 组主要由砂岩、粉砂岩、碳酸盐岩和富含有机质的页岩组成，为深水硅质浊积扇相（图 9.7），分为上段、中段和下三段（Hamlin and Baumgardner，2012）。

2. 有机地化特征

Wolfcamp 组页岩 TOC 含量为 2%～8%，Bone Spring 组样品的 TOC 含量为 1%～4.17%（Jarvie et al., 2001; Jarvie, 2017）。Spraberry 组页岩 TOC 含量为 4%～13%。

不同岩相 TOC 含量不同（图 9.8），硅质泥岩中硅质含量为 60%～70%，黏土含量为 30%～40%，碳酸盐含量在 15% 以下，TOC 含量为 3%～5%；钙质泥岩中碳酸盐含量为

界	系	统	群/组		
古生界	二叠系	Ochoan	Salado		
			Castile		
		Guadalupian	Delaware Mountain 群	Bell Canyon	
				Cherry Canyon	
				Brushy Canyon	
		Leonardian	Avalon		
			Bone Spring1段		
			Bone Spring2段		
			Bone Spring3段		
		Wolfcampian	Wolfcamp A		
			Wolfcamp B		
			Wolfcamp C		
	宾夕法尼亚系		Cisco		
			Canyon		
			Strawn		
			Atoka		
			Morrow		

图 9.6 Delaware 盆地地层特征

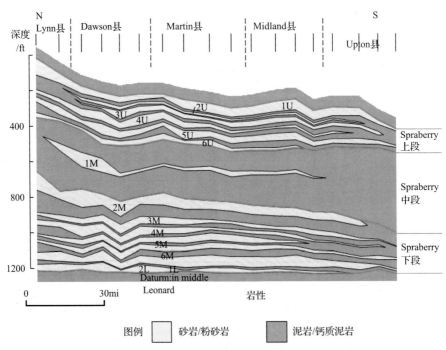

图 9.7 Spraberry 组 SN 剖面（据 Hamlin and Baumgardner，2012）

U 代表上段；M 代表中段；L 代表下段；阿拉伯数字为小层号

190

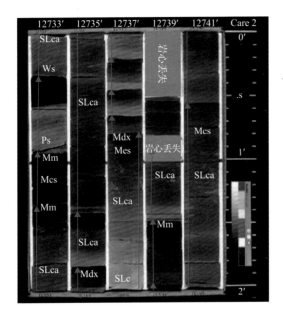

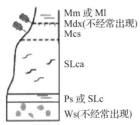

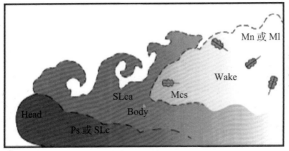

岩相		平均加权百分比/%				
		黏土	方解石	白云石	其他	TOC
含白云质的泥岩	Mdx	17.2	3	28.6	51	1.5
块状泥岩	Mm/ML	36.1	1	2.8	60.1	4.5
含钙粉砂质泥岩	Mcs	24.6	18.9	3.8	52.7	2.7
含钙黏土质泥砂岩	SLca	22.3	22	4.6	51.1	2.6
含钙粉砂岩	SLc/SLcl	8	50.4	4.6	36.6	1.6
泥粒灰岩	Ps	3.5	72	1.5	23	0.9
粒泥状灰岩	Ws	6.5	62.3	2	29.3	1

图9.8 Delaware盆地Wolfcamp组岩矿特征(据Kvale and Rahman, 2016)

20%～50%，黏土含量为 30%～40%，TOC 值为 0.9%～4.5%；细粒碳酸盐岩中黏土含量为 30%～40%，碳酸盐含量为 60%～70%，TOC 含量通常较低，介于 1%～3%。其中，钙质泥岩和硅质泥岩中 TOC 含量高。

Wolfcamp 组页岩有机质主要为 I - II 型干酪根（图 9.9），R_o 为 0.7%～1.6%（图 9.10），

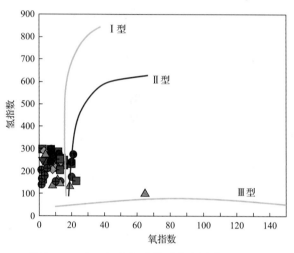

图 9.9　Delaware 盆地 Wolfcamp 组有机质类型分布图（据 Kvale and Rahman, 2016）

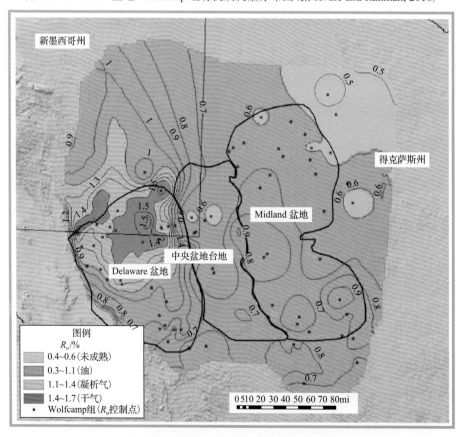

图 9.10　Permain 盆地 Wolfcamp 组 R_o 平面分布图（据 Holmes and Dolan，2014）

Delaware 盆地（0.7%～1.5%）高于 Midland 盆地（0.7%～0.9%），Delaware 盆地 Wolfcamp
组页岩以产凝析气和干气为主，Midland 盆地 Wolfcamp 组页岩主要以产油为主。Spraberry
组 R_o 为 0.5%～0.9%，Bone Spring 组 R_o 平均为 0.62%，热演化程度主体处于低成熟阶段
（Kvale and Rahman，2016）。

3. 储层物性

Wolfcamp 组页岩孔隙度为 2.0%～12.0%，平均为 6.0%，平均渗透率低至 0.001～
0.1mD。Spraberry 组孔隙度为 6%～16%；Bone Spring 组砂岩孔隙度为 8%～20%，泥岩
孔隙度为 1%～4%，硅质泥岩平均孔隙度为 8%。

Wolfcamp 组页岩 SEM 分析（图 9.11）表明，硅质页岩孔隙类型主要为有机质孔和粒
间孔（Loucks et al.，2012；Loucks and Reed，2014；Thompson et al.，2018；Casey et al.，
2018）。Wolfcamp 组岩心的孔径分布结果如图 9.12 所示，孔径小于 10nm 的占 93.7%，
20～40nm 的占 5%，1～10μm 的占 1.3%。

 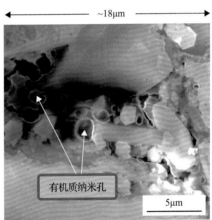

图 9.11　Wolfcamp 组页岩粒间孔和有机孔（据 Loucks et al., 2012）

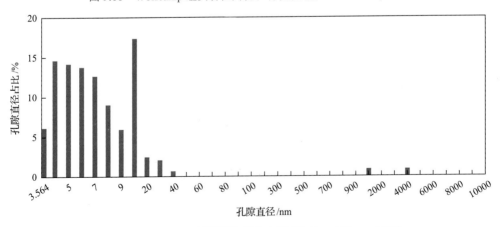

图 9.12　Wolfcamp 组页岩孔径分布图（据 Li and Sheng, 2017）

4. 温压特征

由于埋深较大，Permain 盆地页岩温度梯度为 0.9～1.2℉/ft，温度梯度自北向南逐渐升高，压力梯度为 1.58MPa/100m。

5. 地应力特征

Wolfcamp 组现今最大水平主应力方向为近东西向。垂向应力大于最大水平主应力。

6. 储层展布特征

如图 9.13 所示，Wolfcamp 组在 Delaware 盆地厚度较大（>2000m），在 Midland 盆地最厚达 750m，由东南向西北方向逐渐变薄（图 9.14）。Spraberry 组从下段至上段厚度逐渐减小（120～250m），均表现为自北向南降低，指示物源方向来自北部（图 9.15）。Bone Spring 组厚度自东部（590m）向四周辐射状减薄（图 9.16）。

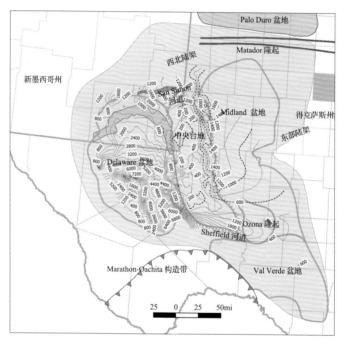

图 9.13　Wolfcamp 组地层厚度图（单位：m）

资料来源：EIA.2020.https://www.eia.gov

9.2.4　资源分布与潜力

Permain 盆地页岩油气资源主要集中在 Delaware 与 Midland 两个次级盆地中部（图 9.17），2018 年 EIA 预测 Permain 盆地 Wolfcamp/Bone Spring 页岩区块致密油探明储量为 15.2 亿 t，是美国最大的页岩产油区块，页岩气探明储量为 1.2 万亿 m³，超过 Bossier/Haynesville 页岩区块，成为美国第二大页岩气区块。

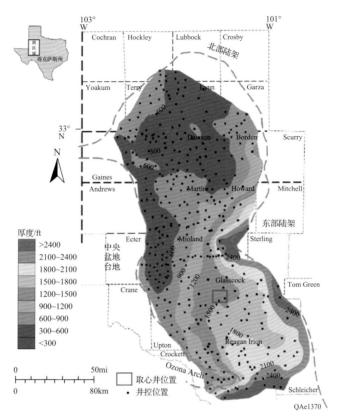

图 9.14　Midland 盆地 Wolfcamp 组地层厚度图（据 Hamlin and Baumgardner，2012）

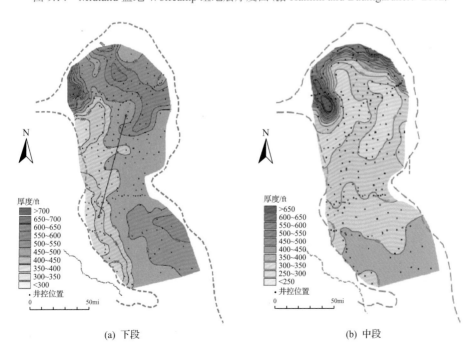

(a) 下段　　　　　　　　　　　　　(b) 中段

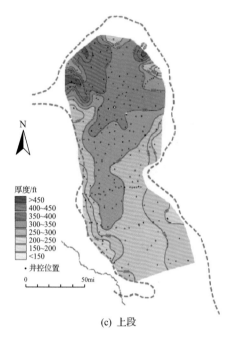

(c) 上段

图 9.15　Midland 盆地 Spraberry 组等厚图(据 Hamlin and Baumgardner，2012)

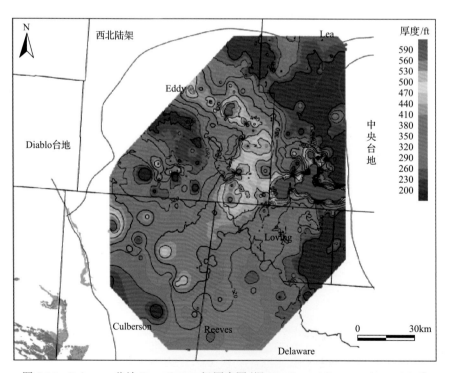

图 9.16　Delaware 盆地 Bone Spring 组厚度图(据 Hamlin and Baumgardner，2012)

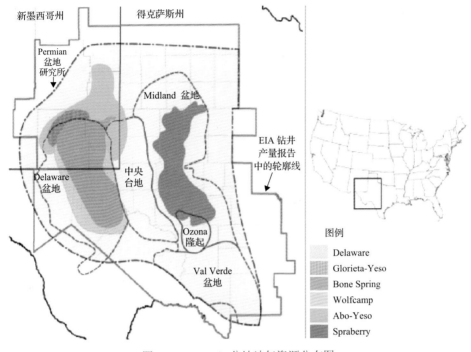

图 9.17　Permain 盆地油气资源分布图

资料来源：EIA.2018.https://www.eia.gov

2017 年，USGS 对 Midland 盆地的 Spaberry 组页岩进行评价，估算总资源为 5.8 亿 t，0.09 万亿 m³ 的液态天然气。

9.3　开 发 特 征

9.3.1　水平井及其部署

1. 水平井方位

Permain 盆地纵向共有三套页岩气开发层系，分别是 Spraberry 组下段、Wolfcamp A 段、Wolfcamp B 段，主体采用水平井。Wolfcamp 组现今最大水平主应力方向为近东西向，水平井方位基本为南北向。

2. 井网井距

对于 Spraberry 组下段，由于其厚度相对较大(140m 左右)，采用立体井网交错水平井网开发，层内部署上下两套相互交错的井网，井距 400m 左右。对 Wolfcamp A 段、Wolfcamp B 段两套储层，每层各部署一套井网，纵向上相互交错，井距 260m 左右(图 9.18)。Spraberry 组下段目前井距 300m，还具有加密的潜力，可以考虑进一步加密至 220m 左右(图 9.19)。

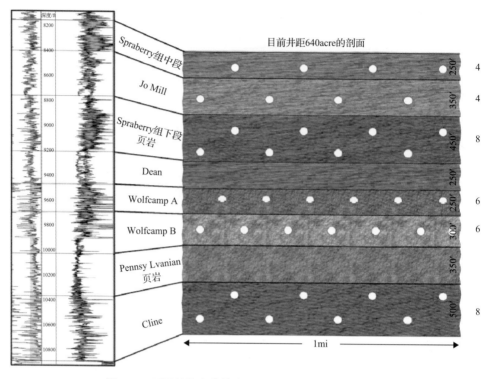

图 9.18　不同层位布井模式示意图(据 Xiong et al.,2018)

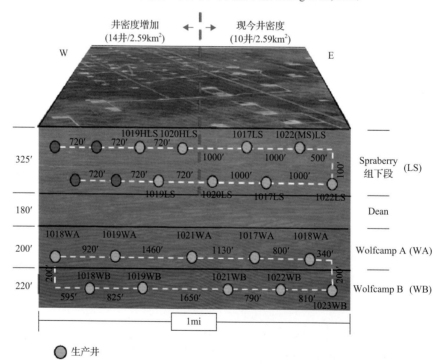

○ 生产井

图 9.19　不同层位加密潜力示意图(据 Xiong et al.,2018)
HLS 为 Spraberry 下段高部；MS 为 Spraberry 下段中部

3. 水平段长度

Permain 盆地水平井的水平段长度为 1500~2300m。其中 Wolfcamp A 段水平段最短，平均为 1524m；Wolfcamp B 段的水平段长度最长，平均为 2286m（表 9.2）。

表 9.2　**Permain 盆地不同层位水平井水平段长**（据 Pradhan et al.,2017）

层位	平均水平段长/m
Wolfcamp A 段	1524
Wolfcamp B 段	2286
Spraberry 组中段	2286
Spraberry 组下段	2286
Bone Spring 组	1524

9.3.2　典型井生产特征

1. Midland 盆地

2012~2018 年，Wolfcamp A 段历年平均产量曲线如图 9.20 所示。2012 年和 2013 年的生产趋势相似，2014 年和 2015 年的初始产量有所提高，递减趋势有所放缓，2016 年钻井效果有明显改善，2017 年产量较 2016 年高，且递减趋势类似。

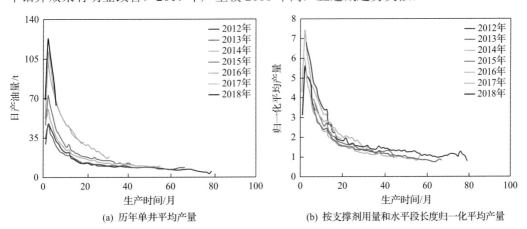

(a) 历年单井平均产量　　　　　　(b) 按支撑剂用量和水平段长度归一化平均产量

图 9.20　Midland 盆地 Wolfcamp A 段历年投产井平均产量与归一化平均产量对比图（据 Xu et al.,2019）

总体而言，随着时间的推移，支撑剂用量越来越大、水平段越来越长，新井产量更高。但按支撑剂用量和水平段长度归一化后产量曲线[图 9.20（b）]并未显示出明显提高。这也意味着除了水平段长度和增产改造外，储层品质对产量有较大影响。Spraberry 组（图 9.21）与 Wolfcamp A 段观察到的情况类似。

图 9.22 为 2012~2017 年 Wolfcamp A 段的生产曲线，BP 公司对未来 30 年产量预测，实线表示平均单井历史产量，虚线表示基于平均历史数据的产量预测。分析采用 Baihly 等（2010，2015）的研究方法，不同层位气井递减分析结果如表 9.3 所示。在生产历史不

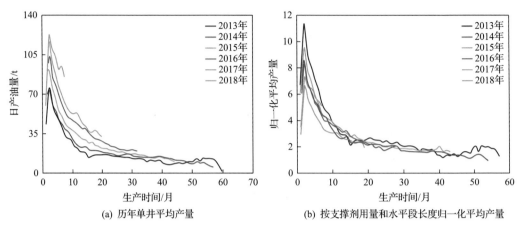

(a) 历年单井平均产量　　　　　　　(b) 按支撑剂用量和水平段长度归一化平均产量

图 9.21　Midland 盆地 Spraberry 组历年投产井平均产量与归一化平均产量对比图 (据 Xu et al., 2019)

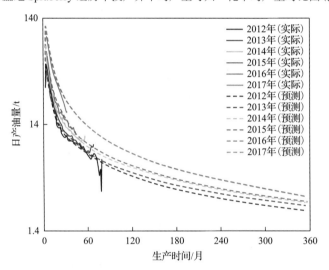

图 9.22　Midland 盆地 Wolfcamp A 段生产历史及预测曲线 (据 Xu et al., 2019)

表 9.3　**Midland 盆地递减参数汇总一览表** (据 Xu et al., 2019)

地层	年份	总井数	初始递减率 D_i	指数 b 值	30 年 EUR/t	单位长度支撑剂用量/(t/m)
Spraberry 组下段	2013	7	0.6646	1.0088	52745	1.66
	2014	45	0.6488	1.3102	73158	1.94
	2015	170	0.6808	1.2208	74665	1.98
	2016	272	0.5612	1.2276	91927	2.34
	2017	330	0.6298	1.1048	103983	2.54
Wolfcamp A 段	2012	53	0.6404	1.4646	54800	1.63
	2013	109	0.6453	1.5810	57266	1.68
	2014	280	0.6824	1.5033	66719	1.87
	2015	315	0.7040	1.4565	69733	2.02
	2016	352	0.6521	1.1948	94941	2.24
	2017	515	0.6837	1.2018	96722	2.66

续表

地层	年份	总井数	初始递减率 D_i	指数 b 值	30 年 EUR/t	单位长度支撑剂用量/(t/m)
Wolfcamp B 段	2012	164	0.6578	1.7410	56581	1.58
	2013	431	0.6793	1.7767	61376	1.63
	2014	762	0.6885	1.5457	61650	1.89
	2015	623	0.6939	1.3623	76035	2.13
	2016	458	0.6793	1.2802	95900	2.36
	2017	533	0.6682	1.2351	104805	2.82

长的情况下，预测曲线存在较多不确定性，使用历史数据的最佳拟合消除人为偏差，同时保持 b 值与原生产历史 b 值符合。不同层位、不同年份以及单位长度下支撑剂的用量对 30 年的 EUR 预测结果如图 9.23 所示。可以得出以下认识：

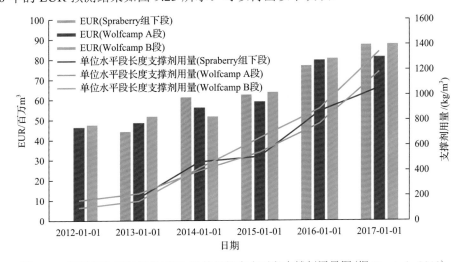

图 9.23　不同层位历年气井 EUR 及单位长度水平段支撑剂用量图(据 Xu et al., 2019)

(1) 各产层的递减率一般都在 60%～70%，与投产年份无关。

(2) 对于所有产层，30 年产量预测值随着水平段长度和支撑剂用量的增加而增加。

(3) 对于所有产层，新投产井的峰值产量均较之前的井更高，这也使得 30 年 EUR 预测更高。

(4) 除 2014 年外，Wolfcamp B 段的效果略好于其他两个地层。从 2015 年开始，Wolfcamp B 段和 Spraberry 组下段的 30 年 EUR 预测结果相差不大。

2. Delaware 盆地

Delaware 盆地主要产层为 Avalon 组、Bone Spring 组 1 段、Bone Spring 组 2 段、Bone Spring 组 3 段、Wolfcamp A 段和 Wolfcamp B 段，以 Wolfcamp A 段为例分析该盆地开发井的生产动态。

图 9.24(a) 为不同投产年份的平均产量曲线，得到与 Midland 盆地相似的结果。一般而言，平均产量随投产时间变化，越新投产的越高。

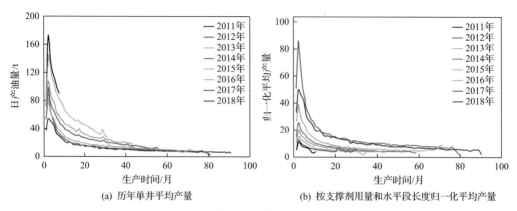

(a) 历年单井平均产量　　　　　　(b) 按支撑剂用量和水平段长度归一化平均产量

图9.24　Delaware 盆地 Wolfcamp A 段历年投产井平均产量与归一化平均产量对比图（据 Xu et al., 2019）

图 9.24（b）为不同投产年份考虑支撑剂用量和水平段长度时的归一化产量曲线。随着时间的推移，归一化平均产量的提高证明了增产的有效性。

和 Midland 盆地类似，对 Delaware 盆地采取相同的方法预测 30 年产量及 EUR（图 9.25）。详细结果汇总在表 9.4 中。不同层位、不同投产年份以及单位长度下支撑剂的用量与 30 年的 EUR 预测结果如图 9.26 所示。可以得出以下认识：

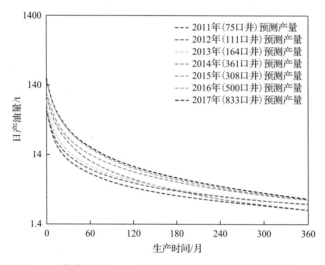

图 9.25　Delaware 盆地 Wolfcamp A 段生产历史及预测曲线（据 Xu et al., 2019）

表 9.4　Delaware 盆地递减曲线汇总（据 Xu et al., 2019）

地层	年份	总井数	初始递减率 D_i	指数 b	30 年 EUR/t	单位长度支撑剂用量/(t/m)
	2011	80	0.6521	1.2604	21646	0.70
	2012	88	0.6373	1.3705	30003	1.08
	2013	102	0.6869	1.2188	22194	0.95
Bone Spring 组 1 段	2014	64	0.6608	1.1088	26578	1.44
	2015	71	0.6627	1.0721	43155	2.15
	2016	21	0.6879	1.0198	58910	2.72
	2017	33	0.7368	1.0574	59458	3.46

续表

地层	年份	总井数	初始递减率 D_i	指数 b	30 年 EUR/t	单位长度支撑剂用量/(t/m)
Bone Spring 组 2 段	2011	92	0.7160	1.2965	17673	0.73
	2012	151	0.7479	1.3552	22879	0.57
	2013	289	0.7702	1.3494	24797	1.02
	2014	364	0.7258	1.1866	28085	0.86
	2015	361	0.6696	1.0933	39182	2.25
	2016	135	0.7052	1.0905	55896	3.97
	2017	160	0.6945	1.0725	75898	3.04
Bone Spring 组 3 段	2011	94	0.6846	1.4973	24386	0.36
	2012	121	0.7425	1.4741	26852	1.02
	2013	153	0.7520	1.4345	33839	1.07
	2014	147	0.6790	1.3472	33291	1.44
	2015	128	0.6776	1.2053	42881	1.75
	2017	107	0.7262	1.1025	68637	3.05
Avalon 组	2011	52	0.6798	1.5768	24660	1.13
	2012	99	0.6579	1.5454	34250	2.17
	2013	91	0.6645	1.1273	39593	1.75
	2014	67	0.6587	1.0451	42059	1.94
	2015	55	0.5842	1.0738	54937	2.38
	2016	69	0.6893	1.1228	62746	3.62
Wolfcamp A 段	2011	75	0.6723	1.4554	26441	0.29
	2012	111	0.7553	1.5744	34250	0.64
	2013	164	0.7049	1.4179	36305	0.99
	2014	361	0.6283	1.0649	40826	2.18
	2015	508	0.6339	1.1542	60965	2.10
	2016	500	0.6221	1.0147	72610	3.30
	2017	833	0.6438	1.0131	83159	3.70
Wolfcamp B 段	2011	16	0.7248	1.2213	32880	1.56
	2012	58	0.6074	1.2940	34250	1.28
	2013	71	0.6582	1.2420	46443	1.41
	2014	160	0.5762	1.0319	51649	1.23
	2015	138	0.5314	1.1202	65897	2.19
	2016	104	0.5556	1.0296	89872	3.18
	2017	272	0.5998	1.0135	97544	3.51

(1) 从表 9.4 中可以看出，各层递减率一般为 60%～70%，与生产年份无关，而 Wolfcamp A 段和 Wolfcamp B 段的年递减率略低于 Avalon 组和 Bone Spring 组 1 段至 3 段。

(2) 在所有年份中，Wolfcamp B 段的效果最好，Wolfcamp A 段和 Avalon 组的生产效果明显优于 Bone Spring 组 1 段至 3 段。

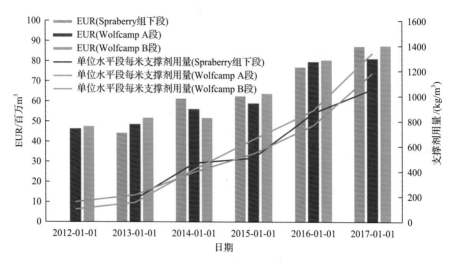

图9.26 不同层位、不同投产年份井的EUR预测值及单位长度水平段支撑剂用量图

资料来源：EIA.2018.https://www.eia.gov

9.3.3 产量变化特征

2007年以来，Permain盆地的页岩油气产量迅速上升(图9.27)，其中页岩油的增量更加迅速，由2009年的12.2万t/d，增至2018年6月底的44.7万t/d，持续保持上升态势。同期，页岩气产量由1.36亿m^3/d增至2.97亿m^3/d。

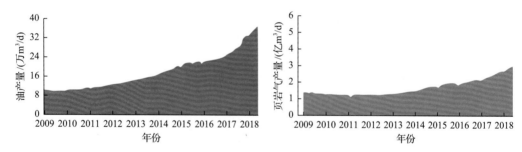

图9.27 Permian盆地油气产量变化

资料来源：EIA.2020.https://www.eia.gov

Permian盆地不同层位页岩油气井的分布特征不同。Bone Spring组的油气井主要分布在Delaware盆地东北部(图9.28)。Wolfcamp组的油气井主要分布在Delaware盆地东部和Midland盆地东南部(图9.29)。

由于Delaware盆地Wolfcamp组页岩R_o(0.7%～1.5%)高于Midland盆地(0.7%～0.9%)，导致两个盆地的气油比不同(图9.30和图9.31)：东部Midland盆地以产油为主，气油比基本上接近于零，而Delaware盆地以产气为主，伴随有凝析油，气油比随生产时间呈上升趋势。

不同年度投产井的EUR整体表现为：相同层位井的EUR在逐年增加(图9.30、图9.31)。

EUR分布特征：纵向上Wolfcamp组要优于其他层位，平面上Delaware盆地优于Midland盆地。Midland盆地Wolfcamp组产层2012年投产井的EUR在5.4万t左右，而

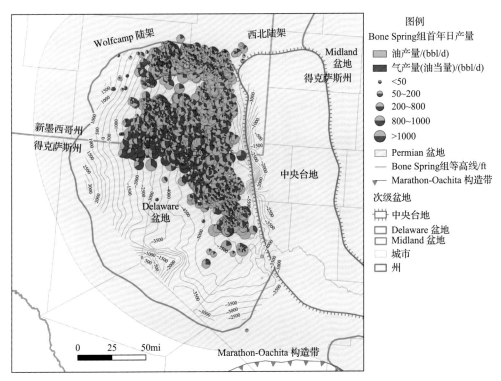

图 9.28　Bone Spring 组油气井产量分布图

资料来源：EIA.2020.https://www.eia.gov

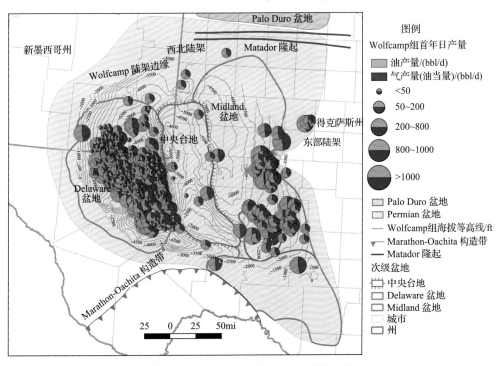

图 9.29　Wolfcamp 组油气井产量分布图

资料来源：EIA.2018.https://www.eia.gov

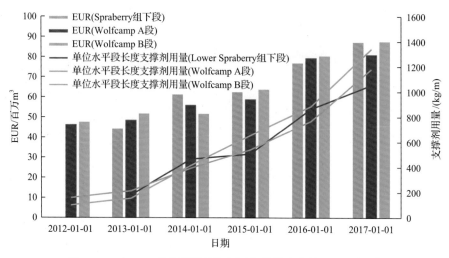

图 9.30　Midland 盆地不同层位不同年份投产井的 EUR 预测值

资料来源：EIA.2018.https://www.eia.gov

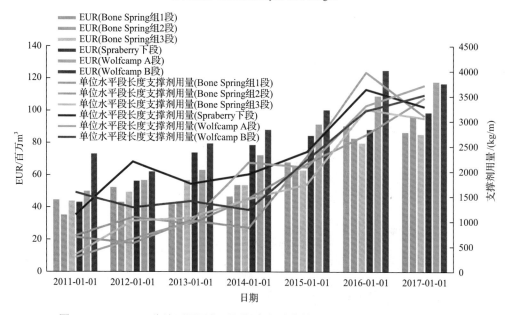

图 9.31　Delaware 盆地不同层位不同投产年份井的 EUR 预测值（据 EIA, 2018）

资料来源：EIA.2018.https://www.eia.gov

同期 Delaware 盆地的 EUR 在 6.8 万 t 左右；而对比 2017 年的投产井，Midland 盆地的 EUR 在 10.2 万 t 左右，Delaware 盆地的 EUR 在 13.7 万 t 左右。

9.3.4　产能主控因素

Wolfcamp 组页岩油气产量的提高主要是通过更长水平段长度和优化完井来实现的。水平段长度从 2005 年的平均 761m 到 2018 年超过 2590m。完井效率也得到提高，主要是压裂过程中使用更多石英砂/支撑剂，并采取两井或多井拉链式压裂。

　　Midland 盆地的总体趋势是水平长度越长，支撑剂总量越大，气井产量越高。在 2015 年及之前完成的大多数井中，支撑剂总量较低，为 2300～4500t。2016～2017 年完钻的大多数井[图 9.32(a)中以粉红色和蓝色标记]的水平井长度在 1900～3350m，支撑剂总量在 3600～13600t。

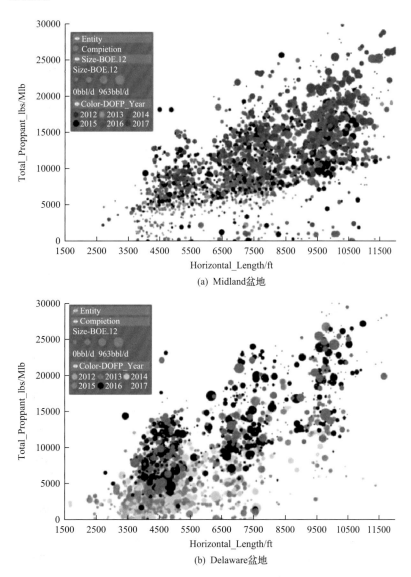

(a) Midland盆地

(b) Delaware盆地

图 9.32　生产动态关键指标(KPIs)与完井参数 4D 图

x 轴代表水平段长度，*y* 轴代表支撑剂的总体用量。气泡的半径表示最佳的连续 12 个月的产量(通常是非常规井的前 12 个月产量)，不同颜色表示投产年份不同

　　如图 9.32(b)所示，Delaware 盆地气井产量同样随水平段长度和支撑剂总量的增加而增加。2015 年之前，大多数井水平段长 900～1800m，支撑剂用量小于 4540t(用绿色、橙色和黄色圆点表示)，少数井支撑剂总量小于 2270t。2016～2017 年完钻井部分支撑剂

总量也小于 4540t,但大多数井的水平段长度更长,为 2100~3000m,支撑剂总量也更大,达 4540~9080t(用蓝色和黑色圆点表示)。

最初,Delaware 盆地与 Midland 盆地的水平井相比,支撑剂用量更小。2015 年之后,承包商在 Delaware 盆地加大支撑剂的用量,截至 2018 年,Delaware 盆地水平井支撑剂的用量几乎比 Midland 盆地高出 30%。随着水平段长和支撑剂用量增加,产量明显提高。Midland 盆地连续三个月最佳产量已由 27.4t/d 上升至约 109.6t/d,Delaware 盆地产量从 54.8t/d 上升至 150.7t/d。

参 考 文 献

孙相灿, 童晓光, 张光亚, 等. 2018. 二叠盆地 Wolfcamp 统致密油成藏特征及主控因素, 西南石油大学学报(自然科学版): 40(1): 47-58.

Baihly J D, Altman R M, Malpani R, et al. 2015. Shale gas production decline trend comparison over time and basins-Revisited// SPE/AAPG/SEG Unconventional Resources Technology Conference, San Antonio.

Baihly J D, Altman R M, Malpani R, et al. 2010. Shale gas production decline trend comparison over time and basins//SPE Annual Technical Conference and Exhibition, Florence.

Casey B, Richards B, Moore C, et al. 2018. Wolfcamp geologic reservoir modeling challenges. Unconventional Resources Technology Conference, Denver.

Gaswirth S B. 2017. Assessment of undiscovered continuous oil resources in the Wolfcamp shale of the Midland basin, West Texas// American Association of Petroleum Geologists ACE Proceeding, Denver.

Hamlin H S, Baumgardner R W. 2012. Wolfberry (Wolfcampian-Leonardian) deep-water depositional systems in the Midland Basin—Stratigraphy, lithofacies, reservoirs, and source rocks. University of Texas at Austin, Bureau of Economic Geology, Report of Investigations, 277: 61.

Holmes M, Dolan M. 2014. A comprehensive geochemical and petrophysical integration study for the Permian Basin// Geoscience Technology Workshop, Permian and Midland Basin New Technologies, Houston.

Jarvie D M, Burgess J D, Morelos A, et al. 2001. Permian basin petroleum systems investigations: Inferences from oil geochemistry and source rocks. American Association of Petroleum Geologists Bulletin, 85 (9): 1693, 1694.

Jarvie D M. 2017. Geochemical assessment and characterization of petroleum source rocks and oils, and petroleum systems, Permian Basin, U.S. The Houston Geological Society Bulletin, 60 (4): 14.

Kvale E P, Rahman M. 2016. Depositional facies and organic content of upper Wolfcamp formation (Permian) Delaware Basin and implications for sequence stratigraphy and hydrocarbon source//Unconventional Resources Technology Conference, San Antonio.

Li L, Sheng J J. 2017. Nanopore confinement effects on phase behavior and capillary pressure in a Wolfcamp shale reservoir. Journal of the Taiwan Institute of Chemical Engineers. doi:10.1016/j.jtice.2017.06.024.

Loucks R G, Reed R M, Ruppel S C, et al. 2012. Spectrum of pore types and networks in mudrocks and a descriptive classification for matrix-related mudrock pores. AAPG Bulletin, 96(6): 1071-1098.

Loucks R G, Reed R M. 2014. Scanning-electron-microscope petrographic evidence for distinguishing organic-matter pores associated with depositional organic matter versus migrated organic matter in mudrock. GCAGS Journal, 13: 51-60.

Oriel S S, Myers A D, Crosby E. 1967. Paleotectonic investigations of the Permian system in United States. U.S. Geological Survey Professional Paper, 515-A: 21-64.

Pradhan Y, Xiong H, Forrest J, et al. 2017. Determining the optimal artificial lift implementation strategy in the Midland Basin//Unconventional Resources Technology Conference, Austin.

Robinson K. 1988. Petroleum geology and hydrocarbon plays of the Permian basin petroleum province west Texas and southeast

New Mexico. U.S. Geological Survey Open File Report, 88-450-Z: 53.

Thompson M, Desjardins P, Pickering J, et al. 2018. An integrated view of the petrology, sedimentology, and sequence stratigraphy of the Wolfcamp Formation, Delaware Basin, Texas//SPE/AAPG/SEG Unconventional Resources Technology Conference, OnePetro.

Xiong H J, Wu W W, Gao S H. 2018. Optimizing well completion design and well spacing with integration of advanced multi-stage fracture modeling & reservoir simulation-A Permian Basin case study//SPE Hydraulic Fracturing Technology Conference and Exhibition, The Woodlands.

Xu T, Zheng W, Baihly J, et al. 2019. Permian Basin production performance comparison over time and the parent-child well study//SPE Hydraulic Fracturing Technology Conference and Exhibition, The Woodland.

Yang K M, Dorobek S. 1995. The Permian Basin of west Texas and New Mexico: Tectonic history of a "composite" foreland basin and its effects of stratigraphic development//Stratigraphic Evolution of Foreland Basins: 149-174.

下篇　技　术　篇

第10章

地质评价与"甜点区"预测

地质评价是页岩气勘探开发的基础，有利区与"甜点区"预测是其核心，对页岩气商业开发至关重要。本章明确了页岩气定义，概述了页岩气的基本特征及地质评价内容，总结了有利区优选评价的方法；论述了"甜点区"的构成要素及其各要素间的相互制约关系，明确了"甜点区"识别方法；以 Fayetteville 页岩气产区为例，明确了其富集高产的控制因素，预测了"甜点区"，并估算了页岩气资源量；介绍了中国页岩储层发育的特点，指出中国富有机质页岩的形成与分布条件较北美更加复杂，且勘探开发程度总体较低，因此，在选区评价过程中，应根据不同的勘探开发程度采用不同方法进行有利区和"甜点区"预测。

10.1 页岩气含义及主要特征

随着页岩气产业的快速发展，页岩气的定义也经历了一系列的变化。早期页岩气一般指富有机质(TOC 值一般大于 2%)的烃源岩层段中商业性产出的天然气。目前北美普遍将页岩气定义为细粒低渗透地层单元(主体为烃源岩层)中源储一体的天然气。

10.1.1 页岩气含义

页岩气的工业开发最早在 Barnett 页岩取得成功。Barnett 页岩是石炭系形成的一套海相富有机质页岩，TOC 含量一般为 5%，估算初始 TOC 值约为 7%。北美不同页岩气产区特征存在很大差别，近年来在低有机质含量(TOC 值介于 1%～2%)页岩层段开发页岩气也取得了成功(如上白垩统 Lewis 页岩)。

Curtis(2002)对页岩气界定：页岩气在本质上就是连续生成的生物化学成因气、热成因气或两者的混合，它具有普遍的饱含气性、隐蔽聚集机理、多种岩性封闭和相对很短的运移距离，它可以在天然裂缝和孔隙中以游离气方式存在，在干酪根和黏土颗粒表面以吸附状态存在，甚至在干酪根和沥青质中以溶解状态存在，即页岩气属于连续型气藏

（图 10.1）。

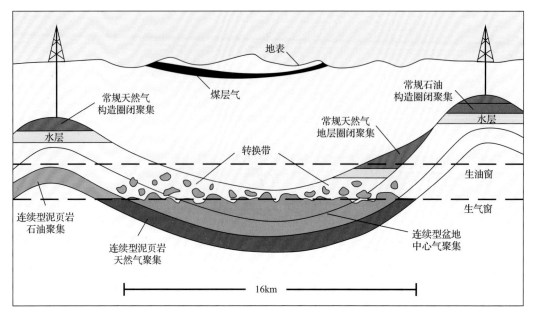

图 10.1 连续型油气藏成藏模式（据 Curtis，2002）

页岩气形成于富有机质页岩，储存于富有机质页岩或一套与之密切相关的连续页岩组合中。不同盆地页岩气层组合类型不相同，即页岩气为烃源岩层系天然气聚集的一种，为天然气生成后，未排出岩层、滞留在岩层中的天然气。

页岩气具有两个主要特征：一是游离气与吸附气并存，游离气含量为 20%～80%，地层压力越高，游离气比例越高，其中部分页岩气中还含少量溶解气；二是页岩系统包括富有机质页岩、富有机质页岩与粉砂岩、细砂岩夹层，以及粉砂岩、细砂岩夹富有机质页岩。

我国对页岩气的定义：页岩气是以游离态、吸附态为主，赋存于富有机质页岩层段中的天然气，主体上为自生自储、大面积连续型天然气聚集。在覆压条件下，页岩基质渗透率一般小于或等于 0.001mD，单井一般无自然产能，需要通过一定技术措施才能获得工业气流（《页岩气地质评价方法：GB/T 31483—2015》）。

我国对富有机质页岩层段定义为富有机质页岩及富有机页岩与粉砂岩、细砂岩、碳酸盐岩等薄夹层的地层单元(组合)，但薄夹层单层厚度小于 1m，累计薄夹层厚度占该页岩层段总厚度比例小于 20%，而北美并未对夹层厚度有任何限制。

10.1.2 地质特征与认识

长期以来，页岩通常被作为有效烃源岩或盖层，往往忽略了其内部滞留、储集油气的能力。虽然有时通过测井响应曲线识别出泥岩气层，但这些页岩层段既是烃源岩，又是盖层，没有引起人们足够的重视。

页岩既有生烃能力，也有排烃能力，同时还具有储存烃类和产生自生孔隙的能力。

北美页岩一般成熟度适中,具有较多的滞留烃,有利于页岩油气富集。Sandvik 等(1992)和 Pepper(1992)认为,油气从烃源岩中排出既是原始有机质丰富导致的,同时也和烃指数有关。Pepper(1992)的研究表明:对于 Barnett 页岩,当初始氢指数(HI_0)为 434mg/g 时,排出烃源岩的油气为 60%,剩余油气达 40%;当地温条件达到热成熟水平(镜质组反射率等效值大于 1.1%)时,残余油裂解为气和碳类物质,此时页岩中残余的原生气或者原油裂解气就形成了 Barnett 页岩中的页岩气(Jarvie et al.,2007)。

有机质孔隙的大量生成为页岩气提供了储集场所。Reed 和 Loucks(2007)研究显示:在达到生气地温门限以后,有机质孔隙开始大量形成。Jarvie 等(2007)认为有机质在转化形成油气的过程中,部分油气从烃源岩中排出,留下一些孔隙,从而为页岩油气提供了储集空间。总有机碳含量的变化也说明有机质孔隙是由于有机质转化生成油气过程中产生的(Jarvie et al.,2007)。虽然孔隙度低(4%~7%),但在一定压力、温度条件下仍可存储大量油气,这也证实了 Barnett 页岩系统的天然气地质储量(GIP)大。事实上,可以想象在地质历史上的石油生成高峰期,地层压力、温度都远高于现今,那时地层的储集能力也要强很多,后期随着构造运动的改造,在相对低温和低压条件下,剩余的油气赋存于体积固定的孔隙中。

保压取心也验证了页岩中蕴藏着丰富的天然气(Steward,2007)。1999 年钻探的 MEDC 3-Kathy Keele 井(现在被称为 K. P. Lipscomb 3-GU)证实了 Barnett 页岩气的潜力,在钻井过程中进行了保压取心,其资源潜力比之前的估计值增大了约 250%。

Barnett 页岩气实现规模效益开发,带动了北美众多页岩气产区投入开发,这也使页岩气成为世界范围内的研究热点。

北美页岩气资源系统虽然各具特色,但也具有一些共同点:

(1)通常为海相页岩,一般为 Ⅰ 型或 Ⅱ 型有机质(HI_0 为 250~800mg/g)。

(2)烃源岩中富含有机质(现今总有机碳含量 TOC 大于 1.0%)。

(3)处于生气的地温时窗内(镜质组反射率大于 1.1%)。

(4)较低的含油饱和度(<5%)。

(5)含大量的硅质(>30%)和碳酸盐。

(6)具有不膨胀的黏土组分。

(7)渗透率低于 1000nD。

(8)孔隙度低于 15%,通常介于 4%~7%。

(9)初始日产量超过 2832m^3。

(10)富有机质页岩厚度大于 15m。

(11)常压或超压。

10.2　页岩气有利区优选评价

不同于常规油气勘探,非常规油气勘探不仅包括发现全新的油气藏,还包括过去错过或不具有经济可采价值天然气的再发现。如致密气和煤层气,发现历史很长,但由于经济和技术等原因没有得到开发,在技术进步的推动下才被重新认识并实现商业开发。

页岩气地质评价包括对新区页岩气评价,更多的是对已经开展常规油气勘探地区的重新评价。因此,充分利用已有资料信息和知识是页岩气地质评价的捷径。由于页岩气的特殊性,研究内容的侧重点较其他非常规天然气资源有所不同。页岩气的勘探开发需要研究的内容包括 12 项:①地层和构造特征;②岩石和矿物成分;③储层厚度和埋深;④储集空间类型和储层物性(孔隙度和渗透率,裂缝的长度、宽度和渗流能力,裂缝与孔隙的关系);⑤页岩储层的非均质性;⑥岩石力学参数;⑦有机地球化学参数;⑧页岩的吸附特征和聚气机理;⑨区域现今应力场;⑩流体压力和储层温度;⑪流体饱和度与流体性质;⑫开发区的地面条件。

10.2.1 页岩气地质评价内容

首先开展区域地质研究及评价,分析研究区地层、构造和沉积及其演化,在区域地质研究的基础上,针对页岩气重点开展以下 4 个方面的针对性研究。

1. 富有机质页岩的分布特征

通过地质和地球物理、地球化学资料,确定富有机质泥页岩的层位、分布、厚度和埋深。分析确定页岩层系的岩石类型和剖面组合,分析沉积微相的特征。研究岩石的矿物组成。研究岩石的 TOC 含量及其在纵向及平面上随岩石类型和沉积微相的变化规律,明确有机质成熟度的平面变化特征。

在有地震和钻井资料时,通过地震和井筒资料可以对以上各项参数进行研究和标定。其中,测井资料可以标定岩石的矿物组成、有机质类型和演化程度,划分沉积微相。地震资料可以识别富有机质页岩层系及其空间展布,并编制富有机质泥页岩厚度、埋藏深度等值线图等。

2. 储层物性与岩石力学特征

通过岩心实验与测井解释,研究富有机质泥页岩层系各类岩石的孔隙度和渗透率;通过岩心观察和薄片分析,研究岩石宏观和显微裂缝的特征;通过测井、地震资料,研究裂缝的宏观分布规律;通过扫描电镜,研究分析岩石微观孔隙、裂缝的特征和矿物成分;通过低温注 N_2、CO_2 和高压压汞,研究岩石的孔隙结构、孔喉半径等。在建立岩电关系的基础上,通过测井数据,研究解释富有机质页岩层系的物性特征及其变化规律。

通过岩石力学实验,确定岩石的弹性模量、泊松比和岩石的抗张、抗剪、抗压强度等参数。研究区域应力场的特征和变化规律,确定最大主应力、中间主应力和最小主应力的大小和方向,为水平井部署、井网优化及压裂工艺设计提供基础参数。

3. 富有机质泥页岩的含气性

以岩心资料为基础,标定饱和度数据资料,并建立岩电关系,通过测井资料,确定富有机质泥页岩层系的游离气含量;通过岩心解吸测试,确定岩心吸附气含量和残余气含量,最终确定富有机质泥页岩层系的总含气量。

在经过岩心资料标定后，可通过测井数据确定富有机质页岩层系的游离气、吸附气和总页岩气含量。

4. 页岩气资源潜力评价

页岩气作为聚集于烃源岩层系的连续型油气，其分布层位明确，分布面积大，但并非所有页岩区都具有商业开采价值，具有一定厚度与含气量且可压性好的页岩气富集区才可成为商业开发的建产有利区。

资源潜力评价一般要同时考虑游离气和吸附气，对于超压区，北美往往只评价游离气。通过对上述参数的详细研究，落实不同区块页岩气的资源潜力。目前，页岩气资源潜力的评价方法有容积法、类比法、统计法、成因法等。在勘查阶段主要采用容积法或类比法，容积法是最常用、最基础的评价方法。容积法预测资源潜力、确定富集区的主要指标包括目的层的厚度、面积、密度和含气量。目地层的厚度和面积要结合含气量指标，通过地质和地球物理手段确定，由此获得页岩含气量及其分布特征。

10.2.2 页岩气有利区优选

有利区优选是在全面分析研究区页岩发育地质条件的基础上，以富含有机质页岩为目标，结合构造、沉积、地层、有机地球化学、保存条件等资料，进行区域页岩气富集条件分析，然后预测出页岩气有利区。因此，有利区优选既是资源评价的基础，又为页岩气的早期勘探部署提供了依据。由于存在沉积及构造条件的差异，有利区优选的标准和方法在不同地区也存在一定的差异。

美国主要页岩气层 TOC 一般大于 2%，最好的页岩气层在 2.5%~3.0% 以上；有机质成熟度在生气窗范围之内，R_o 一般在 1.1% 以上，美国主要页岩气层 R_o 为 1.1%~3.5%，包括处于生气高峰阶段（$R_o=1.1\%\sim2.0\%$）的页岩气，也包括处于生气高峰（$R_o>2.0\%$）后的页岩气，都有成功开发的实例。一般而言，富有机质页岩的厚度达一定规模，一般在 15m 以上，区域上连续稳定分布，TOC 低的页岩的厚度一般在 30m 以上，要求有一定的保存条件，盆地中心区或构造斜坡区为有利区。脆性矿物、微裂缝发育，其中石英、方解石、长石等矿物含量一般大于 30%~40%。

北美对页岩气有利区具有不同的分级分类方法，包括：①根据某一评价区的勘探开发阶段、认识程度和资源可靠性，将其划分为核心区、有利区、远景区三个等级；②根据某一评价区的勘探开发成效，将其划分为核心区、拓展区、外围区三个等级，核心区的平均单井最终可采储量是非核心区的 2~3 倍，核心区的地质特征、储集条件、烃源条件、保存条件和储量参数均明显优于扩展区和外围区（表 10.1）。

表 10.1 Barnett 页岩气产区不同级别有利区参数对比表

刻度区名称		核心区	拓展区+外围区
气藏特征	勘探程度	较高	偏低
	面积/km²	4100	12000
	气层中部埋深/m	2286	2195

续表

刻度区名称		核心区	拓展区+外围区
气藏特征	地层压力/MPa	24.82	22.8
	压力梯度/(MPa/100m)	1.09	1.04
	含气量/(m³/t)	8.0～9.0/8.5[a]	8.5～9.9/9.2
	含气饱和度/%	75	65
	直井平均产量/(m³/d)	8000	2500
	水平井平均产量/(m³/d)	32300	9911
	单井 EUR/亿 m³	0.85	0.34
	采收率/%	20	10
储集条件	页岩厚度/m	91～122	46～91
	孔隙类型	有机质孔隙和裂缝	有机质孔隙
	总孔隙度/%	4.0～6.3	3.8～6.0
	裂缝孔隙度/%	0.8～1.0	
	平均渗透率/mD	0.00015～0.0025	0.00015～0.0025
	脆性矿物含量/%	65～80/75.8[a]	65～80/75.8
烃源条件	TOC/%	4.5	4.5
	R_o/%	1.3～1.7	1.1～1.3
保存条件	封隔层层位	Marble Fall 组	Marble Fall 组
	封隔层岩性	石灰岩	石灰岩
	封隔层厚度/m	121.92	91.44
	构造产状	低角度向东倾斜	低角度向东倾斜
	构造活动强度	中等	较弱
	断裂发育程度	中等	不发育
储量	可采资源量/亿 m³	6738.23	5535.48
	可采资源丰度/(亿 m³/km²)	1.64	0.50

a. "/"前数据为范围值，"/"后数据为平均值。

北美通常的选区方法主要包括综合风险分析法、边界网络节点法和地质参数图件综合分析法等，我国页岩气选区方法与国外地质参数图件综合分析法相近，主要是综合生气潜力、厚度、储层物性、岩石脆性、含气性、保存条件等多项指标，结合页岩地层压力、产能预测成果，确定页岩气形成的关键条件与主控因素，叠加各种等值线图，预测页岩气分布有利区。通常有利区构造稳定，页岩具有有效厚度大、规模大、高有机质丰度(TOC>2%)、高热演化程度(R_o>1.1%)、高脆性矿物含量(>50%)、高孔隙度(>4%)、高压力系数(>1.3)、高含气量(>3m³/t)和裂缝发育等特点。

我国不同类型页岩气有利区确定条件与下限标准详见表 10.2，满足下限标准的区块均可优选为有利区，但不同区域页岩气地质条件存在一定差异，根据地质认识、勘探开发实践和经济效益，可将有利区划分为Ⅰ类、Ⅱ类和Ⅲ类有利区，其中Ⅰ类有利区页岩储层参数最优越，是页岩气优先开发区域，与北美的核心区类似，而Ⅲ类区则与外围区类似，勘探开发风险较高。

表 10.2 中国陆上页岩气有利层段/区确定条件与下限标准

参数	海相页岩气	海陆过渡相-湖沼相煤系页岩气	湖相页岩气	意义
有机碳含量/%	>2	>1	>1	烃源岩质量
R_o^a/%	Ⅰ、Ⅱ$_1$>1.1%，Ⅱ$_2$>0.9%，Ⅲ>0.9%			
脆性矿物含量^b/%	>40	>40	>40	储层可压性
黏土矿物含量/%	<30	<40	<40	
孔隙度/%	>2	>2	>2	物性与含气性产能潜力
渗透率/nD	>100	>100	>100	
含气量/(m³/t)	>2.0	>1.0	>1.0	
直井初期日产量/万 m³	1.0	0.5	0.5	
含水饱和度/%	<45	<45	<45	
含油饱和度/%	<5	<10	<10	
资源丰度/(亿 m³/km²)	>2.0	>2.0	>2.0	
单井 EUR/亿 m³	0.3	0.3	0.3	
地层压力	常压—超压	常压—超压	常压—超压	储集与保存条件
有效页岩连续厚度/m	>30~50	>15	>15	
夹层厚度/m	<1.0	<3.0	<3.0	
砂地比/%	<30	<30	<30	
顶底板渗透性及厚度/m	非渗透性岩层>10	非渗透性岩层>10	非渗透性岩层>10	
保存条件	构造稳定，改造程度低			

a. Ⅰ、Ⅱ$_1$、Ⅱ$_2$、Ⅲ为气源的母质类型。

b. 脆性矿物包括石英、长石、碳酸盐、黄铁矿等。

10.3 页岩气"甜点区"预测

"甜点区"指的是无论商品油气价格以及技术如何变化，在油气田开采周期内能够始终保持具有商业开采价值的区域。商品油气价格和技术的变化会将之前不具有商业开采价值的区域纳入"甜点区"范围内，但是，如果商品油气价格像 2014 年那样急剧下跌，或者油气开采监管政策突然变化(例如限制使用压裂技术增产)，"甜点区"范围也会因此收缩。因此，"甜点区"范围并不是一成不变的。

"甜点区"是有利区中品质最优的区域。"甜点区"的范围会随着技术进步、油气价格和油气开采监管政策的变化而变化，而有利区则是依据地质和工程参数等优选出来的相对固定的区域，一般而言，有利区的储集条件越好，该区域内的经济效益就越高，该有利区就越"甜"。

通常，核心区或Ⅰ类区具有较好的储层参数，页岩气单井产量高，具有良好的经济效益，属"甜点区"范畴。就我国而言，由于页岩气开发成本相对较高，"甜点区"的范围通常要小于Ⅰ类有利区的范围，但随着地质认识深入、工程技术进步和开发成本的进一步降低，"甜点区"的范围会进一步扩大。

10.3.1 页岩气"甜点区"构成要素及其相互关系

页岩气"甜点区"构成要素表现为三个方面：生烃能力、储集条件及易开采性。前两项属地质"甜点"范畴，后者属工程"甜点"范畴。作为区域性连续聚集的非常规天然气，优质生烃条件通常包括：位于盆地沉降中心，烃源岩具有一定的厚度，有机质丰度高、类型好，处于生气窗演化阶段。良好的储集条件包括：具有良好物性、天然裂缝发育、不间断供气和连续聚集。地理位置、埋藏深度及岩石脆性是页岩气开采难易的关键因素和先决条件，也是页岩气的工程"甜点"要素。

1. 页岩气"甜点区"构成要素

1)生烃能力

含气量与总有机碳(TOC)含量之间具有正相关关系，页岩储层成为有效储层的有机碳含量下限为2%。北美地区的统计资料表明，页岩厚度越大，天然气生成潜力与滞留量就越大。热演化程度与产烃率指数关系的分析结果表明，最有利于页岩气形成与富集的镜质组反射率(R_o)范围为1.1%～2.7%。

2)储集条件

富有机质页岩厚度大、孔隙度高、地层压力高是高含气量的基础，丰富的天然裂缝系统也为游离气提供储存空间，更重要的是提高页岩储层的渗流能力。甲烷吸附能力与TOC及页岩比表面积呈正相关关系，高TOC含量及发育的有机孔也有效地提高了页岩气储集能力。

3)易开采性

在北美典型的页岩储层矿物组分中，页岩膨胀性黏土矿物含量为25%～40%，硅质、碳酸盐等矿物含量为60%～80%，整体脆性矿物含量较高。在受到外力作用时，高脆性岩石更容易形成裂缝网络。

2. 页岩气"甜点区"要素的相互制约

构成页岩气的"甜点区"要素并不是孤立存在的，它们之间一方面存在关联，如含气量和有机碳含量之间有较好的相关性；页岩脆性矿物含量越高，裂缝越发育等。但另一方面也存在相互制约关系，如图10.2所示。

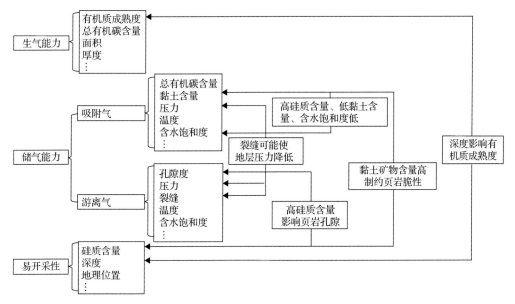

图 10.2 页岩气"甜点"要素相互制约关系图

1）黏土矿物含量与页岩脆性

黏土矿物不仅与有机质相伴生，还因其具有很强的吸附能力和较大的比表面积而大大增加了吸附气含量，从而增加总的含气量。但黏土含量增加意味着脆性矿物含量降低，使得页岩塑性增强，在外力作用下不易产生裂缝，不利于页岩气的开采。因此，要寻找到黏土矿物与脆性矿物之间的最佳配比是深入研究页岩气"甜点区"要素的关键。

2）孔隙度与脆性矿物含量

第一，页岩的脆性矿物含量并不是越高越好。第二，脆性矿物尤其是硅质矿物的孔隙并不发育，而部分碳酸盐矿物以胶结物等形式存在，碳酸盐胶结往往会导致页岩储层的孔隙度相应降低。第三，硅质矿物硬度大、抗压能力强，有利于粒间孔的保存；脆性矿物增加有利于天然裂缝及人工裂缝的产生，有利于提高页岩储层的渗流能力。所以，对页岩储层的评价必须在黏土矿物、石英、碳酸盐矿物含量之间达到一种平衡。

3）裂缝与地层压力

页岩中吸附气和游离气量均与地层压力呈正相关关系。随着压力增加，页岩中吸附气和游离气也会相应增加，储存在其中的总气体体积亦呈现增大趋势；成藏过程中页岩大量生烃后形成地层超压，也有利于孔隙的保存。同时，较高的地层压力和温度会影响地层内矿物力学性质，导致岩石塑性增强，因而裂缝发育程度会相应减弱。

10.3.2 "甜点区"识别方法

地球物理技术是预测页岩气纵向"甜点段"与平面"甜点区"的主要技术手段。在地质精细评价基础上，通过井震结合对页岩储层参数、裂缝展布等情况进行评估，预测页岩气分布的"甜点区"。

1. 页岩气"甜点段"测井评价

常规测井曲线对烃源岩的响应(表 10.3)主要有：①自然伽马和能谱测井中铀的响应特征表现为高异常；②密度响应特征表现为低密度异常，声波响应特征表现为声波时差高异常；③成熟烃源岩层的电阻率响应特征表现为高电阻率异常，由于其孔隙流体中存在不导电的烃类物质，同时可以利用这一响应识别烃源岩的含气性。

表 10.3　富有机质烃源岩层测井响应特征

测井曲线	输出参数	曲线特征	影响因素
自然伽马	自然放射线	高值不小于 100API，局部低值	泥质含量越高，自然伽马值越大；有机质含量高、吸附放射性元素 U 越多，自然伽马值越大
无铀伽马	—	低值	—
双侧向	—	高阻增大	—
声波时差	时差曲线	明显增大，较高，或出现周波跳跃	有机质含量高、页理发育、含气量高
补偿中子	—	降低	束缚水含量低、含气量高、有机质含量高
补偿密度	—	明显降低	有机质含量高、含气量高
光电截面指数	—	低值	有机质含量高、石英含量高
中子孔隙度	中子孔隙度	高值	束缚水使测量值偏高，含气量增大使测量值偏低，裂缝地区的中子孔隙度变大
岩性密度	有效光电吸收值	低值	烃类引起测量值偏低，气体引起测量值偏小，裂缝带局部曲线降低
地层密度	有效光电吸收值	中低值	含气量大，密度值低；有机质使测量值偏低，裂缝地层密度值偏低，井径扩大
井径	井眼直径	一般扩径	泥质地层表现为扩径，有机质的存在使井眼扩径更加严重，页理发育、吸水膨胀

不同的页岩储层测井方式亦可反映多项储层参数特征。微电阻率电成像可用于识别地层层理、构造变异、微细裂缝、溶孔、进行地应力分析等。特别是在页岩层段，由于孔隙度低、渗透率特低，储层的裂缝识别显得尤为重要。裂缝是提高页岩气产能的主要途径，电成像成果图能够清楚地反映页岩储层中层理、张开缝、充填缝、应力释放缝和黄铁矿分布等特征。

核磁共振测井技术作为一项新兴技术目前已经广泛应用于现场测井作业中。它不仅可以直接测量地层流体的氢原子信息，获取地层孔隙度、渗透率等重要信息，还可以获取地层流体的谱分布曲线，进行流体与扩散效应识别，便于快速判断地层流体的相关特性。同时能够进行黏土束缚水、毛细管束缚水、可动流体特性判断。

阵列声波因源距长，探测深度相对于补偿声波要深，受到井壁附近破碎岩石的影响相对要小,其纵波时差要比普通声波略小。同时,阵列声波能提取纵横波和斯通莱波时差,计算纵横波速度比和泊松比等岩石弹性力学参数。交叉偶极阵列声波还广泛用于识别地层的各向异性和井壁有效裂缝,同时交叉偶极阵列声波处理的快横波方位与地层的最大主应力方向一致,从而也能用于分析地应力方向。

2. 页岩气"甜点区"地震识别方法

页岩储层参数预测是"甜点区"预测的关键。以地震岩石物理分析为基础(图 10.3),通过基于全道集的叠前地震反演技术,获取各关键评价参数数据体,进而得到各关键评价参数的平面分布。其中,TOC 值由反演密度数据体通过 TOC 定量解释模板得到,孔隙度由纵波波阻抗数据体转化得到,厚度由 TOC 数据体根据该地区的储集层下限统计得到,压力系数应用反演纵波速度数据体通过 Fillippone 压力计算公式求取,脆性指数则是根据弹性模量和泊松比数据体,再通过脆性指数计算公式求取得到。

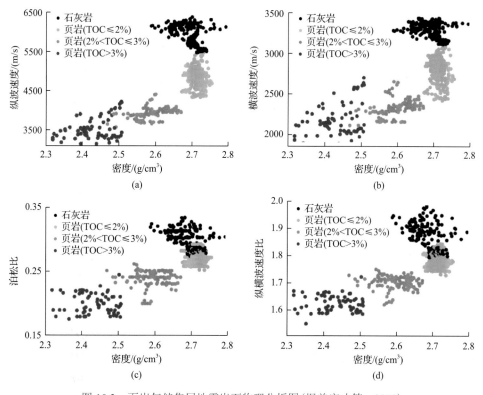

图 10.3   页岩气储集层地震岩石物理分析图(据曾庆才等, 2018)

在得到研究区页岩气储集层 TOC 值、孔隙度、厚度、地层压力系数和地层脆性数据体及平面分布的基础上,结合现场生产实际,选取施工参数、工艺相同或相近的生产井的测试产量数据作为输出,测井解释 TOC 值等关键评价参数为输入,应用模糊优化算法进行自动优化分析,最终确定了各关键评价参数的取值范围及其权重系数,建立指定区域"甜点区"定量评价及预测体系,从而进行"甜点区"优选(表 10.4)。

表 10.4   页岩气"甜点区"地震定量预测参数及分类指标

"甜点区"分类	TOC/%	优质页岩厚度/m	孔隙度/%	地层压力系数/(MPa/100m)	脆性指数/%
Ⅰ类	>3	>15	>5	>1.6	>55
Ⅱ类	2~3	10~15	3~5	1.2~1.6	45~55
Ⅲ类	<2	<10	<3	<1.2	<45
权重系数/%	20	22	15.5	30.5	12

裂缝的预测对页岩气"甜点段"的预测至关重要，其发育程度对页岩气的储集和保存影响较大。地球物理学家一般利用"各向异性高的区域更容易破裂"的理论来寻找天然裂缝，从而预测"甜点区"。理论上，存在多断层的地方会同时存在多裂缝，同时，在各向异性强的地方，也可能存在天然裂缝网络系统。

3. 页岩气"甜点区"综合识别方法

众多学者都尝试通过各种方式识别并量化"甜点区"评价，由于各油气藏地质条件不同，则关注的重点亦存在差异，页岩气"甜点区"识别所依据的关键参数主要分为三类：

(1) 有机质品质(OQ)：描述有机质品质，或影响碳氢化合物形成的组分。OQ 高，表示生烃能力强。

(2) 储层品质(RQ)：描述影响碳氢化合物储存能力(包括有机孔)的品质。RQ 高，表示储集条件好。

(3) 完井品质(MQ)：描述影响增产改造效果的力学性质，斯伦贝谢称之为完井质量。MQ 高，表明可压性好。

页岩气"甜点区"评价要综合考虑有机质品质、储层品质以及完井品质(表 10.5)。有机质品质主要取决于有机质类型、有机碳含量、有机质成熟度以及吸附性能等；一般有机碳含量高于 3%，有机质成熟度处于湿气或干气窗。储层品质主要取决于页岩厚度、孔隙度以及含气量等；一般页岩厚度大于 30m，孔隙度大于 4%。完井品质主要取决于黏土矿物含量、泊松比、杨氏模量以及地层压力；一般黏土矿物含量低于 40%，泊松比小于 0.2，杨氏模量大于 $5×10^6$ MPa，地层处于超压状态。以上参数取值仅作为参考标准，并不是绝对不变的，需要依据特定盆地的具体地质特征进行参数的优化取值。

表 10.5   页岩气"甜点区"综合评价推荐准则

类别	参数	商业化页岩参数范围
有机质品质	有机质含量	>3%
	成熟度	湿气和干气窗
	储气能力(朗缪尔等温曲线等)	随页岩品质和厚度变化
储层品质	厚度	>30m
	孔隙度	>4%(越高越好)

续表

类别	参数	商业化页岩参数范围
完井品质	黏土矿物含量	<40%
	泊松比	<0.2
	杨氏模量	>5×10⁶MPa
	地层压力	超压区更有利

依据各盆地的地质特征，优选表征上述品质的评价参数体系，将其与开发效果相关联（又称为产能指数 PF），可以形成特定盆地的评价与预测工具，在开发过程中不断调整与修正，便可用于判识高产富集区域，即"甜点区"。在图 10.4 中，有机质品质、储层品质以及完井品质三者叠合区即为"甜点区"，两参数体系叠合区为拓展区（Ⅰ类区），只有单参数体系优越的区域为外区（Ⅱ类区）。

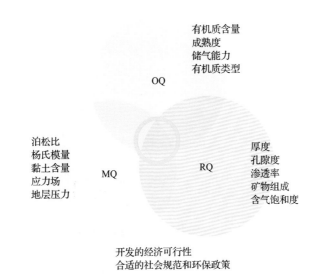

图 10.4　"甜点区"综合评价（据 Aldrich and Seidle，2018）

有机质品质、储层品质以及完井品质只能作为优选"甜点区"时影响产能的地质因素。在实现商业开发时，除考虑地质条件以外，还应考虑经济可行性、符合社会规范和国家环保政策等（图 10.4）。简而言之，要实现非常规油气的商业开采，作业者必须选择最优区域，利用最好技术，遵守最正确的 HSE 规范，完全符合所有制度和许可。

10.4　Fayetteville 页岩气产区实例

Fayetteville 页岩发育于 Arkoma 盆地，总面积约 2.3 万 km²。建产有利区主要集中在阿肯色州中部，面积 7088km²，"甜点区"主要位于有利区中部。

10.4.1　有利区优选

Fayetteville 页岩气有利区主要取决于优质储层发育厚度，TOC 含量大于 2%的层段为有效储层，净有效储层厚度大于 15m、连续分布面积大的阿肯色州中部页岩区为建产有利区。

1．"甜点段"测井评价

Houseknecht 等(2014)根据收集的 200 口井数据，对 Fayetteville 页岩气产区的 TOC 与 GR 值相关性分析发现：有机碳含量与 GR 值有良好的正相关关系，当 GR 值大于 150API 时，TOC 含量多大于 2%。因此大于 150API 的高自然伽马页岩、TOC 大于 2%，为有效储层[图 10.5(a)]。通过典型井测井曲线可以看出，纵向上发育多个自然伽马大于 150API 的有效层段[图 10.5(b)]，表明页岩的有机碳含量较高。依据高伽马段的纵向分布特征，可以得到两个厚度参数：第一个参数是高自然伽马段总厚度，指的是 GR 值大于 150API 的顶界和底界所夹的页岩层总厚度，其中包含低伽马段夹层的厚度；第二个参数是高自然伽马净厚度，指的是 GR 曲线中大于 150API 层段的累计页岩厚度。其中，高自然伽马净厚度为有效储层厚度。

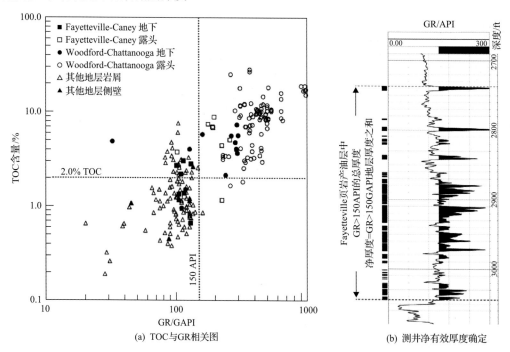

图 10.5　Fayetteville 页岩 TOC 与 GR 关系及高自然伽马净厚度关系图(据 Houseknecht et al., 2014)

2．建产有利区确定

根据收集的 200 口井的数据统计可知，产区页岩层的高自然伽马页岩净厚度与高自然伽马页岩总厚度的平均比值为 0.36，主要是受页岩层系中石灰岩夹层的影响。

根据平面厚度分布图可知，盆地东部与西部厚度特征明显不同。从高自然伽马页岩层总厚度上看，西经 93°以西大部分区域厚度介于 30～60m（100～200ft），而东部地区页岩的厚度介于 60～91m（200～300ft）。

从高自然伽马页岩净厚度上看，西经 93°以西地区的大部分地区厚度介于 0～15m（约 0～50ft），东部地区的页岩层厚度介于 15～45m（约 50～150ft）。高自然伽马页岩是页岩气富集的基础，是有利区优选的先决条件。

结合埋藏深度，优选高自然伽马段总厚度大于 60m、高自然伽马段净厚度大于 15m 的阿肯色州中部页岩发育区为建产有利区，区域面积共 7088km^2，估算的游离气原始地质储量为 22653 亿 m^3（图 10.6）。

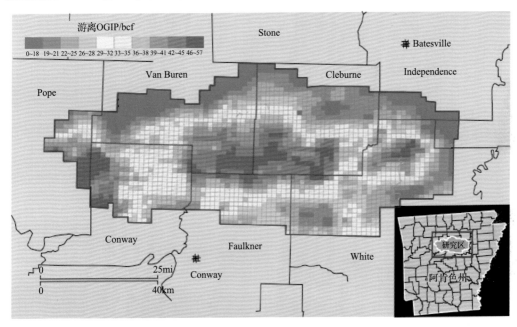

图 10.6　Fayetteville 页岩气产区原始地质储量丰度图

10.4.2　"甜点区"评价

以有机碳含量、有机质成熟度表征有机质品质，页岩厚度与孔隙度表征储层品质，矿物成分及埋藏深度表征完井品质，Kimmeridge 能源公司依据厚度、孔隙度、TOC/R_0、深度和矿物成分五项指标进行"甜点区"划分（图 10.7）。五项参数全部符合的区域为核心区，即"甜点区"；在核心区外围，四参数叠合区为Ⅰ类有利区；在核心区与Ⅰ类区之外，任意三参数叠合区为Ⅱ类区；依次类推，任意两参数叠合区为Ⅲ类区，只有单参数有利的为Ⅳ类区。一般而言，Ⅰ类区和Ⅱ类区可以称为拓展区，Ⅲ类区和Ⅳ类区称为外围区，随着地质认识的深入和工程技术的进步，开发过程中逐步由核心区向外拓展。

评价标准：储层厚度直接影响储量丰度与气井产能，有利区页岩厚度大于 60m，有效厚度大于 22.5m；TOC 是生烃与有机孔的基础，有利区 TOC>2%；在 Fayetteville，当成熟度高于 2.5%时，CO_2 含量增高，增加腐蚀和处理成本，有利区 R_0 为 2.0%～2.5%；

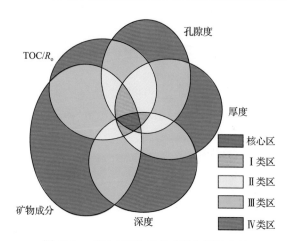

图 10.7 "甜点区"评价参数与评价方法

孔隙为游离气提供储集空间，孔隙度越高则游离气含量越高；脆性矿物含量高，则可压性好，有利于提高单井产量；埋藏浅则地层压力低、含气量低；埋藏深会导致单井投资高，有利区埋藏深度为 900～1800m。

在建产有利区内，图 10.8 中黄线圈闭范围为依据厚度、孔隙度、TOC/R_o、深度和矿物成分五项指标叠合交会得到的核心区，可见绝大部分 EUR 高值区均位于地质评价的核心区内。当然，核心区外围也存在部分高产井，但分布相对分散，且离核心区越远，高产井数量越少。

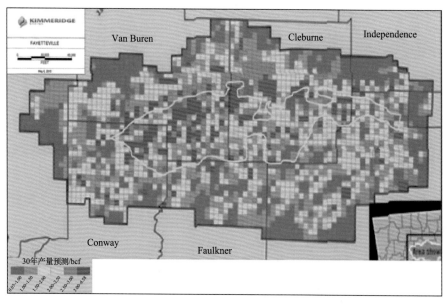

图 10.8 核心区(图中黄线内范围)与单元 EUR 分布叠合图

参 考 文 献

曾庆才，陈胜，贺佩，等.2018.四川盆地威远龙马溪组页岩气甜点区地震定量预测.石油勘探与开发,45(3):1-9.

Aldrich J B, Seidle J P. 2018. Sweet spot identification and optimization in unconventional reservoirs//2018 AAPG Convention and Exhibition, Denver.

Curtis J B. 2002. Fractured shale gas systems. AAPG Bulletin, 86(11): 1921-1938.

Houseknecht D W, Rouse W A, Paxton S T, et al. 2014. Upper Devonian-Mississippian stratigraphic framework of the Arkoma Basin and distribution of potential source-rock facies in the Woodford-Chattanooga and Fayetteville-Caney shale-gas systems. AAPG Bulletin, 98(9): 1739-1759.

Jarvie D M, Hill R J, Ruble T E, et al. 2007. Unconventional shale-gas systems: The Mississippian Barnett shale of North Central Texas, as one model for thermogenic shale-gas assessment. AAPG Bulletin, 9: 475- 499.

Pepper A S. 1992. Estimating the petroleum expulsion behavior of source rocks: A novel quantitative approach. Geological Society Special Publications, 59: 9-31.

Reed R, Loucks R. 2007. Imaging nanoscale pores in the Mississippian Barnett shale of the northern Fort Worth Basin//AAPG Annual Convention, Long Beach.

Sandvik E I, Young W A, Curry D J. 1992. Expulsion from hydrocarbon sources: The role of organic absorption: Advances in Organic Geochemistry 1991. Organic Geochemistry, 19(1-3): 77-87.

Steward D B. 2007. The Barnett Shale play: Phoenix of the Fort Worth Basin-A history. Fort Worth: The Fort Worth Geological Society.

第 11 章

三维地震技术

地震技术是页岩气勘探开发过程中获取关键地质要素和工程参数最有效的手段。20世纪 70 年代，美国率先开展页岩储层定量描述、地质理论研究及资源潜力评价，同时加强工程技术攻关，使页岩气正式成为天然气资源新的勘探开发目标，推动了页岩气商业开采。20 世纪 90 年代初，借助岩石物理实验和岩石物理理论等多种手段研究页岩的矿物组分、孔隙形态、流体特征等对地震波 AVO 特征、纵横波速度和各向异性等的影响。21 世纪初，CGGVeritas 公司率先在 Haynesville 和 Marcellus 完成三维地震，结合钻井成果取得很好的成效。2010 年以来，高精度地震技术发展迅速，利用地震资料开展构造解释、裂缝预测以及 TOC、含气量、脆性、地应力等参数的预测，主体技术涵盖地震属性、岩石物理建模、叠前地震反演、叠前弹性阻抗反演、各向异性反演、微地震检测等。

11.1　断裂检测与裂缝预测

在页岩气勘探开发中，天然裂缝起至关重要的作用。首先，裂缝增加了页岩气储集空间，改善了页岩极低的基质渗透率；其次，有助于页岩层中游离态天然气体积的增加和吸附态天然气的解吸；最后，裂缝是力学上的薄弱环节，增加了页岩储层压裂改造的有效性。所以，裂缝预测是页岩气勘探开发中的一项关键技术。

11.1.1　曲率、相干、方差等多属性断裂检测技术

地震相干体与方差体是研究三维数据体中相邻地震道地震信号之间相似性和不连续性特征的一种解释技术，该技术充分利用了三维资料中每个 CDP 点的信息，突出那些不相干或不连续的地震数据，如在断裂、裂隙发育部位相干体或者方差体发生突变。

在油气勘探中，相干属性的应用十分广泛。自 1995 年 Bahorich 和 Farmer 首次提出相干算法以来，已经出现了三代算法：第一代为基于互相关的相干算法(简称为 C1 算法)，是利用传统的归一化算法，将基准道与相邻道进行互相关运算，逐道计算得到相干体；

第二代为基于多道相似性测量的相干算法(简称 C2 算法)，由 Marfurt 等在 1998 年提出；第三代为基于本征结构的相干算法(简称 C3 算法)，由 Gersztenkorn 和 Marfurt(1999)提出。利用相干属性可以突出地震数据的不连续特征，其时间和沿层切片比常规地震数据体切片更加清楚直观地展示各种地质不连续现象，可以清楚地揭示构造、沉积储层和特殊地质体等地质现象。

曲率是反映某一曲线、曲面弯曲程度的参数。曲面的构造主曲率越大，就越容易产生裂缝，因此构造主曲率在一定程度上反映了裂缝的分布。当曲率增大到其弹性极限时，就会在弯曲较大的地带产生裂隙，因此在褶皱轴的两侧、构造转折部位及断裂面的两侧等一些高曲率部位往往是裂隙发育区。

所以通过地震曲率、相干与方差属性分析研究，可以预测含气页岩裂缝密度、方位和强度等。图 11.1 和图 11.2 是 Woodford 页岩气层断裂属性方差、相干和曲率等检测图。

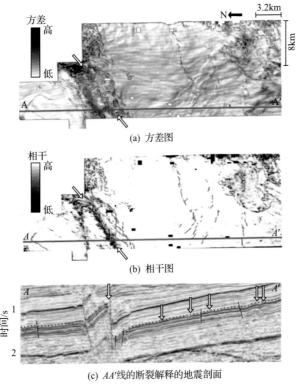

(a) 方差图

(b) 相干图

(c) AA'线的断裂解释的地震剖面

图 11.1　Woodford 页岩气层属性图(据 Guo et al., 2010)

11.1.2　基于倾角和方位角断裂检测技术

三维倾角体和方位角体是 C3 计算时的副产品，但由于其反映了相似的地震波组在空间上的倾角大小，因而也能够较好地描述断裂系统。倾角体和方位角体的计算方法是通过离散扫描地震资料主测线和联络线各个方向视倾角的相干值，然后将这些相干值拟合出一条连续的二次曲线或二次曲面，可以得到二次曲线或二次曲面的最大值点，该点与计算中心点的相对位置关系就是所需要的方位信息。在采用的算法中，通过多窗口扫

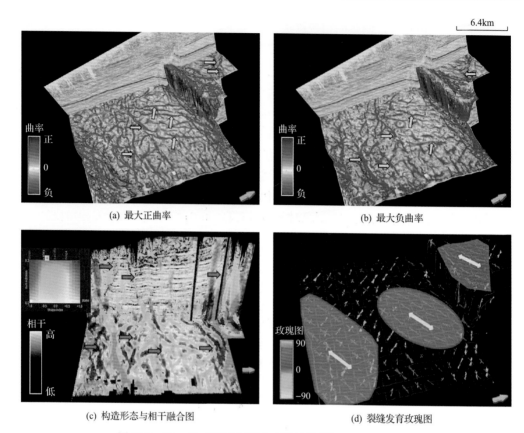

(a) 最大正曲率　　　　　　　　　　(b) 最大负曲率

(c) 构造形态与相干融合图　　　　　(d) 裂缝发育玫瑰图

图 11.2　Woodford 页岩气层曲率属性图(据 Guo et al., 2010)

描提供了边缘检测功能,提高了对断层、尖灭点等不连续情况的方位信息检测的可靠性;通过对相干值离散点的局部拟合,可以提高对弯曲界面、准交叉界面最大值的检测精度;通过 Hilbert 变换可以提高在同相轴过零点附近的计算精度。

　　图 11.3 是纵波三维倾角体和方位角体沿层切片,可见断裂系统附近和构造变化剧烈处,倾角和方位角均表现出明显的异常和空间上的变化。

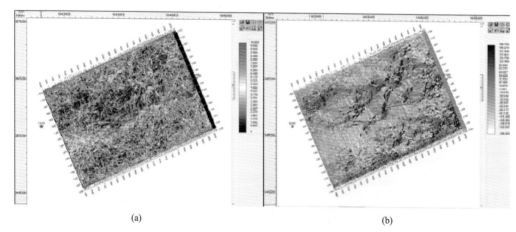

(a)　　　　　　　　　　　　　　(b)

图 11.3　某层倾角(a)和方位角(b)沿层切片(据唐建明,2011)

11.1.3　振幅谱相干属性预测裂缝

由于地层倾角会干扰相干值，故不同算法都尽量消除或减弱地层倾角对相干值的影响。C1 算法通过倾角扫描消除地层倾角的影响。时频分析技术可以将单一时间域波形信息分解为频率域内的振幅、相位等信息。由于不同频段的信息反映不同尺度的地质现象，故相干属性如果使用不同频段的信息，就具备了多尺度的特性。王西文等(2002)首先将小波变换应用到相干属性中，利用小波变换计算不同频带内瞬时特征参数，并利用某一频率的特征参数计算相关系数，最后利用重构系数放大或缩小不同频带的信息。Kazmi 等(2012)提出对以上算法进行改造，首先将小波变换替代为连续振幅相位谱，然后使用振幅谱的平方作为重构系数，具有更高的稳定性。相对于王西文等(2002)的算法，Li 等(2018)则利用短时傅里叶变换(STFT)获得时频谱，使用分辨率更高的基于特征值分解的 C3 算法，而不是 C2 算法。但是以上所有算法在计算相干属性时都同时利用了振幅和相位，而相位中包含地层倾角的信息，故两种算法都未能消除地层倾角对相干属性的影响。

可使用时频分析消除地层倾角对相干属性的影响。利用频率域内的振幅谱不受地层倾角影响的特点，提出了将地震波形数据转化为振幅谱，再使用振幅谱计算相干属性的算法。在实际地震数据中的应用结果表明，振幅谱相干属性可以更好地消除地层倾角对相干属性的影响，而且该算法可以在不同频段计算相干值，具备了多尺度的特性。

1. 方法原理

1) 振幅谱不受倾角影响

如图 11.4 所示，使用只有一个倾斜界面的模型和里克子波合成的地震记录，时间采

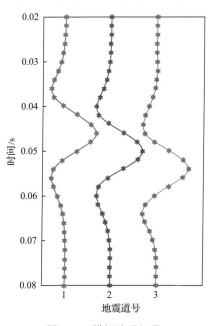

图 11.4　模拟地震记录

样时间间隔为 2ms。地层倾角在地震波中表现为时间延迟，记为 t_0，设原始地震信号为 $x(t)$，则时移后的信号记为 $x(t-t_0)$。

记 $x(t)$ 的 FT 为

$$X(\omega) = \int_{-\infty}^{+\infty} x(t) \mathrm{e}^{-\mathrm{i}\omega t} \mathrm{d}t \tag{11.1}$$

根据 FT 的时移特性，$x(t-t_0)$ 的 FT 为

$$X_2(\omega) = \int_{-\infty}^{+\infty} x(t-t_0) \mathrm{e}^{-\mathrm{i}\omega t} \mathrm{d}t = \mathrm{e}^{-\mathrm{i}\omega t_0} X(\omega) \tag{11.2}$$

等号两边同时取模：

$$\left\| X_2(\omega) \right\| = \left\| \mathrm{e}^{-\mathrm{i}\omega t_0} \right\| \left\| X(\omega) \right\| = \left\| X(\omega) \right\| \tag{11.3}$$

由式 (11.3) 可知，$x(t)$ 和 $x(t-t_0)$ 的振幅谱相同，即振幅谱不包含倾角信息，也就是振幅谱不受地层倾角的影响。

为突出地震信号的局部特征，常用短时傅里叶变换获得地震信号的瞬时频率信息。STFT 是在一个信号上叠加窗函数（如高斯窗）之后再进行 FT。使用高斯窗函数，记为 $g(t)$，则 τ 时刻的短时傅里叶变换为

$$GX(\tau,\omega) = \int_{-\infty}^{+\infty} x(t) g(t-\tau) \mathrm{e}^{-\mathrm{i}\omega t} \mathrm{d}t \tag{11.4}$$

2）分频体相干属性

为在不同尺度下定量刻画地下介质的不连续性，Li 等 (2018) 提出了将频谱分解和相干算法相结合的分频体相干属性。利用短时傅里叶变换获取每一采样点的瞬时频谱，提取同一频率对应的频谱值，便获得这一频率的分频体。

为适应计算复地震道相干值的需要，算法将矩阵 $\boldsymbol{C}$ 中第 k 行第 j 列的元素 C_{kj} 定义为

$$C_{kj} = \sum_{m=1}^{M} \left(\left\| d_{mk} \right\| \cos\varphi_{mk} \left\| d_{mj} \right\| \cos\varphi_{mj} - \left\| d_{mk} \right\| \sin\varphi_{mk} \left\| d_{mj} \right\| \sin\varphi_{mj} \right) \tag{11.5}$$

式中，M 为子数据体中某一复地震道的样点数；$\|d_{mk}\|$ 和 $\|d_{mj}\|$ 分别为子数据体内第 k 和第 j 道复地震道的第 m 个样点的模；φ_{mk} 和 φ_{mj} 分别为子数据体内第 k 和第 j 道复地震道的第 m 个样点的相位。

矩阵 $\boldsymbol{C}$ 实际为实部的协方差矩阵（记为 $\boldsymbol{R}$）减去虚部的协方差矩阵（记为 $\boldsymbol{I}$）。由于协方差矩阵 $\boldsymbol{R}$ 和 $\boldsymbol{I}$ 均为半正定或正定矩阵，故 $\boldsymbol{R}-\boldsymbol{I}$ 很可能不是半正定矩阵和正定矩阵，故使用矩阵 $\boldsymbol{C}$ 计算的相干值可能不在 0～1 范围内。为与该方法的中的振幅谱相干属性作对比，该方法仅使用实部构造协方差矩阵：

$$R_{kj} = \sum_{m=1}^{M} (\|d_{mk}\| \cos\varphi_{mk} \|d_{mj}\| \cos\varphi_{mj}) \tag{11.6}$$

相干值定义为矩阵 $\boldsymbol{R}$ 的最大特征根与所有特征根之和的比值。

由于以上算法使用相位信息会引入倾角的影响，使用振幅信息构造协方差矩阵 $\boldsymbol{B}$，其第 k 行第 j 列的元素为

$$B_{kj} = \sum_{m=1}^{M} (\|d_{mk}\| \|d_{mj}\|) \tag{11.7}$$

相干值定义为矩阵 $\boldsymbol{B}$ 的最大特征根与所有特征根之和的比值。

3) 瞬时振幅谱相干算法

设 x 为线号，y 为道号，t 为采样时间，(x,y,t) 表示某一采样点，在计算该采样点处的相干值时，首先定义一个包含该点的子数据体(大小由二维的空间窗及一维的时间窗控制)，假设空间窗内包含 J 道地震记录，时间窗内包含 N 个采样点。设以采样点 (x,y,t) 为中心的子数据体内的第 j 道地震记录为 $\boldsymbol{d}_j^{\mathrm{T}}(x,y,t)$：

$$\boldsymbol{d}_j^{\mathrm{T}}(x,y,t) = (d_{1j}, \cdots, d_{nj}, \cdots, d_{Nj}), \qquad n = 1, 2, \cdots, N \tag{11.8}$$

对 $d_j(x,y,t)$ 进行 STFT 后取模，得到它的振幅谱 $\boldsymbol{a}_j^{\mathrm{T}}(x,y,t)$，记为

$$\boldsymbol{a}_j^{\mathrm{T}}(x,y,t) = (a_{1,j}, \cdots, a_{n,j}, \cdots, a_{\mathrm{NFT},j}), \qquad n = 1, 2, \cdots, \mathrm{NFT} \tag{11.9}$$

式中，NFT 为 STFT 的点数。将子数据体内的 J 道地震记录的振幅谱表示为矩阵 $\boldsymbol{A}$：

$$\boldsymbol{A}(x,y,t) = [\boldsymbol{a}_1, \boldsymbol{a}_2, \cdots, \boldsymbol{a}_J] \tag{11.10}$$

定义协方差矩阵为 $\boldsymbol{C}(x,y,t)$，定义采样点 (x,y,t) 处相干值 $E_c(x,y,t)$ 为

$$E_c(x,y,t) = \frac{\lambda_{\max}}{\sum_{j=1}^{J} \lambda_j} \tag{11.11}$$

式中，λ_j 为矩阵 $\boldsymbol{C}(x,y,t)$ 的 J 个特征根中的第 j 个；$\lambda_{\max}$ 为 λ_j 中的最大值。

由式 (11.5) 知相关矩阵 $\boldsymbol{C}(x,y,t)$ 为正定或半正定矩阵，故 E_c 取值范围在 $1/J \sim 1$。当数据体不同道间波形都相同时，振幅谱也都相同，$E_c=1$；当波形间不同时，振幅谱也不同，此时 $E_c < 1$，且波形间差异越大，E_c 越小。波形间的差异能反映地质体的变化，故 E_c 能够刻画地质体的不连续性。

2. 实际应用

研发不受倾角影响的振幅谱方差计算相干属性，在川南实际工区开展了应用(图 11.5)消除了由倾角引起的虚假低相干值，提高了断层解释的准确性。

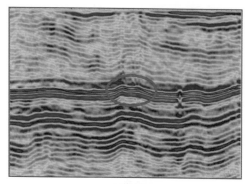

(a) 地震剖面

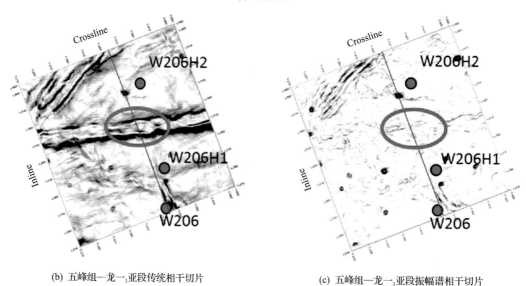

(b) 五峰组—龙一₁亚段传统相干切片　　　　　　　　(c) 五峰组—龙一₁亚段振幅谱相干切片

图 11.5　传统相干算法与振幅谱相干算法应用效果对比

11.1.4　各向异性裂缝检测技术

Thomsen(1986)认为所有沉积地层在地震波尺度上都表现为弱各向异性。这种弱各向异性与地层的骨架颗粒的定向排列和颗粒间的裂隙发育程度有关，颗粒间的裂隙越发育，所表现出来的各向异性越强。

页岩储层由于层状以及黏土矿物和干酪根与层理平面的部分对齐而表现出固有的各向异性，因此裂缝性页岩储层各向异性的最小可接受表示是正交各向异性，其中嵌有一组垂直顺应性裂缝在垂直横向各向同性(VTI)背景中。正交各向异性反演使用根据入射角堆叠的方位扇区地震数据。即使是高倍采集，这种方位角/角度分组也会导致低倍角度堆栈。Kumar 等(2018)提出如下的工作流程：正交各向异性的偏移和方位角振幅(AVOAz)反演需要地震预处理，以确保适当的原始振幅保留、噪声衰减和数据对齐，以及为构建正交各向异性岩石物理学模型而实施。该模型使用 AVOAz 反演结果整合了井和岩心数据，以估算储层属性。地震反演结果包括 P 阻抗和 S 阻抗以及量化方位各向异性参数。

模型假设 VTI 富含干酪根层，其中包含对齐的垂直裂缝，并使用叠前正交各向异性 AVOAz 反演结果预测孔隙度、TOC 和裂缝强度。

地震各向异性已广泛用于表征储层中的裂缝。最近的工作证明了地震频散对产生频率相关反射系数的影响，这在裂缝表征中可能是重要的，因为大裂缝通常会导致频率相关各向异性。基于由 VTI 页岩覆盖的 HTI 砂岩模型，研究了各向异性弥散对 P 波反射的影响。尽管上覆层中的 VTI 不会导致方位各向异性，但其对角度依赖性的影响可能会在远处显著影响方位 AVO 响应。显示出对幅度的适度影响和对相位的较大影响，其中后者甚至可能被误认为是方位角速度变化。Jin 等 (2018) 提出一种基于正演建模技术的贝叶斯反演，旨在恢复 HTI 砂的含水饱和度、裂缝密度和裂缝长度。结果表明，在方位角 AVO 分析中使用地震散度来区分大裂缝和微裂缝是有潜力的。

裂缝广泛分布在地壳内，对波的传播有重大影响。尽管已经根据地震各向异性属性对裂缝特征进行了许多研究，但天然水平裂缝和水力裂缝网络尚未得到表征。Ding 等 (2019) 通过实验室观察和理论模型研究了裂缝取向和饱和度对 V_p/V_s 波速比的影响。然后，讨论使用 V_p/V_s 波速比预测天然水平裂缝并评估水力裂缝网络的可行性。研究表明，异常低的 V_p/V_s 波速比以及缺乏剪切波分裂可用于预测水平裂缝。水力压裂刺激导致的裂缝网络发展与更高的 V_p/V_s 波速比和无剪切波分裂有关。这两个特征可以用来估计裂缝的发展和评估水力压裂的增产效果。

1. 方位角速度分析技术

由于页岩层各向异性的存在，导致页岩层水平叠加速度随方位角变化，如 Aguilera (1998) 在油藏盆地中观测到易碎裂隙岩石中地震波速度减小的现象。当岩层为均质体，无各向异性，叠加速度不随方位角变化，速度-方位角图为圆形；当岩层存在各向异性，叠加速度随方位角发生变化，速度-方位角图为近椭圆，椭圆长轴方向为高速度 (v_f)，椭圆短轴方向为低速度 (v_e) (图 11.6)。因此，可以利用叠前地震道数据，分析旅行时随方位角的变化以检测页岩气储集层裂缝发育方向与密度。

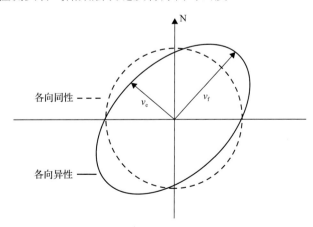

图 11.6　页岩气层各向异性方位角速度 (据林建东等，2012)

2. 方位 AVO/AVAz 分析技术

由于页岩层中普遍存在各向异性，导致共反射点道集中反射振幅随方位角变化，因此可以利用地震反射振幅随方位角的变化预测裂隙分布特征。方位 AVO 技术在不同的方位角范围内对地震资料进行 AVO 分析，再根据不同方位角范围内所得的 AVO 属性值的变化规律计算出地层的裂隙发育程度。页岩最大各向异性的方向对应于最大 AVO 梯度差，垂直于裂缝面，即沿页岩层面显示裂缝的方向与密度(图 11.7)。因此，方位 AVO 分析技术可以检测页岩气储集层裂缝发育特征。

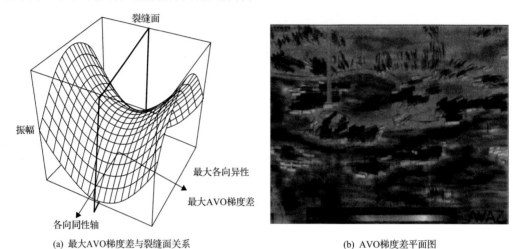

(a) 最大AVO梯度差与裂缝面关系　　　　　　　　(b) AVO梯度差平面图

图 11.7　页岩气层 AVO 梯度差特征(据 Sondergeld and Rai, 2011)

1) 叠前方位各向异性反演

各向异性特征可以由 Thomsen(1986)提出的弱各向异性参数 $\varepsilon^{(V)}$、$\delta^{(V)}$、γ 来表征，与弹性矩阵之间的关系如下：

$$\varepsilon^{(V)} = \frac{c_{11} - c_{33}}{2c_{33}}$$

$$\gamma = \frac{c_{44} - c_{66}}{2c_{44}} \tag{11.12}$$

$$\delta^{(V)} = \frac{(c_{13} + c_{55})^2 - (c_{33} - c_{55})^2}{2c_{33}(c_{33} - c_{55})}$$

式中，$\varepsilon^{(V)}$ 为纵波各向异性参数，是度量准纵波各向异性强度的参数；γ 为横波各向异性参数，是度量横波各向异性强度或横波分裂强度的参数；$\delta^{(V)}$ 为纵波变异系数，表征纵波在垂直方向各向异性变化的快慢程度。

Rüger(1996)研究了各向异性半空间界面的地震波反射特征，推导了纵波反射系数随入射角、方位角的函数关系式，如式(11.13)所示：

$$R_{pp}(\theta,\phi) = \frac{1}{2}\frac{\Delta Z}{\overline{Z}} + \frac{1}{2}\left\{\frac{\Delta Z}{\overline{Z}} - \left(\frac{2V_{s0}^2}{V_{p0}^2}\right)\frac{\Delta G}{\overline{G}} + \left[\Delta\delta^{(V)} + \left(\frac{2V_{s0}^2}{V_{p0}^2}\right)\Delta\gamma\right]\cos^2\phi\right\}\sin^2\theta\frac{n!}{r!(n-r)!}$$

$$+ \frac{1}{2}\left[\frac{\Delta V_p}{\overline{V}_p} + \Delta\varepsilon^{(V)}\cos^4\phi + \Delta\delta^{(V)}\sin^2\phi\cos^2\phi\right]\sin^2\theta\cos^2\theta$$

$$(11.13)$$

式中，θ 和 ϕ 分别为纵波入射角和方位角；$Z = V_p\rho$；$G = V_s^2\rho$；V_p 和 V_s 分别为纵波和横波速度；V_{p0} 和 V_{s0} 分别为上下介质的平均纵波速度和横波速度。

杨氏模量是表征岩石抗压缩能力的量，表征了储层的岩性特性；泊松比是横向应变与纵向应变的比值绝对值，与储层流体性质有关；各向异性梯度 $\Delta\Gamma = \frac{1}{2}\Delta\delta^{(V)} + 8k^2\frac{1}{2}\Delta\gamma$ 反映储层裂缝发育特征。为了全面地描述裂缝介质的储层特征、流体性质和各向异性特征，建立了页岩储层纵波方位 AVO 反射系数方程与杨氏模量、泊松比和各向异性梯度之间的关系：

$$R_{pp}(\theta,\phi) = \left\{2k^2\sin^2\theta\frac{1-2k^2}{3-4k^2} + \left[\frac{1}{2(g+2)}\sec^2\theta + \frac{g}{2(g+2)}\right]\frac{(2k^2-3)(2k^2-1)^2}{k^2(4k^2-3)}\right\}\frac{\Delta\nu}{\overline{\nu}}$$

$$+ \left[\frac{1}{2(g+2)}\sec^2\theta + \frac{g}{2(g+2)} - 2k^2\sin^2\theta\right]\frac{\Delta E}{\overline{E}} + \cos^2\phi\sin^2\theta(\Delta\Gamma)$$

$$(11.14)$$

式中，g 为横纵波速度比的平方(这里 g 为常量)；E、ν、Γ 分别表示杨氏模量、泊松比和裂缝密度。

在上述推导基础上，选取两层裂缝模型的反射界面，相关参数如表 11.1 所示，对新的纵波 AVAZ 近似方程进行精度分析。由 Ruger 近似得到曲线和新推导公式的近似曲线对比结果(图 11.8)，对比发现，在入射角较大的情况下，新推导方程的近似精度与 Ruger 近似吻合程度较高，因此，利用该方程进行裂缝介质 AVAZ 反演可以提高裂缝预测的精度。

在不同方位角和入射角的情况下，可以将式(11.14)表示为矩阵的形式：

$$\begin{bmatrix} R_{pp}(\theta_1,\phi_1) \\ R_{pp}(\theta_2,\phi_1) \\ \vdots \\ R_{pp}(\theta_n,\phi_m) \end{bmatrix} = \begin{bmatrix} C_1(\theta_1) & C_2(\theta_1) & C_3(\theta_1,\phi_1) \\ C_1(\theta_2) & C_2(\theta_2) & C_3(\theta_2,\phi_1) \\ \vdots & \vdots & \vdots \\ C_1(\theta_n) & C_2(\theta_n) & C_3(\theta_n,\phi_m) \end{bmatrix} \begin{bmatrix} \dfrac{\Delta E}{\overline{E}} \\ \dfrac{\Delta\nu}{\overline{\nu}} \\ \Delta\Gamma \end{bmatrix}$$

$$(11.15)$$

表 11.1　页岩储层裂缝模型参数

层	$V_p/(m/s)$	$V_s/(m/s)$	$\rho/(kg/m^3)$	$\delta^{(V)}$	$\varepsilon^{(V)}$	γ
第1层	4000	1800	2000	0.05	0.01	0.18
第2层	5000	2500	2200	0.10	0.05	0.20

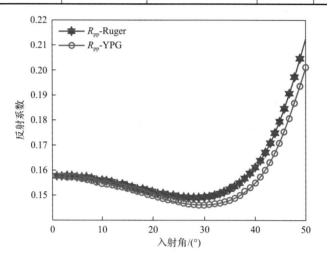

图 11.8　新推导方程与 Ruger 近似方程的精度对比

令

$$\boldsymbol{d} = \begin{bmatrix} R_{pp}(\theta_1,\phi_1) \\ R_{pp}(\theta_2,\phi_1) \\ \vdots \\ R_{pp}(\theta_n,\phi_m) \end{bmatrix} \quad \boldsymbol{X} = \begin{bmatrix} \dfrac{\Delta E}{\overline{E}} \\ \dfrac{\Delta v}{\overline{v}} \\ \Delta \Gamma \end{bmatrix} \quad \boldsymbol{G} = \begin{bmatrix} C_1(\theta_1) & C_2(\theta_1) & C_3(\theta_1,\phi_1) \\ C_1(\theta_2) & C_2(\theta_2) & C_3(\theta_2,\phi_1) \\ \vdots & \vdots & \vdots \\ C_1(\theta_n) & C_2(\theta_n) & C_3(\theta_n,\phi_m) \end{bmatrix}$$

式(11.15)可以表示为

$$\boldsymbol{d} = \boldsymbol{GX} \tag{11.16}$$

利用地震数据求解未知数所用的手段为 Marquardt 方法，或称为阻尼最小二乘方法（damped least squares method）。未知数的求解公式为

$$\boldsymbol{X} = \left[\boldsymbol{G}^T \boldsymbol{G} + \sigma \boldsymbol{I} \right]^{-1} \boldsymbol{G}^T \boldsymbol{d} \tag{11.17}$$

式中，$\boldsymbol{G}^T$ 为矩阵 $\boldsymbol{G}$ 的转置；$\boldsymbol{I}$ 为单位矩阵；σ 为阻尼因子或加权因子。阻尼因子的选取与参数反演值的精度密切相关，在实际反演过程中，需要选取合适的阻尼因子值，并在迭代求解过程中不断调整阻尼因子数值。关于阻尼因子的选取主要靠实验方法，如果地震中不含噪声且反演问题为非欠定问题时，阻尼因子可以取零值。

已知目标工区的地质和测井信息，可以作为未知数的先验信息加入模型的反演中，考虑先验信息约束的反演方法称为基于模型先验约束的阻尼最小二乘反演方法。

$$X = X_{\text{mod}} + \left[\boldsymbol{G}^{\mathrm{T}} \boldsymbol{G} + \sigma \boldsymbol{I} \right]^{-1} \boldsymbol{G}^{\mathrm{T}} \left(\boldsymbol{d} - \boldsymbol{G} X_{\text{mod}} \right) \tag{11.18}$$

式中，X_{mod} 为待反演参数纵横波阻抗和裂缝岩石物理参数的测井先验信息。

通常情况下，裂缝岩石物理参数从常规测井数据中无法获得，此时需要依赖裂缝型储层岩石物理模型的构件，通过岩石物理建模及分析，弥补测井横波速度及裂缝岩石物理参数先验信息的缺失。同时，基于方位 AVO 属性分析的各向异性梯度提取是为整个工区提供各向异性信息的重要手段。

2) 方位傅里叶系数各向异性反演方法

页岩气强各向异性的性质使得 Ruger 近似式［式 (11.13)］适应性降低，Downton 和 Russell (2011) 提出了更精确的近似式：

$$\begin{aligned}
R(\theta, \phi) = {} & A_0 + B_0 \sin^2 \theta + C_0 \sin^2 \theta \tan \theta + B_2 \cos[2(\phi - \phi_{\text{iso}})] \sin^2 \theta \\
& + C_2 \cos[2(\phi - \phi_{\text{iso}})] \sin^2 \theta \tan^2 \theta + C_4 \cos[4(\phi - \phi_{\text{iso}})] \sin^2 \theta \tan^2 \theta
\end{aligned} \tag{11.19}$$

式中，$\left(A_0, B_0, C_0, B_2, C_2, C_4 \right) = f\left(R_p, R_s, \delta\Delta_N, \delta\Delta_V, \delta\Delta_H \right)$，$f$ 为线性变换；ϕ_{iso} 为裂缝介质对称轴的角度。

Downton 和 Russell 2011 年提出的方位傅里叶参数弹性反演能够很好地识别出裂缝性油气藏中的裂缝走向并且证明在页岩气也可以得到应用 (图 11.9)。

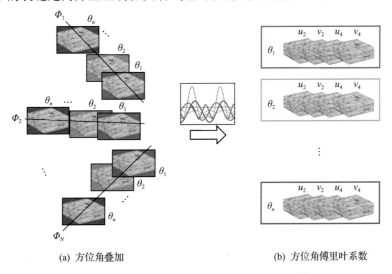

(a) 方位角叠加　　　　　　　　　　(b) 方位角傅里叶系数

图 11.9　方位角叠加转换到方位角傅里叶系数

11.2　页岩气储层预测与含气性检测

据页岩气的地质特点及当前地震勘查技术的水平，地震技术在识别和追踪页岩储层空间分布(包括埋深、厚度以及构造形态)方面具有明显的优势；综合利用测井及地质资料，对页岩储层有机质丰度等参数进行解释及优选敏感的地球物理参数，进而建立储层特征与地震响应的关系，以此反演预测页岩气储层有利区。

页岩储层的含气量决定了页岩气开发是否具有商业价值，所以对页岩含气性检测直接决定了页岩气的勘探开发价值。目前对页岩储层进行含气性检测的地震技术主要有叠后波阻抗反演、叠前 AVO 反演和叠前弹性阻抗反演。

11.2.1　叠后波阻抗反演

叠后反演的基础是褶积模型，即地震数据可以看作地震子波与反射系数的褶积。通过压缩子波的反褶积处理，将地震数据转换为近似的反射系数序列，然后再由反射系数序列得到波阻抗剖面。随着页岩含气量的增大，储层体积密度和层速度会降低，从而导致波阻抗值减小，所以在页岩层的地质模型约束下拾取页岩层波阻抗数据，其波阻抗低值区代表低密度或低速区(图 11.10)，也是预测的储层含气区。

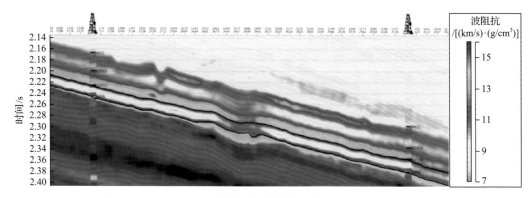

图 11.10　Eagle Ford 页岩叠后反演的波阻抗(据 Robert et al., 2015)

11.2.2　叠前 AVO 反演

AVO 反演依据岩石物理学理论和振幅随偏移距变化理论，借助于 Zoeppritz 方程或近似式，对 CDP 道集反射振幅的变化做最小平方拟合，直至理论值与观测值拟合得很好，利用振幅随炮检距变化关系曲线计算出截距 P 和梯度 G 两个参数，再通过这两个参数反演出所需的弹性参数，进而进行岩性、流体识别。

AVO 技术理论基础是描述平面波在水平分界面上反射和折射的 Zoeppritz 方程。尽管该方程早在 20 世纪初就已经建立，但由于其数学上的复杂性和物理上的非直观性，一直没有得到直接的应用。当地震纵波以非零入射角入射到固体弹性介质分界面 R 上时，界面反射系数既与界面上下岩石的物理性质有关，又与入射角有关。如图 11.11 所示，界面将空间分成上下两部分 I 和 II，上下两部分具有不同的弹性性质，其参数分别表示为 ρ_1、V_{p_1}、V_{s_1} 和 ρ_2、V_{p_2}、V_{s_2}。如果有一个平面纵波入射到介质分界面，它在界面两侧将产生反射纵波 PR、反射横波 SR、透射纵波 PT、透射横波 ST。

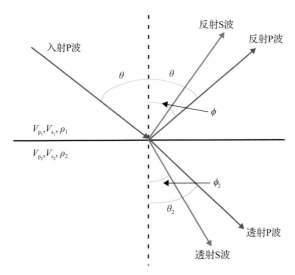

图 11.11　入射 P 波、反射波和透射波的关系

Knott（1899）根据 Snell 定律，利用反射界面两侧位移和应力的连续性作为边界条件，得到了反射系数和透射系数，它们是入射角和介质弹性参数（密度、体积模量和剪切模量）的函数：

$$
\begin{bmatrix}
\sin\theta_1 & \cos\phi_1 & -\sin\theta_2 & \cos\phi_2 \\
-\cos\theta_1 & \sin\phi_1 & -\cos\theta_2 & -\sin\phi_2 \\
\sin 2\theta_1 & \dfrac{V_{p_1}}{V_{s_1}}\cos 2\phi_1 & \dfrac{\rho_2 V_{p_1}V_{s_2}{}^2}{\rho_1 V_{p_2}V_{s_1}{}^2}\sin 2\theta_2 & -\dfrac{\rho_2 V_{p_1}V_{s_2}}{\rho_1 V_{s_1}{}^2}\cos 2\phi_2 \\
\cos 2\phi_1 & -\dfrac{V_{s_1}}{V_{p_1}}\sin 2\phi_1 & -\dfrac{\rho_2 V_{p_2}}{\rho_1 V_{p_1}}\cos 2\phi_2 & -\dfrac{\rho_2 V_{s_2}}{\rho_1 V_{p_1}}\sin 2\phi_2
\end{bmatrix}
\begin{bmatrix}
R_{pp} \\ R_{ps} \\ T_{pp} \\ T_{ps}
\end{bmatrix}
=
\begin{bmatrix}
-\sin\theta_1 \\ -\cos\theta_1 \\ \sin 2\theta_1 \\ -\cos 2\phi_1
\end{bmatrix}
\quad (11.20)
$$

式中，R_{pp}、R_{ps}、T_{pp}、T_{ps} 分别为以位移振幅表示的反射 P 波、反射 SV 波、透射 P 波和透射 SV 波的反射系数和透射系数。

精确的 Zoeppritz 方程全面考虑了平面纵波和横波入射在水平界面两侧产生的纵横波反射和透射能量之间的关系，满足了以上要求，它是 AVO 正演的理论基础。该方程解析地表述了平面波反射系数与入射角的关系，但 Zoeppritz 方程过于复杂，也难以直接看清各参数对反射系数的影响，方程组解析解的表达式十分复杂，很难直接分析介质参数对振幅系数的影响。

1. Aki-Richards 近似公式

Aki-Richards 公式强调的是岩性参数变化量 $\dfrac{\Delta\rho}{\rho}$、$\dfrac{\Delta V_p}{V_p}$、$\dfrac{\Delta V_s}{V_s}$ 常用于定性岩性分析。

$$
R_{pp}(\theta) = \frac{1}{2}\left(1+\tan^2\theta\right)\frac{\Delta V_p}{V_p} - 4\left(\frac{V_s}{V_p}\right)^2\sin^2\theta\frac{\Delta V_s}{V_s} + \frac{1}{2}\left[1-4\left(\frac{V_s}{V_p}\right)^2\sin^2\theta\right]\frac{\Delta\rho}{\rho} \quad (11.21)
$$

式中，$\Delta V_\mathrm{p} = V_{\mathrm{p}_2} - V_{\mathrm{p}_1}$，$\Delta V_\mathrm{s} = V_{\mathrm{s}_2} - V_{\mathrm{s}_1}$，$\Delta \rho = \rho_2 - \rho_1$，$V_\mathrm{p} = \dfrac{V_{\mathrm{p}_1} + V_{\mathrm{p}_2}}{2}$，$V_\mathrm{s} = \dfrac{V_{\mathrm{s}_1} + V_{\mathrm{s}_2}}{2}$，

$\rho = \dfrac{\rho_1 + \rho_2}{2}$。

2. Shuey 近似公式

1985 年，Shuey 对前人各种近似进行重新推导，进一步研究了泊松比对反射系数的影响，提出了反射系数的 AVO 截距和梯度的概念，证明了相对反射系数随入射角(或炮检距)的变化梯度主要由泊松比的变化来决定，给出了用不同角度项表示的反射系数近似方程。他的工作揭示了 Chiburis 用最小二乘法拟合反射波振幅和入射角算法的数学物理基础，同时为 AVO 解释提供了理论基础。

$$R(\theta) = R_0 + \left[A_0 R_0 - \frac{\Delta \nu}{(1-\nu)^2} \right] \sin^2 \theta + \frac{1}{2} \frac{\Delta V_\mathrm{p}}{V_\mathrm{p}} \left(\tan^2 \theta - \sin^2 \theta \right) \tag{11.22}$$

式中

$$A_0 = B - \frac{2(1+B)(1-2\nu)}{1-\nu}, \quad B = \frac{\Delta V_\mathrm{p}}{V_\mathrm{p}} \bigg/ \left(\frac{\Delta V_\mathrm{p}}{V_\mathrm{p}} + \frac{\Delta \rho}{\rho} \right), \quad R_0 = \frac{1}{2} \left(\frac{\Delta V_\mathrm{p}}{V_\mathrm{p}} + \frac{\Delta \rho}{\rho} \right)$$

其中，ν 表示泊松比。公式中把反射系数视为小角度项(第一项)、中等角度项(第二项)和大角度项(第三项)之和，在实际应用中经常忽略大角度项，Shuey 公式可进一步简化为

$$R_{\mathrm{pp}}(\theta) \approx P + G \sin^2 \theta \tag{11.23}$$

Shuey 简化公式表明，在入射角小于中等角度($<30°$)时，纵波反射系数与入射角正弦的平方呈线性关系。其中：

$$P = R_0, \quad G = A_0 R_0 + \frac{\Delta \nu}{1-\nu^2}$$

美国 Eagle Ford 页岩气层通过叠前 AVO 技术反演得到储层纵波速度、横波速度和密度(图 11.12)。

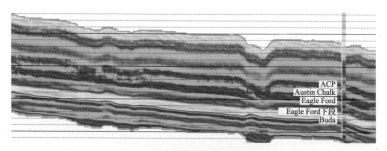

(a) 纵波速度叠前反演结果

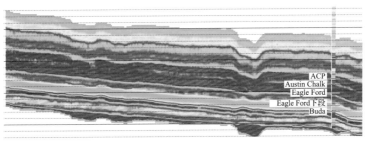

(b) 横波速度叠前反演结果

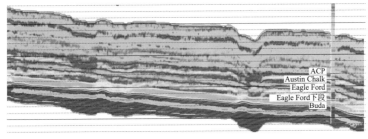

(c) 密度叠前反演结果

图 11.12 Eagle Ford 页岩纵波速度、横波速度和密度的叠前反演剖面(据 Smith et al.，2013)

11.2.3 叠前弹性阻抗反演

弹性阻抗是声波阻抗的推广，它是纵波速度、横波速度、密度以及入射角的函数。弹性阻抗反演能有效地解决 AVO 子波反演中随偏移距变化的问题，是以另一种方式来表示 AVO 的岩性信息的方法。1999 年 Connolly 在 *The Leadin Edge* 上发表了弹性阻抗的论文，2000 年以后，又提出了扩充弹性阻抗和标准化的弹性阻抗方法，进行流体和岩性的预测。根据 AVO 理论，零偏移距(或小偏移距)剖面可近似为声波阻抗 AI 的函数，它与岩石密度和纵波速度有关。为了充分利用大偏移距地震振幅信息，BP 公司引入了与入射角有关的弹性阻抗(EI)概念：

$$\mathrm{EI} = V_{\mathrm{p}}^{1+\tan^2\theta} V_{\mathrm{s}}^{-8K\sin^2\theta} \rho^{1-4K\sin^2\theta} \tag{11.24}$$

式中，V_{p} 为地震波能量传播的纵波速度；V_{s} 为地震波能量传播的横波速度；ρ 为介质的密度；θ 为地震波能量传播的入射角；K 为与介质中地震波能量传播的纵横波速度有关的经验性参数。

Connolly 方程由于量值的相对变化不一致，给实际应用造成困难。Whitcombe(2002)提出了标准化的弹性阻抗公式，克服了 Connolly 的弹性阻抗公式存在的缺陷，其表达式为

$$\mathrm{EI}(\theta) = V_{\mathrm{p}0}\rho_0 \left(\frac{V_{\mathrm{p}}}{V_{\mathrm{p}0}}\right)^{1+\tan^2\theta} \left(\frac{V_{\mathrm{s}}}{V_{\mathrm{s}0}}\right)^{-8K\sin^2\theta} \left(\frac{\rho}{\rho_0}\right)^{1-4K\sin^2\theta} \tag{11.25}$$

式中，纵波速度 V_{p}、横波速度 V_{s} 和密度 ρ 经介质的背景(平均)值纵波速度 $V_{\mathrm{p}0}$、横波速度 $V_{\mathrm{s}0}$ 和介质的密度 ρ_0 标准化后，再进行弹性阻抗反演。

弹性阻抗函数是对声波阻抗概念的推广，它是入射角的函数，声波阻抗是弹性阻抗入射角为 0°时的特例，其不仅具有叠后波阻抗反演的优点，还弥补了叠前 AVO 反演技术稳定性和分辨率较低的不足，同时弹性阻抗较波阻抗包含更多的岩性和物性信息，增强了反演技术预测和描述储层的能力(图 11.13)。

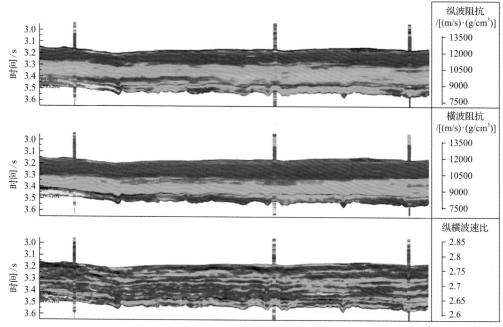

图 11.13　通过弹性阻抗反演得到的 P 阻抗(顶部)、S 阻抗(中间)和 V_p/V_s(底部)(蓝色表示属性值较低，金色表示属性值较高)

11.3　页岩力学评价与压裂监测

页岩气开发的主体工艺技术是水力压裂技术，页岩气力学性质对水力压裂技术具有重要的指导意义。以下就页岩岩石力学特征、脆性指数，地应力以及微地震压裂检测等多项技术进行阐述。

11.3.1　页岩力学、脆性分析

北美页岩气开发实践表明，页岩储层脆性越强，越易于改造。页岩脆性地震预测可以间接通过岩石的弹性模量、泊松比和岩石的抗张、抗剪、抗压强度等岩石力学特征参数体现，从而评价页岩储层造缝能力。前已述及的 AVO 叠前反演、弹性阻抗反演等技术可以获得与岩石力学特征相关的弹性参数，进而进行页岩脆性评价，寻找页岩岩石力学脆性强的位置，指导后期储层压裂改造。

图 11.14 是 Utica 页岩叠前反演得到的杨氏模量和泊松比的交会分析图，图 11.15 是 Utica 页岩的杨氏模量反演结果和脆性预测结果，该结果可以评价储层岩石力学特征。图 11.16 是 Eagle Ford 页岩储层脆性预测。

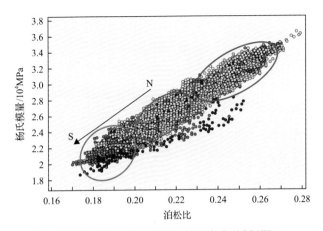

图 11.14　Utica 页岩叠前反演的杨氏模量和泊松比交会分析（据 Chopra et al.，2018）

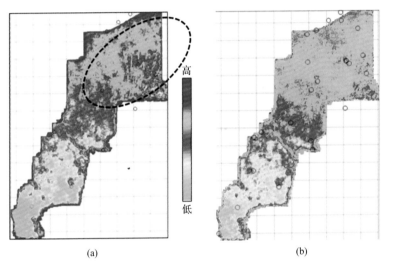

图 11.15　Utica 页岩杨氏模量反演（a）和脆性预测（b）平面图（据 Chopra et al.，2018）

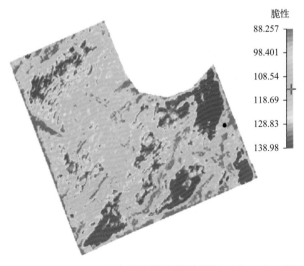

图 11.16　Eagle Ford 页岩储层脆性预测（据 Smith et al.，2013）

11.3.2 页岩地应力预测

地应力评价是页岩气储层特征评价的重要内容，利用宽方位大角度的地震数据通过 AVAZ 反演得到的杨氏模量、泊松比估算结果可以有效地评判裂缝发育情况，地应力包括最大水平主应力、最小水平主应力和垂直主应力，通过这三个主应力计算的水平应力差异比(differential horizontal stress ratio，DHSR)是描述页岩气储层岩性和发育特征的重要参数。但是该方法获取的杨氏模量和泊松比等是通过 AVO 反演间接计算的，存在较大误差。

针对以上问题，首先根据 Ruger 近似对 HTI 介质的纵波反射系数进行变换，得到基于杨氏模量、泊松比和裂缝密度的近似公式，利用新的近似公式进行 AVAZ 直接反演，同时，推导了 DHSR 关于泊松比和裂缝密度的函数关系式，在 AVAZ 反演的基础上实现 DHSR 的计算，进一步实现地应力的评价。

$$
\begin{aligned}
R_{pp}(\theta,\phi) &= R_{pp}^{\mathrm{ISO}}(\theta) + \Delta R_{pp}^{\mathrm{HTI}}(\theta,\phi) \\
&= \left\{ 2g\sin^2\theta\frac{1-2g}{3-4g} + \left[\frac{1}{2(a+2)}\sec^2\theta + \frac{a}{2(a+2)} \right]\frac{(2g-3)(2g-1)^2}{g(4g-3)} \right\}\frac{\Delta\nu}{\overline{\nu}} \\
&\quad + \left[\frac{1}{2(a+2)}\sec^2\theta + \frac{a}{2(a+2)} - 2g\sin^2\theta \right]\frac{\Delta E}{\overline{E}} + \frac{4}{3}\cos^2\phi\sin^2\theta\frac{8g^2-4g-3}{2g^2-5g+3}(\Delta e)
\end{aligned}
$$

$$\text{(11.26)}$$

式中，θ 为入射角；ϕ 为方位角；a 为密度关于纵波速度的幂指数；g 为横纵波速度比的平方，这里 a 和 g 是常量；E、ν、e 分别表示杨氏模量、泊松比和裂缝密度。

利用反演的泊松比和裂缝密度计算水平应力差异比，最终利用 DHSR 进行储层的地应力评价：

$$
\mathrm{DHSR} = \frac{4e(1-2\nu)}{\left[3g(1-g)-4e \right](1-\nu)+4e(1-2\nu)}
$$

$$\text{(11.27)}$$

对川南地区威远东—荣昌北三维工区进行了叠前各向异性地应力预测，图 11.17 为五峰组—龙马溪组 I + II 类储层水平应力差异比地震预测结果图。

11.3.3 微地震压裂裂缝监测技术

微地震监测是一种用于油气田开发的新地震方法，用于监测气藏开采中的压裂效果。在页岩层压裂施工中，可在邻井井下或者地面布置地震检波器，监测压裂过程中地下岩石破裂所产生的微地震事件(图 11.18)，记录在压裂期间由岩石剪切造成的微地震声波传播情况，通过处理微地震数据确定压裂效果，实时提供压裂施工过程中所产生的裂缝位置、裂缝方位、裂缝大小(长度、宽度和高度)、裂缝复杂程度等，评价增产方案的有效性以及优化页岩气藏多级改造的方案。

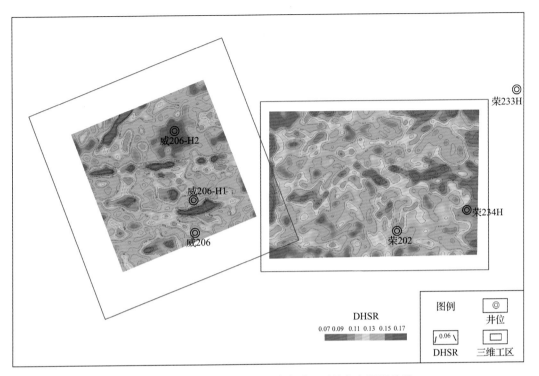

图 11.17　威远东—荣昌北三维地震工区地应力预测结果

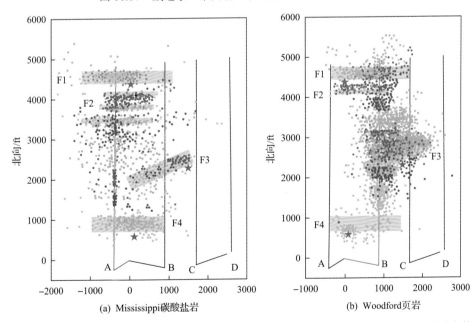

图 11.18　Mississippi 碳酸盐岩与 Woodford 页岩不同水力压裂阶段(颜色代表)的微地震事件

在页岩气的水力压裂监测或岩石声波发射实验中,压裂面识别始终是一项复杂的工作。常规方法通常使用源自微地震事件的震源定位结果,然后使用手动定性分析来解释裂缝平面。由于手动操作,通常会发生较大的错误。另外,具有空间约束的基于密度的聚类算法被广泛用于地理信息科学、生物细胞科学和天文学。它是一种自动化算法，可以实现良好的分类结果。微地震事件本质上是四维的，因此每个微地震事件都具有时间和空间信息。通过合并时间约束可以改进传统的聚类算法。使用岩石声发射数据测试了所提出的方法，并将裂缝识别结果与 CT 扫描图像进行比较，比较清楚地表明了该方法的有效性。

参 考 文 献

林建东, 任森林, 薛明喜, 等. 2012. 页岩气地震识别与预测技术. 中国煤炭地质, 24(8): 56-60.

唐建明. 2011. 转换波三维三分量地震勘探方法技术研究. 成都: 成都理工大学.

王西文, 杨孔庆, 刘全新, 等. 2002. 基于小波变换的地震相干体算法的应用. 石油地球物理勘探, 37(4): 328-331.

Aguilera R. 1998. Geologic aspects of naturally fractured reservoirs. The Leading Edge, 17(12): 1667-1670.

Bahorich M, Farmer S. 1995. 3-D seismic discontinuity for faults and stratigraphic features: The coherence cube. The Leading Edge, 14(10): 1053-1058.

Chopra S, Sharma R K, Nemati H, et al. 2018. Qantitative Interpretation efforts in seismic reservoir characterization of Utica-Point Pleasant Shale-A case study. Interpretation, 6(2): T313-T324.

Chopra S, Sharma R, Keay J, et al. 2012. Shale gas reservoir characterization workflows. SEG Technical Program Expanded Abstracts: 1-5.

Connolly P. 1999. Elastic impedance. The Leading Edge, 18(4): 438-452.

Ding P, Wang D, Di G, et al. 2019. Investigation of the effects of fracture orientation and saturation on the V_p/V_s ratio and their implications. Rock Mechanics and Rock Engineering, 52(9): 3293-3304.

Downton J, Russell H. 2011. Azimuthal fourier coefficients: A simple method to estimate fracture parameters. SEG Technical Program Expanded Abstracts, San Antonio.

Gersztenkorn A, Marfurt K J. 1999. Eigenstructure-based coherence computations as an aid to 3-D structural and stratigraphic mapping. Geophysics, 64(5): 1468-1479.

Guo Y, Zhang K, Marfurt K. 2010. Seismic attribute illumination of Woodford shale faults and fractures, Arkoma Basin, OK. SEG Technical Program Expanded Abstracts: 2274-2278.

Jin Z, Chapman M, Papageorgiou G, et al. 2018. Impact of frequency-dependent anisotropy on azimuthal P-wave reflections. Journal of Geophysics and Engineering, 15(6): 2530-2544.

Kazmi H S, Alam A, Ahmad S. 2012. High resolution semblance using continuous amplitude and phase spectra. SEG Technical Program Expanded Abstracts, Las Vegas.

Knott C G. 1899. On the reflection and refraction of elastic wave with seismological application. Philosophical Magazine, 48: 64-97.

Kumar R, Bansal P, Al-Mal B, et al. 2018. Seismic data conditioning and orthotropic rock-physics-based inversion of wide-azimuth P-wave seismic data for fracture and total organic carbon characterization in a north Kuwait unconventional reservoir. Geophysics, 83(4): B229-B240.

Li Y, Sun W, Liu X, et al. 2018. Study of the relationship between fractures and highly productive shale gas zones, Longmaxi formation, Jiaoshiba area in eastern Sichuan. Petroleum Science, 15(3): 498-509.

Marfurt K J, Kirlinz R L, Steven L, et al. 1998. 3-D seismic attributes using a semblance-based coherency algorithm. Geophysics, 63(4): 1150-1165.

Robert H, Lev V, Lev N, et al. 2015. Seismic inversion for organic richness and fracture gradient in unconventional reservoirs: Eagle Ford Shale, Texas. The Leading Edge, 34(1): 80-84.

Rüger A. 1996. Refelection coefficients and azimuthal AVO analysis in anisotropic media. Tulsa: Society of Exploration Geophysicists.

Shuey R T. 1985. A simplification of the Zoeppritz equations. Geophysics, 50: 609-614.

Smith M, Yu G, Yang W, et al. 2013. Shale play characteristics a case study of Eagle Ford shale. Thirteenth International Congress of the Brazilian Geophysical Society: 934-937.

Sondergeld C H, Rai C S. 2011. Elastic anisotropy of shales. The Leading Edge, 30(3): 324-331.

Thomsen L. 1986. Weak elastic anisotropy. Geophysics, 51: 1954-1966.

Whitcombe D N. 2002. Elastic impedance normalization. Geophysics, 67(1): 60-62.

第 12 章

测井评价技术

页岩气测井评价技术的发展与不同阶段的技术需求、测井技术的进步密不可分。早期评价阶段，主要利用测井曲线进行地层划分与有效层识别，通过自然伽马曲线就能完成这项工作；直井页岩气开发阶段，地质评价严重依赖岩心分析，延误钻完井周期，如 Eagle Ford 页岩岩相和岩性变化大，需要通过大量岩心数据作支撑，利用元素、核磁共振和声波等测井资料得到岩性、矿物成分、总有机碳(TOC)含量和物性等特征参数，节约了大量钻井成本、缩短了钻完井周期(Aamir et al.，2016)；大规模水平井开发阶段需要随钻测井，同时对储层精细描述要求更高，完井压裂工艺优化也需要通过测井资料获取含气量、脆性指数、黏土矿物含量、断裂与裂缝发育程度、地应力等参数。此外，新型测井技术，如元素俘获测井，也应用于页岩气 TOC 的评价，进一步提高了解释精度。

12.1 页岩气测井技术发展历程

美国页岩气开发采用的测井技术与多种因素有关，如页岩气认识程度、不同井型、类别的井，根据所需地下地质信息、仪器发展程度，以采集更多精度更高的测井资料为目标。

20 世纪 80 年代，页岩气勘探初期及三大盆地示范工程阶段，主要是常规测井技术应用。

1980～2000 年，Barnett 页岩气实现工业化开采，测井主要用于识别"甜点段"。如 Barnett 页岩上下均存在石灰岩隔挡层，下伏地层为 Viola—Simpson 石灰岩，上覆地层为 Marble Falls 石灰岩，具有良好隔挡层的区域被作为 Barnett 页岩气开发"甜点区"。

2000 年以来，大规模评价及水平井开发阶段，随着井数增加，以及资源评价和工程评价的需要，采集了大量测井资料。

对于评价井(直井/导眼井)，主要包括自然伽马、能谱测井、井径、三孔隙度(声波时差、补偿密度、中子孔隙度)、岩性密度、电阻率等常规测井及核磁共振测井、微电阻率成像测井、阵列声波测井、元素俘获测井等(表 12.1)，几乎所有成熟的测井系列均在页岩气井中得到应用。从斯伦贝谢、雪佛龙、哈丁-谢尔顿、BP 等公司的资料可以看出，页岩气开发采用的测井仪器与常规储层相似，但采集模式和参数要求相对更高。

表 12.1　页岩气测井采集系列

测量内容	测井系列（由一维到多维）			随钻测井
放射性	自然伽马	能谱测井（铀、钍、钾）	—	随钻方位伽马
井径	单/双井径	多臂井径	—	—
骨架、孔隙流体的声波属性	声波时差	阵列声波、井周声波扫描成像	交叉偶极子阵列声波	随钻声波
骨架、孔隙流体的密度值	补偿密度	光电吸收截面指数 Pe	元素俘获测井	随钻密度
孔隙流体（含氢）	补偿中子	一维核磁共振	二维核磁共振	随钻核磁
电阻率	深浅侧向	阵列感应	微电阻率井周成像	随钻方位电阻率

水平井测井主要是随钻测井和过钻杆方式测井，主要包括常规测井，以及伽马成像、能谱、阵列声波、电阻率成像、核磁共振等。斯伦贝谢、哈里伯顿、贝克休斯等 LWD 测井仪器配套完整，既有常规的声、电、核等测井，还有多种成像、NMR、地层测试等，除了油气评价功能外，还有深或超深探边界、前探边界等功能。斯伦贝谢公司推出了高分辨率声、电成像 LWD 测井仪以及多极子随钻声波测井仪；贝克休斯公司展示了储层导向与评价(VisiTrak)LWD 测井仪；哈里伯顿公司拥有超深方位电阻率 LWD 测井仪。斯伦贝谢公司的 LWD 多极子声波测井仪，可以实时获得地层单极子和四极子获得的四分量波形，用高低频处理算法评估横波速度，以及相应的偶极频散特征，声场数据的多种分析结果为 LWD 测量的各种新应用打开了大门。雪佛龙、壳牌等油公司都把 LWD 测井作为水平井、深海钻井、非常规油气钻井的主流测井技术。

国内多应用存储式测井来获取水平段测井资料，通常以常规测井系列及阵列声波资料为主，同时，根据井况减少补偿中子和补偿密度等带放射源仪器的采集工作。

Barnett 组页岩气生产测井采用 1 1/4in 油管输送和 2 7/8in 油管牵引器输送测量仪器，或利用连续油管内穿光纤并下挂流体扫描成像测井仪等两类测井方法。生产测井为油气藏工程分析提供基础信息，通过测量流量辨别水与烃类的产出剖面，同时辅助辨别水窜、漏失、窜流、吸水段和边界效应等井段。

12.2　有机质测井评价技术

页岩地层中有机质测井评价指标主要包括总有机碳(TOC)含量、有机质成熟度，用于评价储层生烃能力、吸附气赋存能力。早期测井评价富有机质页岩仅评价 TOC 含量，TOC 含量的高低可以表征烃源岩有机质富集程度，确定生烃潜力。随着页岩气的兴起及测量技术的发展，评价方法不断丰富。

12.2.1　总有机碳含量测井评价方法

TOC 测井方法主要有 $\Delta \lg R$ 法(Passey et al., 1990)、密度法(Schmoker, 1979; Schmoker and Hester, 1983)、元素测井法、核磁共振-密度法(Herron et al.，2011)、自然伽马及能谱法(Schmoker, 1981; Fertl and Forst, 1982)等，另外也用测井曲线与神经网络算法结合计算TOC(Huang and Williamson, 1996)。

1. 利用 $\Delta\lg R$ 测井计算 TOC 方法

该方法由 Exxon/ESSO 于 1979 年建立，适用于碳酸盐岩及碎屑岩，可以在较大成熟度范围内准确预测 TOC：

$$\Delta\lg R = \lg\left(\frac{R}{R_{\text{base}}}\right) + K(\Delta t - \Delta t_{\text{base}}) \tag{12.1}$$

$$\text{TOC} = (\Delta\lg R)^{10^{2.297 - 0.1688\text{LOM}}} \tag{12.2}$$

式中，$\Delta\lg R$ 为经过一定刻度的孔隙度曲线(如声波测井)与电阻率曲线的幅度差；R_{base} 为非烃源岩的电阻率基线；Δt 为声波测井值；Δt_{base} 为非烃源岩的声波测井基线；K 为刻度系数，取决于孔隙度测井的单位；TOC 为总有机碳含量；LOM 为有机质成熟度，它与镜质组反射率有一定的函数关系。

声波时差曲线及电阻率曲线刻度：50μs/ft 声波时差曲线的刻度范围对应电阻率曲线一个对数刻度范围。对曲线进行重叠并以细粒"非烃源岩"确定基线，确定基线条件是两条曲线"一致"或在相当深度范围彼此重叠。基线确定以后，可依据两条曲线的幅度差鉴别富有机质层段，幅度差 $\Delta\lg R$ 是成熟度的函数(图 12.1)。

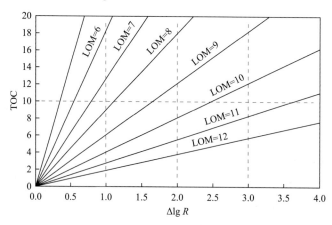

图 12.1　不同成熟度条件下 $\Delta\lg R$ 与 TOC 关系图版(据 Passey et al., 1990)

LOM 表示有机质变质作用和成熟度的等级，在确定或估算成熟度后，应用 $\Delta\lg R$ 图可将幅度差转变成 TOC(图 12.2)。依据多样品分析(如镜质组反射率、热变指数或 T_{max})，或依据埋藏史及热史估算得到 LOM。若 LOM 估算不正确，绝对 TOC 值估算就存在误差，但可表征 TOC 的垂向变化率。若有机质类型已知，可利用岩石热解确定的热解 S_2 值进行 TOC 预测(Espitalie et al., 1977)。

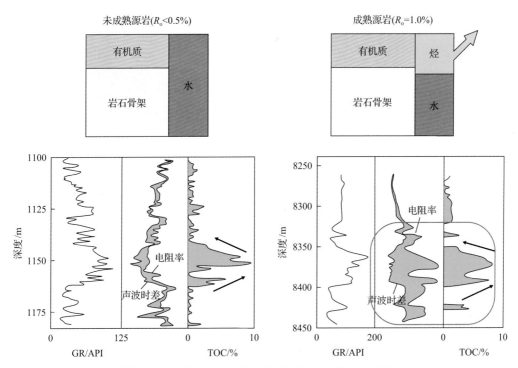

图 12.2　声波时差与电阻率叠加显示富含有机质地层 $\Delta\lg R$ 的大小（据 Passey et al., 1990）

所有页岩实质上都含有有机碳，通过实验室对样品进行测量，获得样品的 TOC 含量，值得注意的是单位为质量分数，在应用到测井评价模型中需要转换为体积分数。

1）基线层段的 TOC 含量校正

非烃源岩或富黏土岩的声波时差及电阻率曲线基线的确立，表示定为基线层段的 TOC 基本为零；事实上该层 TOC 约为 0.8%（质量分数）。由于 TOC 具有该背景值，对所有具有正的 $\Delta\lg R$ 幅度差（而不论 $\Delta\lg R$ 幅度差大小）层段，式（12.2）所计算的 TOC 值还应加上 0.8%。

2）储层段 $\Delta\lg R$ 幅度差剔除

富有机质烃源岩及含烃类储层层段存在 $\Delta\lg R$ 幅度差，因而计算 TOC 时，可根据自然伽马曲线或自然电位（SP）幅值除去储层层段。

根据电阻率曲线和反映孔隙度的曲线（如声波曲线）来确定基线的优势在于两条曲线对孔隙度变化均比较敏感，当确立一定岩性的基线后，孔隙度变化会影响两条曲线的响应，一条曲线的位移可由另一曲线对应大小的位移来反映。例如，孔隙度增加引起 Δt 增加，即传导性水体积增加，导致电阻率减小。这样无需岩心测试参数，根据测井曲线计算得到 TOC。

该方法在湖相、海相烃源岩评价中均有应用，但在川南龙马溪组应用时还存在一定问题，由于部分井电阻率低，造成该方法计算的 TOC 远小于实验分析结果，因此并未广泛应用。

2. 利用密度测井资料计算 TOC 方法

根据有机质密度(干酪根密度为 $0.95 \sim 1.05 \text{g/cm}^3$)低于岩石密度的特性,可以利用密度测井参数估算烃源岩的 TOC 含量(Schmoker,1979),该方法需要确定 TOC 含量与干酪根(质量分数)之间的关系常数 A(通常取 0.7 或者 0.9)。

$$\text{TOC} = \frac{A(\rho_b + \rho_m V_w - V_w - \rho_m)}{1 - \rho_k \left(\dfrac{\rho_m \rho_b}{\rho_m V_w} - V_w - \rho_m \right)} \tag{12.3}$$

式中,A 为总有机碳与干酪根(质量分数)之间的系数;ρ_b 为岩石体积密度;ρ_m 为骨架密度;ρ_k 为干酪根视密度;V_w 为孔隙体积。

关于骨架密度 ρ_m,扩径段密度测井值偏大,计算 TOC 值相应增大,可借助元素测井资料及岩心分析资料提高骨架密度的计算精度。

3. 利用伽马能谱测井资料计算 TOC 方法

在海相沉积环境中,有机物在还原条件下发生变化,也促使铀元素从细菌和腐殖碎片存在的双氧铀溶液中吸附到有机质中,在酸性条件下,离子状态的 UO_2^{2+} 转化为不可溶解的 UO_2 沉淀下来,从而使富含有机质的地层表现为较高的铀放射性。

1982 年,Fertl 和 Forst 通过自然伽马射线能谱测井来估算 TOC。根据伽马能谱测井仪进行伽马能谱测量,并计算 TOC 值(Radtke et al.,2012)。

国内针对海相页岩,利用川南页岩岩心 TOC 实验分析数据,用铀曲线计算 TOC 模型:

$$\text{TOC} = 10^{\,a - \frac{b}{1 + \left(\frac{\text{Hura}}{c} \right)^d}} \tag{12.4}$$

式中,a、b、c、d 均为经过区域岩心刻度的拟合参数,无量纲;Hura 为通过自然伽马能谱测井曲线测得的铀含量,10^{-6}。

海相页岩中铀含量与 TOC 含量具有较好的正相关关系,但需要注意不同地区相关关系存在差异及在铀含量异常高值层段,应以实验分析为准。

4. 利用元素测井资料计算 TOC 方法

地球化学元素测井可以获得地层多种元素的质量分数,如地层中碳元素的含量,采用多矿物体积模型来定量描述固体骨架中的组分(Pemper et al.,2009),从而可以确定地层中矿物成分及有机质的含量,计算页岩中 TOC。根据下列表达式将有机碳从总碳中剥离出来得到:

$$\text{TOC} = C_{总} - C_{方解石} - C_{白云石} - C_{菱铁矿} \tag{12.5}$$

式中,$C_{总}$ 为地层中碳元素质量分数,%;$C_{方解石}$ 为方解石矿物中碳元素在地层中的质量分数,%;$C_{白云石}$ 为白云石矿物中碳元素在地层中的质量分数,%;$C_{菱铁矿}$ 为菱铁矿中碳元素在地层中的质量分数,%。

5. 利用核磁共振-密度资料结合计算 TOC 方法

根据密度测井计算得到的孔隙度受到岩石中赋存有机质的影响,孔隙度高于实际值;根据核磁共振测井计算得到的孔隙度不受有机质的影响,基本与实际值吻合。利用以上两种孔隙度的差异可以用来表征和预测有机质的丰度,但页岩气评价中核磁孔隙度同时又受多种因素影响。页岩储层孔隙度较低,孔隙度通常为 3%～8%,导致测井值信噪比(SNR)较低,从而使得储层参数预测精度亦较低。与常规储层相比,预测页岩储层的流体体积更具挑战性,对于常规储层,可以利用烃/水扩散系数的差异,设置不同回波间隔,得到多个回波时间(TE)下的回波串,计算得到流体体积(Freedman and Heaton,2004)。而对于页岩,利用烃/水扩散系数差异进行流体识别不具备可行性,主要原因是页岩储层孔径极小,分子扩散受到显著影响,而且孔隙流体表面弛豫时间和自由弛豫时间非常短(例如黏土束缚水和沥青),为毫秒级甚至更低,不同扩散系数流体响应差异不大。

以美国东北部 Marcellus 一口页岩气井为例来说明该方法适用性,图 12.3 中第 1 道是根据地球化学元素测井仪测得的元素含量计算得到的矿物剖面,用颜色代号表示的矿物含量解释结果。第 2 道为根据地球化学元素测井(Radtke et al., 2012)数据得到的 TOC 解释结果与岩心分析值。第 3 道是页岩孔隙度与岩心分析对比,可以看到通过中子-密度交会方法计算孔隙度和核磁共振孔隙度值与岩心分析值总体上非常接近,密度计算孔隙度要远大于岩心分析孔隙度值。第 4 道测井计算的干酪根体积和岩心分析结果计算的干酪根体积。第 5 道和第 6 道分别为使用方程得到的可动气体积和地层水体积测井解释值,

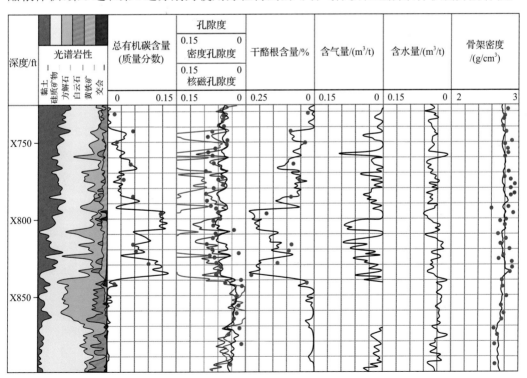

图 12.3　美国东北部 Marcellus 页岩气井评价结果(据 Michael et al., 2002)

值得注意的是并未获得该井岩心分析流体体积数据。第 7 道为根据地球化学元素测井资料计算得到的骨架密度和经过有机质校正的岩心颗粒密度，两者总体上非常接近。

在国内，川南地区实际区块更多使用实验分析的 TOC 与密度、铀含量统计方法建立的经验公式，同时兼顾干酪根的密度和放射性两种物理属性，实际效果良好并应用广泛。

12.2.2 有机质成熟度测井解释方法

Craddock 等(2019)建立了一套基于估算有机质成熟度来评价干酪根特征的方法，可以进行富有机质页岩的测井资料解释。这种有机质成熟度测井解释代替原来未知或者已知有机质页岩的默认值或者优化值的干酪根属性。

通过对富有机质页岩系列实验，确定有机质成熟度，提取干酪根、确定干酪根化学组分、干酪根骨架密度测量、利用正演模拟(SNUPAR)软件计算如下参数：测井密度、光电吸收指数，中子孔隙度、含氢指数 HI_k、热和超热中子孔隙度、宏观热中子俘获截面(Sigma)、宏观快中子弹性散射截面等参数。得到如下结果：

干酪根质量分数、氢碳原子比是有机质成熟度的函数，如图 12.4 所示。

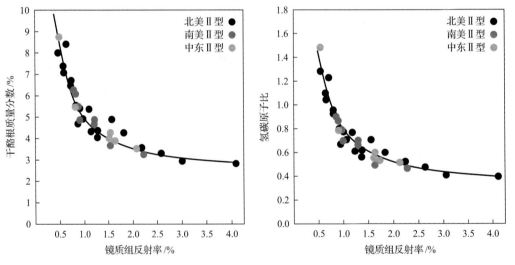

图 12.4　干酪根质量分数、氢碳原子比与镜质组反射率的关系(据 Craddock et al., 2019)

有机质成熟度 R_o 从 0.5%到 4%，干酪根的真密度和电子密度增加了将近 50%(密度从 1.1g/cm³ 到 1.6g/cm³)，相关系数 R^2 为 0.9(图 12.5)。页岩中 Ⅱ 型干酪根完全符合密度随有机质成熟度变化关系。在 Dicman 和 Lev(2012)计算储层参数的方法中也用到了干酪根真密度与镜质组反射率的关系，两者测量的实验结果一致，进一步说明干酪根镜质组反射率物理基础是由有机质的基质密度引起的。

任意地层的光电截面指数(P_e)取决于基质的矿物成分，更高的平均原子数具有更高真密度。干酪根的光电吸收截面 U(barns/cm³)可以近似等于 $0.25\rho_e$[图 12.6(a)]，其中 ρ_e 为干酪根的电子密度，如碳原子的电子密度为 6，氢原子的电子密度为 1，Ⅱ 型干酪根的 P_e 平均值为 0.25b/e。

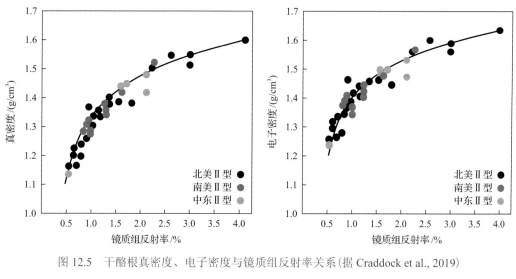

图 12.5　干酪根真密度、电子密度与镜质组反射率关系(据 Craddock et al., 2019)

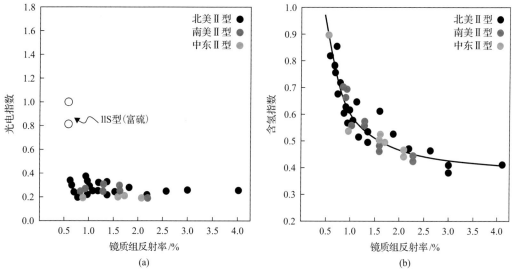

(a)　　　　　　　　　　　　　　　　(b)

图 12.6　干酪根的光电指数、含氢指数与镜质组反射率的关系(据 Craddock et al., 2019)

随镜质组反射率从 0.5%增加到 4%,干酪根的含氢指数从 0.9 降至 0.4[图 12.6(b)],两者的相关系数 R^2 达 0.87。在所研究的有机质页岩中,Ⅱ型干酪根样品满足含氢指数与有机质成熟度的关系。

在石灰岩孔隙度刻度条件下,干酪根的超热中子和热中子孔隙度的响应只差 1%,从有机质成熟度 0.5%增加到 4%,热中子孔隙度从 95%降到 45%,相关系数 R^2 为 0.86(图 12.7)。Ⅱ型干酪根的中子孔隙度随着有机质成熟度变化规律在所研究的富有机质页岩中具有典型特征。

具体应用到测井解释,从主要有机质页岩持续分离 50 个干酪根样品,按年代、地质特征及有机质成熟度(R_o 为 0.5%～4%),证明了Ⅱ型干酪根的特征参数与有机质成熟度的关系最佳(图 12.8)。

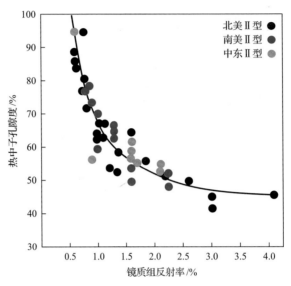

图 12.7　热中子孔隙度与镜质组反射率的关系(据 Craddock et al., 2019)

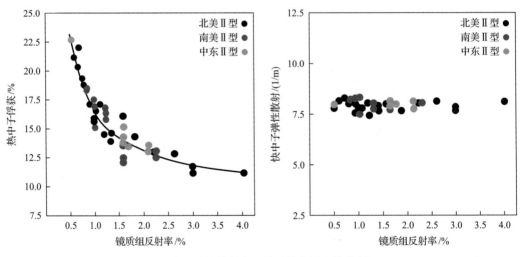

图 12.8　热中子俘获和快中子弹性散射宏观截面的范围和趋势(据 Craddock et al., 2019)

　　图 12.9 是美国泥页岩测井评价实例，测井处理时加入不同的成熟度参数，得到完全不同的含气量结果。图道 1～3 分别为自然伽马、电阻率、密度、中子和核磁共振孔隙度。图道 4 对比了不同干酪根密度参数计算的干酪根体积，其中红色曲线为生油窗有机质的总有机碳，黑色曲线为生气窗的总有机碳。图道 5～7 为多矿物反演得到的地层矿物剖面，干酪根参数以及孔隙度和流体孔隙度，最后是评价的含气量(GIP)。图道 8～10 为多矿物反演的剖面，仅成熟度参数变化。通过在模型中引入干酪根参数、朗缪尔等温系数、气体比重、孔隙压力梯度等参数，其中不同有机质成熟度参数导致含气量存在差异，GIP增加了 40%。

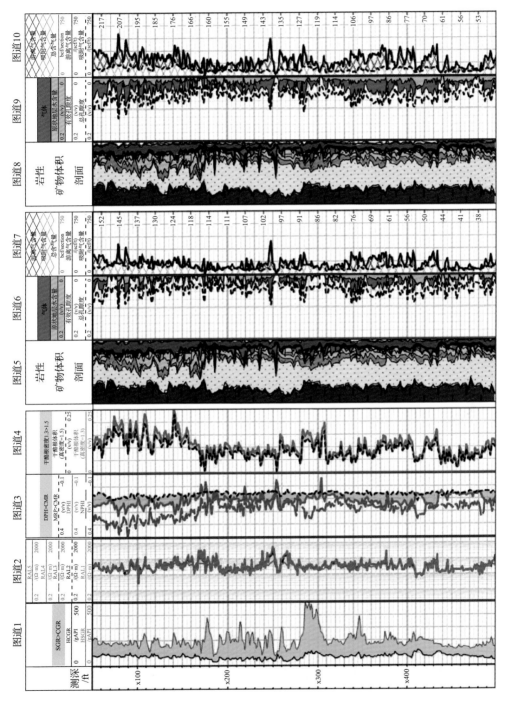

图12.9　美国泥页岩的测井评价 (据Craddock et al., 2019)

12.3 岩石矿物成分及孔隙流体测井评价技术

页岩气储层的岩石矿物成分测井评价方法与常规储层相比，岩石矿物组成更加复杂，利用更高精度的测井资料，如元素俘获测井曲线和高精度的常规系列测井曲线，才能较为准确地评价地层的矿物组分。

而对于页岩气储层中孔隙流体，由于页岩岩性致密，孔隙度小，测井反映的孔隙流体的岩石物理响应弱，而且环境对测量误差增大。

12.3.1 页岩储层岩性与孔隙度测井评价方法

测井处理基础是构建一套岩石物理模型(图 12.10)，将测井响应特征与模型建立联系。

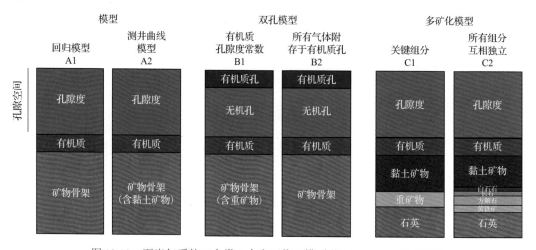

图 12.10 页岩气系统三大类 6 个岩石物理模型(据 Inwood et al., 2018)

不同学者提出的物理模型存在较大差异(图 12.10)，各组分的初始定义不同，包括流体类别及气体的富集位置、矿物组分数量及响应参数等，其中区别较大是无机矿物的细分及有机物中流体类型。

由于矿物成分的复杂性和孔隙类型的多样性，Zhu 等(2018)提出了一种基于页岩物理模型的储层总孔隙度评价方法。首先建立计算总孔隙度的岩石物理模型；其次结合密度测井和中子孔隙度测井消除了岩石物理模型中含气饱和度的影响，在此基础上，采用元素测井和常规测井相结合的方法，对基质密度、基质中子孔隙度和有机质进行评价；最后计算页岩储层的总孔隙度。

通过增加元素测井资料可以提高岩性矿物组分计算精度(图 12.11)，除常规三孔隙度测井外，考虑到核磁共振测井不受矿物组分及有机质含量影响，还可以利用它测定孔隙度，但由于孔隙中天然气的含氢指数受压力及浓度控制，影响核磁共振测量信号强度，导致孔隙度数据精度也受到一定影响。

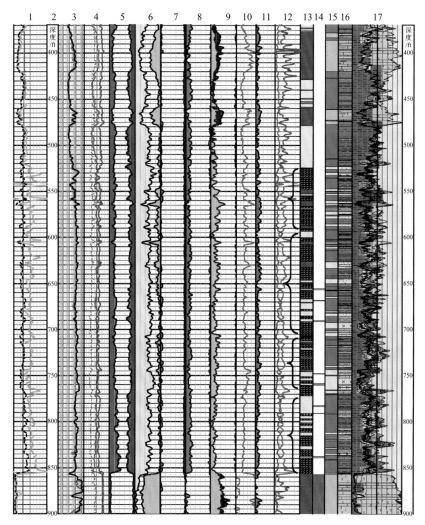

图 12.11　Barnett 页岩测井处理成果图(据 Jacobi et al., 2018)

Dicman 和 Lev(2012)模型将岩石划分为有机和无机两部分,有机质部分包括干酪根骨架和生成的孔隙体积(富含油气),无机部分主要包括无机骨架和孔隙。该模型假设干酪根生成的孔隙体积全部充满油气,无机部分的孔隙全部为水,通过镜质组反射率 R_{o} 与干酪根骨架密度之间的幂指数关系确定干酪根骨架密度(图 12.12)。干酪根骨架密度 ρ_{k} 取决于干酪根类型和有机质成熟度,一般值为 1.1~1.4g/cm³。

该模型计算的总孔隙度对测井解释体积密度和总有机碳精度要求较高,考虑到体积密度曲线受井眼条件影响严重(李霞等,2013),所以在计算这一结果时要充分考虑井眼情况。

$$\phi = 1 - \frac{A(\rho_{bnk} - \rho_{b})}{TOC \cdot \rho_{nk}(\rho_{bnk} - \rho_{bk})} \tag{12.6}$$

$$A = (1 - \phi_{k})[TOC \cdot (\rho_{nk} - \rho_{k}) + C_{k}\rho_{k}] \tag{12.7}$$

式中，ρ_{bnk} 为无机矿物储层视密度；ρ_{bk} 有机质部分视密度；ρ_k 为干酪根视密度；ϕ_k 为干酪根孔隙度；C_k 有机质中碳百分含量。

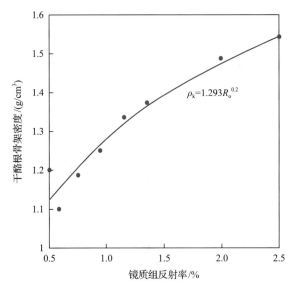

图 12.12　干酪根骨架密度与镜质组反射率关系图(据 Dicman and Lev , 2012)

为评价页岩储层含气量，Glorioso 和 Rattia(2012)提出了较为合理的页岩物理模型(图 12.13)。模型把页岩分成骨架和流体两个部分，相当于在图 12.10 中 A2 模型基础上对游离气和孔隙水赋存位置进一步细分，将干酪根作为骨架的一部分，对于页岩气除干酪根孔隙中的游离气和吸附气外，还考虑了无机骨架基质孔隙中的游离气，而对于孔隙中的水主要由骨架基质孔隙中的束缚水和黏土表面吸附的黏土水两部分组成。

骨架部分	流体部分		
干酪根部分	自由气	页岩气	
	吸附气		
无机质骨架 (干黏土+非黏土矿物)	自由气	页岩气	
	毛细管束缚水	水	
	黏土束缚水	水	

图 12.13　Glorioso 模型有机质页岩岩石体积及流体分布

12.3.2　吸附气含量测井计算方法

普遍认为页岩吸附气服从朗缪尔等温吸附模型(Langmuir, 1917; Quirein et al., 2010; Glorioso and Rattia, 2012)。甲烷临界压力为 4.54MPa、临界温度为 196.6K(−76.55℃)，是非极性物质，即使第一层吸附之后仍有极性，第二层吸附也较难，因此满足朗缪尔单层吸附理论。利用等温吸附实验数据可标定干酪根吸附能力。

页岩吸附气满足朗缪尔方程：

$$V_{\mathrm{ads}} = \frac{V_{\mathrm{L}} p}{p + P_{\mathrm{L}}} = \frac{V_{\mathrm{L}} kp}{1 + kp} \tag{12.8}$$

式中，$k = \dfrac{1}{P_{\mathrm{L}}}$ 为吸附系数，与吸附剂特性有关，代表了固体吸附气体的能力。

页岩吸附气含量测井计算主要根据页岩地层的实际温度和压力，利用朗缪尔方程计算地层吸附气含量，而关键参数 V_{L} 和 P_{L} 参数是从粉碎样的等温吸附实验中获取，V_{L} 决定了吸附气能力，而 P_{L} 决定了吸附曲线的形状和吸附气体的释放速率。

图 12.14 是实验室测量的典型曲线，通过实验数据拟合获得 P_{L} 和 V_{L}。Ambrose 等 (2010) 研究认为，吸附气密度比游离气密度大。用如下公式对 G_{c} 进行校正，可以得到含气量：

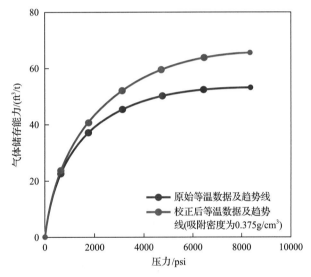

图 12.14　实验室测量的等温吸附曲线（据 Glorioso and Rattia, 2012）

$$G_{\mathrm{c}} = \frac{G_{\mathrm{c}}'}{1 - \dfrac{\rho_{\mathrm{free}}}{\rho_{\mathrm{ads}}}} \tag{12.9}$$

式中，G_{c} 为吸附气体积；G_{c}' 为吉布斯吸附气校正后体积；ρ_{free} 为游离气的密度；ρ_{ads} 为吸附气的密度。

6 口井 33 个样品点，朗缪尔体积 V_{L} 通常与 TOC 具有较好的相关性（图 12.15），可以用这一关系评价储层压力条件下的吸附气含量。图中所有数据点来源于具有相同成熟度的同一烃源岩，V_{L} 的变化范围大，当 TOC 为 4%，V_{L} 的变化范围为 1.42～4.25m³/t。为进一步了解原因，等温吸附实验温度为 87.8～154.4℃，而这些样品所在井的地层温度分布区间为 121～149℃。

影响甲烷吸附气含量的因素包括含水饱和度、黏土含量以及温度。来自同一地层和成熟度的样品却表现出广泛分布的 TOC 值、含水饱和度、黏土含量（图 12.16）。说明不

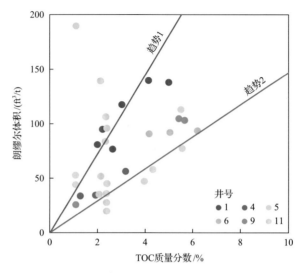

图 12.15　朗缪尔体积与 TOC 之间关系（据 Glorioso and Rattia, 2012）

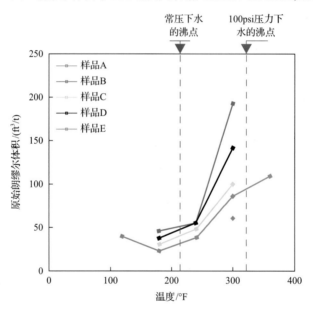

图 12.16　原始朗缪尔体积 V_L 与实验温度的关系（据 Glorioso and Rattia, 2012）

同实验条件下测量的等温吸附实验数据不可直接用于测井评价模型，需要对来自不同温度条件下的实验结果进行温度校正后，才能应用到测井计算。

12.3.3　游离气含量测井计算方法

Rick 等(2004)和 Rafay 等(2019)利用测井计算的孔隙度和含气饱和度参数，通过岩心数据校正后得到游离气含量，具体公式如下：

$$G_f = 0.907179658 \frac{\phi(1-S_w)}{\rho_b B_g} \tag{12.10}$$

式中，G_f 为游离气含量，m^3/t；ϕ 为有效孔隙度，无量纲；S_w 为含水饱和度，无量纲；ρ_b 密度测井值；B_g 为气体压缩系数。计算游离气含量时需要考虑将吸附气占用体积剔除的问题（Ambrose et al., 2010）。

1. 页岩气含气饱和度模型

含气饱和度计算主要依靠电阻率方法的西门杜方程，以及直接评价含烃孔隙体积的方法。页岩孔径和粒径都非常小，为 10～3000nm，有机质孔径为 5～500nm，说明页岩比表面积极高，因而导致表面效应对介电常数、电阻率和核磁共振弛豫时间测井值的影响显著增加，并且页岩储层复杂的表面效应会造成较大的测井值误差，从而导致得出错误的解释结论（Freedman et al., 2016）。

2. 饱和度参数岩心刻度相关研究

Rafay 等（2019）研究认为，游离气含量的计算精度高度依赖岩心实验室分析流程（图 12.17～图 12.19）。样品准备及水提取方法的差异可引起含水饱和度和孔隙度实验室测试结果差异分别达到 10% 和 20%，最终导致含气量（OGIP）的差异达 35%。

国内也采用页岩岩心分析原始含水量来标定含气饱和度，目前只是从数据相对变化趋势上与测井计算含气饱和度进行对比。

3. 关于含气量测试相关技术

可以考虑利用增压井壁取心-含气量测试技术，以测定页岩岩心含气量。通过对全直径岩心、井壁取心、增压井壁取心的对比分析，寻求保持、还原原始地层饱和度的途径（Blount et al., 2018）。针对在二叠盆地同一储层利用不同取心技术获取的岩心，设计了可降低岩心流体流失的实验方法，开展了对比试验及结果分析，从而帮助岩石物理学家还原原始储层孔隙内的流体饱和度。

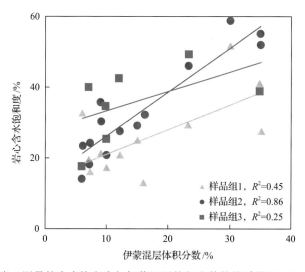

图 12.17　岩心测量的含水饱和度与伊蒙混层体积分数的关系（据 Rafay et al., 2019）

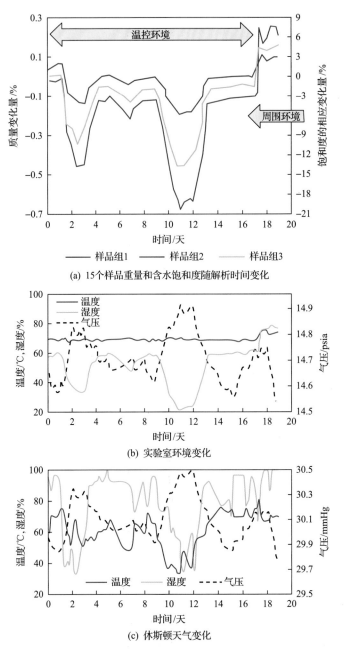

(a) 15个样品重量和含水饱和度随解析时间变化

(b) 实验室环境变化

(c) 休斯顿天气变化

图 12.18　样品重量与含水饱和度分布与测量环境参数分布(据 Rafay et al., 2019)

1mmHg=0.133kPa

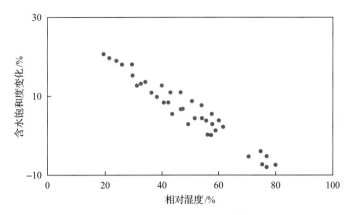

图 12.19　含水饱和度变化与实验室的相对湿度关系图(据 Rafay et al., 2019)

12.4　工程品质相关参数测井评价技术

页岩气工程品质的测井评价主要包括裂缝识别与评价、脆性、弹性参数和地应力等，为储层压裂施工提供必要参数。通过与常规储层的测井技术对比，本节主要对页岩气储层中所采用不同的评价方法和参数进行说明。

12.4.1　裂缝识别与评价

页岩裂缝参数计算模型与常规储层基本一致，除了通过岩心观察来识别裂缝、层理外，还可以利用微电阻率扫描成像测井识别裂缝与层理，利用随钻超声成像测井仪识别裂缝(Claudia et al., 2019)。在裂缝识别基础上，结合其他岩石物理数据，可以进行裂缝综合评价，计算裂缝宽度、长度和半径(图 12.20、图 12.21)。

从随钻仪器超声成像获取的高分辨率图像可用来识别诱导缝，了解邻井连通性和优化水力压裂工艺，能够分析水基泥浆系统钻井时形成的双线性裂缝存在特征和影响。

该技术具有探测井眼范围是否被邻井干扰影响的优点,可用于优化压裂工艺。另外，通过整合图像能够刻画裂缝到井眼的联系，可用来进行储层历史拟合和地质力学模型的建立，服务于油田开发部署和调整。利用这些数据进行成分和地质力学数值模拟，并对其改进，成功地用于增强成像解释精度。

12.4.2　脆性指数计算

脆性指数是反映岩石脆性的参数，用测井评价或者岩石力学实验参数表达储层可压性，脆性指数与岩石压裂后形成缝网的难易程度有关。通过分析岩心矿物组成和岩石力学特性进行脆性页岩气储层区域的优选。

1. 矿物组分法

根据矿物组分评价结果确定石英、方解石和黏土的体积含量，然后利用式(12.11)计算页岩岩石的脆性指数：

$$BI = \frac{V_{brittle}}{\sum V_i} \times 100\% \tag{12.11}$$

式中，$V_{brittle}$ 为骨架矿物中脆性矿物体积含量，%；V_i 为骨架矿物中各种矿物体积含量（如石英、长石、方解石、白云石、黄铁矿和黏土等），%；BI 为岩石的脆性指数，%。

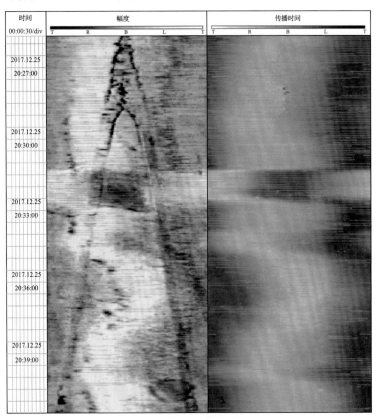

图 12.20　在时间域显示传播时间和幅度（据 Claudia et al., 2019）

T 代表顶部；L 代表左边；B 代表底部；R 代表右边

2. 弹性参数法

用阵列声波测井资料计算岩石杨氏模量和泊松比，计算脆性指数 BI 具体方法如下：

$$BI = \frac{\dfrac{E - E_{min}}{E_{max} - E_{min}} - \dfrac{\nu - \nu_{min}}{\nu_{max} - \nu_{min}}}{2} \times 100\% \tag{12.12}$$

式中，E 为测井计算的杨氏模量值，MPa；E_{max} 为杨氏模量最大值，MPa；E_{min} 为杨氏模量最小值，MPa；ν 为测井计算的泊松比值；ν_{max} 为泊松比测井最大值；ν_{min} 为泊松比测井最小值。

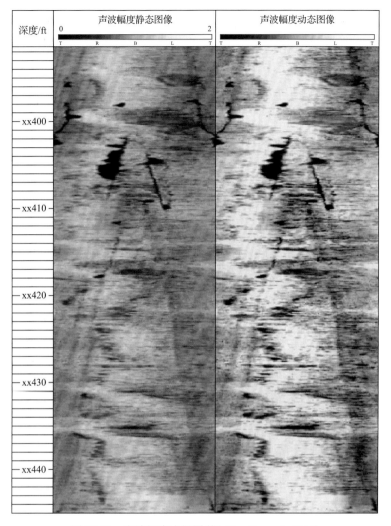

图 12.21　声波幅度成果图（据 Claudia et al., 2019）

3. 声波矿物组合法

利用矿物组分及相应矿物的弹性参数计算页岩脆性指数，考虑不同矿物弹性参数存在差异：

$$BI' = \frac{\dfrac{V_{Si}}{v_{Si}} + \dfrac{V_{Ca}}{v_{Ca}}}{\dfrac{V_{Si}}{v_{Si}} + \dfrac{V_{Ca}}{v_{Ca}} + \dfrac{V_{clay}}{v_{clay}}} \tag{12.13}$$

$$BI = \frac{BI' - BI_{min}}{BI_{max} - BI_{min}} \times 100\% \tag{12.14}$$

式中，v_{Si} 为硅质矿物(石英、长石)泊松比；v_{Ca} 为钙质矿物(方解石、白云石)泊松比；v_{clay} 为黏土矿物泊松比；BI_{min}、BI_{max} 为岩石脆性指数最小值和最大值；BI' 为未归一化的岩石脆性指数，小数；V_{Si}、V_{Ca}、V_{clay} 分别为硅质、钙质、黏土矿物体积含量，小数。

图 12.22 是一口页岩气岩石力学参数评价成果实例，通过测井计算获得页岩气的矿物组成、岩相分类、弹性参数和应力差等参数曲线，根据曲线纵向差异，对 6400～7400m 井段划分 A～G 等 7 个层段，并按照表 12.2 进行统计分析，确定压裂参数。

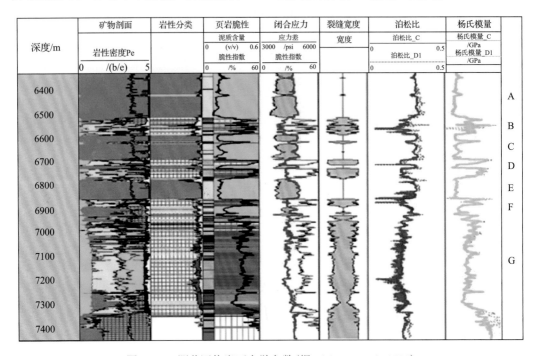

图 12.22　测井评价岩石力学参数(据 Rickman et al., 2008)

表 12.2　基于图 12.22 数据的压裂设计(据 Rickman et al., 2008)

压裂段	脆性指数/%	厚度/m	闭合应力/MPa	裂缝遮挡	15.9m³/min 条件下裂缝宽度/cm	建议			
						压裂液类型	支撑剂尺寸/目	支撑剂类型	可压裂性
A	15.3	121.9	42.3	可遮挡	0	—	—	—	不可压裂
B	56	25.0	32.1	不可遮挡	0.125	滑溜水	30/50	石英砂	可压裂
C	18	31.4	43.2	可遮挡	0	—	—	—	不可压裂
D	59	27.7	35.5	不可遮挡	0.125	滑溜水	30/50	石英砂	可压裂
E	18	25.9	43.8	可遮挡	0	—	—	—	不可压裂
F	22	12.2	41.6	可遮挡	0	—	—	—	不可压裂
G	45	106.7	38.6	不可遮挡	0.125	滑溜水	30/50	石英砂	可压裂

12.4.3　地应力评价

页岩具有低孔、特低渗、水平页理发育的特点，多数井需要水力压裂才能获得工业产能。地应力的预测是优化压裂设计的有效途径，针对页岩的地质特点，基于横向各向同性(transverse isotropy，TI)模型的地应力计算结果能够更准确地反映实际地层情况，应力-应变关系服从广义胡克定律，可表示为

$$\sigma_{ij} = \boldsymbol{C}_{ijkl}\varepsilon_{kl} \tag{12.15}$$

式中，σ_{ij} 为应力，MPa；ε_{kl} 为应变；$\boldsymbol{C}_{ijkl}$ 为刚性系数张量，i、j、k、l=1,2,3。应用 Voigt 符合四阶刚性张量矩阵可转换为 6×6 二阶张量矩阵，根据对称性刚度张量 $\boldsymbol{C}$ 可表示为

$$\boldsymbol{C} = \begin{bmatrix} C_{11} & C_{12} & C_{13} & & & \\ C_{12} & C_{11} & C_{13} & & & \\ C_{13} & C_{13} & C_{33} & & & \\ & & & C_{44} & & \\ & & & & C_{44} & \\ & & & & & C_{66} \end{bmatrix} \tag{12.16}$$

基于横向各向同性模型进行测井地应力计算时需要确定 C_{11}、C_{33}、C_{44}、C_{66} 和 C_{13} 五个弹性参数，而利用测井资料无法直接得到弹性参数 C_{11}、C_{33}。

在 ANNIE 模型的基础上分别引入新的校正参数，提高 C_{11} 和 C_{33} 的预测精度 (Suarez-Rivera and Bratton, 2009，Quirein et al., 2014)，而 C_{66} 参数需要斯通莱波计算。

通过实验室岩心分析岩性、TOC、动静岩石力学参数等建立速度回归 V-reg 模型和 ANNIE 深度修正模型 M-ANNIE2(Farrukh et al.,2016)，对北美非常规页岩储层开展各向异性弹性模量刻画，提高了刚度系数和弹性模量预测值，进而提高了最小水平主应力预测精度。

在分析以往大量实测数据的基础上提出了 MANNIE3 模型和 V-reg 模型，使得参数确定更为容易，适用范围得到拓展(Murphy et al., 2015)。

参 考 文 献

李霞, 周灿灿, 李潮流, 等. 2013. 页岩气岩石物理分析技术及研究进展, 测井技术, 37(4): 352-359.

Aamir S, Amer H, Freddy M. 2016. Development of an effective reservoir model for Eagle Ford shale from wellbore environment, South Texas//SPWLA 57th Annual Logging Symposium, South Texas.

Ambrose R J, Hartman R C, Diaz-Campos M, et al. 2010. New pore-scale considerations for shale gas in place calculations//SPE Unconventional Gas Conference, Pittsburgh.

Blount A, Mcmullen A, Durand M, et al. 2018. Maintaining and reconstructing in-situ saturations: A comparison between whole core, sidewall core, and pressurized sidewall core in the Permian Basin//SPWLA 59th Annual Logging Symposium, London.

Claudia A, Cory L, Gregory W. 2019. Improving production in child wells by identifying fractures with an LWD ultrasonic imager: A case study from an unconventional shale in the U.S.//SPWLA 60th Annual Logging Symposium, Woodlands.

Craddock P R, Richard E L, Jeffrey M, et al. 2019. Thermal maturity-adjusted log interpretation(TMALI) in organic shales//SPWLA 60th Annual Logging Symposium, Woodlands.

Dicman A, Lev V. 2012. Marathon Oil Corporation, a new petrophysical model for organic shales, Colombia//SPWLA 53rd Annual Logging Symposium, Cartagena.

Espitalie J, Madec M, Tissot B, et al. 1977. Source rock characterization method for petroleum exploration//Offshore Technology Conference, Houston.

Farrukh H, Gu M, Quirein J. 2016. Improved characterization of anisotropic elastic moduli and stress for unconventional reservoirs using laboratory mineralogy, TOC, static, and dynamic geomechanical data//SPWLA 57th Annual Logging Symposium, South Texas.

Fertl W H, Forst E. 1982. Experiences with natural gamma ray spectral logging in North America//SPE Annual Technical Conference and Exhibition, New Orleans.

Freedman R, David R, Sun B Q, et al. 2016. Novel Method for evaluating shale gas and shale tight oil reservoirs using well log data//SPE Annual Technical Conference and Exhibition, Dubai.

Freedman R, Heaton N. 2004. Fluid characterization using nuclear magnetic resonance logging. Petrophysics, 45(3): 241-250.

Glorioso J C, Rattia A. 2012. Unconventional reservoirs: Basic petrophysical concepts for shale gas//Society of Petroleum Engineers, SPE/EAGE European Unconventional Resources Conference and Exhibition, Vienna.

Herron M M, Grau J, Herron S L, et al. 2011. Total organic carbon and formation evaluation with wireline logs in the Green River oil shale//SPE Annual Technical Conference and Exhibition, Denver.

Huang Z H, Williamson M A. 1996. Artificial neural network modeling as an aid to source rock characterization. Marine and Petroleum Geology, 13(2): 277-290.

Inwood J, Lovell M, Fishwick S, et al. 2018. Assumptions and uncertainties in petrophysical models for shale gas formations and their effect on resource calculations//SPWLA 59th Annual Logging Symposium, London.

Jacobi D, Gladkikh M, LeCompte B, et al. 2008. Integrated petrophysical evaluation of shale gas reservoirs//Society of Petroleum Engineers Gas Technology Symposium 2008 Joint Conference, Calgary.

Langmuir I. 1917. The constitution and fundamental properties of solids and liquids Part II: Liquids. Journal of the American Chemical Society, 39(9): 1848-1906.

Michael D Z, Jeron R W, David G H, et al. 2002. A comprehensive reservoir evaluation of a shale reservoir the New Albany Shale//SPE Annual Technical Conference and Exhibition, San Antonio.

Murphy E, Barraza S R, Gu M, et al. 2015. New models for acoustic anisotropic interpretation in shale//SPWLA 56th Annual Logging Symposium, Long Beach.

Passey Q R, Creaney S, Kulla J B, et al. 1990. A practical model for organic richness from porosity and resistivity logs. AAPG Bulletin, 74(12): 1777-1794.

Pemper R R, Han X, Mendez F E, et al. 2009. The direct measurement of carbon in wells containing oil and natural gas using a pulsed neutron mineralogy tool//SPE Annual Technical Conference and Exhibition, New Orleans.

Quirein J, Eid M, Cheng A. 2014. Predicting the stiffness tensor of a transversely isotropic medium when the vertical Poisson's ratio is less than the horizontal Poisson's ratio//SPWLA 55th Annual Logging Symposium, Abu Dhabi.

Quirein J, Witkowsky J, Teuax J, et al. 2010. Integrating core data and wireline geochemical data for formation evaluation and characterization of shale-gas Reservoirs//SPE Annual Technical Conference and Exhibition, Forlence.

Radtke R J, Lorente M, Adolph B, et al. 2012. A New capture and inelastic spectroscopy tool takes geochemical logging to the next level//SPWLA 53rd Annual Logging Symposium, Cartagena.

Rafay A, German M, Pavel G. 2019. More Accurate quantification of free and adsorbed gas in shale reservoirs//SPWLA 60th Annual Logging Symposium, The Woodlands.

Rick L, David I, Pearcy M, et al. 2004. New evaluation techniques for gas shale reservoirs// Reservoir Symposium by Schlumberger, Houston.

Rickman R, Mullen M, Petre E, et al. 2008. A practical use of shale petrophysics for stimulation design optimization: All shale plays are not clones of the Barnett Shale. SPE Annual Technical Conference and Exhibition, Denver.

Schmoker J W, Hester T C. 1983. Organic carbon in Bakken Formation, United States portion of Williston basin. AAPG Bulletin, 67: 2165-2174.

Schmoker J W. 1979. Determination of organic content of Appalachian Devonian shales from formation-density logs. AAPG Bulletin, 63 (9): 1504-1509.

Schmoker J W. 1981. Determination of organic-matter content of Appalachian Devonian shales from Gamma-Ray logs. AAPG Bulletin, 65: 1285-1298.

Suarez-Rivera R, Bratton T R. 2009. Estimating horizontal stress from three-dimensional anisotropy. Applied Mechanics & Materials, 256-259: 2091-2095.

Suarez-Rivera R, Deenadayalu C, Yang Y K. 2009. Unlocking the unconventional oil and gas reservoirs: The effect of laminated heterogeneity in wellbore stability and completion of tight gas shale reservoirs//Offshore Technology Conference, Houston.

Zhu L Q, Zhang C, Guo C. 2018. Calculating the total porosity of shale reservoirs by combining conventional logging and elemental logging to eliminate the effects of gas saturation. Petrophysics. The SPWLA Journal of Formation Evaluation and Reservoir Description, 59 (2): 162-184.

第 13 章

实验测试技术

实验测试为地质评价、储量计算、压裂优化和开发技术政策制定提供重要参数与科学依据。页岩气实验测试技术主要包括含气性、储集性和可压性三个方面,本章从上述三个方面总结了页岩气实验技术所取得的进展,探讨了实验技术未来发展方向,指出多尺度孔隙结构有效性及连通性评价、成岩演化过程中有机孔-无机孔协同表征、可压性动态评价是页岩气实验测试技术的攻关方向。

13.1 实验技术发展

页岩主要由黏土级的矿物颗粒固结而成。利用易碎和层状等特性将页岩从泥岩中区分开来(Zahid et al.,2007)。页岩由许多薄的、平行的层理组成,岩石很容易沿层理分裂成薄片;页岩通常富含有机质,TOC 较高的页岩通常具有较高的含气量(Boyer et al.,2006),页岩气井需要通过压裂获得经济产量(King,2010)。最重要、最难确定的参数是原位渗透率(Shaw et al.,2006),它由孔隙结构控制(Bustin et al.,2008)。因为页岩孔隙度的变化范围非常狭窄,通过孔隙度-渗透率交会图来判断页岩气的可采性并不适用(Rushing et al.,2008)。富含黏土的页岩具有较高的总孔隙度,而富含二氧化硅和碳酸盐的页岩可压性好、易产生裂缝(Bustin et al.,2008;Ross and Marc,2009)。

含油气性、储集性和可压性决定了页岩气是否能够进行商业开采,实验分析技术系列详见表 13.1。

表 13.1 通用实验分析技术系列

评价系列	评价内容	主体实验技术
含油 气性	烃源品质	总有机碳、氯仿沥青 "A"、镜质组反射率、干酪根镜检、有机显微组分、天然气组分
	生排烃能力	岩石热解分析、黄金管生烃模拟、磁力高压反应釜
	资源潜力	等温吸附、含气饱和度、含气量

续表

评价系列	评价内容	主体实验技术
储集条件	岩石矿物	岩石密度、颗粒密度、薄片鉴定、全岩 X 射线衍射、黏土矿物 X 射线衍射
	孔隙结构	聚焦离子束扫描电镜、氩离子抛光+扫描电镜、CT 扫描、压汞、液氮吸附、核磁共振
	储层物性	毛细管压力、孔隙度、渗透率
可压性	岩石力学	岩石三轴压缩实验、静动态杨氏模量和泊松比、纵波和横波速度

13.1.1　含气性评价技术发展

含气量是指单位质量岩石中所含天然气折算到标准状态下的天然气体积。含气量是资源评价、储量计算以及判断是否具有工业开采价值的重要依据。从成藏角度看，页岩含气量的大小取决于生烃量和排烃量的差值；从赋存状态看，含气量由吸附气、游离气和溶解气三部分构成，一般溶解气量占比较小，计算过程中通常不考虑(Curtis，2002；张金川等，2008)；从实验测试角度，含气量等于损失气量、解吸气量和残余气量三者之和。

含气量测定分为间接法和直接法两种(朱亮亮，2013)。间接法是指通过页岩气涌出量、吸附等温线、测井解释等资料推测页岩气含量；直接法包括现场解吸法和密闭取心(表 13.2)。可根据钻井取心、资料情况、实验费用及其他条件，选择一种或者多种测试方法，进行页岩含气性分析，准确获得页岩含气量等相关参数。目前主要通过等温吸附实验、现场解吸以及测井计算等方法获得页岩含气量(聂海宽等，2020)。

表 13.2　含气量获取方法

分类方法	参数获取方法	
直接法	现场解吸法	普通岩心
		二次取心
	密封取心	常规密封心
		保压密闭取心
间接法	等温吸附法	
	测井解释法	
	类比法	
	统计法	
	计算法	

Decker 等(1993)应用测井资料计算 Michigan 盆地 Antrim 页岩的含气量，研究认为优质页岩层段具有高自然伽马、高声波时差、低密度、低中子、高铀含量的特征。吸附气含量通过朗缪尔方程获得，游离气含量采用孔隙度、含水饱和度、压缩系数等计算得到(Lewis et al.,2004)。Ross 和 Bustin(2007)发现甲烷吸附能力在到达峰值后会减少。许多学者采用 BET 多分子层吸附模型、Freundlich 吸附模型以及基于吸附势理论的 DR(Dubinin-Radushkevich)模型及改进 DA(Dubinin-Astakhow)模型等进行修正。

现场解吸实验是直接获取含气量最常见方法。含气量测定包含解吸气、损失气以及残余气三部分。1970 年，Bertard 等采用含气量测试结果与扩散率相结合的方法计算损失气含量。Diamond 和 Levine 在 1981 年提出将岩样在封闭球内磨碎的改进测试残余气新方法。Ulery 和 Hyman 在 1977 年对早期实验线性关系进行修改，添加体积修正系数、大气压强、温度等条件。国内关于页岩含气量测定主要是沿用煤层气的测试手段，2004 年发布的《煤层含量气测定方法：GB/T 19559—2004》，参考美国矿业局(USBM)直接法。后期针对岩心暴露时间、故障停顿时间进行修正与补充，于 2008 颁布国家标准《煤层气含量测定方法：GB/T 19559—2008》。

13.1.2 储层评价技术发展

认识与了解孔隙几何形状、渗透性和流体分布等对确定页岩油气储集和开采能力是必不可少的。页岩储层发育纳米级孔隙，孔隙形态、分布及成因更复杂，常规储层表征技术对页岩储层适用性较低。页岩储层评价的复杂性主要在于其超低的渗透率、黏土矿物含量以及非均质性。

矿物组成定量表征通常采用 X 射线衍射(XRD)与 X 射线荧光光谱(XRF)以及黏土矿物阳离子交换量(CEC)等实验，页岩孔隙结构表征需要特殊实验测试手段(Josh et al., 2012)。Maex 等(2003)总结了多孔介质孔隙表征方法的三种类型，即图像分析法、流体注入法及非物质注入法。

图像分析技术包括低分辨率成像和高分辨率成像。基于扫描电子显微镜(SEM)和透射电子显微镜(TEM)、原子力显微镜(AFM)、计算机断层成像(微纳米 CT)等提供多尺度可视化技术(Chalmers et al., 2012; Loucks et al., 2012; Curtis et al., 2012)。

流体注入技术通常采用汞、氮气、二氧化碳等非润湿相流体注入样品，从而获得孔径分布、孔体积、比表面积等相关参数。利用高压压汞实验(MICP)获得孔径分布及其表面积等参数(Dang et al., 2018; Liu et al., 2017)；利用二氧化碳吸附与氮气吸附可有效表征100nm 以下孔隙(Clarkson and Haghshenas, 2013)。

非流体注入技术：在不受岩石骨架成分影响的情况下，利用核磁共振技术(NMR)可获得孔隙度及孔隙流体的多种信息(Kleinberg et al., 1994)；小角散射(SAS)具有快速、无损、预处理过程简单的特点(Clarkson et al., 2012)，通常用于研究气体在孔隙中吸附与润湿性特征(Rother et al.，2010)。

常规测试包含黏土矿物、有机质的类型以及含量、岩石脆性与可塑性、微孔-宏孔特征、孔渗性、可动水与束缚水含量等。

13.1.3 可压性评价技术发展

水力压裂技术的进步极大地促进了以北美地区为代表的非常规油气资源的经济开发，成为其有效开采的关键技术(王永辉等，2012)。可压性是表征页岩储层能够被有效压裂改造的难易程度，因此储层可压性评价是压裂层段优选、压后产能评估的基础。

勘探开发早期，储层可压性被认为是页岩压裂后能够形成复杂的裂缝网络的能力(Chong et al.,2010)，这一特征与压裂后形成的裂缝网络、页岩产能密切相关。目前对于页岩气井可压性评价主要是将岩石脆性矿物含量或岩石力学参数作为页岩气井射孔、压裂段选择的主要依据(王松等，2016)。脆性指数计算多采用弹性参数、矿物组成、应力-应变曲线、抗张强度与抗拉强度等多种计算模型(李庆辉等，2012；Zhang et al.，2016)。影响页岩可压性的因素主要包括页岩脆性、天然裂缝、断裂韧性、成岩作用、沉积构造、地应力、内部构造等(唐颖等，2012；Mullen et al.，2017)。近年来，可压性评价方法发展较为迅速，如采用分形维数量化裂缝复杂程度(郭天魁等，2013)；利用杨氏模量与断裂韧性计算岩石可压性(Jin et al.,2014)；利用断裂韧性、内摩擦角参数评价(Guo et al.,2015)；利用脆性、应力敏感性评价(Wang et al.,2015)等。

13.2　含气性评价技术

13.2.1　烃源岩品质及生烃模拟实验技术

作为油气原始物质来源，成烃生物具有鲜明的地质年代特征和环境特色，烃源岩中成烃生物组合、类型和数量控制着页岩油气生烃潜力。成烃生物分析技术是结合有机岩石学、古生物学、光谱学、地球化学和地质学等众多学科的一项综合性研究。主要通过扫描电镜结合有机岩石学和古生物学分析成烃生物的形态，进而判识烃源岩中成烃生物的类型及组合特征；可通过激光拉曼、显微傅里叶红外分析成烃生物结构特征，通过激光热裂解来分析成烃生物的组成(Zhang et al.，2014)。

为更好地研究烃源岩中油气的生排残留过程以及不同演化阶段油气在烃源岩中的赋存状态，针对原有的热解模拟实验技术存在的不足，徐旭辉等(2016)综合考虑烃源岩的孔隙空间及流体赋存状态、岩性、压实程度、地层压力与体系的封闭—开放程度等边界条件，建立了与实际地质条件更为接近的生、排、滞烃模拟实验技术。汤庆艳在 2013年针对不同有机质类型的低成熟页岩，采用密封黄金管-高压反应釜体系进行热模拟实验，研究表明泥页岩热解产物中气态烃主要来源于有机质的初次裂解和液态烃的二次裂解：Ⅰ型泥页岩单位 TOC 的气态烃和液态烃产量最高，Ⅲ型泥页岩的最低。2016 年祁攀文等基于页岩生气模拟实验，获得延长组页岩生气过程、天然气累计转化率及生气总量。徐学敏等(2016)利用石英玻璃管封装块状样品开展页岩生烃热模拟实验，认为泥岩及油页岩样品的排出气及解吸气含量在高成熟度阶段(400℃)有明显增加的趋势。

13.2.2　含气量测试技术

含气量最直接、最常用的测定方法是现场解吸法。含气量由解吸气量、残余气量与损失气量三部分组成。解吸气量指将岩样装入解吸仪之后一定时间范围内所解吸出的天然气数量；损失气量也称散失气量或者逸散气量，是在钻井、提钻过程中装入解吸罐之前逸散的天然气数量，需根据散失时间及实测解吸气量的变化速率进行推算；残余气量是指正常解吸工作终止后仍然残留在岩心中的天然气量。

1. 仪器设备及测试方法

含气量测试仪包括称重法和容积法两类。

称重法含气量测试仪主要依据排液称重法测试含气量，设备构成：称重传感器、固定腔、称重腔(图 13.1)，内置温度、压力监控、计量装置，除尘除湿装置，进口快装接头，气路连接管线，气体自动采集、排放，数据采集及控制系统[包括人机交互界面、自动记录功能(时间间隔可人工设置)、报表自动形成等]。

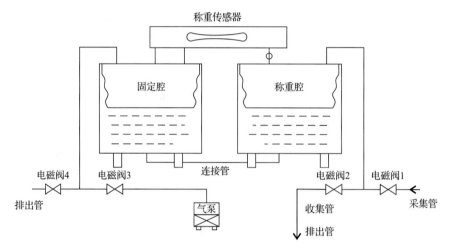

图 13.1 含气量测试原理图

容积法解吸气测量设备主体由解吸罐、集气罐(量筒)和试验箱构成(图 13.2)。解吸罐放置在加热箱中，集气罐通过单向阀与解吸罐连接，采集来自解吸罐的气体并进行计量。解吸气测量一般分两个阶段进行：第一阶段即前 3h 采用泥浆循环温度，目的是便于估算样品从地下至地表过程中的损失气；第二阶段采用储层温度以便加快解吸速度，也有研究提出第二阶段温度可采用 110℃，在该温度下可使气体几乎全部解吸出来而无需再测定残余气。

针对残余气，在气密罐中采用球磨机对岩样进行粉碎，集气刻度罐通过单向阀与气密罐直接连接，对破碎过程中释放的气体体积进行测量(图 13.3)。煤岩残余气量在总气含量中占 10%~40%；页岩中气体解吸速度更慢，残余气占总含气量的比例最高超过 50%，特别是当样品尺寸较大时，所需解吸时间更长。快速解吸必须进行残余气测定，否则会明显低估含气量(李玉喜等，2011)。

2. 含气量计算方法

损失气量计算方法最早由 Bertard 等于 1970 年提出，利用解吸气量测量和扩散速率相结合的方法估计损失气量。研究发现气体释放速率与前 20%解吸(体积)时间的平方根成正比。Kissell 等(1973)通过对早期解吸气量直线外推，定义了 Bertard 的方法，该方法被称为"美国矿业局直接法"。

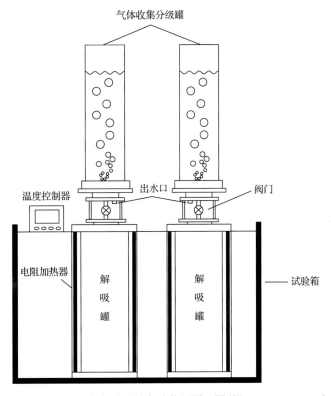

图 13.2　解吸气体含量测量实验装置原理图（据 Dang et al.,2018）

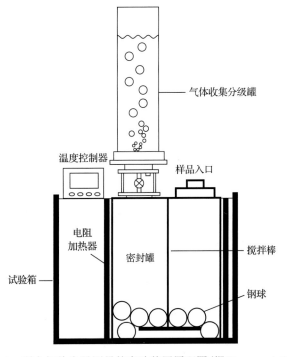

图 13.3　剩余气体含量测量的实验装置原理图（据 Dang et al.,2018）

Ulery 和 Hyman(1977)建议对美国矿业局直接法进行修改，通过记录气体温度和环境压力，将测量的气体体积校正为标准温度和压力。此外，还建议采集解吸气体样本进行成分分析。Yee 等(1993)提出一种多项式曲线拟合方法，其中解吸数据拟合到扩散方程的解。

2010 年 Shtepanl 等提出一种新的非线性回归方法：

$$G = 203.1G_\mathrm{I}\sqrt{\frac{D}{r^2}}\sqrt{t} - G_\mathrm{L} \tag{13.1}$$

式中，G 为累计测量解吸气体含量，scf/t；G_I 为初始气体含量，scf/t；D 为扩散系数，cm^2/s；r 为样品的特征扩散距离，cm；t 为时间，s；G_L 为损失气量，scf/t。

初始气体含量是损失气量、测试的解吸气量和残余气量的总和。测量的解吸气体体积与解吸开始后时间的平方根成正比。

2015 年，Hosseini 与康菲石油公司共同提出了一种新的页岩含气量计算的数学模型。首先，使用反分析模型来匹配岩心罐实验中的气体演化数据(释放气体体积与时间)，认为页岩样品超致密(Darabi et al.，2012)，即使样品暴露在大气压下，也能保持气体和压力一段时间。随后，将使用回收样品的平均岩心压力和储层压力，以及孔隙度、尺寸和朗缪尔等温线等其他岩心信息计算损失气量。

13.2.3 等温吸附测试技术

等温吸附测试分为两类：一类为体积法，基于吸附过程中压力变化反映吸附量的变化，属间接测试方法，需要借助于气体状态方程计算吸附量，试验过程中对温度和压力控制要求高，另外对于吸附能力较低的页岩，由于压力传感器精度的限制，导致在高压条件下难以测准；另一类为重量法，基于吸附过程中质量的变化来反映吸附量的变化，核心部件是磁悬浮天平，该方法所需样品量小，且直接测量，不存在累积误差，能够适应高温高压下的吸附试验(俞凌杰等，2015)。

1. 重量法等温吸附实验

重量法等温吸附仪通过直接称量得到测试样品的吸附量，核心部件为高精度磁悬浮天平。样品测定池通过永磁铁和独立于样品池外的电磁耦合感应将吸附过程中的质量变化传递给天平(图 13.4)。由于样品测定部分(天平)和吸附部分独立分开，最高测试压力为 35MPa，最高测试温度为 150℃。

在恒温条件下，甲烷以吸附相赋存在页岩微细孔隙表面，随着压力变化，吸附量也发生变化。天平称量的是样品桶质量、样品质量、吸附甲烷质量、样品桶浮力、样品浮力及吸附相所受浮力共同作用的结果：

$$\Delta m = F_\mathrm{b}/g = m_\mathrm{sc} + m_\mathrm{s} + m_\mathrm{abs} - (V_\mathrm{sc} + V_\mathrm{s} + V_\mathrm{a})\rho_\mathrm{g} \tag{13.2}$$

式中，Δm 表示磁悬浮天平读数，g；F_b 表示天平的拉力，N；g 表示重力加速度，m/s^2；

m_{sc} 表示样品桶质量，g；m_s 表示样品质量，g；m_{abs} 表示吸附甲烷质量，g；V_{sc} 表示样品桶体积，cm³；V_s 表示样品体积，cm³；V_a 表示吸附相体积，cm³；ρ_g 表示不同压力点下甲烷气体的密度，g/cm³。

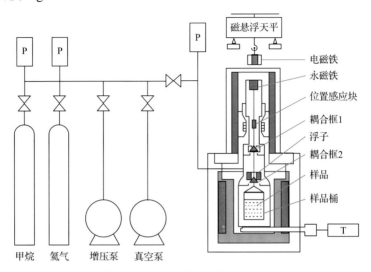

图 13.4　重量法等温吸附仪原理图

2. 甲烷吸附相密度

不能直接测量吸附相甲烷密度，需通过间接方法求出。Dubinin(1960)利用范德瓦耳斯方程及经验公式计算吸附态甲烷密度为 0.371g/cm³；Reich 等(1980)认为吸附相密度等于该物质液相密度；Ozawa 等(1976)认为吸附态甲烷为一种超临界流体，考虑到其热膨胀效应的影响，其密度与温度具有指数函数的关系，温度、压力、界面性质、孔隙结构性质、吸附剂与吸附物之间的相互作用均对吸附态甲烷密度存在影响。当考虑甲烷吸附相体积的存在时，实验直接测得的吸附量为过剩吸附量，可以将过剩吸附量转换为绝对吸附量，其中吸附相密度或体积的确定是准确计算绝对吸附量的关键。SDR 模型和朗缪尔模型通过三元曲线拟合得到吸附态甲烷密度，其值均处于甲烷临界密度至常压密度之间，即 $0.163 \sim 0.424$g/cm³。随着压力的增加，吸附相密度与气相密度均增加，但吸附相密度增加较快。在一定压力时，两者密度之差会达到最大值，之后吸附相密度增加速度变慢，两者密度之差会减小。所以，主要通过确定吸附相密度的方法将过剩吸附量转换为绝对吸附量。

3. 过剩吸附量与绝对吸附量

绝对吸附量表示的是页岩中甲烷的实际吸附量，当压力增加到一定程度，吸附必然会达到饱和，表现为绝对吸附量不再增加。由于实验测得的过剩吸附量不能准确表征页岩的吸附能力，故需利用吸附模型对其校正。DR 模型由 Dubinin 在 1998 年基于多微孔固体吸附理论下对 DA 模型进行修正后提出。SDR 模型则是 Sakurovs 于 2007 年在 DR 模型的基础上将饱和压力和压力分别转换为游离态甲烷气体密度和吸附态甲烷气体密度后得到(Chen et al., 2018; Xu et al., 2018)，其等温吸附方程为

$$n_{ex} = n_{abs} \exp\left\{-D\left[\ln\left(\frac{\rho_a}{\rho_g}\right)\right]^2\right\}\left(1 - \frac{\rho_g}{\rho_a}\right) \quad\quad (13.3)$$

式中，n_{ex} 表示单位质量样品的过剩吸附量，mg/g；n_{abs} 表示单位质量样品的实验绝对吸附量，mg/g；ρ_a 表示吸附态甲烷密度，g/cm³；ρ_g 表示不同压力点下甲烷气体密度，g/cm³；D 表示常数。

在 30℃、60℃、90℃温度条件下，在 0～30MPa 压力区间内甲烷吸附量如图 13.5 所示。低压区（$P \leq 10MPa$），绝对吸附量和过剩吸附量均随实验压力的增大而快速增加；压力为 10MPa 时过剩吸附量出现倒吸附的现象；在高压区（$P > 10MPa$），绝对吸附量增速变小，此时不同温度条件下绝对吸附量与过剩吸附量的差值明显。故在不考虑孔隙结构及含水饱和度等内在因素情况下，甲烷吸附量受温度和压力两个外在因素共同控制，在浅埋藏阶段受压力的控制程度高，在深埋藏阶段受温度的影响较大（王曦蒙等，2019）。

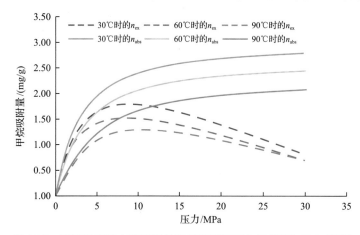

图 13.5　不同温度压力下页岩的甲烷吸附量变化图（基于 SDR 模型）

13.3　储层评价技术

13.3.1　储层岩石矿物分析新技术

石英等脆性矿物含量影响页岩的岩石力学性质和压裂效果，黏土矿物含量则是影响页岩气吸附性及孔隙大小。全岩 XRD 分析可检测到页岩中石英、长石、黏土、碳酸盐、黄铁矿等矿物的组成特征，而黏土 XRD 分析则能够定量区分伊利石、蒙脱石和高岭石等不同种类黏土的相对含量。此外，也可以通过岩石薄片、XRF 和扫描电镜矿物定量评价（quantitative evaluation of minerals by scanning electron microscopy，QEMSCAN）等实验方法来获得矿物组成的相关信息。

QEMSCAN 是基于扫描电镜和能谱仪分析的一种综合自动矿物岩石学检测方法。QEMSCAN 分析可对扫描电镜下不同页岩岩相中矿物及有机质的孔隙进行分类和形貌特征描述(图 13.6)。利用加速的高能电子束通过沿预先设定的光栅扫描模式对样品表面进行扫描来获取图像,同时 X 射线能谱在每个测量点上提供出元素含量的信息。综合背散射电子图像灰度与 X 射线的强度信息得出元素的含量,然后转化为矿物相(Gottlieb et al.,2000)。该方法不仅可以得到矿物含量信息,还能分析矿物颗粒形态、矿物嵌布特征、孔隙度等,缺点是分析区域较小,一般为毫米级,且分析时间较长,通常用于对少量感兴趣样品的深入研究。

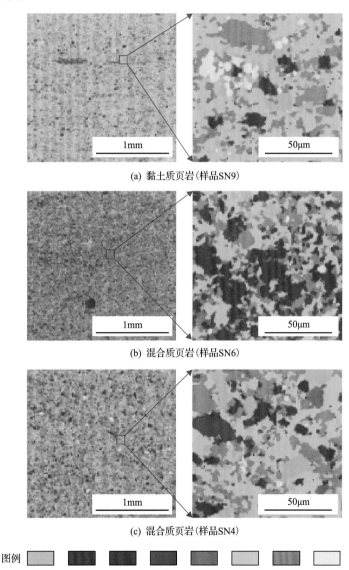

(a) 黏土质页岩(样品SN9)

(b) 混合质页岩(样品SN6)

(c) 混合质页岩(样品SN4)

图例　长石　白云石　方解石　有机质　绿泥石　伊利石　石英　黄铁矿

图 13.6　QEMSCAN 的矿物分析结果

采用 X 射线能谱仪可以对抛光后页岩表面的元素进行分析,但对矿物的识别和分析难度较大。国外基于强大的矿物数据库,已研发出了相应的能谱矿物分析软件

(QEMSCAN、MLA 等)，可以利用双束扫描电镜(FIB-SEM)和 X 射线能谱(EDS)对页岩的主要矿物成分进行分析。基于矿物形态的不同及原子序数的不同，建立了页岩主要矿物的 SEM 灰度图版，应用该图版可以更加快速、有效、直观地识别页岩的矿物组成。

13.3.2 孔隙度测试技术

孔隙度是表征页岩储集性能最重要的参数，常用的测试方法是气体法，一般认为氦气孔隙度代表了页岩中全尺寸孔隙的值。其他多种方法也可以间接获得孔隙度，如高压压汞、气体等温吸附、核磁共振、扫描电子显微镜等。不同方法获得的孔隙度值往往存在限制条件而难以相互对比。核磁共振法和扫描电子显微镜法的实验设备昂贵，目前不适用于大量样品的分析，而玻意耳定律双室法比较适合快速测定孔隙度(王磊等，2015；张涛和张希巍，2017)。

1. 气测孔隙度原理及仪器组成

主要根据玻意耳定律，利用氦气测得岩石的骨架体积，通过岩石的总体积(包括岩石的孔隙体积)和骨架体积计算孔隙度。氦孔隙度测试仪主要由参考室、样品室以及进气阀、连接阀和排气阀等组成(图 13.7)。在参考室输入一定的压力，打开参比室和样品室之间的阀门，参比室气体向装有已知体积岩样的样品室膨胀，平衡后测定压力，根据压力变化测得进入样品孔隙的气体体积，据此可计算颗粒体积；利用总体积减去颗粒体积，即为孔隙体积，进而计算孔隙度(田华等，2012)。

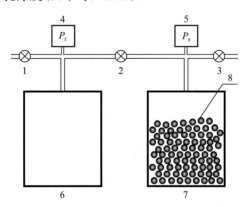

图 13.7　氦气法孔隙度测试仪示意图

1-进气阀；2-连接阀；3-排气阀；4-参比室压力传感器；5-样品室压力传感器；6-参比室；7-样品室；8-页岩样品

一般而言，颗粒样品孔隙度较柱塞样品孔隙度大。通过不同质量颗粒样品的孔隙度测试，优选出 30～100g 作为页岩总孔隙度测试标准。

2. 核磁共振法

1) NMR 原理及组成

低场核磁共振是利用核磁共振(NMR)技术描述岩石的性质(如孔隙度、孔径分布和渗透率)在行业中已经非常流行(Kenyon et al.，1995；Coates et al.，1999；Gabriela and Lorne，2000；Glorioso et al.，2003；Hidajat et al.，2003；Minh and Sundararaman，2006；Grunewald and Knight，2011)。NMR 能够实现页岩孔隙度的快速无损测量，但受样品饱和度和仪器回波间隔设定的影响，所测孔隙度小于页岩实际孔隙度值。

2) 利用 NMR 二维弛豫图谱测量孔隙度

NMR 二维弛豫图谱是定性分析页岩孔隙流体的有效方法(张涛和张希巍，2017)。核磁共振中因吸收能量跃迁至高能态的核子纵向磁化矢量的恢复称为 T_1，横向磁化矢量的恢复称为 T_2，其波形内的振幅强度与单位体积内的自旋原子核数目成正比(Coates et al.，1999)。基于此原理，使用标准水样对样品的核磁回波进行刻度标定，能够将样品的振幅强度转换为对应的孔隙值:

$$\phi = \sum \frac{SGVM}{sgvm} \times 100\% \tag{13.4}$$

式中，S、s 分别表示标准水样和测试样的核磁信号累计次数；G、g 分别表示标准水样和测试样的接收增益，dB；V、v 分别表示标准水样和测试样的体积，m^3；M、m 分别表示标准水样和测试样品的首峰幅值，无因次。

观察样品二维核磁共振图谱[图 13.8(a)]，样品的弛豫并非由单纯的表面弛豫机制所控制，主峰是由 T_1、T_2 表面弛豫与体积弛豫的平衡作用结果，T_1 较 T_2 弛豫时间更长，谱中出现两个明显的桥峰，T_1 和 T_2 二维投影谱近似十字交叉重叠于主峰，且主峰偏离 $T_1 = T_2$ 对角线[图 13.8(b)]。不同的单峰强度与叠加峰强度表现为不同水环境的弛豫特性，能够有效识别页岩中的不同流体。

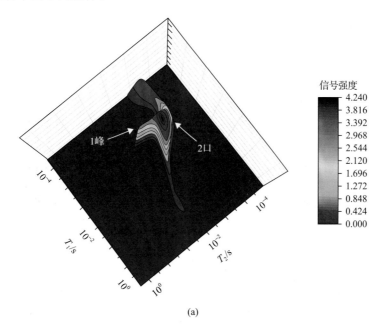

(a)

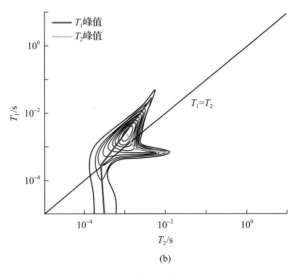

图 13.8　样品二维核磁共振图

3. 饱和液体法测孔隙度

用已知密度的液体饱和样品，然后利用完全饱和状态和干燥状态之间的质量差计算孔体积确定孔隙度。利用阿基米德原理将样品浸入液体中确定样品的总体积。典型方法包括 WIP（KIP）法和 DLP 法。

（1）WIP（KIP）法。水浸没法是通过测量页岩样品在干燥条件的质量，以及饱和已知密度流体后在流体中的质量，间接计算页岩样品总孔隙度的方法。该方法的测量结果极大依赖样品的饱和、饱和流体的选择和样品预处理。因此，当饱和流体为去离子水时，称作 WIP 法；当饱和流体为煤油时，称作 KIP 法。

（2）DLP 法。该方法是以水和煤油分别作为饱和流体和浸没液体，采用浸没技术测量岩心样品总孔隙度的一种方法。与 WIP 方法流程相比，DLP 法存在细微差异，即综合应用了 WIP 方法与 KIP 测量方法。实验中先以煤油作为饱和流体和浸没流体，测量岩石的体积密度（BDkip）；200℃干燥后，以水作为饱和流体和浸没流体，测量岩石的骨架密度（GDwip）。因此，整个流程中，含有蒙脱石、高混层比伊蒙混层黏土矿物的页岩会吸水膨胀，影响体积密度的测量精度。

13.3.3　渗透率测试技术

页岩的渗透率非常低，常规渗透率测试方法耗时长、误差大，因此采用非稳态法测定页岩的渗透率（Cui et al., 2009）。根据样品要求和测试方法的差异，主要有两种类型：一种为脉冲衰减法，采用小圆柱样品，优点是可加载围压，并可测定不同方向的渗透率，缺点是取样较困难，容易受微裂缝影响；另一种为 GRI 法（Gas Research Institute）（Luffel and Guidry，1992），采用颗粒样，测试速度较快，可避免微裂缝的影响，但不能加载围压和测定不同方向的渗透率。

1. 脉冲衰减法

脉冲衰减法测试原理是对一定规格的柱塞样品，饱和气体，待压力稳定后，可以降低下游压力，建立岩心上游端和下游端的压差。在气体渗流过程中，上游压力不断降低，下游压力不断升高，并逐渐趋于平衡。通过建立上下游平均压力与时间的函数关系，计算岩石的渗透率。脉冲衰减法渗透率测试仪主要由岩心夹持器、上游室、下游室、压力传感器和压差传感器等部件组成(图 13.9)。

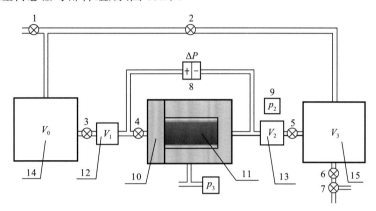

图 13.9　脉冲衰减法渗透率测试仪示意图

1-进气阀；2-上下游室连接阀；3-上游室进气阀；4-上游室出气阀；5-下游室出气阀；6-排气阀；7-针型阀；8-压差传感器；9-压力传感器；10-岩心夹持器；11-岩石样品；12-上游室；13-下游室；14-上游缓冲室；15-下游缓冲室

脉冲衰减法渗透率测试仪主要用于测试致密岩石的渗透率，测量范围为 0.01μD～0.1mD，相对误差 20%。

2. 岩心压力衰减法

Cui 等(2010)提出了一种能模拟储层压力条件，同步测量岩心孔隙度和渗透率的方法，也称为岩心柱压力衰减法。实验时，对样品施加一定的围压 P_{sr} 和轴向应力 P_{sa} 后，首先打开所有阀门，用实验气体(氦气)驱替出装置中的空气，待装置压力达到平衡(P_s)后，关闭阀 1，然后用供气装置向 V_r(阀 2 与阀 3 之间的管线体积)施加一压力脉冲(P_r)，打开阀 1，气体便流入岩心夹持器中，记录压力随时间的变化数据，待系统达到新的平衡状态(P_m)时，停止实验。在给定 P_{sr} 和 P_{sa} 条件下，岩样的渗透率为

$$K = 0.10327 \frac{S\phi C_g \mu_g}{b^2} \tag{13.5}$$

$$b \cdot \cot(b \cdot L) = -\frac{A\phi}{V_r + V_s} \tag{13.6}$$

3. 岩屑压力衰减法

岩屑压力衰减法也称为 GRI 法。该方法是 Luffel 和 Guidry 于 1992 年首次提出，用

于分析页岩的总孔隙度。其优点在于可以加速预处理过程，并通过将样品压碎成颗粒来促进氦气侵入孔隙(图 13.10)。具体步骤如下：

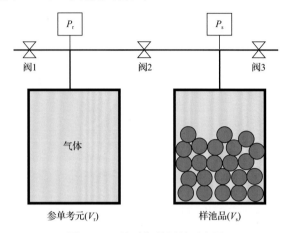

图 13.10　比重瓶装置的示意图

实验开始时关闭阀 2，打开阀 1，气瓶向标准容器供气，待标准室中的压力达到热力学平衡之后，关闭阀 1 和阀 3，打开阀 2，气体便会在压差的作用下从标准室流入装有碎屑岩样的样品室，记录压力随时间的变化数据，便可求得样品的渗透率值[式(13.7)]。

$$K = \frac{C_2 R_a^2 \left[(1-\phi)F_a + \phi\right] \mu C_g S_1}{\alpha_1^2} \tag{13.7}$$

式中，C_2 为单位换算因子；R_a 为碎屑样品的半径，cm；ϕ 为样品的孔隙度，%；F_a 为样品吸附的气体密度与总气体密度的比值；S_1 为剩余气体与样品排放气体体积比值的自然对数与时间关系曲线中直线段的斜率；α_1 为超越方程式的第一个根；C_g 为气体压缩系数，MPa^{-1}。

4. 压力恢复法

该方法由 Metwally 和 Sondergeld(2011)首先提出，Tinni 等(2012)也用这种方法测量了泥盆系和奥陶系页岩的渗透率，计算的页岩渗透率主要为 $10^{-6} \sim 10^{-3}\mathrm{mD}$。压力恢复法与压力衰减法的实验装置相似，只是实验方法存在一定的差异：压力恢复法测量页岩渗透率时，始终保持样品上游端压力为一定值(大于下游压力)，记录样品下游端的压力恢复数据，直至上下游压力相等时，停止实验(图 13.11)。

13.3.4　孔径分布分析技术

孔径分布通常采用高压压汞法、气体吸附法或核磁共振法获得。

1. 高压压汞法

通过高压条件下注入孔隙中汞的体积计算连通孔隙的孔隙度以及孔径分布，可探测

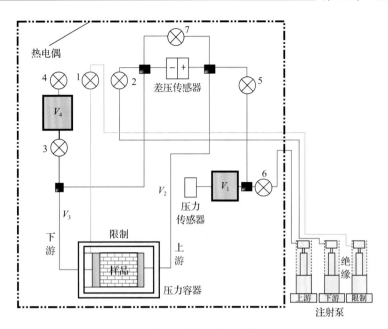

图 13.11　压力恢复法实验装置的示意图

V_1-上游扩展油藏，用于确定孔隙度；V_2、V_3-将容器连接到控制器系统的管道中的体积；V_4-下游扩展油藏，并且用于高渗透率样品。1～7 是气动恒流量阀

直径小至 3nm 的孔喉尺寸分布(最大压力 420MPa)。

图 13.12 为压汞毛细管压力曲线。在较低注入压力下，汞开始进入大孔隙，然后进入平稳阶段；在较高压力下，曲线开始变陡，Swanson(1981)提出弯曲"峰"或拐点的概念，表明致密气或含气页岩中存在较小的孔喉、微孔或纳米孔。使用 Laplace-Washburn方程计算不同压力对应的孔喉半径(Washburn，1921)。

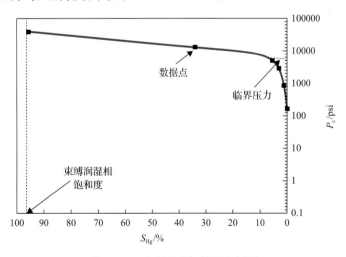

图 13.12　典型的毛细管压力剖面

仅凭借压汞实验并不能提供孔隙几何形状的完整特征(Chen and Song，2002)，因为它们是逐渐向多孔介质注入压力，并记录每一步的注入体积。这种压力控制型仪器测量

的是孔喉尺寸(孔隙入口半径),并检测不到孔隙尺寸(Churcher et al.,1991;Heath et al.,2011)。Rouquerol 等于 1994 年建立了孔径分类标准:微孔孔径小于 2nm,中孔孔径为 2~50nm,大孔孔径大于 50nm。

2. 气体吸附法

针对页岩中的纳米孔隙,常用气体吸附法测定其孔径分布,可同时获得比表面积等参数。常用的有低压 N_2 吸附与低压 CO_2 吸附两种类型,CO_2 要针对 2nm 以下的微孔,N_2 吸附则包含了介孔和部分微孔,应用更为广泛(Bustin et al.,2008)。气体吸附法对于大孔的分析误差较大,因此可将两种方法结合起来获得页岩从微孔到大孔的孔径分布特征。

低压吸附已经广泛应用于表面化学分析,以描述多孔材料性质,并用于描述页岩样品的纳米孔(Ross and Marc,2009;Kuila and Prasad,2011;Chalmers et al.,2012)。

低压氮气吸附(LPNA)测量在不同相对压力(P/P_0)条件下的吸附气量,其中 P 为系统内天然气的蒸气压,P_0 为吸附气体的饱和蒸气压。通常采用 BET 方程确定孔隙样品的表面积。相对孔径的孔隙体积分布称为孔径分布(PSD)。通常使用 BJH 模型和 DH 模型(Dollimore and Heal,1964)描述页岩孔径分布。

3. 核磁共振法

低场核磁共振是一种不破坏样品的分析技术,涉及水中存在的一种质子(氢 ^{1}H)的运动以及烃类流体相对于多孔岩石的运动。利用核磁共振来描述流体岩石系统的性质(如孔隙度、孔径分布和渗透率)广泛应用在石油行业中(Kenyon et al.,1995;Coates et al.,1999;Gabriela and Lorne,2000;Glorioso et al.,2003;Hidajat et al.,2003;Minh and Sundararaman,2006;Grunewald and Knight,2011)。

13.3.5 页岩微观结构图像分析技术

图像分析技术是利用微区观察技术对泥页岩中的孔隙直接进行观察,并对观察图像进行数值处理和定量分析。图像分析技术包括扫描电镜、透射电镜、原子力显微镜等二维图像分析以及计算机断层成像(computed tomography,CT)和聚焦离子束扫描电子显微镜(focused ion beam-scanning electron microscopy,FIB-SEM)等分析方法(图 13.13)。

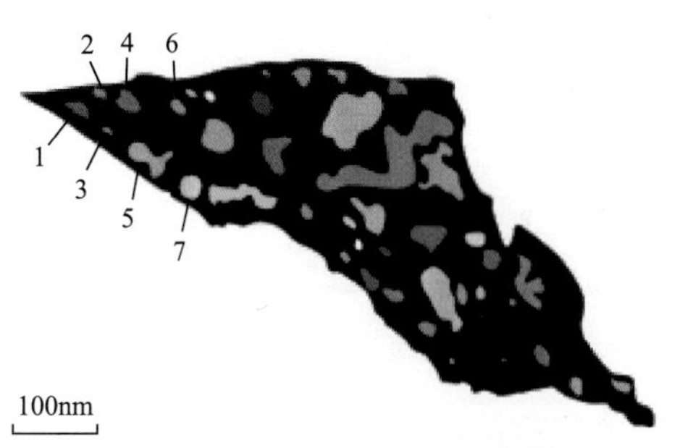

孔隙编号	面积/nm²	周长/nm	形状系数	长度/nm	宽度/nm
1	909.7	137.9	0.60	58.0	25.8
2	394.7	83.1	0.72	31.4	17.0
3	212.3	62.8	0.68	25.0	12.6
4	1285.9	143.6	0.78	51.8	34.0
5	2550.7	259.0	0.48	86.6	56.7
6	626.4	97.0	0.84	37.6	21.9
7	1554.7	143.2	0.95	47.3	43.0
⋮	⋮	⋮	⋮	⋮	⋮
平均值	1600.8	153.3	0.74	56.0	32.7

图 13.13 利用 PCAS 统计有机质孔(据 Bernards et al.,2013)

由于图像分析方法比较直观，在页岩孔隙特征研究方面广泛应用。虽然具有直观等优势，但存在两个方面的制约因素：一是图像分辨率通常不能涵盖整个页岩孔径范围，因此丢失了部分孔隙的信息；二是图像分析的区域通常在微米级别，在代表性方面存在不足。

1. 页岩微观结构图像分析技术

目前主要是采用微米 CT、纳米 CT 和扫描电镜等高分辨率扫描技术进行页岩样品的扫描成像。不同实验技术所采用的样品大小和分辨率有所不同：微米 CT 分辨率可达 1μm 左右；纳米 CT 分辨率可达 50nm 左右；扫描电镜分辨率最高可达 1nm 左右；聚焦离子束扫描电镜(FIB-SEM)，可以同时实现样品的切割和成像，将扫描电镜成像的范围从二维拓展到三维。结合利用上述三种实验技术，可较全面地定性认识页岩的微观孔隙结构。

2. 聚焦离子束扫描电镜显微镜

聚焦离子束扫描电镜显微镜主要用于页岩微观表征。设备主要组成为扫描电镜(SEM)和聚焦离子束(FIB)。SEM 已经获得了许多成果，如页岩有机质孔、无机质孔等分析(Loucks et al.，2009；Ambrose et al.，2010；Klimentidis et al.，2010)。在部分过成熟的富含有机质岩石中，原始有机物的体积中高达 50％由小于 100nm 的孔隙组成(Passey et al.，2010；Heath et al.，2011)。在 Wood 县、西弗吉尼亚州的 Utica 过成熟页岩中，有机质中的亚微米孔隙夹有黏土和碳酸盐(图 13.14)。只要有机物被碳酸盐或石英弹性颗粒"保护"，几乎看不到甚至没有发育亚微米孔。相反，如果有机物被黏土包裹，便会看到形成大量的孔隙。这表明由于气体的产生，黏土会变形并适应体积膨胀，而较硬的颗粒会阻止体积膨胀。因此 SEM 扫描在反映复杂岩性中孔隙系统演化细节方面非常有价值，可以探究孔隙形成原因。

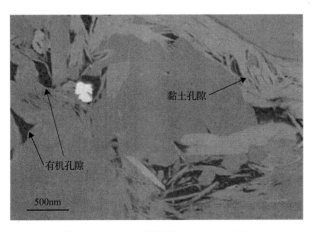

图 13.14　Utica 页岩的 FIB-SEM 切片

聚焦离子束 FIB-SEM 在地球科学中的应用越来越广泛(Goldstein et al.，2003)。该方法使用连续切片和成像，以生成连续的 SEM 图像集(通常为数百个)，从而可以对矿物质，有机物和孔隙进行三维(3D)可视化分析。从这些 3D 图像中，可以计算出孔隙度、孔径分布、干酪根体积分数和渗透率(Heath et al., 2011;Zhang and Klimentidis, 2011;Curtis et al., 2012;Landrot et al., 2012;Huang et al., 2013)。

Silin 和 Kneafsey(2012)对 FIB-SEM 应用程序遇到的一些问题进行了很好的讨论。尽管存在各种问题,但通过 FIB-SEM 进行纳米级成像仍具有许多优势。

13.4 可压性评价技术

一般来说,可压性研究中基于地质要素评价部分即可认为是脆/延性的评价,Li 等(2012)指出脆性越强,越倾向于形成裂缝网络,气井产能也越高。而脆性越差,岩石的塑性特征越明显,压裂过程中吸收的能量越多,岩石易形成简单形态的裂缝,在一定程度上降低了压裂改造效果。

13.4.1 岩石脆延性分析技术

脆性是岩石普遍具有的物理性质。一般而言,对于岩石类材料,脆性破坏前以弹性变形为主,峰值破坏时有显著应力降,断面发生膨胀,可形成显著的裂缝。非常规油气储层脆性评价中常用的评价方式主要有两种:一种是基于脆性矿物组成来计算,即脆性矿物含量越高,则脆性越强,方解石和白云石质量分数普遍较高,对页岩的脆性有重要的贡献。在利用脆性矿物含量法评价脆性时,脆性矿物组成仅是影响脆性的一个因素,还需综合晶粒结构、矿物成因、成岩作用程度等方面来综合评价。另一种是基于岩石的应力-应变关系衍生出的杨氏模量和泊松比这两个岩石力学弹性参数来计算,认为杨氏模量越高、泊松比越低的岩石脆性更强。

Rickman 等(2008)通过对美国页岩的统计分析,主张脆性的概念应该同泊松比和弹性模量结合起来,提出了基于归一化弹性模量和泊松比的脆性指数,认为泊松比能够反映岩石破坏能力。弹性模量能够表征裂缝保持能力,弹性模量越高、泊松比越低,脆性越强。因此,脆性评价理应采用岩石力学参数来评价。作为岩石力学参数的杨氏模量、泊松比与脆性有关,但这两个参数需开展岩石力学三轴压缩实验方能获取,对广泛发育页理、裂缝等薄弱面的页岩类样品而言,难以制备出满足实验要求的岩心柱塞样,从而限制了该方法在页岩力学脆性刻画上的应用(图 13.15)。

13.4.2 圆薄板脆性测试分析技术

采用岩石力学方法来开展页岩脆性评价时,需要考虑实验方法对样品制备的要求。无锡石油地质研究所开发了基于圆薄板理论的岩石脆性测试方法,所需样品为直径25mm、厚5mm 的岩石圆薄板,采用圆薄板中心单点加载方式,在微小受控载荷作用下逐渐产生变形直至破坏,获取载荷-挠度曲线,并基于材料力学中弹性薄板小挠度理论获取载荷强度、抗弯模量、最大中心挠度和脆性指数等关键评价参数,是一种适用于小样品的快捷高效的方法。四川盆地、塔里木盆地古生界和济阳拗陷中生界页岩样品的分析结果如图 13.16 所示。测试统计表明:川东南五峰组—龙马溪组和塔里木寒武系样

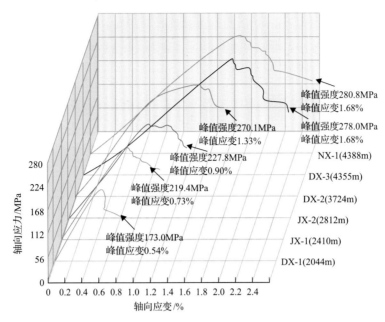

图 13.15　岩样在不同埋深环境下应力-应变曲线

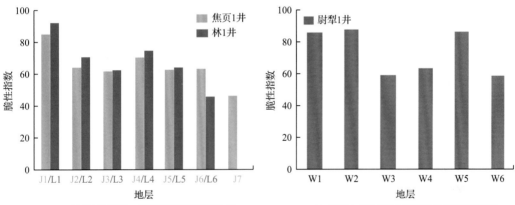

(a) 川东南五峰组—龙马溪组页脆特岩性征

(b) 塔里木盆地尉犁1井寒武系页岩脆性特征

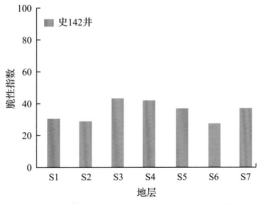

(c) 东部古近系沙三段、沙四段泥岩脆性特征

图 13.16　圆薄板页岩脆性指数测定

品所得脆性指数分布范围为 46～92，可认为其脆性介于较好—好；济阳拗陷沙河街组页岩样品脆性指数介于 26～42，脆性为中—差。由此可见，圆薄板页岩脆性测试为可压性评价提供了一种简单有效的评价方法。

13.4.3 泥页岩脆延转换分析

针对脆—延转化临界条件的定量确定提出了多种方法(Kohlstedt et al., 1995)。实验表明岩石脆延转化的变形特征与围压密切相关，认为在岩石的脆—延转化过程分为三个阶段：塑性阶段、脆—延转化和脆性阶段。脆—延转化判断准则主要基于 Byerlee 摩擦定律，而脆—塑转化的判断标准则比较复杂，需通过岩石蠕变试验获取连续性方程，并根据 Geotze 准则进行判断。Ishii 等(2011)利用泥岩超固结比定义为先期固结最大应力与当前承受应力的比值(用 OCR 表示)来计算的脆性系数，并根据脆性系数(BRI)划分了脆—延转化三个阶段：当 BRI<2 时，岩石表现为延性特征，不易产生裂隙；当 BRI 为 2～8 时，岩石处于脆—延过渡段，即半脆性—半延性段；当 BRI>8 时，岩石为脆性，易产生裂隙。

13.5 实验测试技术发展趋势

围绕含气性、储集性与可压性三个方面，展望实验技术的发展。

1. 含气性

准确计算损失气量是页岩含气性研究的重要方面，主要通过正演物理模拟估算损失气量。正演主要基于高温高压静动态仿真物理实验和多尺度数值仿真技术，明确高温高压条件下多组分多相态页岩气解吸规律和气液两相流动规律，揭示多场、多尺度、多相态耦合传输机制，建立相应的数学表征模型。以此为基础，结合同位素分析，研究页岩气在不同生产阶段的流动特征及分析模型，建立深层页岩气井产能预测模型。

2. 储集性

重点攻关两项技术：一是多尺度孔隙结构有效性及连通性的综合表征技术，由于页岩孔隙大小在纳米至微米级，单一的研究方法往往不能全面反映页岩孔隙特征，因此往往需要将多种分析方法综合起来进行研究，采用多尺度综合分析过程中面临着如何将不同方法进行结合的问题；二是页岩无机孔与有机孔协同演化特征模拟技术，聚焦深层页岩热演化与成岩过程，通过高温、高压、高应力条件下硅质成因、黏土矿物演化等多种成岩作用分析和有机孔形成研究，查明有效孔形成与保持机制，研究深层页岩的晚期抬升过程中构造改造和晚期机械压实作用对深层页岩储层的影响研究，揭示深层页岩有效储层形成与保存机理。

3. 可压性

可压性评价受控于地质和工程两方面，目前表征技术主要侧重于岩石脆性评价。可压性不是单纯的静态评价，必须运用动态思维，即需考虑地层所处温度、压力、应力条件以及成岩演化过程以及后期的构造抬升等因素。因此，在可压性的综合评价指标体系中，需重点考虑上述条件对脆—延转化的影响。其次，现阶段针对岩石类脆—延转化的评价鲜有考虑孔隙流体的影响，高温高压下孔隙水的存在可能较大程度上影响岩石的流变特征。另外，评价可压性的目的在于评价裂缝的扩展能力及其有效沟通特征，除考虑岩石力学性质及其破坏以外，裂缝扩展过程的刻画以及相应渗流能力的动态演化也将是研究的重点。

参 考 文 献

郭天魁, 张士诚, 葛洪魁. 2013. 评价页岩压裂形成缝网能力的新方法. 岩土力学, 34(4): 947-954.

李庆辉, 陈勉, 金衍, 等. 2012. 页岩脆性的室内评价方法及改进. 岩石力学与工程学报, 31(8): 1680-1685.

李玉喜, 乔德武, 姜文利, 等. 2011. 页岩气含气量和页岩气地质评价综述. 地质通报, 30(Z1): 308-317.

聂海宽, 何治亮, 刘光祥, 等. 2020. 中国页岩气勘探开发现状与优选方向. 中国矿业大学学报, (1): 13-35.

祁攀文, 姜呈馥, 刘刚, 等. 2016. 鄂尔多斯盆地三叠系陆相页岩含气性及页岩气赋存状态. 东北石油大学学报, (2): 11-18.

汤庆艳, 张铭杰, 余明, 等. 2013. 页岩气形成机制的生烃热模拟研究. 煤炭学报, 38(5): 742-747.

唐颖, 邢云, 李乐忠, 等. 2012. 页岩储层可压裂性影响因素及评价方法. 地学前缘, (5): 356-363.

田华, 张水昌, 柳少波, 等. 2012. 致密储层孔隙度测定参数优化. 石油实验地质, 34(3): 334-339.

王磊, 李克文, 赵楠, 等. 2015. 致密油储层孔隙度测定方法. 油气地质与采收率, 22(4): 49-53.

王松, 杨洪志, 赵金洲, 等. 2016. 页岩气井可压裂性综合评价方法研究及应用. 油气地质与采收率, 23(2): 121-126.

王曦蒙, 刘洛夫, 汪洋, 等. 2019. 川南地区龙马溪组页岩高压甲烷等温吸附特征. 天然气工业, 39(12): 32-39.

王永辉, 卢拥军, 李永平, 等. 2012. 非常规储层压裂改造技术进展及应用. 石油学报, 33(A01): 149-158.

徐旭辉, 郑伦举, 马中良. 2016. 泥页岩中有机质的赋存形态与油气形成. 石油实验地质, 38(4): 423-428.

徐学敏, 汪双清, 孙玮琳, 等. 2016. 一种页岩含气性热演化规律研究的模拟实验方法. 岩矿测试, (2): 186-192.

俞凌杰, 范明, 陈红宇, 等. 2015. 富有机质页岩高温高压重量法等温吸附实验. 石油学报, 36(5): 557-563.

张金川, 张琴, 张德明, 等. 2008. 页岩气及其勘探研究意义. 现代地质, 22(4): 640-646.

张涛, 张希巍. 2017. 页岩孔隙定性与定量方法的对比研究. 天然气勘探与开发, 40(4): 34-43.

朱亮亮. 2013. 页岩含气量实验方法与评价技术. 北京: 中国地质大学(北京).

Ambrose R J, Hartman R C, Diaz-Campos M, et al. 2010. New pore-scale considerations for shale gas-in-place calculations//SPE Unconventional Gas Conference, Pittsburgh.

Bernard S, Bowen L, Wirth R, et al. 2013. FIB- SEM and TEM investigations of an organic-rich shale maturation series from the Lower Toarcian Posidonia Shale, Germany: Nanoscale pore system and fluid-rock interactions//Camp W K, Diaz E, Wawak B. Electron Microscopy of Shale Hydrocarbon Reservoir: AAPG Memoir 102. Tulsa: The American Association of Petroleum Geologists: 53-66.

Bertard C, Bruyet B, Gunther J. 1970. Determination of desorbable gas concentration of coal (direct method). International Journal of Rock Mechanics and Mining Science & Geomechanics Abstracts, 7(1): 43-65.

Boyer C, Kieschnick J, Suarez-Rivera R E, et al. 2006. Producing gas from its source. Oilfield Review, 18: 36-49.

Bustin R M, Bustin A M, Cui X, et al. 2008. Impact of shale properties on pore structure and storage characteristics//SPE Gas Shale Production Conference, Fort Worth.

Chalmers G R, Bustin R M, Power I M. 2012. Characterization of gas shale pore systems by porosimetry, pycnometry, surface area, and field emission scanning electron microscopy/transmission electron microscopy image analyses: Examples from the Barnett, Woodford, Haynesville, Marcellus, and Doig units. AAPG Bulletin, 96: 1099-1119.

Chen M J, Kang Y L, Zhang T S, et al. 2018. Methane adsorption behavior on shale matrix at in-situ pressure and temperature conditions: Measurement and modeling. Fuel, 228: 39-49.

Chen Q, Song Y Q. 2002. What is the shape of pores in natural rocks. The Journal of Chemical Physics, 116: 8247-8250.

Chong K K, Grieser W V, Passman A, et al. 2010. A completions guide book to shale-play development: A review of successful approaches toward shale-play stimulation in the last two decades//Canadian Unconventional Resources and International Petroleum Conference, Calgary.

Churcher P L, French P R, Shaw J C, et al. 1991. Rock properties of Berea sand stone, baker dolomite, and Indiana limestone//SPE International Symposium on Oilfield Chemistry, Anaheim.

Clarkson C R, Haghshenas B. 2013. Modeling of supercritical fluid adsorption on organic-rich shales and coal//SPE Unconventional Resources Conference-USA. Society of Petroleum Engineers.

Clarkson C R, Jensen J L, Pedersen P K, et al. 2012. Innovative methods for flow-unit and pore-structure analyses in a tight siltstone and shale gas reservoir. AAPG Bulletin, 96(2): 355-374.

Coates G R, Xiao L, Prammer M G. 1999. NMR Logging Principles and Applications. Houston: Halliburton Energy Services.

Cui X, Bustin A M M, Bustin R M. 2009. Measurements of gas permeability and diffusivity of tight reservoir rocks: Different approaches and their applications. Geofluids, 9(3): 208-223.

Curtis J B. 2002. Fractured shale-gas systems. AAPG Bulletin, 86(11): 1921-1938.

Curtis M E, Sondergeld C H, Ambrose R J, et al. 2012. Microstructural investigation of gas shales in two and three dimensions using nanometer-scale resolution imaging microstructure of gas shales. AAPG Bulletin, 96(4): 665-677.

Dang W, Zhang J C, Tang X, et al. 2018. Investigation of gas content of organic-rich shale: A case study from Lower Permian shale in southern North China Basin, central China. Geoscience Frontiers, 9(2): 559-575.

Darabi H, Ettehad A, Javadpour F, et al. 2012. Gas flow in ultra-tight shale strata. Journal of Fluid Mechanics, 710: 641.

Decker A D, Hill D G, Wicks D E. 1993. Log-based gas content and resource estimates for the Antrim shale, Michigan Basin//Low Permeability Reservoirs Symposium, Denver.

Dollimore D, Heal G R. 1964. An improved method for the calculation of pore-size distribution from adsorption data. Journal of Applied Chemistry, 14: 109-114.

Dubinin M M. 1960. The potential theory of adsorption of gases and vapors for adsorbents with energetically nonuniform surfaces. Chemical Reviews, 60(2): 235-241.

Gabriela A M, Lorne A D. 2000. Petrophysical measurements on shales using NMR//SPE/AAPG Western Regional Meeting, Long Beach.

Glorioso J C, Aguirre O, Piotti G, et al. 2003. Deriving capillary pressure and water saturation from NMR transversal relaxation times//SPE Latin American and Caribbean Petroleum Engineering Conference, Port-of-Spain, Trinidad and Tobago.

Goldstein J, Newbury D E, Joy D C, et al. 2003. Scanning Electron Microscopy and X-ray Microanalysis. 3rd ed. New York: Springer.

Gottlieb P, Wilkie G, Sutherland D, et al. 2000. Using quantitative electron microscopy for process mineralogy applications. Journal of the Minerals, Metals and Materials Society, 52(4): 24, 25.

Grunewald E, Knight R A. 2011. Laboratory study of NMR relaxation times in unconsolidated heterogeneous sediments. Geophysics, 76: G73-G83.

Guo T, Zhang S, Ge H, et al. 2015. A new method for evaluation of fracture network formation capacity of rock. Fuel, 140: 778-787.

Heath J E, Dewers T A, McPherson B J O L, et al. 2011. Pore networks in continental and marine mudstones: Characteristics and controls on sealing behavior. Geosphere, 7(2): 429-454.

Hidajat I, Singh M, Mohanty K K. 2003. NMR response of porous media by random walk algorithm: A parallel implementation. Chemical Engineering Communications, 190(12): 1661-1680.

Huang J, Cavanaugh T, Nur B. 2013. An introduction to SEM operational principles and geologic applications for shale hydrocarbon reservoirs. American Association of Petroleum Geologists, 102: 1-6.

Ishii E, Sanada H, Funaki H, et al. 2011. The relationships among brittleness, deformation behavior, and transport properties in mudstones: An example from the Horonobe Underground Research Laboratory, Japan. Journal of Geophysical Research: Solid Earth, 116(B9): 26-31.

Jin X, Shah S N, Roegiers J C. et al. 2014. Fracability evaluation in shale reservoirs-an integrated petrophysics and geomechanics approach//SPE Hydraulic Fracturing Technology Conference, The Woodlands.

Josh M, Esteban L, Delle Piane C, et al. 2012. Laboratory characterisation of shale properties. Journal of Petroleum Science and Engineering, 88: 107-124.

Kenyon W E, Takezaki H, Straley C, et al. 1995. A laboratory study of nuclear magnetic resonance relaxation and itsrelation to depositional texture and petrophysical properties-CarbonateThamama Group, Mubarraz Field, Abu Dhabi//Middle East Oil Show, Bahrain.

King G E. 2010. Thirty years of gas shale fracturing: what have we learned// SPE Annual Technical Conference and Exhibition, Florence.

Kissell F N, Mcculloch C M, Elder C H. 1973. The direct method of determining methane content of coal beds for ventilation design. Pittsburgh: USA Bureau of Mines Report of Investigations: 1-17.

Kleinberg R L, Kenyon W E, Mitra P P. 1994. Mechanism of NMR relaxation of fluids in rock. Journal of Magnetic Resonance Series A, 108: 206.

Klimentidis R, Lazar O R, Bohacs K M, et al. 2010. Integrated petrography of mudstones//AAPG Annual Convention, New Orleans.

Kohlstedt D L, Evans B, Mackwell S J. 1995. Strength of the lithosphere: Constraints imposed by laboratory experiments. Journal of Geophysical Research Solid Earth, 100(B9): 17587-17602.

Kuila U, Prasad M. 2011. Surface area and pore-size distribution in clays and shales//SPE Annual Technical Conference and Exhibition, Denver.

Landrot G, Ajo-Franklin J B, Yang L, et al. 2012. Measurement of accessible reactive surface area in a sandstone, with application, to CO2 mineralization. Chemical Geology, 318-319: 113-125.

Lewis R, Ingraham D, Pearcy M, et al. 2004. New evaluation techniques for gas shale reservoirs//Reservoir Symposium, Schlumberger.

Li Q H, Chen M, Jin Y, et al. 2012. Laboratory evaluation method and improvement of shale brittleness. Chinese Journal of Rock Mechanics and Engineering, 31(8): 1680-1685.

Liu K, Ostadhassan M, Zhou J, et al. 2017. Nanoscale pore structure characterization of the Bakken shale in the USA. Fuel, 209: 567-578.

Loucks R G, Reed R M, Ruppel S C, et al. 2009. Morphology, genesis, and distribution of nanometer scale pores in siliceous mudstones of the Mississippian Barnett Shale. Journal of Sedimentary Research, 79: 848-861.

Loucks R G, Reed R M, Ruppel S C, et al. 2012. Spectrum of pore types and networks in mudrocks and a descriptive classification for matrix-related mud rock pores. AAPG Bulletin, 96(6): 1071-1098.

Luffel D L, Guidry F K. 1992. New core analysis methods for measuring reservoir rock properties of Devonian Shale. Journal of Petroleum Technology, 44(11): 1184-1190.

Maex K, Baklanov M R, Shamiryan D L, et al. 2003. Low dielectric constant materials for microelectronics. Journal of Applied Physics, 93(11): 8793-8841.

Metwally Y M, Sondergeld C H. 2011. Measuring low permeability of gas sands and shales using a pressure transmission technique .International Journal of Rock Mechanics & Mining Science, 48(7): 1135-1144.

Minh C C, Sundararaman P. 2006. NMR petrophysics in thin sand/shale laminations//SPE Annual Technical Conference and Exhibition, San Antonio.

Mullen M, Roundtree R, Barree B. 2007. A composite determination of mechanical rock properties for stimulation design (what to do when you don't have a sonic log)[C]//SPE Rocky Mountain Petroleum Technology Conference/Low-Permeability Reservoirs Symposium, Calgary. SPE-108139-MS.

Ozawa S, Kusumi S, Ogino Y. 1976. Physical adsorption of gases at high pressure. IV. An improvement of the Dubinin-Astakhov adsorption equation. Journal of Colloid & Interface Science, 56 (1) : 83-91.

Passey Q R, Bohacs K M, Esch R, et al. 2010. From oil-prone source rock to gas-producing shale reservoir-Geologic and petrophysical characterization of unconventional shale-gas reservoirs//International Oil and Gas Conference and Exhibition in China, Beijing.

Reich R, Ziegler W T, Rogers K A. 1980. Adsorption of methane, ethane, and ethylene gases and their binary and ternary mixtures and carbon dioxide on activated carbon at 212-301K and pressures to 35 atmospheres. Industrial & Engineering Chemistry Process Design & Development, 19 (3) : 907-910.

Rickman R, Mullen M J, Petre J E, et al. 2008. A practical use of shale petrophysics for stimulation design optimization: All shale plays are not clones of the Barnett shale//SPE Annual Technical Conference and Exhibition, Denver.

Ross D J K, Bustin R M. 2007. Impact of mass balance calculations on adsorption capacities in microporous shale gas reservoirs. Fuel, 86 (17-18) : 2696-2706.

Ross D J K, Marc B R. 2009. The importance of shale composition and pore structure upon gas storage potential of shale gas reservoirs. Marine and Petroleum Geology, 26 (6) : 916-927.

Rother G, Horita J, Littrell K C, et al. 2010. Sorption and wetting properties of pore fluids probed by neutron scattering techniques. Geochimica et Cosmochimica Acta, 74 (12) : A886.

Rouquerol J, Avnir D, Fairbridge C W, et al. 1994. Recommendations for the characterization of porous solids. Pure and Applied Chemistry, 66 (8) : 1739-1758.

Rushing J A, Newsham K E, Blasingame T A. 2008. Rock typing-keys to understanding productivity in tight gas sands//SPE Unconventional Reservoirs Conference, Keystone.

Shaw J C, Reynolds M M, Burke L H. 2006. Shale gas production potential and technical challenges in western Canada//Canadian International Petroleum Conference, Calgary.

Shtepani E, Noll L A, Eloedl L W, et al. 2010. A new regression-based method for accurate measurement of coal and shale gas content. SPE Journal, 13 (2) : 359-363.

Silin D, Kneafsey T. 2012. Shale gas: Nanometer-scale observations and well modelling. Journal of Canadian Petroleum Technology, 51: 464-475.

Swanson B F. 1981. A simple correlation between permeabilities and mercurycapillary pressures. SPE Journal of Petroleum Technology, 33 (12) : 2498-2504.

Tinni A, Fathi E, Agarwal R, et al. 2012. Shale permeability measurements on plugs and crushed samples//SPE Canadian Unconventional Resources Conference, Calgary.

Ulery J P, Hyman D M. 1977. The modified direct method of gas content determination: Applications and results//Proceedings of the 1991 Coalbed Methane Symposium. Tuscaloosa: The University of Alabama.

Wang D, Ge H, Wang X, et al. 2015. A novel experimental approach for fracability evaluation in tight-gas reservoirs. Journal of Natural Gas Science and Engineering, 23: 239-249.

Washburn E W. 1921. Note on a method of determining the distribution of pore sizes in a porous material. Proceedings of the National Academy of Sciences of the United States of America, 7: 115, 116.

Xu S, Lü X X, Shen Y Q, et al. 2018. A modified supercritical Dubinin–Radushkevich model for the accurate estimation of high pressure methane adsorption on shales. International Journal of Coal Geology, 193: 1-15.

Yee D, Seidle J P, Hanson W B, 1993. Gas sorption on coal and measurement of gas content//Law B E, Rice D D. Hydrocarbons from Coal, vol. 38. American Association of Petroleum Geologists, Studies in Geology, Tulsa.

Zahid S, Bhatti A, Khan H, et al. 2007. Development of unconventional gas resources: Stimulation perspective//Production and Operations Symposium, Oklahoma City.

Zhang D C , Ranjith P G, Perera M S A. 2016. The brittleness indices used in rock mechanics and their application in shale hydraulic fracturing: A review. Journal of Petroleum Science and Engineering, 143: 158-170.

Zhang S, Klimentidis R E. 2011. Porosity and permeability analysis on nanoscale FIB–SEM 3D imaging of shale rock//International

Symposium of the Society of Core Analysts, Austin.

Zhang Z R, Hu W X, Song X Y, et al. 2014. A comparison of results from two different flash pyrolysis methods on a solid bitumen sample. Organic Geochemistry, 69: 36-41.

第 14 章

钻 井 技 术

美国主要采用先进适用技术的集成和综合应用，突出工厂化作业、技术个性化、新型适用技术推广，钻井效率和效益不断提升。钻井技术的创新发展与高度的专业化协作，大幅降低了综合成本，加快页岩气开发进程。在旋转导向、地质导向、高效 PDC 钻头、高性能钻井液、自动化钻机等页岩气钻井核心技术方面，美国处于领先地位。

中国实施"走出去、引进来"，在极短时间内完成了页岩气开发技术的复制与创新。钻井技术系列完整、自主化程度高，与北美主体技术相比并无本质差别，但在地质条件、配套装备、核心技术水平、组织管理模式等方面又存在差异，优化升级中国特色页岩气开发钻井技术和模式还任重道远。

14.1　美国页岩气钻井主体技术

美国页岩气钻井技术可分为三代："一代"技术主要是由直井向水平井的转变，并逐步规模化应用，缩短钻井周期；"二代"技术则体现在工厂化作业，自动化钻机和 PDC 钻头、钻井液等技术个性化，钻井成本不断降低；"三代"技术的标志是超长水平井、超级一趟钻高效复制，以及智能化、信息化技术的发展。

14.1.1　丛式水平井技术

1. 水平井技术

水平井技术在石油工业中并不是一项新技术，但它对页岩气开发却有着重大意义。2002 年，Devon 能源公司开拓性地在 Barnett 试验了 7 口页岩气水平井，通过滑溜水多级压裂，沟通了更多的天然裂缝，大幅增加了储层的泄流面积，单井产量和控制储量达到直井的 3～4 倍。在随后的 5 年间，Barnett 页岩气水平井数迅速增加到近 5000 口，水平井段长度在 300～1100m，2008 年后钻井技术高速发展并趋于成熟，水平段长达到 1500～

3000m。

水平井延伸范围大、控制面积广(图 14.1)，较直井开发大大减少了井场数量，水平井技术的应用推动了页岩气规模发展，是实现页岩气效益开发的关键技术之一。

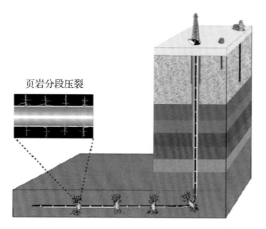

图 14.1　页岩气水平井及分段压裂技术

2. 丛式井组布局

20 世纪 30 年代开始，北美在一个井场集中部署多口井，以减少占地面积、提高作业效率，同时可大大降低投资成本、减少环境破坏，井数越多，效益越明显。丛式井组的规模应用推动了页岩气工业化进程。

1)地下井网部署

页岩气丛式井组地下井网采用沿最小主应力的双向平行井眼展布，能够最大限度地动用储量，利于后期大型体积压裂改造并形成复杂缝网。

常规丛式井布井方式存在一定面积的改造盲区(如图 14.2 阴影部分所示)，可采用交叉式布井，利用两个水平井组对互相的开发盲区进行开发(图 14.3)，这种方式需要增大开发盲区的长度(即增大垂直靶前距)来与水平段长度相匹配，如水平段长度设置为1500m，则垂直靶前距需 750m 左右，工程难度相应增大，对地面条件要求相对较高。

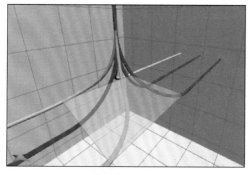

图 14.2　丛式井平台开发盲区示意图

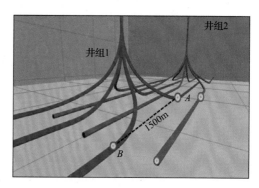

图 14.3　交叉式布井示意图

2)地面井口布置

为实现流水线作业,井场部署需要综合考虑钻井和压裂施工车辆及配套设施的布局。美国多数油气区地形平坦开阔,页岩气丛式水平井平台成功经验是按单排"一"字形井口布局(图 14.4),这种方式可降低钻井难度和风险,也利于"工厂化"作业采用连续轨道实现钻机快速平移,最大化降低无效怠工时间,且有利于压裂车组布局。开发进程中,除了最优的"一"字形布局方式外,还尝试有多排、环形、不规则形等多种布局(图 14.5),主要还是优先考虑保障地下井网的实施,并充分利用自然环境、地形条件,同时使占地面积最小化。

图 14.4 丛式水平井组规模开发示意图

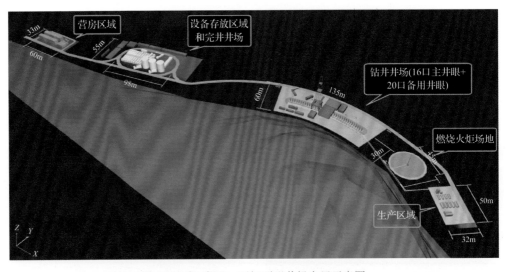

图 14.5 长-窄形、不规则形井场布局示意图

页岩气丛式井地下平行井网决定了其三维水平井特性。钻井平台上井数越多,工程作业难度越大、平台气井投产周期越长,虽然存在超 30 口井的平台,但大多数井场部署

井数不超过 10 口。随着技术发展和立体开发需要,钻井平台呈现出向更密集井丛布置的发展趋势。

14.1.2 工厂化作业

1. 工厂化作业的概念和特点

工厂化作业以实现效益最大化为目标,应用系统工程的思想和方法,集中配置人力、物力、投资、组织等要素,采用现代科学技术、信息技术和管理手段(伍贤柱等,2019),将各项工作标准化和流程化,实现大规模、批量施工作业模式,具有系统化、集成化、标准化、流程化、批量化、规模化等基本特征。

北美在丛式水平井和多级压裂的基础上创新形成了工厂化钻井、工厂化压裂高效作业方式(图 14.6、图 14.7),最早由加拿大 EnCana 能源公司提出,迅速提升了生产效率和资源利用率,大幅降低了作业成本,实现了页岩气、致密油的有效开发。

图 14.6 美国中部页岩气井工厂化模式开发　　图 14.7 北美 22 口井井场现场图

工厂化钻完井主要有两种方式:一是批量钻完井后移走钻机,统一进行工厂化压裂、投产;二是以流水线的方式,实现边钻井、边压裂、边生产的同步作业。依据开发区的地形、环境条件,美国普遍采用第二种作业模式。

美国页岩气工厂化钻井具有以下几个方面的特点:

(1)规模部署丛式水平井组,最大限度地动用地质储量,区域资源共享,简化单个钻井平台配置。

(2)批量钻井技术,起源于海洋钻井,分开次、分工艺的流水化钻井作业,连续重复进行有固定模式的批处理工作,并持续改进,集中使用工具材料和技术措施。

(3)整体快速移动钻机,广泛应用于页岩气丛式井组钻井,能节省大量作业时间。装备自动化程度高,人员成本低、作业效率高。

(4)交叉作业,通过大量的离线作业或脱机作业(不占用井口操作,如离开钻机转盘进行组合、拆卸立柱,无钻机固井测井等),提高作业机利用率,缩短建产时间。

(5)重复利用技术,钻井工程上主要是指水基钻井液和油基钻井液的回收再利用,以及废弃物的处理和资源化利用,克服成本和环境污染问题,实现低成本安全有效生产。

（6）除了技术和装备的创新，更依赖于管理模式的创新，管理模式和团队起着至关重要的作用，强调各方的密切协作、一体化的项目管理，实现各个作业环节的无缝衔接，完成一个施工周期后，迅速总结并再次改进。

2. 工厂化钻井关键技术

1）平台部署设计

布井原则是利用最小的丛式井井场使钻井开发井网覆盖区域最大化，为后期的批量化钻井作业、压裂施工奠定基础，使地面工程及生产管理也得到简化，需要综合考虑地理地形特征、钻机工作能力、钻井工程难度、轨迹控制能力、当地环保要求等。

美国 Barnett 页岩气区块曾经一个井场钻了 36 口井（图 14.8），这种大平台密集布井会减少征地费用和钻井成本，便于统一管理，但工程难度会大大增加。以 Barnett 页岩气区水平段间距 300m 计算，平台井最大横向偏移距至少要 2000m，对于这种储层埋深较浅的页岩气区块，轨迹控制和井眼质量要求极高。另外，即使采用多钻机作业，井数和井深的增加也会导致整个平台建井周期长达 1～2 年，往往需要分阶段实施。因此，多数井场主要是单排 4～8 口井，少数双排 20 口井左右，排间距 40～50m，每排邻井井口间距 10～25m。

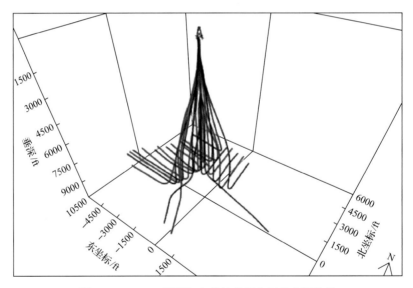

图 14.8　Barnett 页岩气多井钻井平台复杂井眼轨迹

近年来，美国页岩气水平段间距呈缩小趋势，如 EOG 公司在 Eagle Ford 盆地，井距由 300m 减小到 100m，并试验 W 形布井方式（图 14.9），井间距仅 60～80m，以增加页岩油气的采出率。小井间距为发展多井丛式井组创造了条件，但需优化配套的压裂工艺和参数，W 形布井方式更适用于优质储层较厚的立体开发，并不能单纯地复制到所有的页岩气区。

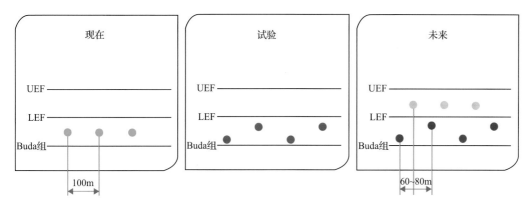

图 14.9 Eagle Ford 页岩优化井间距

UEF 表示 Eagle Ford 组上段；LEF 表示 Eagle Ford 下段

2）井眼轨迹设计和控制技术

工厂化作业模式下井眼轨迹设计和控制的核心目标是最大程度地增大井筒与目标储层的接触面积，通过设计优化和精准导向，实现高钻遇长度和高钻遇率，并确保井间防碰安全。

常规水平井进入水平段前存在一定靶前位移，而丛式井组采用相反的双向水平井部署，使得井场正下方存在一定的空白带，导致"开发盲区"的资源难以动用。除尝试交叉式布井外，主要采用中—长曲率半径水平井，将狗腿度控制在 6°～20°/30m，通过缩短靶前位移来减少开发盲区，如 Bakken 页岩水平井狗腿度通常都在 6°/30m 以上。

页岩气水平井具有三维特性，需要根据不同的储层埋深、横向偏移距选取合适的造斜点、偏移方位和偏移井斜角，而不同的偏移方位将直接影响靶前位移的大小。Barnett 页岩、Marcellus 页岩多运用"勺"形井眼轨迹(图 14.10)，这种鱼钩式的井眼轨迹有利于丛式井组的浅层防碰，并减少钻井进尺，并将靶前位移缩小至 50～180m，甚至零靶前位移，大幅度提高储量动用。

针对页岩气水平井缩短靶前距的技术要求，研发出了高造斜率(16°～18°/30m)旋转导向工具，能实时高效地调整井眼轨迹，具有摩阻扭矩小、机械钻速高、井眼轨迹平滑等优点，在水平段长不断增加的水平井钻井中已普遍应用。

3）批量钻井技术

批量钻井技术起源于海洋钻井，北美在 20 世纪 80～90 年代进行改进和完善后开始大量在石油工业应用，其主要做法是通过移动钻机，分开次、分工艺依次对多口井的相似井段实施流水化钻井作业，完固井后再顺次批处理下一井段。整个过程中，钻井、固井、测井乃至压裂设备无停待，实现设备、材料利用的最大化，多个工序并行作业达到无缝衔接，从而缩短建井周期，降低工程成本。

批量钻井遵循学习曲线法则，需要多口井连续积累和改进，才能逐渐显现效益，因此可靠的"甜点"区域和大量落实的井位是实现批量钻井和工厂化作业的保障。例如委内瑞拉外海的特立尼达岛和多巴哥岛的多个批量钻井项目,由于该地区油气田在 21 世纪初已经进入衰竭期,单井油气产能不落实、布井规模不确定,并未得到好的投资回报。

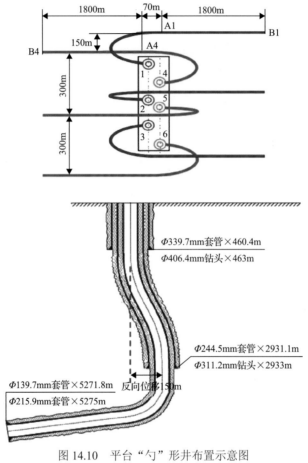

图 14.10 平台"勺"形井布置示意图

1~6 表示井号;A 表示入靶点;B 表示出靶点

美国 Southwester Energy 公司在 Fayetteville 页岩气区作业,通过学习曲线法则,2007~2011 年在水平段长由 810m 增长至 1500m 的情况下,历年钻井周期逐步缩短,2011 年 650 口水平井中,有 104 口水平井的钻井周期不超过 5 天,提速效果明显,且单井钻井成本控制在 280 万美元左右,还略有下降。

美国页岩气批量钻井包含大小钻机模式和交叉作业模式。

(1)大小钻机模式是采用车载钻机或小钻机,集中完成一个平台数口井或一个区域数十口井上部井段施工,再采用大钻机批量实施下部井段。有的页岩气区块钻井周期仅 7~12 天,就是采用这种方式缩短了大钻机作业周期,大大提高了设备利用率,降低了成本。

(2)交叉作业模式涵盖较为广泛,实际是作业程序的标准化设计,是指在同一场地上进行不同井的钻井、完井及生产等作业,搬家次数更少、钻井效率更高、投产周期更短(图 14.11)。一是双钻机或多钻机同步钻井作业,缩短平台钻井周期,较广泛地应用于美国页岩气钻井;二是利用辅助小井架、橇装上扣机等离线钻井设备,实现无钻机测井、固井(图14.12),减少钻机占用时间,提高钻机进尺工作时效,是更高效的无缝衔接作业方式,但目前还没有普遍应用;三是流水线式钻井、完井、压裂和生产,即在同一井场可以边钻井、边压裂、边生产,以缩短投资回报期,这一作业模式对井场规模、布局和周边环境有更高的要求,在条件优越的美国页岩气区块得以实现(图14.13)。

图 14.11　交叉作业示意图　　　　　　　图 14.12　无钻机固井作业

图 14.13　区域集中实施批量作业

4) 可移动钻机

快速移动钻机是实行批量钻井的必备手段,国外有滑轨式和步进式两种,可实现纵横两个方向带钻具和井口封井器组的整体移动,同场移动 60m(约 200ft)距离仅需 7h (图 14.14)。滑移式钻机有 Savanna 钻机、Rack 和 Pinion 移动钻机,以及 Sparta 模块式钻机等,步进式钻机有 GES 型八向行走钻机、Nabors 快速移动钻机、FlexRig 陆地钻机和 APEX 钻机等(陈平等,2014)。

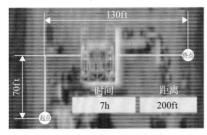

(a) 步进式钻井间快速平移　　　(b) 钻机带钻具整体平移　　　(c) 钻机带封井器整体平移

图 14.14　国外钻机带钻具、封井器组井间快速移动

随着工厂化作业日益盛行，美国工厂化作业钻机的数量和占比快速增长。到 2013
年底，井工厂作业钻机数量增至大约 550 台，在用的 1705 台陆地钻机中工厂化作业钻机
约占 30%；2014 年增至 640 台左右，占在用陆地钻机数量的 35%。2018～2019 年随着
油价波动，美国活跃的石油和天然气钻机约 988 台，进入 2020 年后已逐步下降至 700
余台(图 14.15)。

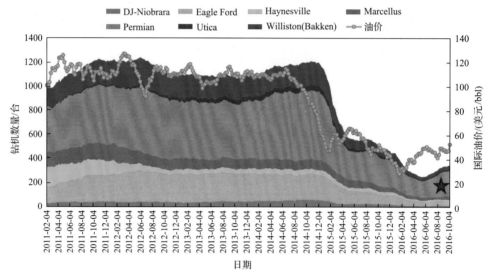

图 14.15　北美七大页岩油气产区活跃钻机数量与油价变化图

尽管美国陆地钻机总量明显过剩，但页岩油气、致密油气的大开发推动美国陆地钻
机进入新的一轮更新换代——用工厂化作业钻机替代传统钻机，也就是用交流变频电驱
动钻机替代直流电驱动钻机和机械钻机，用自动化钻机替代老式落后钻机，从而彻底改
变了美国陆地钻机队伍的构成。另外，为了进一步降低钻机作业成本，有的钻机设计趋
于小型化，利用更少更轻的模块组件，快速拆卸和组装，减少了搬迁运载车次，同时还
具备柴油和天然气双燃料系统，可以节省柴油用量及运输成本。

(1)先进的驱动方式。

除传统的机械驱动之外，主要包括电驱动和液压驱动，这两种钻机的运移性好。电
驱动钻机以电代油，可大大降低噪声和运行成本，特别适合人口稠密的地区。

近年来美国交流变频电驱动钻机的数量和占比不断增加，2014 年钻机市场规模达到
高峰，新增的工厂化作业钻机几乎全部是交流变频电驱动钻机。在用的陆地钻机中，电
驱动钻机的占比从 2008 年的 49%增至 2014 年的 69%，其中交流变频电驱动钻机的占比
从 2008 年的 15%陡增至 2014 年的 41%，目前动用率超过 70%(图 14.16)。

(2)井间快速移动能力。

工厂化作业在美国页岩油气大开发中催生了一种新型钻机——工厂化作业钻机，即
井间快速移动钻机。

用传统方式将常规钻机从一个井口移动到下一个井口往往要花 3～4 天，搬迁效率低，
劳动强度高，很难满足工厂化作业模式对提速提效的需求。工厂化作业钻机配备滑轨式

和步进式井间快速移动系统后，可实现满钻具快速移动。

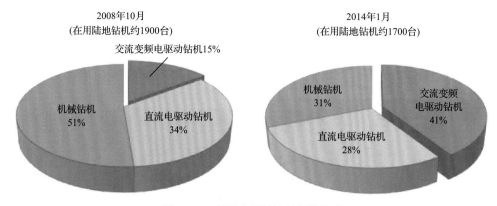

图 14.16 美国在用陆地钻机数构成

滑轨系统有单向滑轨和双向滑轨两类。单向滑轨系统适合钻单排井，双向滑轨系统由地面滑轨系统和钻台平移系统构成，使钻机可做前后、左右移动(图 14.17)，既适合钻单排井，又适合钻双排井。

图 14.17 配备双向滑轨系统的钻机

步进系统亦称自走系统。在钻机底座的四个角各装一个液压装置(图 14.18)，相当于 4 个液压大脚，一步一步地移动钻机。一些先进的步进系统能实现纵横双向甚至是任意方向的移动。例如，美国 Patterson-UTI 钻井公司的 APEX® 钻机配备的液压式步进系统，钻机从一个井口移动到下一个井口平均需要 45min，从开始拆卸到下次开钻通常只需 2～3h。

图 14.18 典型的液压式步进系统

(3)钻机自动化设备。

钻机及配套装备自动化、智能化成为钻机发展的大趋势。近几年新制造的陆地钻机绝大部分是工厂化作业钻机，且多为自动化钻机(图 14.19)。

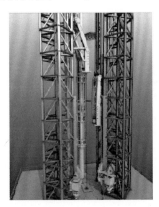

图 14.19　连续起下钻机

工厂化作业钻机的钻台操作自动化程度较高，顶驱已成为新型大中型钻机的标配设备。另外，配有二层台自动操作系统、铁钻工、一体化司钻控制室、自动猫道等。部分工厂化作业钻机配备了自动排管设备。

在美国，约 70% 的钻井集中在 H&P 公司、Patterson-UTI 钻井公司、Nabors 工业公司三大钻井承包商，小部分来自专业的设备制造商(表 14.1)。Ensign 能源服务公司生产的 Automated Drilling Rig(ADR®) 自动化钻机，采用模块化设计，可快速实现纵横向移动，带有顶驱、二层台自动操作系统、铁钻工、自动坡道。Veristic Technologies 公司生产的 Rocket Rig 配备井架轨道顶驱，拥有担架式液压移动机构，能实现井口随钻机整体移动，适用于批量钻井。

表 14.1　大型陆地钻井承包商拥有的陆地钻机品牌

大型陆地钻井承包商	陆地钻机品牌
H&P 公司	FlexRig 钻机
Nabors 工业公司	PACE 钻机
Patterson-UTI 钻井公司	APEX 钻机
Unit 钻井公司	BOSS 钻机
Nomac 钻井公司 (Chesapeake 旗下)	PeakeRig 钻机
加拿大的 Precision 钻井公司	ST 系列钻机
加拿大的 Ensign 能源服务公司	ADR® 钻机
英国的 KCA Deutag 公司	Tier 1 系列钻机、T 系列钻机

H&P 公司设计制造的 FlexRig 钻机已发展到第五代，自动化水平越来越高，其变频驱动和数控技术能够精确地控制钻压、转速、排量，噪声污染低，安全性高。2010 年，Devon 能源公司在 Barnett 页岩气区应用 FlexRig 作业 500 口井，平均每口井节约成本约 20 万美元。在 Tulsa 区域、Arkoma 盆地的钻井作业也表明，这种规格钻机的平均钻井速度较常规钻机高出 20%～22%。

(4)防喷器快速装卸系统。

防喷器快速装卸系统用于快速装卸和移送防喷器组，主要有两种类型，即防喷器吊轨系统和防喷器地面滑轨系统。

5)重复利用技术

Marcellus 页岩气区较早进行返排液处理和循环利用，返排液回用比例从 2008 年的不到 10%上升到 2011 年的 70%以上。以 Range Resources 公司为例，早在 2009 年就有约 17%以上的页岩气井进行返排液回用，约 60 万 m^3 压裂液中就有 28%为回用的返排液，且没有影响产气效果，极大地降低了水资源的消耗和对周围环境的影响。

钻井液的重复利用则是控制钻井成本、减少废旧钻井液产生最有效的途径。工厂化作业初期就开始进行大规模的钻井液回收利用和资源共享，并在现场或区域建厂以实现钻井液、油基岩屑和废弃物的集中综合处理。早期在 Barnett、Marcellus 地区的钻井液回收利用率已达到 40%~50%，节省了施工材料，大大减少对环境的污染和无害化处理成本。

油基钻井液废弃物的生态环境污染普遍得到重视，油基钻屑一般通过蒸馏、冷凝等方式回收油分，剩余岩屑再进行固化处理。EOG 公司向充分干燥的油基钻屑中混入干燥剂，生成稳定、可储存、可利用的产品，用于修筑乡村道路和铁路。另一种方式是把钻屑与流体均匀混合，添加适当处理剂使其具有适当黏度，再用高压泵把流体泵入地层。

3. 工厂化钻井成效

工厂化钻井是钻井作业模式的一次重大突破，2008 年以来，应用规模迅速扩大，推动了北美钻井数量和进尺的快速增长，页岩气产量和效益的大幅增加。

1)水平井数量剧增

美国水平井数量迅速增长。2011 年，水平井钻井达 16076 口，约占当年钻井总数的 1/3，其中 80%用于开发页岩气；完成水平井钻井进尺 6184.39 万 m，接近总进尺的 2/3(图 14.20)。2014 年国际原油价格下跌前，美国钻井数量保持在 45000 口以上，2014 年水平井数量创纪录上升到 20000 余口，总进尺达 8180.83 万 m。随着国际油价持续低迷，水平井钻井数量和进尺有所下降，但占比持续上升，近几年已攀升至 80%以上。

2004 年美国页岩气井约为 2900 口，2005 年不超过 3400 口，但实施水平井和工厂化钻井后发展速度惊人，2007 年暴增至 41726 口，到 2009 年页岩气生产井数已经达到 98590 口。最早起步的 Barnett 页岩气区，2005 年水平井数量仅 2000 余口，到 2007 年就已经达到了 4960 口，占生产井总数的 50%以上，当年完成 2219 口水平井，占该年页岩气完井总数的 94%。

2004 年，水平井贡献 14%~15%的页岩油气产量；2018 年，水平井贡献已高达 96%~97%，特别是 Marcellus 地区，水平井贡献甚至高达 99%。

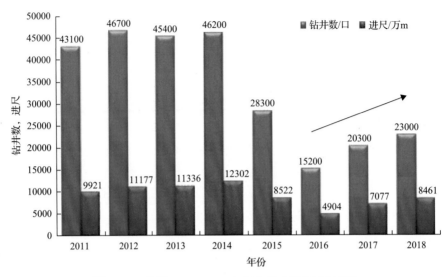

图 14.20　美国 2011～2018 年每年钻井数和进尺统计

2）作业成本下降

美国工厂化作业模式完成井的占比已经达到 90% 以上，同时配合先进高效的钻完井技术，不仅大幅度缩短了钻井周期，还显著降低了单位进尺的钻完井成本。

Bakken 区块水平井垂深约为 3048m，2008～2013 年，平均水平段长度由 1524m 增长约一倍，平均井深大约从 4880m 增至 6400m，最深井超过 8000m。尽管如此，Bakken 区块的平均钻井周期却从 32 天缩短至 18 天以内，最短只有 12 天，钻井成本并没有明显增加，仅由 2008 年的 250 万～300 万美元/井上升到 2013 年的 300 万～350 万美元/井。2015 年，EOG 公司在 Bakken 区块平均钻井周期已缩短至 7.6 天，钻井成本进一步下降。

2013～2015 年，Wolfcamp 页岩气水平井平均测深 5580m、水平段长约 2400m，钻完井周期从 45 天降至 25 天，钻完井成本由 750 万美元降至 590 万美元。壳牌 2015～2018 年在 Permain 盆地成本下降约 60%，10 亿 bbl 储量的盈亏平衡成本可控制在 30 美元/bbl 以下。

BP 公司 2015 年在 Haynesville 区块的页岩油气水平井平均水平段长达到 2458m，较 2012 年平均水平段长 1222m 增长约一倍，而平均单井钻完井费用不但没有增加，甚至大幅度降低。2016 年油气开发成本不到 10 美元/bbl，比开发初期降低了 89%。

14.1.3　技术驱动"规模效益开发"

随着页岩油气开发形势的变化，对水平井长度、钻井速度、钻井成本、钻井方式等都有更高要求。"更深、更快、更精准、更安全、更低的成本"是共同追求的目标。

1.　井身结构

采用逆向设计，以优先保证储层改造效果；同时，优化井身结构也是加快钻井速度、延伸水平段长、降低钻井周期、缩减作业成本的关键。

总的来说，美国页岩气水平井井身结构以三开为主，早期大量采用139.7mm油层套管完井，开发过程中逐渐进行了优化，水平段井眼尺寸已从215.9mm缩小到171.5mm（乔李华等，2020）。

（1）发展较早的Barnett页岩气区储层埋深相对较浅（表14.2），常用的结构是444.5mm钻头一开钻至140m左右下入339.7mm表层套管，311.2mm钻头二开钻至约1650m下入244.5mm技术套管，最后三开222.25mm钻头钻至井底下入139.7mm油层套管。部分区域也使用二开井身结构，将244.5mm套管下至500m左右，最后全井下入139.7mm油层套管。

表14.2 美国主要页岩气区开发层系和埋深一览表

页岩气井区	Utica	Eagle Ford	Permian	Bakken	Fayetteville	Marcellus	Barnett	Haynesville
盆地	Appalachia	Maverick	Permian	Williston	Arkoma	Appalachia	Fort Worth	Arkoma
层位	奥陶系	白垩系	二叠系	泥盆系	石炭系	泥盆系	石炭系	侏罗系
埋藏深度/m	2000～2500	1200～4270	2100～3000	2100～3000	910～2135	1220～2595	1981～2590	3000～4700

（2）美国Southwestern Energy公司在储层埋深较浅的Fayetteville页岩气区最初设计井身结构也为三开，通过改进，减少为244.5mm套管和139.7mm套管二开完钻（图14.21）。

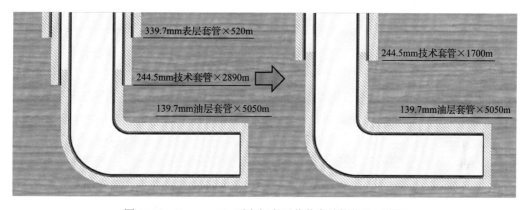

图14.21 Fayetteville页岩气水平井井身结构优化示意图

（3）Permain盆地发育Spraberry、Wolfcamp、Strawn等多套页岩，形成的典型井身结构有两种。一种是在Delaware次级盆地应用的井身结构组合，311.2mm钻头一开钻进至1550m，下入244.5mm套管，用222.25mm钻头实施二开直井段和定向段，钻至3350m下177.8mm套管至产层顶部（A点），然后用155.6mm钻头完成水平段，悬挂下入114.3mm套管（图14.22）；Bakken页岩气区也有相同的井身结构。另一种井身结构组合应用于主力产层Wolfcamp埋深较浅的Midland次级盆地，444.5mm钻头一开钻进至180m，下入339.7mm套管，用311.2mm钻头二开钻至2000m左右，悬挂下入244.5mm套管，再采用222.25mm和215.9mm复合井眼分别完成定向段、水平段，全井下入127.0mm（139.7mm或114.3mm）套管。

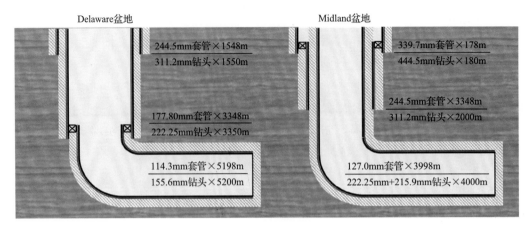

图 14.22 斯伦贝谢公司在 Permian 盆地页岩油气井的典型井身结构

（4）Haynesville 页岩气产区典型井身结构也为三开（表 14.3）。一开 342.9mm 钻头钻至约 600m，下 273.05mm 表层套管；二开 250.8mm 钻头一般钻至 Bossier 地层顶部，井深 3150～4050m，下 193.68mm 技术套管封固上部低压易漏地层；三开 165.1mm 钻头钻至完钻井深 4950～5550m，下 127mm 油层套管固井完成（Dykstra et al., 2011）。

表 14.3 Haynesville 页岩气井身结构

开钻次序	井深/m	钻头尺寸/mm	套管尺寸/mm	套管程序	套管下入地层层位
一开	约 600	342.9	273.05	表层套管	Rodessa
二开	3150～4050	250.8	193.68	技术套管	Bossier 顶
三开	4950～5550	165.1	127	油层套管	Haynesville 页岩

随着地质情况的逐渐清晰，装备工具的配套完善以及分段压裂技术的成熟，井身结构设计向着更简化、更经济的方向发展，有的套管层序缩减为二开，有的油层套管尺寸缩小为 127mm 或 114.3mm。加拿大 Duvernay 页岩平均完钻井深超过 7000m，平均水平段长超过 3100m，采用类似于 Haynesville 的井身结构，在水平段采用 171.5mm 钻头及复合油层套管，以适用于更大的钻井深度（表 14.4）。

表 14.4 加拿大 Duvernay 页岩气井身结构一览表

开钻次序	井深/m	钻头尺寸/mm	套管尺寸/mm	套管程序	对比 Haynesville
一开	620	342.9	244.5	表层套管	缩减套管尺寸，降成本
二开	3450	222.25	193.68	技术套管	缩减钻头尺寸，提速、降成本
三开	7158	171.5	139.7+114.3	油层套管	略增大钻头尺寸，提速 复合套管，利于下套管、改造

2. 一趟钻技术

一趟钻并没有严格的定义，钻头一次入井打完一个开次无疑是标准意义的一趟钻，而钻头一次入井完成某一个或多个井段，也称之为一趟钻。一趟钻是钻井技术的集成，也是钻井效果的体现，应用范围涵盖各类井型和各类油气资源开发，标志着钻井效率和效益的最大化。

随着技术进步和经验积累，一趟钻完成的进尺不断增加，促进了超长水平井的发展，钻井周期不断缩短，钻井成本不断降低。2010~2016 年，依托一趟钻技术的推广应用，美国 Southwestern Energy 公司在 Appalachia 盆地的平均水平段长从 1097.9m 增加到 1872.1m，而钻井周期却从 25.6 天缩减至 9 天，钻完井综合成本下降约 17%。

作为系统工程，优化方案、先进技术、高效装备和团队协作等是实现一趟钻的基本条件。

(1)优化的钻井方案设计。井身结构的优化有助于一趟钻，一趟钻的发展也使得井身结构更为简化，美国通过地质工程一体化设计井身结构、水平段长度、井眼轨迹剖面、底部钻具组合、当量循环密度(ECD)、材料供给等手段，不断提高钻速、降低成本。

(2)配备先进的自动化钻机。交流变频电驱动钻机能够快速地在井间移动，同时配备了顶驱、铁钻工、一体化司钻控制室、高性能泥浆泵、防喷器运输安装系统、水力钻杆走道等先进设备，确保稳定的钻井效率。

(3)高效长寿命钻头。它是提高钻井效率的必备条件和最重要手段，其机械钻速和使用寿命同等重要。美国通常是定制钻头，钻速快、进尺高，在区域上具有极强的针对性和适应性，但若照搬到其他区域钻井效果则可能大打折扣。

(4)个性化的优质钻井液。适合不同区域、地层和井段的个性化优质钻井液配方及维护处理措施，具有井壁稳定性高、润滑性能好、携屑能力强、成本低的特点。

(5)强化参数钻井。大钻压、高转速、大排量钻井有助于提高机械钻速、保证井眼清洁，对实现一趟钻尤为重要。

(6)高端旋转导向系统。该系统引领了钻完井工程技术革新，配合附加动力钻具和随钻地质导向，不断取代常规定向钻井和常规导向钻井，获得更高的机械钻速、井身质量、储层钻遇率和轨迹控制效率，已成为超长水平井、多分支井、海上大位移井的常规武器。

(7)高效井下工具。它们主要是大功率、大扭矩动力钻具。北美定制的大功率马达，扭矩输出达 23kN·m，转速 108~260r/min，具备高效的动力输出和持久的橡胶寿命，定向控制精准，配备涡轮发电机式无线随钻测量仪器，井下工作时间大幅延长。辅助提速工具还包括水力振荡器、井底衡扭矩工具、随钻扩眼工具、顶驱扭摆系统等，可适应不同条件钻井提速。

(8)钻井远程决策支持中心(RTOC)。RTOC 是一体化精益管理的重要组成，工厂化钻井强调油公司、钻井承包商和技术服务公司等参与各方的密切协作，系统开展工艺技术优化、作业程序规划、学习曲线管理、队伍配置、物资供应等。RTOC 通过多学科专家团队、物联网技术、大数据平台、人工智能与传统技术结合，实现管辖作业区多个作业现场的技术支持，实时修正方案，协同工作，提高井工作的质量、效率和安全性。斯伦贝谢在全球建立了 30 余个远程钻井作业支持中心，能同时远程监控 800 台钻机实时作业，哈里伯顿、贝克休斯、壳牌等均有类似的技术支持中心，已应用于数万口井。

一趟钻技术的发展使得部分页岩气田"一天一英里"已呈常态化，最高单趟进尺突破 6000m，多个井段的一趟钻已不是个案。

Eclipse 资源公司在 Utica 页岩气产区钻成的一口超级水平井——Purple Hayes 1H，总井深达 8244.2m，水平段长度为 5652.2m，斜井段和水平段一趟钻完成，机械钻速达 36m/h，全井钻井周期仅 18 天。CONSOL 能源公司在 Marcellus 的 8 口水平井井组，多井实现斜井段+水平段一趟钻，最高日进尺 1774.2m，最大一趟钻进尺达 4597.6m（石油圈，2017a）。

3. 钻头技术

破岩效率与钻井提速密不可分，钻头技术的更新换代通常都标志着钻井速度的革命性提升。国外高性能钻头发展快、类型多，PDC 切削齿形状、材料优选和制造工艺等方面不断进步，可旋转 PDC、3D 打印钻头、异形齿 PDC、自适应钻头、复合钻头、智能钻头等推陈出新。

（1）适应页岩钻进的钢体式 PDC 钻头——Spear 钻头。该钻头专为页岩地层设计，在外形、结构、布齿、装配上进行了特殊改进，扩大了岩屑的过流面积，可在高机械钻速条件下有效循环出钻屑，增加了定向控制能力和造斜能力，提升了稳定性和钻速，能快速、有效地钻进三维定向段和长水平段，消耗的水力能量更少，切削深度合理，已成功用于 Bakken、Barnett、Marcellus 和 Eagle Ford 等。在 Eagle Ford，一只 Φ215.9mm 钻头实现了"直井段+造斜段+水平段"3277.8m 进尺一趟钻完成，平均机械钻速 16.76m/h，节约作业周期 4 天。

（2）AxeBlade 斧形齿 PDC 钻头（图 14.23）。该钻头针对超长水平井设计。独特的切削齿几何设计融合了剪切与压碎两种破岩机制，马鞍形复合片脊部集中应力更高，切削深度高出 22%，需要的切削力减小 30%，相同钻压与转速下具有更高的机械钻速；马鞍形设计增加了 70% 的 PDC 材质，提高了抗冲击性能，切削岩石过程中产生的扭矩与扭矩波动更小，工具面控制更好。在 Bakken 页岩创造了水平段 4650m 进尺一趟钻完成的纪录，平均机械钻速为 40.9m/h。

图 14.23　AxeBlade 斧形齿 PDC 钻头

（3）Dynamus 钻头（图 14.24）。该钻头具有长寿命和高钻速特征。配备 StayTrue 自稳定技术，采用专用横向减振齿和独特的凿形设计，减少横向振动、钻头回旋等井下障碍，配备 StayCool 2.0 多维切削齿，能够有效降低切削齿温度，以减小磨损和预防开裂，并提高切削效率。Delaware 盆地应用，稳定钻进时间比例提高 42%，机械钻速提高 40%，进尺提高 66%。

（4）TerrAdapt 自适应钻头（图 14.25）。随着钻井井深不断增加，地层软硬交错、可钻性变差，钻柱扭转刚度低、井下摩阻扭矩大，黏滑振动愈加严重，使得钻井机械钻速下降和井下工具过早失效。TerrAdapt 自适应钻头，在钻遇不同类型岩石或井段时，通过自调整切割深度控制元件形成最佳切削深度，从而减少振动、黏滑效应和冲击荷载，在 Delaware 盆地应用有效降低了底部钻具组合(BHA)硬件及电子元件的损坏，机械钻速提高 43%，使用寿命大幅提升。

StayTure横向振动排除齿
(自稳定齿)

防过载元件

更耐用的切削齿选择

蛟龙复合片抗冲击齿

第二代冰激凌抗磨降热齿

耐用的结构设计

耐久性胎体

加强的肩部和保径

加强的保径块

图 14.24　Dynamus 钻头

图 14.25　TerrAdapt 自适应钻头(据石油圈，2017b)

　　(5)复合钻头。该钻头已发展形成适用于软地层到硬地层、直井段到水平段的系列产品。复合钻头兼具 PDC 钻头高剪切、高钻速和牙轮钻头稳定性控制能力的双重特性，在非均质性地层定向钻井中广泛应用。Kymera Xtreme 复合钻头配备 Stabilis 加强切削齿(图 14.26)，在相同地层的现场应用中较普通 PDC 钻头提速 74%，且磨损等级大幅降低。

图 14.26　页岩气专用狮虎兽钻头 Kymera Xtreme

4. 旋转导向钻井技术

旋转导向技术应用有利于提高机械钻速、降低摩阻扭矩、减少故障复杂、及时调整轨迹。页岩气丛式水平井具有大偏移距三维轨迹、超长水平段和储层精准跟踪等特性，超长水平井、超级一趟钻，无一不是使用了高性能旋转导向及配套的井下动力钻具(双动力旋转导向)。

作为页岩气开发的"芯片"式技术，商用的旋转导向工具主要包括 PowerDrive 系统、Geo-Pilot 系统和 AutoTrak 系统，分为全旋转式、不旋转式，配合不同转速的钻井马达以及优质钻头、钻井液，将机械钻速平均提高了 40%~60%，水平段长度增加 40%以上。

旋转导向钻井主要向着高造斜率、智能化方向发展(图 14.27)。国际知名公司都在致力于自动旋转导向钻井技术的研发与完善，包括高造斜率旋转导向钻井系统、增效定制马达、井下连续波高速信息传输工具、井下自动导向控制综合平台等。2018 年发布了全球首款智能旋转导向系统 iCruise，其模块化的设计集成了先进的传感器、电子设备、复杂算法以及高速处理器，具备 400r/min 高转速和 18°/30m 的造斜能力，通过自我诊断分析和自动化钻井辅助决策功能，实现设备健康监控、井眼轨迹优化、井下振动管理等实时功能。

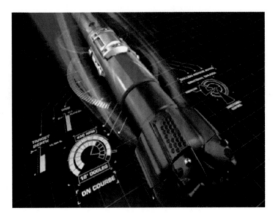

图 14.27　智能旋转导向系统

5. 钻井液技术

页岩储层富含黏土矿物且本身层理和孔隙发育，易发生水化膨胀，降低井壁的岩石强度和胶结强度，造成页岩剥落掉块，此外，页岩气水平井方位通常沿最小主应力方向，是最不利于井眼稳定的方向，钻进过程中钻井液还会通过压力传递、毛细管力等作用使岩石孔缝发生"尖劈效应"，从而导致井壁稳定性下降，因此，钻井液的抑制性和封堵能力是页岩气水平井钻井的关键。另外，页岩气井通常为长水平段三维水平井，井下摩阻扭矩大、井眼清洁困难，钻遇页岩裂缝发育地层发生井漏的概率高，对钻井液的润滑性、封堵性和携砂能力也提出了很高要求。

油基钻井液具有良好的抑制性和润滑性，抗污染能力强，北美页岩油气水平井应

用的钻井液以油基钻井液居多，但也在研发和应用能够取代油基钻井液的高性能水基
钻井液。

1)油基钻井液

油基钻井液的研究起步于 20 世纪 20 年代，经历了原油钻井液、全油基钻井液、油
包水钻井液、合成基钻井液等多个发展阶段。目前，油基钻井液体系较为成熟，发展有
白油基钻井液、柴油基钻井液、植物油钻井液、气制油基钻井液、抗高温油基钻井液等，
以满足不同地层情况的需求，北美 60%～70%页岩气水平井应用油基钻井液。近年来，
纳米封堵技术广泛应用，有效改善了油基钻井液防塌封堵性能，贝克休斯在 Eagle Ford
页岩应用 NANOSHIELD 纳米级可变形封堵材料，具有不影响钻井液的其他性能的特点，
施工中将钻井液密度由 $1.79g/cm^3$ 降至 $1.59g/cm^3$，依然保持良好的井壁稳定性，降低了
粘卡、井漏风险，提升了钻井速度。

油基钻井液优异的润滑性、抗温性和稳定井壁能力，在深井、超深井、大位移井、
长水平段水平井中成为首选，但存在成本高、环保压力大等问题。通过配套无毒或低毒
基础油、研制可生物降解和可逆转处理剂等，形成更为环保的油基钻井液体系，20 世纪
90 年代已开始应用。美国 Southwestern Energy 公司在 Fayetteville 页岩气区利用矿物油取
代柴油，减少基础油用量 31%，降低钻井液毒性、芳香烃含量和对环境影响，还使后期
处理成本下降 55%，提高了综合效益。

2)水基钻井液

迫于越来越严格的环保法规要求和钻井成本压力，更加关注高性能水基钻井液技术
研究，使得适合页岩特征的高密度、高性能水基钻井液发展迅速，目前占比 30%～40%，
应用效果显著。

水基钻井液在海相沉积相对稳定的硬脆性泥页岩地层得到成功应用，主要体系有盐
水钻井液、硅酸盐钻井液、葡萄糖苷钻井液和高性能聚胺水基钻井液等，水平段长通常
小于 1500m，长水平段仍以油基钻井液为主。美国页岩气区块众多，各区块的地层矿物
成分、井底温度和岩石物理参数等均存在差异，由此提出"个性化定制"高性能水基钻
井液设计理念，哈里伯顿、斯伦贝谢、M-I Swaco、贝克休斯、Newpark 等，都先后研制
和成功应用了多种高性能水基钻井液，性能与油基钻井液接近。

(1)M-I Swaco 公司研制了 UltraDrill、Kla-shield 和 HydraGlyde 等多种环保型高性能
水基钻井液体系，大大降低了钻井成本，在得克萨斯 Wolfcamp 页岩气区等环境敏感地
区成功应用，可降低摩阻约 22%，提高钻速 21%(许博等，2016)。

(2)哈里伯顿公司研制了 Hydro Guadr、Ez Mud Gold 体系，适用于高活性页岩层、
易卡钻泥包地层，在页岩气水平井和深水钻井中应用效果良好。哈里伯顿通过岩心分析
量身设计了多种不同的水基钻井液体系及配套处理剂(表 14.5)，用于解决不同地质特性
区域层状结构泥页岩的井眼稳定、钻屑完整性、高温高密度恶劣作业工况等不同问题，
实现了有效抑制页岩水化膨胀、保持井壁稳定的目标，取得了良好的应用效果(Deville et
al., 2011)。

表 14.5　哈里伯顿公司的 SHALEDRIL 水基钻井液体系

页岩气产区	Barnett	Eagle Ford	Fayetteville	Haynesville	Marcellus
SHALEDRIL 钻井液体系	SHALEDRIL B	SHALEDRIL E	SHALEDRIL F	SHALEDRIL H	SHALEDRIL M

(3) 贝克休斯公司开发专用页岩储层 Performax 水基钻井液,通过聚合醇浊点和铝的化合作用相结合的方式,大幅提高水基钻井液的抑制性,提升对页岩孔隙和微裂缝封堵的有效性,提高机械钻速。在此基础上研发了新型 Latidrill 水基钻井液,在常规水基钻井液加入一种特殊的广谱井壁稳定剂和润滑剂,在物理性能上保证井壁的完整性和抑制页岩水化膨胀,降低摩阻和提高钻速,表现出可与油基钻井液相媲美的性能和成本效益,且更环保。

(4) Newpark 公司的环保型高性能水基钻井液 Evolution 体系获 2010 年度"世界石油奖"最佳钻井液、完井液与产出液奖。该体系无黏土,在极端高温、高压环境下具有良好的润滑性,抗污染能力强,已用于 Haynesville、Barnett 等区块,钻速与油基钻井液相当,同时亦在高度裂缝性碳酸盐岩储层现场应用,钻进水平段超过 2000m(Maliardi et al.,2015)。另一高性能水基钻井液体系 FlexDrill 是特殊硅酸盐体系,易于现场配制,既节约运输成本又环保,钻屑可直接排放。

随着纳米二氧化硅、氧化石墨烯等纳米处理剂和纳米技术的应用,极大地改善了水基钻井液的封堵性、润滑性、热稳定性和高温流变性,但水基钻井液仍无法适用于所有区域,在美国主要用于环保要求严格、钻井数据翔实、地层本身稳定性较好的区块。2011年,Haynesville、Barnett、Marcellus 和 Eagle Ford 水基钻井液所占比例分别为 14%、20%、36% 和 19%。随着技术的进步,这一比例会进一步提高。

6. 固井技术

页岩气水平井固井并没有本质上的工艺技术革新或差异,但页岩气独特的开发方式和钻井、储层改造工艺给固井设计和施工提出了更高的要求。主要难点如下:

(1) 顶替效率和固井胶结质量差。页岩气水平井多采用油基钻井液,油基钻井液本身黏度高、附着力强,常规前置液体系对其清洗和驱替效果差,同时页岩易垮塌、裸眼井段长等因素容易造成"大肚子"和不规则井眼,水泥浆难以完全顶替钻井液,将对井壁以及套管两个界面之间的胶结质量产生较大影响。

(2) 下入管串有一定难度。水平段长,井壁失稳易形成不规则井眼,由此都会增加套管串的下入难度。随着旋转导向和钻井液固壁强化技术的进步,套管下入难度有所降低。

(3) 储层改造工艺要求高。实施大型分段压裂需要适当提高完井套管强度和水泥浆防窜增韧性,良好的固井胶结质量和水泥石性能,以保障压裂效果和气井长期生产。

(4) 页岩储层易被污染。页岩储层都是低孔、低渗储层,部分页岩气井钻井液和水泥浆密度高,不排除在近井地带可能造成较常规油气藏更为严重的污染损害,增加压裂难度。

针对页岩气井固井的水泥浆产品较少,主要是在常规固井工艺基础上,提高水平井的顶替效率、保障水泥环的密封完整性,主要做法如下:①保证井眼充分清洁,优化扶正器类型、数量和安放位置,使用旋转下套管、清水顶替或漂浮下套管,实现套管顺利下入及居中度控制；②使用驱油型冲洗隔离液，清洁界面油相和发生润湿性反转，提高水泥浆的膨胀性能，防止微间隙的形成，提高固井界面胶结质量；③优化固井水泥浆柱结构和密度，保证水泥浆良好的滤失性和稠化时间，加入韧性材料保持较低弹性模量，提高水泥石的抗冲击性能，针对地层压力低的储层，利用泡沫水泥、纤维水泥等提高防气窜、防漏堵漏性能及储层保护。

14.1.4 钻井技术发展方向

2014 年以来，国际油价断崖式持续下跌，给油公司和服务公司都带来巨大冲击。页岩油气效益开发的门槛和难度进一步加大，从而倒逼行业开始二次技术革命。伴随超长水平井、水力压裂、立体开发等技术和管理革命的深入推进，页岩油气产业正焕发出强大的生命力。

1. 超长水平井

2003～2012 年水平段长度为 300～1220m，2014 年平均水平段长约为 2200m，2016 年达到 2540m，较前期增长约 3 倍。2016 年以后，埋深适中的页岩气开发区持续部署超长水平井，平均水平段长度已接近 3000m，最长水平井纪录不断被打破。

俄亥俄州 Utica 页岩气区，2016 年破纪录完成超长水平井 Purple Hayes 1H 井。应用小钻机钻直井段、FlexRig 自动化钻机钻水平井段，全程应用 PowerDrive Orbit 旋转导向系统、MDi516 钻头及远程决策支持，钻井液添加特殊润滑剂，斜井段和水平井段一趟钻完成，完钻井深 8244.2m，水平段长达 5652.2m(表 14.6)。超长水平井提升了页岩气开发的整体效益，配套技术完善使钻井周期和钻井成本得到有效控制。后续完成 Great Scott 3H 井、Outlaw C 11H 井水平段分别达到 5882m 和 5943m，钻井周期还略有缩短。

表 14.6 Utica 页岩气区超长水平井

井号	井深/m	水平段长度/m	钻井周期/天
Purple Hayes 1H	8244.2	5652.2	18
Great Scott 3H	8351	5882	17
Outlaw C 11H	8458	5943	17

2. 立体开发

北美页岩气资源条件优越，优质储层厚度大，纵向上可划分出多层。如 Permian 盆地含 Spraberry、Wolfcamp、Strawn 等多个层系，主力产层 Wolfcamp 厚约为 500m，分为上中下三段；Spraberry 厚为 305m，分为上下两段。由于隔层存在，增产改造形成的水力裂缝高度一般为 30～40m，有效支撑裂缝高度小于 10～12m。为最大程度动用资源，提高单井产量，减少井场面积，实现总体效益提升，试验了立体井网(图 14.28、图 14.29)，使得钻井面临更为复杂的井眼轨迹。Eagle Ford、Permian 和加拿大 Montney 等盆地的页岩油气开发已在广泛采用这种方式。在 Permian 盆地，Laredo 公司采用单井场开发 4 个层位页岩油气；QEP 公司在垂向 900m 厚度的储层内部署了 755 口水平井,立体式开发页岩油气。

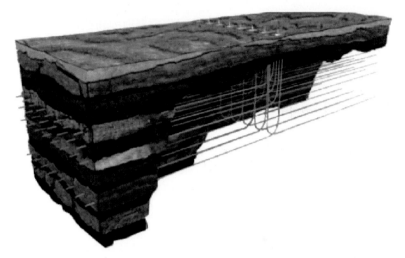

图 14.28　北美立体井网示意图（据叶海超等，2017）

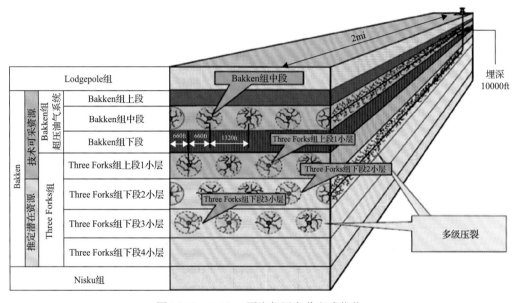

图 14.29　Bakken 页岩气区布井方式优化

3. 深层页岩气

深层页岩气具有埋藏深、温度高、压力复杂等特点，面临钻井液密度高、机械钻速慢、井下摩阻大、工具仪器易失效、井漏溢流复杂频发等工程问题。Eagle Ford、Woodford 等区块储层埋深达 3500～4100m，均获得了经济开发（樊好福等，2019）。Haynesville 是美国埋藏最深、钻井难度最大、单井产能最高的页岩气区块，钻井技术较为成熟，形成了优化井身结构、抗高温工具、机械比能软件、黏滑震动预警系统、顶驱软扭矩系统、控压钻井等工艺技术，钻井周期由初期的大于 100 天普遍降低至 50 天以内（Billa et al.，2012），大量井在 30 天左右。

4. 智能化钻井技术

智能化是世界科技发展的大趋势，同样也是未来油气工业发展的方向，常规和非常规油气钻井中，智能钻井技术总体处于单项技术研发阶段，分为钻井地面智能化、井下智能化及远程实时智能控制(图14.30)。

钻井地面智能化的核心是智能钻机，其配套装备、监测与司钻控制系统等发展迅速，如 Nabors 钻台智能机器人、智能排管机器人等已投入使用。WestGroup 钻机可实现连续循环、起下钻、下套管和钻井；NOV 自动化地面装备、智能司钻和仪器仪表等能够实时自动优化与控制钻井参数，钻井液在线性能测控、自动化闭环固控与配浆系统也取得应用。

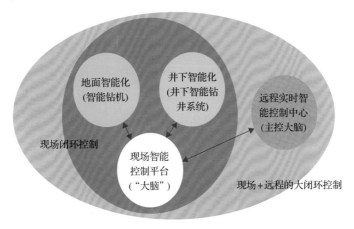

图14.30 智能钻井构成示意图

井下智能化主要包括智能钻井平台(钻井软件与决策系统等)、智能自动导向钻井、智能钻具、井下闭环测控系统等，并逐步配套形成井下智能钻井系统。贝克休斯公司研制了带仪表监测的智能钻头，哈里伯顿推出了智能旋转导向，NOV、Nabors 的智能钻井系统均具备实时分析和决策能力，并实现钻井的优化控制。

钻井远程决策支持中心(RTOC)已改变现场作业管控方式。大数据、物联网、人工智能与传统技术相融合，全面提升远程中心实时监控与决策支持能力(图14.31)，有效提高机械钻速、减少井下复杂情况、提升作业安全性、降低钻井成本。

图14.31 壳牌公司位于新奥尔良的钻井自动化和远程技术(DART)中心

智能钻井系统将向高寿命智能钻头、高智能微型机器人、大数据、云计算和 5G 通信等新技术集成、智能化程度更高水平发展,进一步提高机械钻速、减少井下复杂情况、提高作业安全性、降低钻井成本。不远的将来,世界油气工业将全面进入智能时代。

14.2 中国页岩气钻井技术发展

多年来,通过不断消化、借鉴、攻关、应用,形成了钻完井一体化设计、三维水平井井眼轨迹控制、水平井钻完井提速、油基钻井液、高性能水基钻井液、长水平段水平井固井、钻机快速平移、工厂化作业等为代表的特色技术,页岩气钻完井主体技术总体成熟,完成系列化和模板化,基本实现国产化。

14.2.1 引进吸收阶段

2009~2013 年在长宁—威远、涪陵国家级页岩气示范区实施了一批先导试验井,并以志留系龙马溪组为目的层逐步进入平台开发井作业,通过充分借鉴北美页岩气成功开发经验,快速形成四川盆地龙马溪组海相页岩气钻井主体技术。

1. 井身结构优化

在页岩气勘探开发初期,全井下入 139.7mm 油层套管,以满足页岩气水平井大型体积压裂的需要,而后逐渐发展形成了与各自地质工程特点相适应的不同钻井井身结构。

1)常规井身结构

页岩气水平井钻井是"上部常规气钻井、下部非常规气钻井",在短暂尝试最为简单经济的二开二完井身结构后,确定了"339.7mm 表层套管+244.5mm 技术套管+139.7mm 油层套管"的三开三完井身结构(表 14.7),并基于储层专打和钻井提速提效持续探索了技术套管下深,并最终优化至龙马溪组页岩储层以上直井段,如长宁在韩家店组顶部、威远在龙马溪组顶部、涪陵在小河坝组上部。

表 14.7 国内页岩气水平井主要井身结构

开钻次序	常规井身结构		小井眼井身结构		套管程序	说明
	钻头尺寸/mm	套管尺寸/mm	钻头尺寸/mm	套管尺寸/mm		
一开	444.5/406.4	339.7	333.38	273.05	表层套管	封隔地表复杂地层,建立一定井控能力
二开	311.2	244.5	241.3	196.85	技术套管	封隔中上部多压力系统、井漏、含硫复杂层段,尽可能保障储层专打
三开	215.9	139.7	171.5/168.3	127	油层套管	满足体积压裂需要

注: "/"前后的两个数据表示钻头有两种尺寸。

随着平台集中建井规模的扩大,水平段长的延伸以及深层页岩气资源的动用,对当前井身结构的适应性已提出了挑战,势必将出现新的改进和发展。

2)小井眼井身结构探索

缩小一级或半级井身结构的探索最早可追溯至 2011 年,这种探索在缩减成本和上部井段提速方面具有优势,其主要短板是在储层段钻井。主观上,168.3~171.5mm 的井眼,不得不采用相对小尺寸钻杆和工具,钻具柔性强、压耗高,强化钻井参数受限,钻压偏低、排量不足 20L/s,平均机械钻速降低 22%~40%,行程钻速降低约 50%,钻井效率较低;客观上,市场规模难以吸引小尺寸井眼配套旋转导向工具的引进,只能采用"小尺寸螺杆+LWD+水力振荡器"组合,工具寿命短、定向效率低、轨迹质量相对较差,储层钻遇率无法保证。

2. 油基钻井液

油基钻井液研究始于 20 世纪 50 年代,主要用于玉门油田的岩心提取,至 90 年代初,中原油田和大庆油田使用油包水型钻井液顺利完成两口水平井。2005 年和 2008 年中国海油使用气制油合成基钻井液分别在渤海及印度尼西亚完成了 3 口井钻井。2009 年开始针对页岩地层的自主油基钻井液探索,但由于对页岩垮塌机理认识不清、现场维护处理技术不成熟、钻井液密度不适应等因素,在威 201-H1、宁 201-H1 井水平段钻进发生垮塌。引进斯伦贝谢、哈里伯顿等钻井液后,虽安全性和成功率得到保障,但单井油基钻井液成本高达 500 万~800 万元。

针对页岩层垮塌问题,开展页岩基本特性、地应力和地层坍塌压力等系统研究,基本揭示了页岩地层水油双亲特性及井壁失稳主要因素。通过与贝克休斯、壳牌、雪佛龙等公司的钻井液技术服务合作,提出了乳化剂分子量级配—配位乳化—固液协同增强乳化稳定和刚-柔-液三元复合封堵原理,2013~2014 年,乳化剂、纳米材料、降滤失剂、封堵剂等关键处理剂基本实现国产化,形成白油基、柴油基、合成基等多套油基钻井液体系成功试验并推广,综合性能达到国际先进水平(表 14.8),成本大幅降低。

表 14.8 油基钻井液性能情况

类型	密度/(g/cm³)	PV/(mPa·s)	YP/Pa	Gel/Pa	Φ6/Φ3	120℃时的 HTHPFL/(mL/mm)	ES/V	O:W
国外油基钻井液	2~2.2	52~83	9~14	3~5/6~12	6~8/5~7	0.8/1.0~1.2/1.0	680~1070	75:25~88:12
国产油基钻井液	2~2.2	60~80	8~13	3~4/6~10	5~8/4~6	1.0/0.5~1.2/0.5	880~1450	75:25~90:10

注:PV 表示塑性黏度;YP 表示动切力;Gel 表示静切力(初切 1 终切);Φ6/Φ3 表示旋转黏度计 6 转/3 转读值;HTHPFL 表示高温高压滤失量;ES 表示破乳电压;O:W 表示油水比。HTHPFL 数据中,"/"之前数据为滤失量;"/"之后数据为泥饼厚度。

3. 复合钻井技术

多年来,PDC 钻头和井下动力钻具作为钻井利器发展迅速,配套形成的复合钻井技术广泛应用于各大油气田。在页岩气水平井钻井的先导试验阶段就确定了全井段 PDC 钻头+螺杆+MWD/LWD 的复合钻井工艺,可有效提高机械钻速、实时监测井眼轨迹,同时简化的钻具组合有利于保障井下安全。

弯螺杆复合钻具具有连续控制井眼轨迹的能力,适用于页岩气丛式井、三维井特性,一套钻具组合就可以同时完成上部井段的防碰绕障、增稳降斜、扭方位等作业,大幅度提高作业效率和井眼轨迹质量。

14.2.2 自主创新阶段

2014~2017 年,逐渐扩大规模进入平台井作业模式。积极探索高产井模式,开展基础研究、技术装备攻关和集成应用,高效钻井技术不断配套完善。

1. 山地工厂化作业模式成型

四川盆地为主力开发区,布井方式主要以双排型丛式井为主,辅以单排布井,遵循井场共用、设备共享、交叉作业安全等原则,形成前场反向和同向的"一字形""双一字形"的井场设计和地面设备布局,提高了井场利用率,减少土地用量。除标准双钻机作业平台外,根据地形条件还实践有多钻机大平台及子母平台设计(图 14.32),平台井数由 6 口逐渐扩容至 8~12 口,为山地条件下的工厂化作业创造了条件。

(a) 大平台   (b) 子母平台

图 14.32 川南页岩气多钻机大平台及子母平台

1)装备配套

为实施工厂化钻井,首先是对钻井设备进行配套完善,立足自有钻机装备升级改造。如加长溢流管线、钻井液过渡槽、内防喷高压管线等循环系统,标配顶驱、钻井液管汇(52MPa)及泥浆泵,配备"电代油"设备促进节能减排,辅助设施减配、区域技术设备物资共享。同时配套有步进式和滑轨式两种平移装置(图 14.33),满足钻机在井间快速移动的需要,以滑轨式为主发展了钻机重载整体平移技术,设备安装时间减少 70%,1h 完成钻机整体移动,24h 恢复开钻。

2)双钻机批量钻井及同步作业

基于井场规模及丛式井网部署,国内页岩气平台主要采用双钻机同步作业。根据地质特征、工艺技术的不同,分上部井段和储层井段实行批量钻井,动用钻机通常为 5000m 或 7000m 电动钻机。在早期对国外大小钻机作业模式进行了方案评估,但没有实施。

|(a) 步进式|(b) 滑轨式|

图 14.33 国内钻机配备的平移装置

为了使页岩气井快速建产，在"标准化井场设计、钻机快速平移、批量化钻井、液体重复利用"基础上，发展了钻井—压裂、钻井—采输、钻—压—采等同步作业的生产模式，通过优化地面部署，将标准钻井平台上下半支井分为两个阶段实施(图 14.34)。

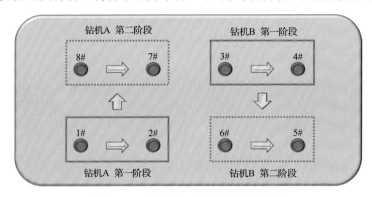

图 14.34 优化后双钻机同步作业模式

3) 多种布井方式

采用双排布井，巷道间距为 300～400m。为减少改造盲区，尝试了单排布井、交叉布井、"勺"形井(图 14.35)，但均存在一定局限性。单排布井需部署更多的钻井平台，

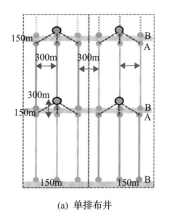
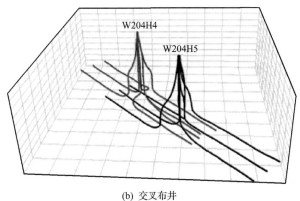

|(a) 单排布井|(b) 交叉布井|

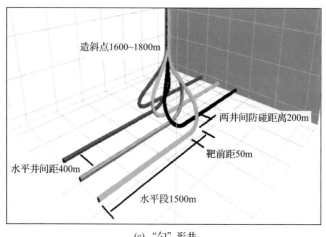

(c) "勺"形井

图 14.35 页岩气水平井特殊布井模式

地面条件难以满足井场选址；交叉布井则需将垂直靶前距延长至 800m 以上，钻井井深和难度都有所增加；而"勺"形井也面临钻井轨迹控制难、摩阻扭矩大的风险。

4) 三维丛式水平井井眼轨迹

密集的丛式水平井轨道具有空间三维特点。早期的三维水平井为简化上部井段钻井，采用常规"五段制"剖面在下部集中增斜扭方位，虽然控制定向段狗腿度在 8°/30m 以内，但仍给钻进、下套管带来较大难度，限制了水平段延伸能力。通过优化，根据不同横向偏移距、靶前距、储层埋深、地层厚度，衍化形成了"直+增+稳+降+直+增+平""直+微增+增扭+平"等多种"二维+小三维"轨迹剖面，起下钻、滑动钻井摩阻降低 12%～17%，轨迹适应性大大增强。目前，国内实施最大横向偏移距已达到了约 1700m，但对于"双二维"和"二维+小三维"的优劣还存在一定争议。

5) 液体重复利用

主要采用储备罐分类回收水基和油基钻井液，在同一井组各井间重复利用，在不影响性能的前提下单井回用比例可达 30%～40%，大幅降低钻井液成本。同时，现场配备钻屑不落地装置[图 14.36(a)]、钻屑清洁装置，油基岩屑油含量至少控制在 10% 左右，

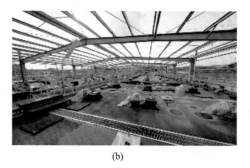

(a)   (b)

图 14.36 岩屑不落地收集装置(a)和钻井液集中回收处理站(b)

现场回收岩屑吸附的油基钻井液，配套建立钻井液集中处理站［图 14.36(b)］，实现区域钻井液统一集中管理，批量综合回收再利用，油基钻井液回收利用率超过 90%。

2. 个性化钻头

1) 固化钻头模板

钻达龙马溪组页岩储层需要经过侏罗系、三叠系、二叠系和志留系等地层，其岩性致密、坚硬，部分地层可钻性差、非均质性强，且软硬交错。通过地层岩石强度和可钻性分析，初步确定了以 5 刀翼、16mm 齿为主的 PDC 钻头，结合现场应用大数据统计和优选，不同层段钻井的 PDC 钻头序列基本定型。

国产 PDC 钻头经过持续改进，已具有较好的地层契合度和经济性。在不考虑复杂工况、工具等影响因素的条件下，实际能力可轻松达到单只 1500m 以上(表 14.9)，而进口 PDC 钻头多为针对国外地层特点定制，更换使用环境后，虽然在速度和寿命方面依然拥有较好的性能，但并没有取得飞跃性的突破。

表 14.9 2014～2018 年 700 余只 PDC 钻头比选

尺寸/mm		单只进尺/m	纯钻时间/h	机械钻速/(m/h)
311.2	平均	1733	169.21	9
	最高	2060	228.75	10.24
215.9	平均	1803	198.48	9.08
	最高	2659	203.66	13.06

2) 定制钻头设计制造

油田公司、技术服务公司和钻头厂家联合改进钻头，有效提升钻头效率；同时，结合龙马溪组页岩特性和造斜段、水平段钻井难点，开展了页岩专层 PDC 钻头研制，优化钻头冠部结构和刀翼，采用高性能抗冲击大小齿混合布齿、降摩阻保径和开放式流道设计，在应用模具制造 3D 打印技术和大数据持续优化基础上，开发页岩专层的各向异性PDC 钻头，定向造斜能力高、稳定性强，成本比进口钻头降低 30%，但综合性能还存在差距。

3. 升级发展防塌钻井液

在强化油基钻井液乳化稳定性和流变性基础上，着重降低滤失量、提高封堵能力，引入复合粒子强封堵、纳米材料增强乳化稳定、无土相流变性控制等钻井液关键技术，完善了处理剂产品，开发形成强封堵型白油基钻井液体系并推广应用，成本基本得到控制。

1) 柴油基钻井液

与白油相比，柴油价格更低。但柴油挥发性强、闪点低，黏度效应高，使钻屑更为分散，导致油基钻井液体系中的基础油替换为柴油后，钻井液黏切高、流变性难以控制、高温老化后电稳定性差、油水易分层，乳化稳定性差、高温高压失水量大等问题。通过改进，使柴油基钻井液闪点达到 100℃以上，研发的可定向分布于油空气界面的合成酯类挥发抑制剂将挥发量降低 40%，现场测量均值小于 10ppm，综合性能与白油基钻井液相当，单井成本降低 20 万～45 万元，但需要更高的油水比，长水平段后期需强化流变性能维护处理。

2）高性能水基钻井液

针对环保问题和降成本需要，研发了高性能水基钻井液，其抑制性、封堵性、润滑性、流变性四大性能达到油基钻井液水平，单位成本有所下降，在部分区域能满足钻进、下套管全程使用。目前，应用水基钻井液实现最长水平段 2000m，完钻井深达到 5750m。

高性能水基钻井液在改进过程中，取消了磺化处理材料以降低钻井液的色度和毒性，应用活度平衡和油润湿特性增强钻井液的抑制性，利用聚合物胶团和柔性封堵剂加强封堵性，同时引入碳醇润滑剂等提高润滑性。但其普适性还不能满足所有页岩气区块，对破碎地层、高水敏性地层的适应性还有待提高，且钻进摩阻扭矩值较油基钻井液高 0.5～1 倍。

4. 旋转导向及替代技术

页岩气开发区普遍具有埋藏深、构造复杂、地层倾角变化大、水平箱体厚度薄等地质特征，三维井眼轨迹难控制。川南龙马溪组优质页岩储层厚度一般为 3～10m，底部 3～4m 层段 TOC 含量高、孔隙度高、裂缝发育、含气量高，容易形成复杂缝网，是气井高产的最有利靶体，旋转导向的作用愈加凸显。

1）旋转地质导向技术

2014 年引进旋转导向工具，2016 年后推广应用。在旋转导向近钻头伽马（或方位伽马成像）测量实时解释的基础上，配套了岩屑 XRF 元素及伽马能谱特殊录井实时跟踪系统，结合钻时等工程参数辅助判断手段，实现了储层实时预测、小层精准识别、模型实时调整和轨迹精细控制，在保证钻进效率和井眼轨迹光滑的同时，满足 1～3m 优质薄储层识别跟踪，使水平箱体钻遇率普遍达到 95%以上。

2）自主旋转导向工具

通过十年研发，形成结构性、功能性均达标的旋转导向工具产品，但还存在造斜能力不足，抗振动、抗高温稳定性差，入井工具容易失效，工作时间短等问题。

WellLeader 旋转导向系统与 Drilog 随钻测井系统在 2014 年底首次完成海上作业，并在 2015 年累计完成渤海油田 7 口定向井和水平井作业；SINOMACS ATS I 型旋转导向系统，长城钻探的指向式旋转导向系统也先后在 2019 年取得突破。CG-STEER 旋转导向系统已发展形成第二代产品，其具备零度造斜、高转速导向、近钻头伽马地质导向功能，现场试验应用累计进尺超过 17 万 m，多口井实现造斜段、水平段全程使用，单趟最高工作时间 390h，最高单趟进尺 2149m，最大造斜率 12.51°/30m，造斜能力稳定，已具备工业化应用条件。典型旋转导向工具性能指标如表 14.10 所示。

表 14.10 典型旋转导向工具性能指标

公司	典型产品	工作方式	耐温能力/℃	理论造斜能力/[(°)/30m]
斯伦贝谢	Power Drive Orbit	推靠式	150	3~5
	Power Drive Xceed	指向式	150	5~8
	Power Drive Archer	复合式	150	15~18
贝克休斯	AutoTrak Curve	推靠式	150	10~14
哈里伯顿	Geo-Pilot 7600	指向式	175	10~14
威德福油田服务有限公司	Revolution	指向式	165	10
川庆钻探工程有限公司	CG STEER	推靠式	150	8~12.5

3）高效滑动定向技术

国内发展了成本更低的高效滑动定向技术。通过优化井眼轨迹、改进螺杆钻具、优化水力振荡器安放位置、钻柱扭摆减阻，以及元素录井和近钻头测量等综合技术手段，实现常规定向工具的"高效滑动"和精准地质导向。

TORSION DRILLING 钻柱双向扭转控制系统，核心功能包括降低摩阻、减轻托压、自动控制工具面、快速摆放工具面等，已在现场推广应用；PIPE ROCK 钻柱扭摆系统 2017 年以来已工业化应用 100 余口井。

威远区域优质页岩较薄，厚度仅 1.5~3m，在地质情况清楚、地层变化不大、倾角小的区域选择使用常规 LWD 导向（占总进尺约四分之一），在龙一$_1^1$底部 4m 箱体钻遇率接近 94%，较好地满足了导向要求，但机械钻速和单趟进尺降低约 40%。

储层条件更好的长宁、涪陵广泛应用常规导向技术，多采用近钻头伽马+（振荡螺杆）+水力振荡器+钻柱扭摆系统。长宁 H15-3 井完成水平段 2820m（井斜 86°以上 3124m）；宁 209H20-4 井井斜达到 103°，井深 4731m 无法下放到底，采用扭摆滑动顺利延伸至 5200m 完钻；长宁 H21-3 井水平段后期需大幅降斜调整，常规滑动定向 2 天控制轨迹无效果，扭摆滑动仅用 5h 井斜下降 12°达到导向要求。

5. 欠平衡钻井技术

1）气体钻井

21 世纪初气体钻井技术发展迅速，在防漏、提速和储层保护方面效果显著。四川盆地页岩上覆地层气、水、缝、洞发育，钻井漏失量每年超过 20 万 m³。在复杂难钻地层的治理和提速上，气体钻井有较好的应用前景与可行性，并在一些页岩气区块逐渐固化为模板技术。

在长宁、昭通地区上倾井水泥浆堵漏效果差，单井漏失量达数千立方米。通过空气/

雾化/氮气钻井，有效缓解井漏问题，中下部致密地层钻速提高 4 倍以上。深层页岩气勘探中，在寒武系—奥陶系可钻性极差地层，氮气钻井机械钻速由 1～2.5m/h 提高到近 9m/h。

2）控压钻井

一直以来，页岩水平段钻进使用较高钻井液密度来抑制地层坍塌，加剧了窄密度窗口区域的漏喷复杂，制约钻井速度的提高。安装旋转控制头实现了低密度安全钻井，宁 209H47-6 井地层压力系数为 1.80、实钻密度仅 1.60～1.62g/cm³，储层段 2533～5008m 两趟钻完成，平均机械速度达 22.8m/h。欠平衡/控压钻井技术已在长宁规模应用，并推广到其他区域。

6. 长效密封固井技术

页岩气水平井水泥环要承受压裂施工载荷频繁的加载，因此，防止水泥环裂纹是保证压裂效果的基本条件。国内针对页岩气水平井固井地层易垮塌、长水平段、油基钻井液等特点，形成了微膨胀韧性水泥浆及配套固井技术，解决了隔离液冲洗效率低、水泥石力学性能与体积压裂不匹配、顶替工艺技术不完善等问题，满足了水平段体积压裂需求。

1）微膨胀韧性水泥浆体系

通过研选新型高效弹性材料和纳米增强材料，自主研制韧性防窜剂和限位膨胀剂等核心外加剂，形成微膨胀韧性水泥浆体系。原理是：水泥石在水化过程中晶体生长并吸水产生一定韧性膨胀，补偿了水泥硬化时发生的体积收缩和水泥环弹模的降低，同时韧性膨胀是在约束空间内进行，所产生的化学预应力可增强界面胶结强度，并在一定程度上改善水泥石孔结构。形成的水泥浆体系最高密度达到 2.5g/cm³，具有低弹高强、微膨胀、防窜性能好、抗高温优势，24h 强度不小于 14MPa，弹性模量 5.5～6GPa，基本解决了体积压裂交变复杂应力水泥石破坏难题，提高了井筒密封完整性。与斯伦贝谢 Flexstone 弹性水泥浆、哈里伯顿弹性自愈合水泥浆相比，使用的是同类型材料，总体性能相当，不同的是国内页岩气水平井固井水泥浆密度通常在 2.0g/cm³ 以上，远高于国外 1.3～1.7g/cm³ 的应用范围。

2）高效冲洗抗污染隔离液

通过油基钻井液泥饼微观结构和界面润湿性能分析，建立洗油冲洗剂优选方法和环空多相流体界面追踪模型，开发了 1.50～2.30g/cm³ 洗油冲洗隔离液体系，5min 驱油效率不低于 90%，为提高冲洗效率和界面胶结质量创造了条件。研发的强络合磷酸盐抗污染剂，通过吸附和络合机理对混浆缓凝，改善接触污染难题，冲洗效率由 65.2%提高到 95.5%，界面胶结强度在 2MPa 以上，隔离液用量由 25～30m³ 降低至 15～20m³。

14.2.3 规模开发阶段

2018 年以后，中浅层页岩气开发技术趋于成熟，钻井规模进一步扩大，钻井指标不断取得突破，页岩气产量快速攀升，勘探开发进入深层页岩气领域，并探讨立体开发。

1. 技术不断完善并模板化

钻井技术趋向于更密集井网、超长水平段、长寿命工具、完善设备和钻井参数，高效钻完井技术进一步完善。重点是提高油基钻井液封堵性、流变性，强化井眼清洁工艺，研发低成本环保型的油基钻井液替代品，以及强化钻井参数、配套降摩减阻工具、增强井筒清洁携砂能力、提高钻井效率和水平段延伸能力，同时推广应用旋转导向配合中高速螺杆，保证持续均匀传递扭矩、减轻黏滑效应、延长钻头和工具使用寿命。配套技术应用较单独使用旋转导向的工况，机械钻速、单趟进尺提高了35%～52%。

各区域技术方案实现模板化，学习曲线作用明显。同2018年相比，整体钻井水平明显提升，昭通在水平段增加约200m的情况下，钻井周期缩短约35%；在威远提速超过36%，钻井周期阶梯式下降(图14.37)，累计缩减约37%；涪陵水平段增加520m，钻井周期缩短率和机械钻速提升率约为26%；长宁综合优质队伍、旋转导向+螺杆+大水眼钻杆+旋流清砂器提速、定制PDC钻头、控压钻井技术防漏降密度、强化钻井排量至32～35L/s，创造了储层段平均机械钻速30.3m/h、最高单日进尺700m的页岩气钻井纪录。

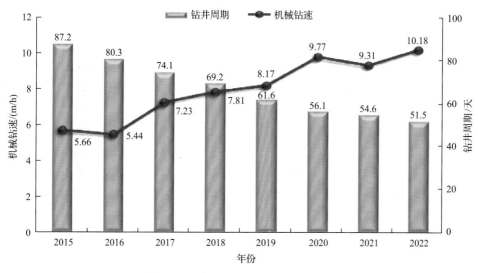

图14.37 威远页岩气田平均钻井周期

2. 一趟钻难度大

一趟钻是降本增效的重要途径，国内页岩气井最高单趟进尺3700m，平均单趟钻进尺550～850m，水平段平均机械钻速10m/h左右，"一趟钻"技术还存在诸多难题：

(1)存在难钻瓶颈地层。311.2mm井段二叠系龙潭组—栖霞组可钻性差，PDC钻头适应性不强，且地层横向差异性较大，同平台机械钻速最慢为1.3m/h、最快为16.3m/h。

(2)井下工具未实现等寿命匹配。PDC钻头能力基本超过2000m，但国产井下动力钻具平均寿命小于150h，随钻测量工具因电量限制及振动失效导致可靠寿命小于190h，还有很大提升空间。

(3)三维井眼轨迹和储层变化影响钻井效率。一是上部井段预斜，需更换钻具组合进行增、降斜调整，难以完全实现一趟钻；二是部分区域储层变化大，影响轨迹控制和钻井时效。

(4)故障复杂因素。垮塌卡钻和井漏仍是制约水平井提速的主要因素，井下复杂发生和处置造成大量的无效起下钻，正常起钻比例低于40%。

2019～2020 年，川庆钻探工程有限公司在威远实现了三开三完井七趟钻完成（表 14.11），在 215.9mm 储层斜井段和水平段，更强调井下工具等寿命前提下持续稳定地进尺，行程钻速明显提升，一趟钻完成比例约 11.2%、平均进尺 2162m，两趟钻完成比例约 24.5%、平均进尺 2188m。

表 14.11　2020 年威远页岩气井各开趟数情况

井眼尺寸/mm	平均进尺/m	平均趟钻数
406.4	430	1
311.2	2115	2.68
215.9	2245	2.75

3. 适度发展超长水平井

水平段越长，产量、效益越高。2021 年，靖 51-29H1 井水平段长 5256m，刷新亚洲陆上水平井最长水平段纪录，完钻井深达到 8528m。在页岩气领域，最长水平段长为胜页 9-6HF 井的 4035m；整体水平则以涪陵页岩气田最高，平均水平段长约 2100m、完钻井深约 5000m。

页岩气井以三维水平井居多，长水平段存在井眼清洁困难、钻进摩阻扭矩大、完井管柱下入难、压裂施工难度大等问题，横向大位移井、大井斜上倾井钻井效率急剧下降，延伸水平段长度与工程风险、经济效益间并非简单的线性关系，这也是国内多数页岩气区块水平段长保持较为缓慢增长的原因，需结合当前技术装备水平控制合理的水平段长度区间。

14.3　技　术　对　比

可作为国内借鉴的页岩气高效钻井技术主要体现如下：

(1)采用更小尺寸的井身结构，减少钻井液用量和钻井岩屑，提高钻井速度。水平段井眼尺寸从 215.9mm 缩小到 171.5mm，通过优选钻具、高压循环系统等钻井工具设备及配套工艺，钻井速度得到有效提高，单井钻井投资降低 25%以上，节能减排优势明显。

(2)采用控压钻井技术，通过降低钻井液密度，大幅提高钻头单只进尺和机械钻速。Haynesville 页岩气水平段钻井液密度由 1.92～1.97g/cm^3 降低至 1.71g/cm^3，机械钻速由 3～6m/h 提高至 15～24m/h。

(3)结合"高效钻头＋优选井下提速工具"，配套钻井参数实时优化软件/装备，科学地指导司钻控制或软件自动控制钻井，系统化钻井提速。Haynesville 页岩气井中下部难钻地层，单只钻头进尺提高4～6倍，缩短周期、节约费用。

（4）加拿大 Duvernay 页岩气产区，主体技术并未使用旋转地质导向，采用常规 PDC 钻头+动力马达+MWD 即可以满足储层高钻遇率，并获得效益开发。

（5）可靠的装备与工具保障。钻井设备集成化、智能化，每部钻机设备（含钻井液、固井等）运输车次平均65车；施工过程中可长期维持40MPa高泵压，通过强化钻井参数提速显著。Permian 盆地典型井钻井排量达到30L/s 以上，钻压 200kN，转速 100～200r/min，扭矩 25～40kN·m，水平段机械钻速达到 50m/h；选用优质井下仪器工具，增强了其高温高压环境，大压差、高扭矩和大钻压工况下的稳定性，延长了钻头和马达使用寿命。国外主要页岩气区仪器工具失效率每万米进尺仅 1～2 次，有效保障了钻进效率和机械钻速；小井眼旋转导向、微扩眼器、变径扶正器等先进工具配套完善。

总体来说，中美页岩气钻井主体技术基本相同，但由于地质条件、部分钻井装备和技术水平的差距导致中国钻井技术整体水平还相对落后（表 14.12）。需要立足于低成本适用技术以实现效益开发，不盲从国外顶尖技术指标，更重要的是自主技术发展和标准井的复制。

表 14.12　川南与北美页岩气钻井设备能力和技术参数对比

	项目	北美	川南
钻井设备能力和技术参数	钻机	电动钻机	电动/半电动钻机
	钻头	定制化	普通/部分改进
	钻压/kN	150～200	100～150
	转速/(r/min)	100～200	80～120
	排量/(L/s)	≥35	≤33
	泵压/MPa	≥38	≤32
	螺杆功率/kW	592	270
	螺杆寿命/h	200～300	120～160
	旋转导向抗温/℃	175	150
	顶驱扭矩/(kN·m)	25～40	16～25
钻井技术参数	机械钻速/(m/h)	15～20	6～10
	行程钻速/(m/d)	160～200	70～95
	平均单趟钻进尺/m	2000	750
	水平段长/m	2000～3000	1650～2000
	钻井周期/天	30～50	50～85

参 考 文 献

陈平, 刘阳, 马天寿, 等. 2014. 页岩气"井工厂"钻井技术现状及展望. 石油钻探技术, 42(3): 1-7.

樊好福, 臧艳彬, 张金成, 等. 2019. 深层页岩气钻井技术难点与对策. 钻采工艺, 42(3): 20-23.

乔李华, 范生林, 齐玉. 2020. 中美典型高压页岩气藏钻井提速技术对比与启示. 天然气工业, 40(1): 104-109.

石油圈. 2017a. 一趟钻新技术应用与进展. http://www.oilsns.com/article/217596.

石油圈. 2017b. TerrAdapt 智能钻头轻松解决黏滑问题. http://www.oilsns.com/article/232817.

伍贤柱, 刘乃震, 汪海阁, 等. 2019. 工厂化钻完井与储层改造技术. 北京:石油工业出版社.

许博, 闫丽丽, 王建华. 2016. 国内外页岩气水基钻井液技术新进展. 应用化工, 45(10): 1974-1981.

叶海超, 光新军, 王敏生, 等. 2017. 北美页岩油气低成本钻完井技术及建议. 石油钻采工艺, 39(5): 552-558.

Billa R, Mota J, Schneider B, et al. 2012. Drilling performance improvement in the Haynesville Shale//SPE/IADC Drilling Conference and Exhibition, Amsterdam.

Deville J P, Fritz B, Jarrett M. 2011. Development of water-based drilling fluids customized for shale reservoirs//SPE International Symposium on Oilfield Chemistry, The Woodlands.

Dykstra M, Schneider B, Mota J. 2011. A systematic approach to performance drilling in hard rock environments//SPE/IADC Drilling Conference and Exhiblion, Amsterdam.

Maliardi A, Molaschi C, Grandis G D, et al. 2015. High performance water base fluid improves rate of penetration and lowers torque successful application and results achieved by drilling a horizontal section through the reservoir//Offshore Mediterranean Conference and Exhibition, Ravenna.

第 15 章

压裂改造技术

压裂改造是页岩气开发过程中提高单井产量的关键技术。北美页岩气井压裂改造经历了大规模水力压裂、大规模滑溜水压裂、水平井分段压裂等发展历程，形成以射孔+桥塞分段为主的分段压裂工艺，以复合压裂液、滑溜水、石英砂为主的压裂材料，以高密度人工裂缝、高排量、高强度加砂和长水平井段为主的压裂工艺技术。

15.1 美国页岩气井压裂改造技术发展历程

美国页岩气井压裂改造大致经历了常规冻胶压裂、泡沫压裂、大型冻胶压裂+液氮助排、大型滑溜水压裂、水平井分段+大型滑溜水压裂、多井交错/同步的工厂化压裂等发展历程。

1981 年，米切尔能源公司钻探了 Newark East Barnett 页岩气田的发现井 Slay 1 井，同年 9 月对下 Barnett 页岩层进行氮气泡沫压裂，压后测试产量 0.71 万 m³/d，该井为小型压裂，仅有少量天然裂缝与井沟通，当时研究认为页岩需要有开启的天然裂缝网络储存天然气并保证渗透性。

1982～1986 年，MEDC 公司有 41 口井钻至 Barnett 页岩层，并进行了不同类型、不同规模的压裂试验。最初注入的是泡沫压裂液，为获得更长的水力裂缝，后来采用了氮气伴注交联泡沫压裂液。其中多井实施大规模水力压裂(MHF)，理论裂缝半长为 76.2～457.2m。瓜尔胶压裂液用量为 1900m³，20/40 目支撑剂用量为 44～680t，泵注排量大于 6m³/min。随着裂缝长度的增加，初产相应增加。457.2m 的裂缝半长获得了 2.6 万～3.1 万 m³ 的初始日产量，因此公司决定将该设计作为标准，并对生产进行监测，建立递减曲线和经济模型。

1990 年后 Barnett 页岩气井全部采用大型压裂技术，单井产量为 1.6 万～1.9 万 m³/d。作业者采用得克萨斯州东部 Carthage 油气田 Cotton Valley 砂岩层 UPR 公司开发的滑溜水压裂技术，压裂成本可以减少到当时瓜尔胶压裂成本的 20%。1997 年 5 月进行了第一次滑溜水压裂,此举是为了改善天然气价格下降后形势所做的一个尝试,用水 6000 余立方米,支撑剂 100 余立方米,成本降低了 25%。随着时间的推移,该技术有了小幅改进,并于 1998 年 9 月在 Barnett 推广应用,滑溜水压裂比大型冻胶压裂效果好,产量增加 25%,达到 3.54 万 m³/d,且成本减少约 50%。

2002~2006 年开始水平井分段压裂技术试验。1992 年第一口水平井压裂,由于未达到预期效果而搁置。2002 年改善压裂液体系,再次尝试水平井压裂,水平段长 450~1500m,水平井产量达到直井 3 倍以上。2003 年应用水平井+滑溜水分段压裂技术,产量达到 6.37 万 m³/d,效果良好而得以快速推广应用。2005 年试验两井同步压裂技术,2006 年开始普及水平井分段压裂技术(图 15.1),并逐步发展至今形成长水平段、高密度完井技术、高强度加砂技术、段内转向技术等增产改造技术(Weijers et al., 2019;Wutherich et al., 2018)。

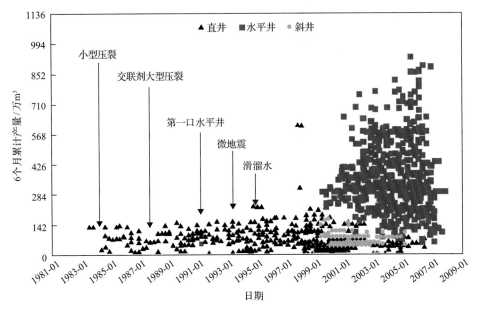

图 15.1　Barnett 不同类型气井产量-时间关系图

水平井分段压裂技术在 Barnett 页岩气开发中取得成功后,不断完善并在各页岩气产区推广应用,加速了页岩气产量快速上升。2010 年以来,页岩气水平井多段压裂经历了三个阶段(三代)(表 15.1)。2010~2013 年为第一代,主要是地质工程一体化应用于页岩水平井压裂。2014~2015 年为第二代,主要创新点是工程作业效率明显提高、压裂参数进一步优化。2016 年至今为第三代,主要创新点是强化水平井段长度、密切割、提高加砂强度等压裂参数和降本增效。

表 15.1　美国页岩油气三代压裂技术特点对比

指标	第一代	第二代	第三代
时间	2010~2013 年	2014~2015 年	2016 年至今
水平段长度/m	1500	2100	3000~5000
压裂段数/段	8~16	20~26	50~80

续表

指标	第一代	第二代	第三代
压裂段长度/m	90	75	60
每段簇数/簇	1～3	6～9	12～15，15 簇以上
每天压裂段数/段	4～6	8～12	12～18
支撑剂/(t/m)	1.49～2.23(20/40 目)	3.0(40/70 目)	>4.47(100 目)
液体类型	复合压裂液	滑溜水压裂液	滑溜水压裂液
压裂监测	微地震	三维示踪剂	三维示踪剂
单井 EUR/亿 m^3	1.4	2.0～2.8	4.2～8.5
单井成本(人民币)/万元	5600	4500	3500
单段成本/万元	84～175	56～84	28～56

15.2　水平井分段压裂主体工艺

水平井分段压裂技术已经成为开发页岩气的重要工艺技术，并广泛应用，使原本低产或无气流的页岩气井获得较大的改造体积，使其具有工业化生产价值。

水平井分段压裂由于其应力场的不同可以产生纵向缝、横切缝、斜交缝或水平缝(图15.2)，其中横切缝是最优裂缝形态。横切缝有利于提高水平井的整体渗流能力，提高改造体积，因此水平井布井时要了解储层的地应力状态，使得水平井的水平段部署方位与地层最小主应力方位一致，这样在压裂改造时容易实现横切缝。

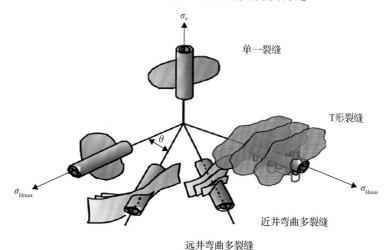

图 15.2　水平井压裂裂缝形态与应力场关系图

σ_v 为垂向主应力；σ_{Hmax} 为水平最大主应力；σ_{Hmin} 为水平最小主应力；θ 为井筒与水平最大主应力夹角

依据分段改造工具不同，主要分为桥塞分段、多级滑套封隔器分段与固井压差式滑套分段等水平井分段压裂工艺（Cadotte et al., 2017; Mohaghegh, 2017; Stephen, 2016; Mohaghegh et al., 2017;Carlson, 2018）。

15.2.1　桥塞分段压裂工艺

桥塞分段压裂工艺可以实现逐段坐封、逐段射孔、逐段压裂，压裂后使用连续油管一次钻除桥塞并排液，是页岩气水平井压裂应用最多的分段改造工艺。桥塞类型包括可钻桥塞、大通径桥塞和可溶解桥塞。图 15.3 是可钻桥塞工具图，该工艺的主要特点为套管完井压裂、多段分簇射孔、桥塞封隔器封隔，压裂施工结束后快速钻除桥塞进行测试和生产。

图 15.3　可钻桥塞工具图

该工艺射孔和坐封桥塞联作，压裂结束后能够在较短时间内钻除所有桥塞，大大节省了时间和成本。通过多簇射孔，每段可形成多条水力裂缝，并使得裂缝之间的应力干扰更加明显，压裂后形成的裂缝网络更复杂，且改造体积更大，压裂效果更好。

经过十多年来的发展，桥塞分段压裂工艺已经成为页岩气水平井压裂的主体技术。

15.2.2　多级滑套封隔器分段压裂工艺

水平井多级滑套封隔器分段压裂技术通过井口落球系统操控滑套(图 15.4)，其原理与直井应用的投球压差式封隔器相同。该技术具有显著降低施工时间和成本的优点，其关键在于每一级滑套的掉落以及所控制的级差，级数越多，滑套控制要求越精确。可以实现一次投球打开多个滑套，实现多簇改造。球和球座可以溶解。

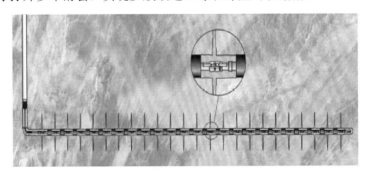

图 15.4　水平井多级滑套封隔器分段压裂工具示意图

水平井多级滑套封隔器分段压裂工艺曾应用于 Barnett、Permian 等页岩油气盆地。

15.2.3　固井压差式滑套分段压裂工艺

套管固井滑套分段压裂工艺是指根据气藏产层情况，将滑套与套管连接并一趟下入井内，实施常规固井，再通过下入开关工具、投入憋压球或飞镖，逐级将各层滑套打开，进行逐层改造的一种分段改造工艺(图 15.5)。该工艺可以广泛用于低渗透油气藏、页岩气以及煤层气等非常规油气藏的增产改造。与传统分段压裂、水力喷射压裂和射孔压裂技术相比，套管滑套固井不论在结构原理，还是施工工艺上都有很大的区别，它具有施工压裂级数不受限制、管柱内全通径、无需钻除作业、有利后期液体返排及后续工具下入、施工可靠高等优点，如果遇到产层出水的情况，还可以通过下入连续油管开关工具将滑套关闭达到封堵水层的目的。套管滑套固井的关键技术是"打得开、关得住、密封严"，即要求滑套具有高开关稳定性、高密封性能和高施工可靠性。

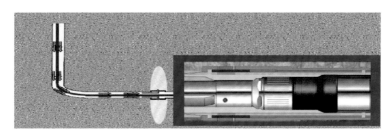

图 15.5　固井压差式滑套分段压裂工艺示意图

固井压差式滑套分段压裂工艺曾应用于 Barnett 等页岩气产区。

15.3　压裂材料技术

压裂材料主要包括压裂液和支撑剂。滑溜水是最主要的压裂液体系，近年发展趋势是尽量减少化学添加剂、降低化学添加剂用量，优化滑溜水黏度。支撑剂发展趋势是更多地选用当地优质的石英砂作为支撑剂，目的是尽可能降低成本。

15.3.1　压裂液

北美页岩气井压裂液体系主要经历了复合压裂液、泡沫压裂液、滑溜水压裂液三个阶段。用于页岩储层改造的压裂液主要组成为水，此外还包括各种添加剂。典型的压裂施工需要使用 3～12 种低浓度的化学添加剂，具体数量依据水和页岩储层的性质确定，每一种组成都有其特殊的工业目的，目前使用比较多的是滑溜水和复合压裂液体系(Carlson，2018)。

滑溜水压裂液体系是页岩储层改造发展以来广泛应用的液体体系。通过在水中加入极少量的降阻剂来降低摩阻，一般用量小于 0.2%，主要依靠高泵注排量提高液体流速携砂而不是液体黏度，适用于无水敏、储层天然裂缝发育、脆性较强的地层。其优点包括：适用于裂缝型储层；提高剪切缝形成的概率，有利于形成缝网，可大幅增加裂缝体积；使用少量的稠化剂降阻，对地层伤害小；相同作业规模的滑溜水比常规冻胶压裂液的成本降低 40%～60%。

复合压裂液体系主要由高黏度冻胶和低黏度滑溜水组成，适用于黏土含量较高、塑性较强的页岩储层。高黏度冻胶保证了一定的携砂能力和人工裂缝宽度，低黏度滑溜水在冻胶液中发生黏滞指进现象的同时具有较强的造缝能力，最终使得交替注入的不同粒径支撑剂具有较低的沉降速率和较高的裂缝导流能力。复合压裂液结合了冻胶压裂液和滑溜水的优点，能够获得更长的有效缝长和更强的裂缝导流能力。

一般来说，滑溜水或者交联压裂液的选择主要是依据裂缝形态设计、滤失控制要求和裂缝导流能力需求进行评价优选。非交联或者滑溜水压裂液一般在以下几种情况会优先考虑：岩石是脆性的、黏土含量低和基本与岩石无反应情形。如 Fayetteville 页岩压裂主体采用滑溜水压裂液体系，而交联压裂液一般在以下几种情形中使用：塑性页岩、高渗透率地层和需要控制流体滤失的情形，如 Haynesville 塑性页岩。

添加降阻剂能够降低液体摩阻和施工压力，使压裂液携带支撑剂以高排量泵入地层。其他添加剂还包括：杀菌剂，用于避免微生物的生长和减少裂缝中的生物积垢；除氧剂和稳定剂，用于保护金属管道避免受腐蚀；防膨剂，减少入地流体造成的黏土膨胀伤害。

不同页岩气产区或不同地层，压裂液的组成也不同，滑溜水压裂液中添加剂的总量一般为 0.5%～2.0%。图 15.6 是 Fayetteville 页岩气水平井的压裂液体积分数组成图，添加剂占比很小，不到 0.5%。

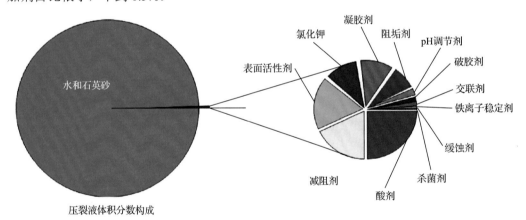

图 15.6　压裂液的体积分数组成图

虽然服务公司有多种化学物质来组成压裂液，但对于每个具体的压裂作业来说，只需要使用很少一部分添加剂。例如，在 Fayetteville 页岩气水平井的压裂液中使用了12 种添加剂(图 15.6)，涵盖了压裂液所需要的各种功能。压裂液的发展趋势是简化配方、尽量少加入添加剂。

表 15.2 列举了压裂液添加剂的种类、主要化学成分、在压裂液中的功能及其他的一些常见用途。

对近几年返排液成分进行了统计分析。2011～2017 年，压裂液体系中的氯化钠的浓度保持稳定。氯化钠的浓度都极低，且通常小于 EPA 二级饮用水的标准中针对氯化物的浓度要求(250mg/L)。7 年中约有 25%的压裂液体系中氯化钠浓度超标，其产生的 Cl⁻ 浓度超过了 EPA 二级饮用水的标准(图 15.7)。

表 15.2　压裂液添加剂、主要化学成分及常用功能

添加剂类型	主要成分	功能	常见用途
杀菌剂	戊二醛	消除水中细菌，阻止腐蚀性物质生成	消毒剂，医疗消毒和口腔设备
破胶剂	过硫酸铵	分解聚合物链	头发化妆品和清洁剂中的漂白剂
交联剂	硼酸盐	保持温度升高后液体的黏度	洗衣粉、洗手液和化妆品
降阻剂	聚丙烯酰胺	减小液体的摩阻	水处理、土壤调节剂
稠化剂	瓜尔胶或纤维素	增加液体黏度和携砂性能	化妆品、牙膏、调味酱、烘焙食品
金属控制剂	柠檬酸	防止金属氧化物沉淀	食品添加剂、食物和饮料中的香料
防膨剂	氯化钾	防止黏土膨胀	低钠食盐替代品
除氧剂	亚硫酸(氢)铵	除去水中的氧，保护管柱免受腐蚀	化妆品、食物和饮料处理，水处理
pH 调节剂	碳酸钠或碳酸钾	维持其他成分的有效性，如交联剂	苏打、清洁剂、肥皂、玻璃、软水剂
防垢剂	乙二醇	阻止管柱中水垢沉积	汽车防冻剂、家用清洁剂
表面活性剂	异丙醇	增加压裂液的黏度	玻璃清洁剂、染发剂

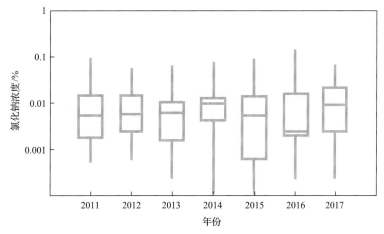

图 15.7　压裂液体系中氯化钠的最大浓度变化图

瓜尔胶为压裂液中常用的稠化剂。在路易斯安那州 Haynesville 页岩气产区，2011～2017 年瓜尔胶的浓度由 510ppm①降至 445ppm(图 15.8)。

在压裂液体系中，醇类被用作交联剂、降阻剂与破乳剂等。乙二醇最大浓度的中值由 2011 年的 16ppm 升高至 2017 年的 32ppm(图 15.9)。

丙炔醇最大浓度中值的变化趋势与异丙醇相似。其由 2011 年的 2.5ppm 速降至 2012 年的 0.4ppm。在之后的 5 年间(2013～2017 年)，其由 0.2ppm 升高至 0.5ppm(图 15.10)。

两种强碱——氢氧化钾与氢氧化钠常用于页岩气井压裂的压裂液中，这两种物质都为 pH 调节剂，这两种强碱在 2011～2017 年最大浓度的中值缓慢降低。氢氧化钾最大浓度的中值由 11ppm 降至 4ppm，降低了近 65%；氢氧化钠与其相似，其最大浓度的中值由 63ppm 降至 25ppm，降低了近 60%(图 15.11)。

---

① 1ppm=10⁻⁶。

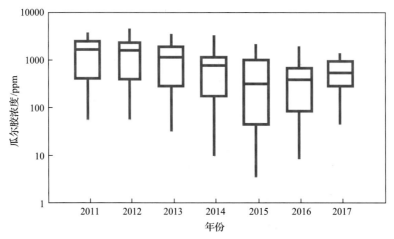

图 15.8　压裂液体系中瓜尔胶的最大浓度变化图

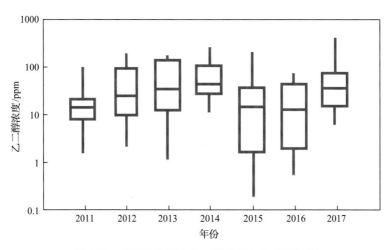

图 15.9　压裂液体系中乙二醇的最大浓度变化图

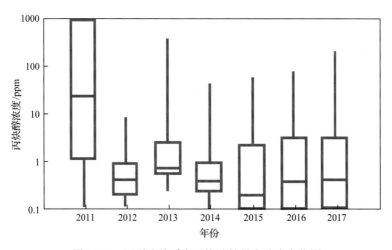

图 15.10　压裂液体系中丙炔醇的最大浓度变化图

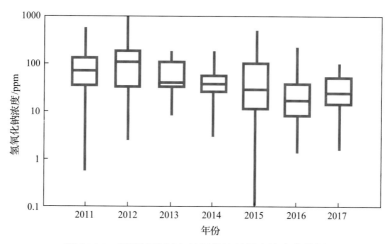

图 15.11　压裂液体系中氢氧化钠的最大浓度变化图

15.3.2　支撑剂

在大多数页岩气井压裂中，使用的支撑剂是不同特性的石英砂、覆膜砂和陶粒等，支撑剂类型如图 15.12 所示。在页岩气井压裂中常使用小尺寸支撑剂(100 目、40/70 目)，较大尺寸的支撑剂如 30/50 目或 20/40 目常用在复合压裂液体系、储层需要较高的导流能力等情形中(Yuyi et al., 2016)。在埋藏较深的页岩中，石英砂在较高应力条件下破碎率较高、长期导流能力较小，此情形下通常需要高强度的支撑剂，如陶粒、覆膜砂等。较小粒径的支撑剂如 100 目砂常用来作为支撑剂段塞使用，一方面可以降低滤失，特别在减少前置液的体积和降低排量时更为有效；另一方面 100 目石英砂会在人工裂缝内形成一个楔形结构，起到一定支撑作用。近几年出现了低密度支撑剂，该类支撑剂具有独有的特点，将改变现行压裂作业的方式方法和效果，用低密度支撑剂一定程度上能降低砂堵风险，且可以提高砂液比(Parker et al., 2012)。

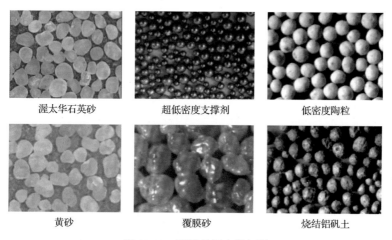

图 15.12　不同类型支撑剂图

通过物理模型得到的岩石脆性、闭合应力和裂缝宽度有助于确定支撑剂尺寸类型等。

在页岩中支撑剂的选择首先要满足页岩较窄裂缝支撑的目的，而且强度应满足闭合应力条件要求。支撑剂尺寸的选择主要依赖于与排量和压裂液黏度有关的最小缝宽。通过计算岩石脆性选择压裂液类型，随着脆性的增加，裂缝形态变得更加复杂，缝宽变窄，因此页岩压裂支撑剂的选择易选用小粒径的支撑剂。对于支撑剂密度的选择，在满足强度和尺寸的条件下，支撑剂的密度越小越好，其原因一是密度低有利于携带，可实现支撑剂合理铺置；二是对压裂液黏度要求低，降低对储层伤害。通常低密度支撑剂在储层中铺置均匀且铺置距离远，从而形成更大的裂缝面积，增大裂缝长度，进而提高产量。支撑剂铺置浓度选择与压裂设计理念息息相关，在页岩储层中，通常采用较低支撑剂浓度进行设计，通过在 Barrnett 页岩储层使用低密度支撑剂时发现，并非砂量越多产量越大，页岩气井产量主要与支撑裂缝导流能力有关，由于页岩压裂产生复杂裂缝或者网络裂缝，裂缝的导流并非全靠支撑剂支撑实现，还有部分依靠交错裂缝不完全闭合形成的导流。

2014 年以来，北美通过技术及管理创新，采用石英砂替代陶粒、就近建砂厂等方式，大幅降低了水力压裂工程作业成本，助推了非常规油气经济高效开发。随着水平段长、加砂强度的增加和水平井改造段数的增多，基于"经济够用"理念，用价格低的石英砂(约 120 美元/t) 替代陶粒支撑剂(约 480 美元/t)，经济成本优势巨大，促使北美石英砂占比已达到 96%。

1. 非常规储层压裂理念及支撑剂变革

(1)非常规油气藏压裂理念。地层渗透率为微达西—纳达西级，形成从微缝—支缝—主缝的缝网体，主要考虑不同级次裂缝与地层流度的匹配关系，而不是填砂裂缝的绝对导流能力。在北美无论是页岩气还是页岩油都在使用不同的粒径组合，而且大量使用 100 目的石英砂。主裂缝需要较高的导流能力——填充较大粒径的支撑剂，分支裂缝需要一定的导流能力——填充中等粒径的支撑剂，微裂缝只要有支撑就行——填充更小粒径的支撑剂，大大降低了压裂难度和砂堵风险。

(2)支撑剂经济导流能力理念。压裂增产不但要考虑支撑剂的绝对导流能力，更要充分顾及支撑剂的经济性，即投入产出比，不同支撑剂与压后产能的关系。通过寻找到高品质的砂源保证石英砂的导流能力，在油田附近建立石英砂厂降低运输成本。威斯康星州"北方白砂"出厂均价为 41 美元/t，但运抵得克萨斯州后，其成本可达 120 美元/t。当地石油企业为了削减成本，在得克萨斯州寻找到了近距离的石英砂矿源，价格每吨便宜 75～80 美元。

2. 石英砂用量变化和本地化

虽然陶粒的性能要高于天然石英砂，但在美国陶粒价格是石英砂的 3 倍左右，对于非常规油气而言，选择天然石英砂完全可以满足储层改造的需要，并提供足够的导流能力。图 15.13 是美国支撑剂使用总量变化趋势图，美国石英砂用量在 2017 年超过 79%，达到 7300 万 t。图 15.14 是美国 48 个州单井支撑剂用量统计图，从 2015 年到 2017 年美国 48 个州每个月(其中 2017 年仅有 1 月份数据)支撑剂使用情况，有如下发展趋势：陶

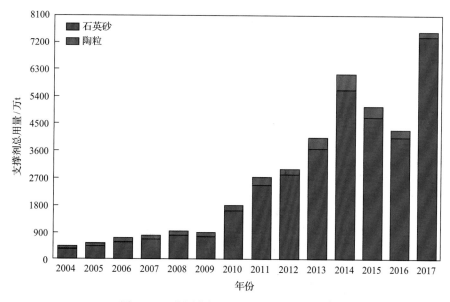

图 15.13　美国支撑剂使用总量变化趋势图

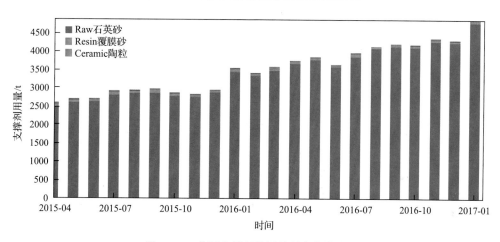

图 15.14　美国支撑剂使用总量变化趋势图

粒及覆膜砂支撑剂的使用量已经趋近于零。全美支撑剂单井使用量持续上升，2017 年 1 月份单井平均加砂量已达 4500t。图 15.15 是美国各大非常规油气田季度用砂量变化图，根据 2015 年第四季度到 2017 年第一季度美国各大非常规油气田季度用砂量统计数据，有如下发展趋势：Permain 盆地用砂量最大，单季度用砂量超过 360 万 t，年用量超过 1500 万 t。基本上全部非常规油气盆地的用砂量都在快速增长。

　　美国砂厂分布有两大集中区域，北部威斯康星州周边和南部得克萨斯州周边。北部白砂主要位于威斯康星州与明尼苏达州，北部砂主要供应至 Marcellus 和 Utica。南部白砂主要位于阿肯色州、伊利诺伊州。南部黄砂主要位于得克萨斯州、新墨西哥州、路易斯安那州、俄克拉何马州。南部砂主要供应至 Permian、Eagle Ford、Haynesville。页岩气生产区可就近就地取砂。

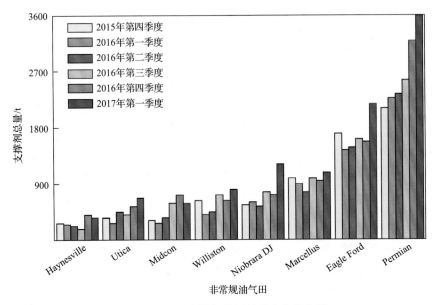

图 15.15　美国支撑剂使用总量变化趋势图

3. 石英砂支撑剂粒径变化，细粒径石英砂产量增加

图 15.16 是美国石英砂产量变化曲线图，2014～2018 年 40/70 目石英砂产量由 1400 万 t 增长到 2500 万 t，100/200 目细砂由 750 万 t 增长至 2500 万 t。二者之和占 2017 年支撑剂总产量的 60%以上。

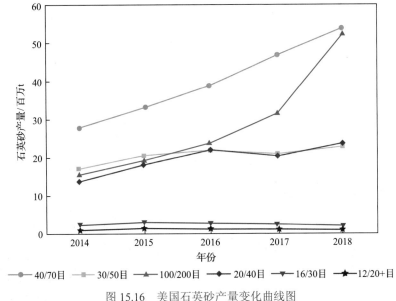

图 15.16　美国石英砂产量变化曲线图

根据 2012 年到 2016 年两大非常规油气田压裂砂目数变化的统计数据，有如下发展趋势：Permain 盆地 100 目压裂砂从 2015 年到 2016 年开始占据主导地位，2016 年已经

达到 50%以上，而 20/40 目的压裂砂占比急剧减少；Niobrara DJ 盆地 40/70 目石英砂逐渐占据主导地位，2016 年占比达到 70%，20/40 目石英砂占比同样急剧下降。

15.4　施工规模与参数

页岩气井压裂施工关键参数包括水平井段长度、压裂段数和段长、射孔簇数、施工排量、压裂液量、加砂量等参数(Ikonnikova et al., 2018; Klenner et al., 2018; Mohaghegh et al., 2017)。近年来，美国页岩气强化了压裂施工参数，发展趋势为长水平井段，缩小段长和簇间距，大幅提高加砂量等。

15.4.1　水平井段长度

北美页岩油气水平井段长度变化的历年统计数据如图 15.17 所示。水平井段长度越长，就越容易以较低的增量成本获得更大的水平井与页岩储层的接触面积。业界一直努力在可能的情况下钻更长的水平井段，因为页岩油气井的经济性效益与较小的占地面积和钻井深度直接相关。

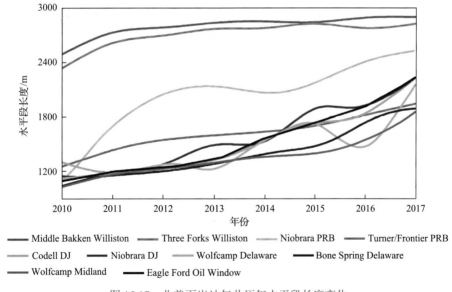

图 15.17　北美页岩油气井历年水平段长度变化

图 15.18 是 Haynesville 页岩气产区水平段长度变化趋势图。由于相关部门的限制，2015 年之前路易斯安那州 Haynesville 页岩气田的大部分钻井水平段长度均不超过 1371m，而得克萨斯州 Haynesville 页岩气田水平段长度最高约 2286m。2015 年以后，路易斯安那州和得克萨斯州的 Haynesville 页岩气田水平段长度主体可达到 2286~3048m。总体而言，为取得更好的页岩气经济开采效果，水平段长度是逐年提高的。

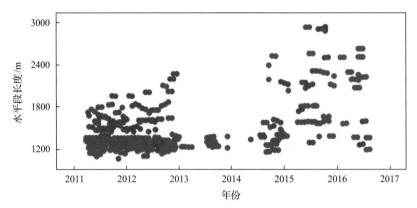

图 15.18　路易斯安那州和得克萨斯州 Haynesville 页岩气田水平段长度变化趋势图

绿点为路易斯安那州，蓝点为得克萨斯州

图 15.19 是 Fayetteville 页岩气产区水平段长度与页岩气产量关系图，自 2015 年到 2018 年，当 Fayetteville 页岩气田当水平段长度大于 1500m 时，随着水平段长度的增加，每口井的初始产量、30 日平均产量以及 60 日平均产量均有较大幅度提升。

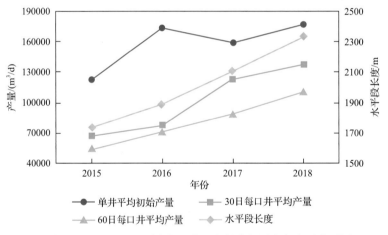

图 15.19　Fayetteville 页岩气田水平段长度与页岩气产量关系图

15.4.2　压裂段数和段长

北美页岩油气历年水平井压裂段数变化趋势如图 15.20 所示，压裂向更多的压裂段数和更短的压裂段长方向发展。Three Forks Williston、Middle Bakken Williston 和 Niobrara PRB 地区平均每口井的压裂段数增加到 40 段以上，部分原因是水平井段长度增加，主要原因是更短的压裂段长所致。其余地区压裂段数在 20～40 段。

图 15.21 显示了 Haynesville 页岩气井压裂段长的变化趋势，在 2011 年，压裂段长变化范围集中在 76～122m；在 2016 年上半年，压裂段长为 53～107m；从 2016 年下半年到 2017 年第一季度，压裂段长减小到 30～61m。

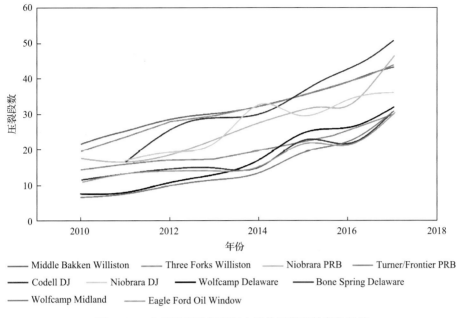

图 15.20　北美页岩油气历年水平井压裂段数变化趋势

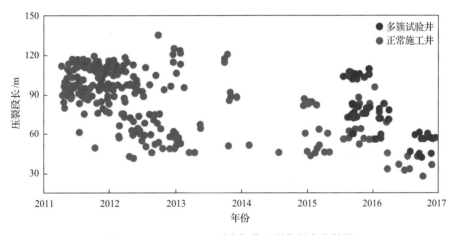

图 15.21　Haynesville 页岩气井压裂段长变化趋势

15.4.3　簇间距

由于超低渗透率，增加页岩气产量的有效方法之一就是增加水平井段射孔簇数，提高裂缝条数增加的概率。除趋向于更高支撑剂用量的完井方式外，开发商们还趋向于更短的簇间距。新一代完井技术已经延续了这一趋势，现在许多运营商正在尝试进一步降低簇间距，如图 15.22 所示，Haynesville 页岩气水平井簇间距从 2011～2013 年的 15～24m 降低到 2014～2017 年的 6～12m。

15.4.4　施工排量

北美页岩油气历年施工排量数据变化趋势图如图 15.23 所示，2010 年到 2017 年施

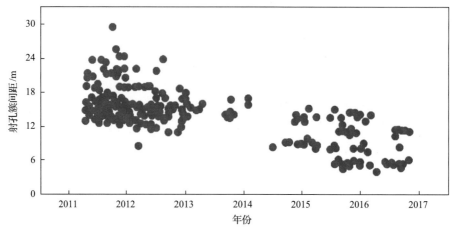

图 15.22 近年来（2011～2017 年）Haynesville 页岩气井射孔簇间距变化趋势

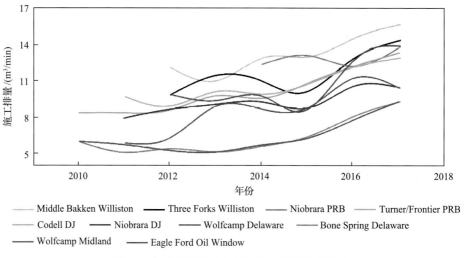

图 15.23 北美页岩油气历年施工排量变化趋势

工排量从 5.0～6.6m³/min 增加到 16.4m³/min；其中 Wolfcamp Midland、Wolfcamp Delaware 和 Niobrara DJ 等五个地区的排量达到了 13.0m³/min 以上，高施工排量的主要目的是提高液体的效率、增加缝网的规模。

Bone Spring Delaware 和 Wolfcamp Midland 地区的施工排量最低，2017 年平均排量约为 10.0m³/min；Middle Bakken Williston 地区的施工排量最高，2017 年平均排量达到 16.6m³/min。Nobrara DJ 和 Wolfcamp Delaware 地区的施工排量在 2014 年以后变化不大，维持在 9.8～12.3m³/min；Turner/Frontier PRB、Codell DJ、Eagle Ford Oil Window、Niobrara PRB 和 Three Forks Williston 等五个地区 2017 年的施工排量为 13.6～15.6m³/min。

15.4.5 压裂液量和支撑剂量

北美页岩油气压裂支撑剂用量历年数据变化趋势如图 15.24 所示，2010～2014 年各个页岩油气盆地的支撑剂用量增长幅度较小，除了 Middle Bakken Williston 和 Three Forks

Williston 地区，其他页岩油气区的平均单井支撑剂用量均低于 2250t；2014 年后，各地区的单井支撑剂用量都有明显的增加，截至 2017 年，Niobrara DJ、Three Forks Williston、Codell DJ、Middle Bakken Williston 和 Niobrara PRB 五个地区单井支撑剂用量达到 4500t以上，其中 Niobrara PRB 地区支撑剂用量达到 7800t。Bone Spring Delaware、Wolfcamp Midland、Turner/Frontier PRB、Wolfcamp Delaware 和 Eagle Ford Oil Window 的支撑剂用量也呈现增加趋势，但增加幅度较小，2017 年支撑剂用量为 3300～4500t。

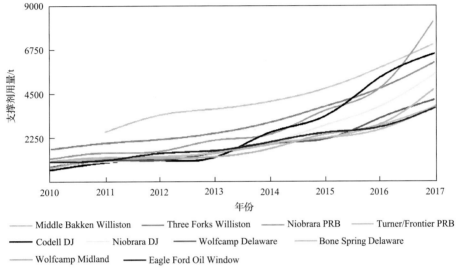

图 15.24　北美页岩油气压裂支撑剂用量历年变化趋势图

北美页岩油气单井用液量历年数据变化趋势如图 15.25 所示，2010～2014 年各页岩

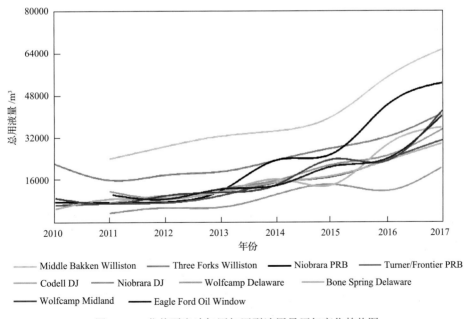

图 15.25　北美页岩油气历年压裂液用量历年变化趋势图

油气盆地的支撑剂用量增长幅度较小，Middle Bakken Williston 单井用液量在 30000m^3 左右，其他多数地区的平均单井用液量均低于 16000m^3；2014 年后，各地区的单井用液量有不同的增产趋势，截至 2017 年，Middle Bakken Williston 单井用液量达到 64000m^3 以上，Niobrara PRB 地区单井用液量达到约 50000m^3，Wolfcamp Midland、Eagle Ford Oil Window、Bone Spring Delaware、Wolfcamp Delaware 和 Three Forks Williston 五个地区的单井用液量提高至 32000～48000m^3，Turner/Frontier PRB、Codell DJ 地区单井用液量约为 30000m^3，Niobrara DJ 地区单井用液量低于 20000m^3。

15.5　裂缝诊断与评估技术

页岩气井压裂改造后，需要利用有效方法评价压裂效果，获得裂缝几何形态、复杂性和裂缝延伸方位及裂缝导流能力等诸多信息，以逐步改善压裂效果。页岩气井压裂的裂缝监测和评估技术为分析压裂过程的施工状况、验证压裂设计参数、反馈施工质量、反演裂缝参数和地层物性参数、研究裂缝延伸规律和评价效果等提供了必要的技术手段。北美裂缝诊断与评估技术主要有微地震监测、测斜仪监测、示踪剂监测、分布式光纤监测、生产剖面测试和试井评价技术等。

15.5.1　微地震监测技术

与地震勘探相反，微地震监测中震源位置、发射时间、震源强度等参数都是未知的，获取这些参数是微地震监测的重要任务。压裂过程中，当井底压力增加超过岩石抗张强度时，岩石就发生破裂，形成人工裂缝。岩石在破裂瞬间就会发射声波，检波器就是通过检测这种声波对裂缝进行定位。压裂期间引发的微地震非常复杂，微地震事件的数量和级别不仅与检波器的灵敏度有关，还与压裂井和监测井之间的距离有关。

微地震监测技术（Agharazi, 2016; Tayeb and Aminzadeh, 2012）是以声发射学和地震学为基础的一种通过监测、分析压裂过程中产生的微小地震事件来监测压裂施工、效果的地球物理技术。应用于页岩气井压裂的微地震监测主要有两种用途：一是微地震监测解释人工裂缝；二是微地震与三维地震结合评估压裂效果。图 15.26 是美国某页岩气井水平井压裂微地震监测解释结果图。微地震监测可以解释压裂裂缝的长度、高度、宽度、方位、倾角以及改造体积等参数，评估压裂效果，为压裂方案设计优化提供参考。

对于微地震事件分布的异常情况，可以通过三维地震几何属性，如蚂蚁体和曲率属性所揭示的天然断层或裂缝的分布进行验证；同时，叠前反演参数泊松比可以指示可压性的强弱，可以检验具有较大震级的微地震事件的分布是否与岩性分布一致。另外，微地震事件点所代表的水力裂缝的分布与天然断层或裂缝的叠合显示可进一步揭示作为压裂屏障的断层或裂缝的存在，进一步揭示水力裂缝延伸的动态过程和控制因素。解释工作除了提供裂缝形态和发育规律外，还需要结合地应力方向、断层发育规律、测井、地

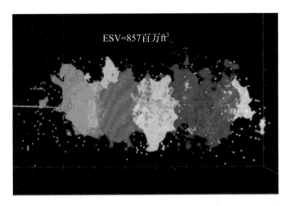

图 15.26　美国某页岩气井水平井压裂微地震监测解释结果图

球物理参数、地震等一系列信息，对压裂效果进行评估，估算油气可动用体积，以及为后续的井网部署提供依据。

15.5.2　测斜仪监测技术

测斜仪监测技术包括地面测斜仪监测、邻井测斜仪监测、压裂井测斜仪监测技术。地面测斜仪监测每年在全球应用超过 1000 多次的裂缝诊断。2000 年以来，井下测斜仪技术用于压裂施工井中直接进行人工裂缝监测，避免了在邻井中放倾斜仪并须得关井停产，使原来由于井距的因素导致绘图传导效果不好的地方能够采用测斜仪进行实时绘图，已经对上千口水力压裂井里直接进行裂缝监测解释，主要是针对传统单一裂缝的监测解释（Astaknov and Roadarmel, 2012; Wolhart et al., 2007）。

测斜仪裂缝监测方法基于测量水力裂缝引起的地层微小变形来反演裂缝参数，需要的储层力学参数少，地面变形模式几乎不受储层性质的影响，能更好地刻画地层中压裂裂缝的几何形态，该技术不需要邻井做观测井，有更强的适用性。微形变倾斜量测量的方法则不同，当水力压裂裂缝产生时，会引起地表或邻近区域岩石的变形，这种监测和解释水力裂缝的方法，让我们对水力裂缝的认识更客观、更直接。倾斜量的测量主要通过测斜仪获得，以往该技术常用于砂岩储层，水力裂缝是经典的双翼对称垂直裂缝，或者是单一的水平裂缝，通过理论与实际变形场反演确定水力裂缝的形态、方位、尺寸等。

图 15.27 是 Eagle Ford 页岩储层一口水平井测斜仪解释结果，测斜仪监测技术被成功应用到 16 级的压裂裂缝反演中。图中根据裂缝方位用不同颜色表示估算的改造的储层区域，蓝线表示垂直缝的方位，黑星表示各级射孔位置。在所有的压裂段中都监测到很大的水平缝体积，这与很高的破裂梯度相符。在水平井趾部到中部这部分垂直缝方位约为 N30°E，从中部到跟部出现了几乎与前面裂缝垂直的裂缝组。在靠近井中部的一些部分，只有水平缝。

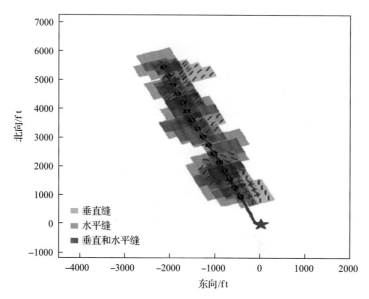

图 15.27　Eagle Ford 页岩储层一口水平井测斜仪解释结果图

15.5.3　示踪剂监测技术

示踪剂监测技术是一种传统而又不断发展的油气井压后监测方法，是油气藏动态监测技术之一。放射性或化学示踪剂能够追踪流体运移，为油气藏动态和非均质性分析提供信息。示踪剂是指能随流体流动并指示流体存在、运动方向和运动速度的化学药剂，示踪剂监测技术广泛应用于监测压裂效果中（Fu et al., 2017; Dezabala et al., 2011），主要是使用示踪剂监测压裂返排液的研究，从使用单一的示踪剂评价单井单段压裂液的返排情况，发展到同时使用多种示踪剂进行多层、多段的压裂效果评价。

示踪剂可以按照不同的标准分类，按所指示的流体类型可以分为气体示踪剂和液体示踪剂，其中液体示踪剂又可以分为水示踪剂和油示踪剂；按在油水相中的分配分类可以分为油溶性示踪剂、水溶性示踪剂和油水分配示踪剂；按原理可分为放射性示踪剂和化学示踪剂两类。由于油气藏的环境不同，示踪剂必须满足化学稳定性、物理稳定性和生物稳定性等多个方面的要求。一种性能优良的示踪剂应满足在地层中的使用浓度低、在地层表面吸附量少、与地层矿物不发生反应、与所指示的流体配伍性好，以及具有化学和生物稳定性、易检测、灵敏度高以及环境友好等要求，同时应尽量满足来源广和成本低的普遍性要求。页岩气井压裂通常使用放射性示踪剂或气体示踪剂。

图 15.28 和图 15.29 分别显示是气体示踪剂在某页岩气平台 1 号井和 2 号井中的监测结果，两口井都是单段 9 簇，平均单孔排量为 0.318m³/min，每口水平井的簇间距和支撑剂量不同。1 号井簇间距为 6.1m，加砂强度为 2.98t/m；2 号井簇间距为 12.2m，加砂强度为 1.93t/m。通过伽马测井，可以清晰地看出，1 号井充分改造 6 簇，有 3 簇未充分改造；2 号井充分改造 9 簇。该实例说明缩小簇间距需要配合段内暂堵转向技术提高射孔簇的开启程度。

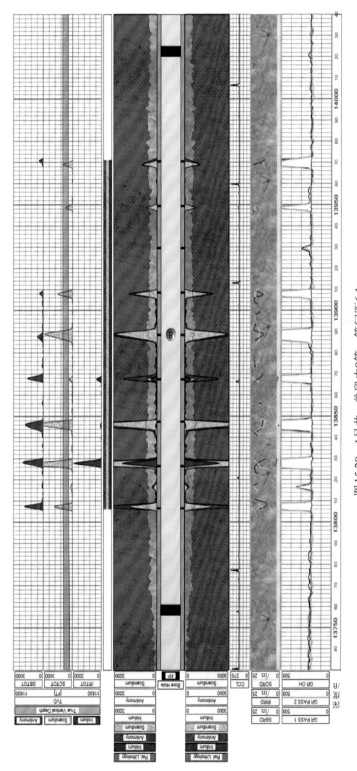

图15.28　1号井：单段内9簇，簇间距6.1m

深度值单位为ft；GR PASS1-伽马信道；GR PASS2-伽马信道；SBRD，IRRD，SCRD测井值单位为in；Rel. Lithology-镭-岩性；Iridium-铱；Antimony-锑；Scandium-钪

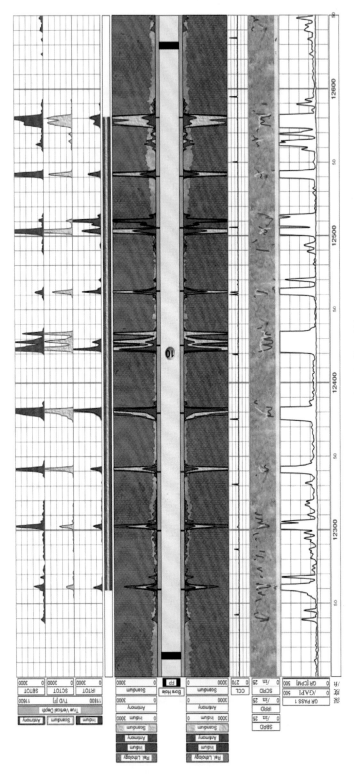

图15.29　2号井：单段内9簇，簇间距12.2m

15.5.4　分布式光纤监测技术

分布式光纤监测(Koelman et al., 2012; Macphail et al., 2012)是一项近些年发展起来的新技术。由于光纤材料具有耐高温、抗压、防腐、防爆和抗电磁干扰等特点，非常适合高温、高压的井底条件，而它实时、全井段分布式的优点更是常规测试、测井难以达到的。

光纤测温原理主要是依据光纤的光时域反射原理和后向拉曼散射温度效应。当光脉冲在光纤中传播时，每一点都产生反射，而反射点的强度越大，反射点的温度也越高。如果可以测出反射光的强度，就能计算反射点的温度。光纤测温最重要的特点就是可以很容易实现实时全井段测温，并且无需在检测区域内来回移动，能保证井内的温度平衡状态不受影响。此外，其环境适应性强，可以在高温、高压、腐蚀、电磁干扰下工作，而且精度和分辨率很高。

井筒分布式光纤技术应用于水平井压后评价，主要基于压裂施工过程中压裂液进入地层而改变井筒中局部位置的温度变化。因此，通过在井筒内放置一个定制的光纤电缆，能够对井筒内的温度实施变化进行测量，为工程人员提供一条动态的、连续的温度变化曲线，从而能够对所得的信息进行解释和压后评价。

在 Eagle Ford 页岩中进行分布式光纤可实时监测研究段内转向技术有效性。图 15.30 是分布式光纤实时监测结果，通过使用段内转向技术可以有效控制流动分布。压裂施工过程中的段内转向可以通过使用不同的转向剂完成。转向剂将会随着最优的流动路径流入接受充分改造的主簇中，然后封堵这些裂缝，迫使后续施工中的压裂液和支撑剂进入改造程度较差的射孔簇。光纤测试技术除可测试温度分布，也用于声音、应力及压力等监测，以评估储层及压裂施工效果。

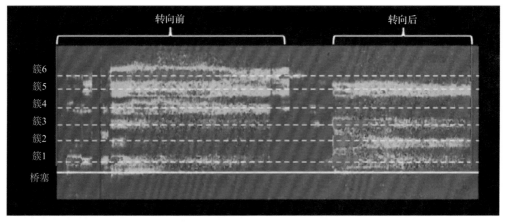

图 15.30　分布式光纤实时监测图

刚开始簇 4、簇 5、簇 6 起裂，后来受转向剂封堵簇 4、簇 6，簇 1、簇 2、簇 3 和簇 5 起裂

15.5.5　生产剖面测试技术

生产剖面测试技术是水平井开发的重要配套技术之一，在开发中起着关键作用。生产剖面测井资料是优化注采方案、指导压裂设计、堵水等作业并评价其效果的不可缺少的依据。近年来，国外以斯伦贝谢和哈里伯顿等为代表的石油技术服务公司，相继发展了基于电容传感器阵列、电导率传感器阵列、光纤传感器阵列、涡轮传感器阵列以及化学示踪法的水平井生产测井技术，已在北美、亚洲等地区成功应用（Lopez et al., 2014; Nnebocha and Singh, 2013）。

水平井生产剖面测试主要有两种测试方法：一是连续油管输送测试方法，在页岩气水平井开采中，针对不同井况条件，使用连续油管输送测井工具是一种有效且多功能的方法，并考虑了输送过程中可能出现的意外情况，从而保证井眼中的仪器输送顺利进行；二是过油管牵引输送的生产测井，该方法很少受阻塞或受井内流体流动干扰的影响，井牵引通过电子电缆输送，生产测井传感器安装在井牵引器的下面。在一口标准的页岩气井中，这种输送方法需要使用修井机牵引现有的生产油管，下仪器到趾部洗井，然后使用生产油管替代油管。

图 15.31 是斯伦贝谢某页岩气水平井生产测井解释结果，获得该井各射孔簇产气产液贡献，评价压裂效果。在地面计量产气量 6 万 m³/d 生产制度下，主要贡献层段是第 12～15 段，占总产气量的 90%；36 个射孔簇，13 个没有产量，有效率约为 64%；第 2～11 段产气贡献率小，仅占 10%。

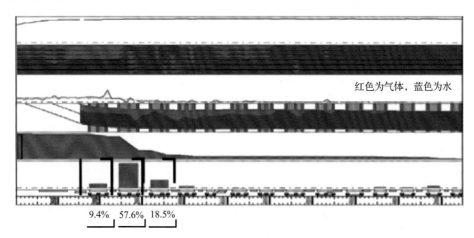

图 15.31　斯伦贝谢某页岩气水平井生产测井解释结果

9.4%、57.6% 和 18.5% 分别为第 13 段、第 14 段和第 15 段产气量占总产气量的比例

15.5.6　试井评价技术

试井是油气藏动态描述及动态监测的重要手段之一，已经成为油气勘探开发工作的重要组成部分。通过试井可以确定测试井的产能、储层孔隙结构、地下流通类型和判断边界性质等。页岩气井压裂水平井试井技术能帮助更好地认清页岩气水平井压裂后的渗

流特征，为页岩气藏研究和压裂设计优化提供科学依据。关于页岩气分段压裂水平井渗流机理的研究基本上是在理论模型的基础上开展的，尚不能很好地反映页岩气井的生产实际情况。压力恢复试井是研究页岩气井渗流特征最主要的手段之一。研究认为，页岩气多段压裂水平井在生产中理论上存在早期线性流、拟稳定流，中期复合线性流和晚期边界控制流。

15.6 重复压裂技术

重复压裂即对同一井进行再压裂。重复压裂技术一般用于初始压裂失效气井产量严重降低或是由于支撑剂的长期导流能力下降严重，导致压裂效果无法得到有效保证的井，需要重新对气井进行再次压裂增产。重复压裂技术主要以裂缝重新取向或是再次打开裂缝的方式进行增产（Vargas-Silva et al., 2017; Whitsett et al., 2016）。

15.6.1 页岩气井重复压裂建模

重复压裂是提高页岩气采收率的重要技术之一。随着页岩气的开发，孔隙压力降低，导致地应力下降，这个可变的应力剖面(即沿井筒为非均匀应力)会影响重复压裂的裂缝形态，且可能导致裂缝重新定向。重复压裂建模的挑战是如何将更新后的地质力学模型与油藏枯竭影响相结合。为建立重复压裂改造的模型，首先应建立一个重复压裂前的模型，适当考虑储层枯竭，然后将这一储层模型与有限元地质力学模型相结合，更新地应力的变化。另一个主要难点是水平井段覆盖范围，例如使用暂堵剂进行重复压裂时，如何通过改造实现全井筒覆盖。在重复压裂过程中，整个井筒都是开放流动的，很难模拟在任意给定的时间段压裂的是哪一个射孔簇或段。如果没有任何类型的诊断来帮助查明压裂液和支撑剂可能去了哪里，重构建模过程可能会成为一个更大的挑战。重复压裂模拟过程是一个具有许多不确定性的挑战性任务。工作流程主要是考虑以上两个问题的重复压裂模拟方法。通过预测一口生产井重复压裂后的生产能力，并与实际重复压裂效果对比，验证了重复压裂设计方法的有效性，并将其运用到新井的产能预测。

Xu 等在 2017 年深入探讨了多井组重复压裂的新工作流程(图 15.32)。该工作流程在开发模拟单井工作流程的基础上扩展的。为了更好地解释不同的阶段,参考了图 15.33(a)、图 15.33(c)、图 15.33(e)中所示的数据和图 15.33(b)、图 15.33(d)、图 15.33(f)的说明。该工作流程具体如下所述。

第一阶段是建立一个静态地质模型，该模型来自试验井 A 的岩石物理和力学性能。然后将 B 井的施工压力与微地震数据进行历史拟合，以更好地校准生成的地质模型。该静态模型将作为建模研究的基础。

第二阶段是重复压裂研究井组的生产历史拟合。D 井、E 井、F 井和 G 井是井组四口主要研究井，同时也包括 C 井和 H 井，考虑到这两口井出现储层枯竭及其对四口研究井重复压裂的影响。这一步骤是工作流程的核心部分，它是一种综合了复杂水力压裂模

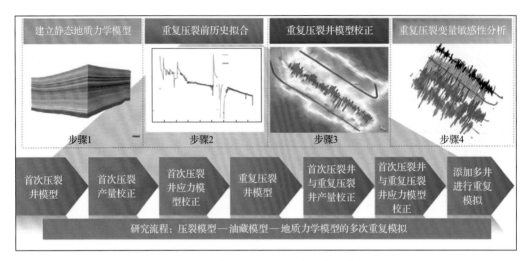

图 15.32　多井组重复压裂增产研究工作流程

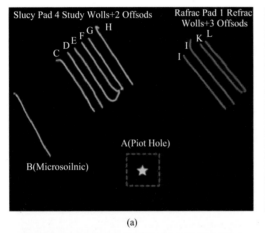

(a)

	井名		作用
A	导眼井		地质模型，属性
B	微地震监测		校正地质模型
C、D、E、F、G、H	研究井：D、E、F、G		研究平台
	邻井：C、H		研究平台邻井
I、J、K、L	重复压裂井：J		重复压裂校正
	邻井：I、K、L		重复压裂平台其他井

(b)

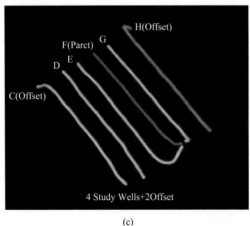

4 Study Wells+2Offset

(c)

第一次历史拟合：F井
第二次历史拟合：C井＋D井＋E井＋F井＋G井
第三次历史拟合：C井＋D井＋E井＋F井＋G井＋H井

(d)

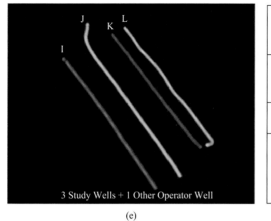

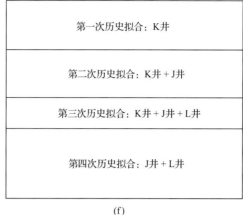

第一次历史拟合：K井

第二次历史拟合：K井 + J井

第三次历史拟合：K井 + J井 + L井

第四次历史拟合：J井 + L井

(e)　　　　　　　　　　　　　　　　　　　　　　(f)

图 15.33　项目数据

型、地质力学模型和多井生产模拟模型的多学科方法。在此过程中，将模拟的三维储层压力和地质力学有限元模型(FEM)耦合起来，得到由于储层枯竭导致的地应力大小和方向的变化。然而，其中一个挑战是，研究阶段的六口井并没有同时进行增产改造措施。例如，首先压裂 F 井，之后大约 350 天后压裂了 D 井、E 井和 G 井。H 井在 F 井压裂 540 天后进行压裂，为同时满足地质力学性质变化和储层压力枯竭的模拟，必须分别进行几次历史拟合的迭代过程。

第三阶段是利用一口真实的重复压裂井来定义和校准重复压裂工作流程，以确定对研究井组的敏感度。该阶段的目标是开发一种新方法，即如何使用化学暂堵剂模拟重复压裂增产措施，并通过与之前重复压裂井的生产历史拟合来验证该方法。然后将该方法应用于研究井组，并在各种情况下进行敏感度分析。为了对实际重复压裂后的井进行建模，首先必须对该井及其邻井重复压裂前的生产历史进行建模(类似于第二阶段)，以便在重复压裂之前获得储层产量/枯竭和相关的应力变化信息。J 井是使用化学暂堵剂重新压裂的一口井。考虑到邻近储层枯竭，模拟中也包括了邻井 I 井、K 井和 L 井。一旦模型中重复压裂前的生产历史被拟合和校准，新的方法就可以用作重复压裂后的生产历史拟合，并得到验证。该方法将用在第四阶段研究井组上作为敏感度测试的基础。

第四阶段是将经过验证的重复压裂建模方法应用到原始研究井组，进行几次敏感度模拟，以了解重复压裂井的最佳数量(一口井还是对井组的所有四口井进行重复压裂)、重复压裂井顺序、重复压裂作业规模、重复压裂的时间(现在距重复压裂还是数年后)以及重复压裂处理措施水平井段的覆盖范围。

15.6.2　页岩气井重复压裂设计

重复压裂设计的挑战在于不知道流体和支撑剂进入哪一个射孔簇，以及每个射孔流入液体的量。化学暂堵重复压裂处理是由可降解(或溶解)颗粒分隔的多个水力压裂阶段的连续操作。在没有任何诊断方法的情况下，确定和量化支撑剂和液体的去向很困难，在压裂模型/模拟器中模拟实际的重复压裂处理也是如此。

为了模拟重复压裂，必须开发一种新方法。第一步是了解重复压裂处理前的孔隙压力和应力状态。图 15.33(e)显示了 J 井重复压裂的实际情况。根据以往储层枯竭的情况，重新计算了地应力。在生产历史拟合之后，考虑压力和应力的枯竭效应，更新地质力学模型和应力变化。

设计方法是围绕新应力的计算进行的，并基于一些基本假设，这些假设有助于创建统一的可应用于其他重复压裂的模拟方法。主要假设如下：

(1)重复压裂处理过程中，水力裂缝首先在应力最低的簇段开始扩展。

(2)在没有任何诊断的情况下，很难识别重复压裂水平井的覆盖范围，必须做出另一个假设，即使用化学暂堵剂可以有效激活水平井压裂的范围。作为压裂起点，理想的假设是整个井筒周围可以均匀覆盖。然后，运用其他假设条件，来了解重复压裂受哪些因素影响无法实现水平井的全部覆盖。

(3)假设所有簇/段均流入等量的液体，即所有簇/段采用相同的重复压裂设计。

计算的最小应力沿水平井筒排列，如图 15.34 所示，图 15.34(a)显示了沿着水平井筒每个簇段更新后的最小应力值，图 15.34(b)显示了应力值从低到高的重新排列结果。然后将总簇段数除以重复压裂段数，例如，如果有 20 个重复压裂段，那么总簇数除以20，得到重复压裂时每个阶段处理的簇数(假设每个簇段进入的液体量相同)。然后，根据实际重复压裂处理时的泵注程序，进行逐级模拟。第一阶段应力最低的簇段开启，然后逐级到第20阶段，最后开启的是应力最高的簇段。考虑到前一泵送阶段引起应力变化的影响，所以还应包括前一阶段的应力阴影影响。图 15.35 显示了应用重复压裂设计方法得到的重复压裂裂缝形态。可以观察到，由于储层枯竭区域应力和压力较低，大多数重复压裂几何体都集中在该区域。

图 15.36 显示了采用这种方法对 J 井进行重复压裂后的生产历史拟合。采用井底压力(BHP)控制方式来进行日产气量拟合。在一口实际重复压裂的井上获得良好的生产历史拟合，为使用该方法进行预测整个井组上的不同重复压裂情况提供了更多的信心。

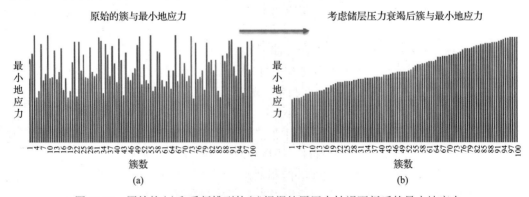

图 15.34　原始的(a)和重新排列的(b)根据储层压力枯竭更新后的最小地应力

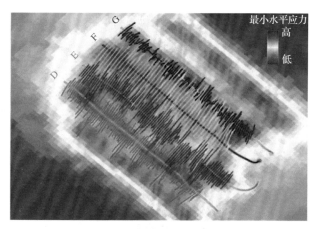

图 15.35　重复压裂裂缝模型

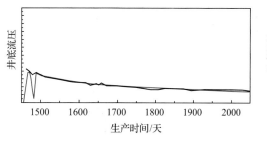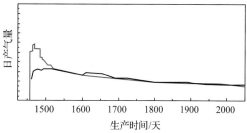

图 15.36　重复压裂井 J 井的生产历史拟合结果

15.6.3　重复压裂产能影响因素

评估重复压裂的备选井，通常从井的原始完井和产能开始。比较原始完井指标，例如支撑剂用量、液体用量、压裂段间距和簇间距来评估潜在的备选井。然而，Haynesville 完井设计的发展导致大多数遗留井的完井都存在不足。所有四个指标都显示不同的首次完井压裂参数和重复压裂产能之间没有很强的相关性，这很可能是完井方式的大幅度变化和数据本身的原因。原始簇间距小于 18.3m 的井数据占 85%，在当时完井处于较低水平。重复压裂生产结果的显著差异发生在簇间距小于 15.2m 的井组中。

除了首次完井压裂参数之外，选择重复压裂备选井时还评估井的原始产能。原始产量和重复压裂后产量没有很强的关系。原始产量最好的井(2.3 亿 m³)在重复压裂后产量仍然能够达到 4531 万 m³，与该区低产井的平均水平相当。

首次完井压裂参数和产能之间缺乏相关性表明重复压裂增产设计是一个重要的因素。图 15.37 为重复压裂参数与产能之间的关系。支撑剂和压裂液用量与重复压裂后产能没有显著的相关性，但使用量比原始完井时增加了一倍多。射孔方案表现出更强的相关性。随着压裂段长度减小，簇间距减小，重复压裂后产能有提高的趋势。重复压裂设计类似于 Haynesville 现代新完井设计，但有些施工排量较低。低排量导致每簇的处理效率较低，并限制每段以固定的低排量(30~40bbl/min)延伸横向裂缝。减小段间距，因此增加了每口井压裂段的数量，也增加了水平井段横向上更多裂缝的可能性。

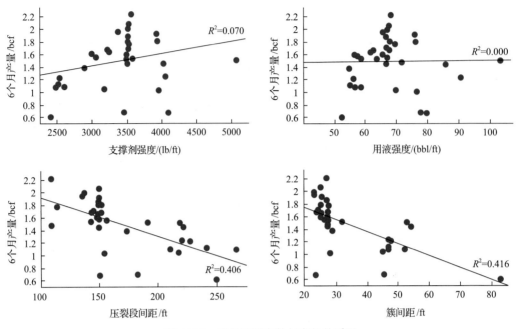

图 15.37　重复压裂参数与产能关系图

　　重复压裂产能因素需要考虑的其他方面包括井间钻井、井距和井密度的影响。与其他非常规油气田相比，Haynesville 页岩平均井距相当大，但是有些井组则多达 8 口井。在这些情况下，需要评估和考虑有几口井和哪些井进行重复压裂。目前，没有足够的数据显示高密度井组重复压裂的结果，但如果证明成功，将大大增加重复压裂备选井的数量。

15.6.4　双重套管重复压裂技术

　　在 Haynesville 和 Eagle Ford 气田实施了一种新的重复压裂方法，即在现有井筒内固定一个新的、更小的套管，并通过射孔进行压裂改造。双重套管技术(Cadotte et al., 2018)通过封隔现有射孔，增加新缝开启和延伸的概率，解决了暂堵转向处理中遇到的问题。该技术设计灵活，而且不受现有套管完整性差的限制。

　　双重套管重复压裂技术的难点在于固井作业及实施，重复压裂管柱选择取决于原始井筒设计。北美页岩气田由多个作业者开发，所以当前生产状态下有不同的井身结构。重复压裂时新井筒设计的目标之一是允许新井筒中可能的最大套管内径，以提高施工排量。一旦下入套管，套管需要固井，水泥凝固后，进行重复压裂。可以在重复压裂完井之前进行水泥固井测井，以验证固井质量。水泥用量和余量的计算采用之前水泥固井处理时的类似方法。双重套管作业中水泥的余量为计算量的 0%～25%。固井段顶部用水泥固井测井，也可以验证作业中水泥使用率，同时对随后的设计余量进行必要的调整。在固井作业前，应在水泥注入开始之前用设计的泵入速率对井筒进行彻底循环。虽然双重套管压裂环境不需要井筒清洁和去除泥浆，但循环有助于清除下套管时可能进入的碎屑或其他问题对循环的限制。成功安装新的套管之后，使用桥塞-射孔操作进行压裂施工，恢复了重新增产设计的灵活性。但是新的套管柱内径较小，摩阻增加，压裂排量受到限制。压裂钻塞投产，较小尺寸的套管具有较小的环空间隙，循环出铣削后的桥塞、压裂砂和碎屑比较困难，使钻塞过程变得复杂。

Haynesville 和 Eagle Ford 地层已有超过 112 口井成功应用双重套管重复压裂方法。采用新的 8.89cm、10.16cm 或 11.43cm 套管，固结在先前完井的水平井套管内(套管尺寸从 11.43cm 到 13.97cm)，水平段长度为 762~2133.6m。

Haynesville 页岩气田实际应用效果：2016 年以来，双重套管重新压裂方法已在 Haynesville 页岩中得到广泛应用，如图 15.38 所示。该技术已应用于整个盆地不同沉积相的 75 口井中。

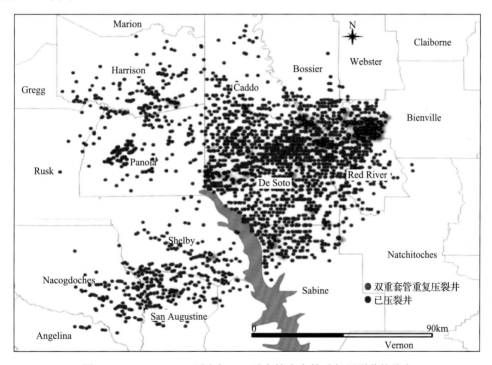

图 15.38　Haynesville 页岩气田双重套管内套管重复压裂井的分布

采用新的 3.5in 套管进行分段压裂，现代完井技术可以灵活地应用于 Haynesville 页岩重复压裂增产处理措施。先期压裂井和重复压裂井之间的主要区别在于压裂液泵入排量。根据新套管柱的长度和摩阻情况，重复压裂施工排量通常为 30~50bbl/min。

图 15.39 是某页岩气井重复压裂后 17 个月的生产曲线，重复压裂之前，该井产气 1.15 亿 m³，重复压裂之后 16 个月产气量为 8976 万 m³。相比不采取任何措施，该井还需要 33 个月才能达到产气 8891 万 m³。

Eagle Ford 页岩气田应用效果：Haynesville 气田双重套管重复压裂作业成功后，相同的方法首先应用于 Eagle Ford 东北部，并且有向东南部发展的趋势。图 15.40 显示了 Eagle Ford 气田采用这种方法的井。虽然应用数量比 Haynesville 的少，但 37 口生产取得成功的案例井也非常可观。其中记录的一口井重复压裂后产量增加了 17 倍。用五口井的产量数据估算 EUR 值，表明重复压裂比原始 ERU 增加了约 140%。目前，在 Eagle Ford 至少有六家作业公司已经开始使用这种方法实施多井重复压裂作业，这似乎表明资本支出在增加整体资产价值方面是值得的。

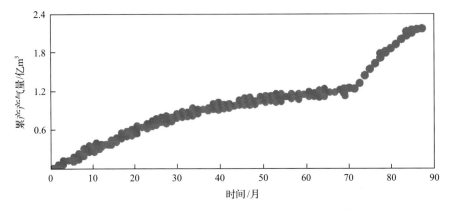

图 15.39　Haynesville 某页岩井重复压裂生产曲线

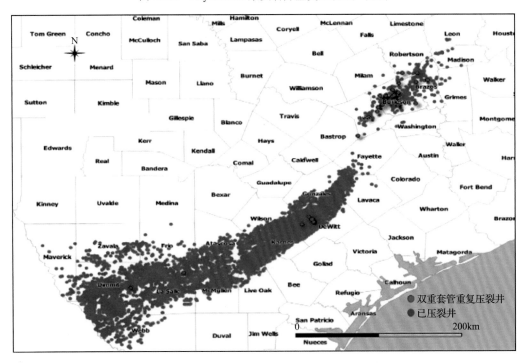

图 15.40　Eagle Ford 页岩气田套管内套管重复压裂井分布图

参 考 文 献

Agharazi A. 2016. Determining maximum horizontal stress with microseismic focal mechanisms-case studies in the Marcellus, Eagle Ford, Wolfcamp//SPE/AAPG/SEG Unconventional Resources Technology Conference, San Antonio.

Astaknov D K, Roadarmel W H. 2012. A new method of characterizing the stimulated reservoir volume using tiltmeter-based surface microdeformation measurements//SPE 151017, Hydraulic Fracturing Technology Conference, The Woodlands.

Cadotte R J, Elbel B, Modeland N. 2018. Unconventional multiplay evaluation of casing-in-casing refracturing treatments// International Hydraulic Fracturing Technology Conference and Exhibition, Muscat.

Cadotte R J, Whitset A, Sorrell M, et al. 2017. Modern completion optimization in the Haynesville shale//Annual Technical Conference and Exhibition, San Antonio.

Carlson D. 2018. An overview of trends within hydraulic fracturing in Louisiana with a focus on Haynesville gas play//AAPG 2018 Annual Convention & Exhibition, Salt Lake City.

Dezabala E, Parekh B, Solis H A, et al. 2011. Application of single well chemical tracer tests to determine remaining oil saturation in deep water turbidite reservoirs//SPE Annual Technical Conference and Exhibition, Denver.

Fu Y K, Dehghanpour H, Ezulike O, et al. 2017. Investigating well interference in a multi-well pad by combined flowback and tracer analysis//SPE/AAPG/SEG Unconventional Resource Technology Conference, Austin.

Ikonnikova S, Smye K, Browning J, et al. 2018. Update and enhancement of shale gas outlooks. Austin: University of Texas Austin.

Klenner R, Liu G, Stephenson H, et al. 2018. Characterization of fracture-driven interference and the application of machine learning to improve operational efficiency//Liquids-Rich Basins Conference, Midland.

Koelman J M, Lopez J L, Potters J H, et al. 2012. Fiber optic technology for reservoir surveillance//International Petroleum Technology Conference, Bangkok.

Lopez S P, Hernandez I D, Luvio D T, et al. 2014. Fiber optic technology reduces production logging limitation in complex conditions: Case studied from Mexico//SPE Latin American and Caribbean Petroleum Engineering Conference, Maracaibo.

Macphail W F P, Lisoway B, Banks K, et al. 2012. Fiber optic distributed acoustic sensing of multiple fracture in a horizontal well// Hydraulic Fracturing Technology Conference, The Woodland.

Mohaghegh S D, Gaskari R, Maysami M, et al. 2017. Shale analytics: making production and operational decisions based on facts: A case study in Marcellus shale//Hydraulic Fracturing Technology Conference and Exhibition, The Woodlands.

Mohaghegh S D. 2017. Shale analytics: Data-driven analytics in unconventional resources//Shale Analytics: Data-Driven Analytics in Unconventional Resources. Berlin: Springer Publishing Company, Incorporated.

Nnebocha E, Singh K. 2013. Production logging and flow diagnosis in heterogeneous reservoir//North Africa Technical Conference and Exhibition, Cairo.

Parker M A, Ramurthy K, Sanchez P W. 2012. New proppant for hydraulic fracturing improves well performance and decreases environment impact of hydraulic fracturing operation//SPE Eastern Regional Meeting, Lexington.

Stephen R. 2016. Pressure changes while fracturing add to Marcellus well production. Journal of Petroleum Technology, 68(4): 37.

Tayeb A, Aminzadeh F. 2012. Characterizing fracture network in shale reservoir using microseismic data//Western Regional Meeting, Bakersfield.

Vargas-Silva S, Oza S, Paryani M, et al. 2017. Integration of improved asymmetric frac design using strain derived from geomechanical modeling in reservoir simulation//Reservoir Simulation Conference, Montgomery.

Weijers L, Wright C, Mayerhofer M, et al. 2019. Trends in the North American frac industry: Invention through the shale revolution// SPE Hydraulic Fracturing Technology Conference and Exhibition, The Woodlands.

Whitsett A, Holmedal J, Leonard D, et al. 2016. Maximizing efficiency in Haynesville restimulations: A case study in improving lateral coverage to maximize incremental gas recovery//Unconventional Resources Technology Conference, San Antonio.

Wolhart S, Zoll M, Mclntosh G, et al. 2007. Surface tiltmeter mapping shows hydraulic fracture reorientation in the codell formation, Wattenberg Field, Colorado//Annual Technical Conference and Exhibition, Anaheim.

Wutherich K, Srinivasan S, Ramsey L, et al. 2018. Engineered diversion: Using well heterogeneity as an advantage to designing stage specific diverter strategies//Canada Unconventional Resources Conference, Calgary.

Xu T, Lindsay G, Baihly J, et al. 2017. Proposed refracturing methodology in the Haynesville shale//Annual Technical Conference and Exhibition, San Antonio.

Yuyi J, Blake A, Wyatt J, et al. 2016. Dry Utica proppant and frac fluid design optimization//SPE Eastern Regional Meeting, Canton.

第16章

动态分析技术

页岩气生产动态分析是指利用气井的生产动态资料进行地层参数的求解及气井产量和 EUR 的预测，是页岩气开发中重要的一环。目前开采页岩气最经济有效的方式是采用多段压裂水平井，随着对储层改造强度要求的提高，水平段长呈现增大趋势，大砂量密集切割方式越来越普遍，由此带来的套变、压窜等工程问题对页岩气井产量影响显著。由于页岩气藏自身地质特征的独特性和储层改造带来的诸多问题导致动态分析工作面临挑战。

目前常用来预测气井产量或 EUR 的方法有传统递减分析方法、现代产量递减分析方法、数值模拟方法及大数据与机器学习方法。20 世纪 40 年代就有学者提出了利用生产数据进行 EUR 预测的方法，随着储层条件复杂性及油气藏开发难度的增加，更多的新技术被开发出来。1945 年，Arps 建立的三种产量递减模型是油气井产量递减分析的开端，为后来多种产量递减分析方法的提出奠定了基础。但是由于必须满足边界流定压稳定生产条件的限制，导致在页岩气水平井评价方面适用性不强。后来多位学者为了解决 Arps 递减模型的缺点，提出了各种递减模型，典型代表有幂指数递减模型、逻辑增长模型、扩展指数递减模型及 Duong 递减模型等。上述递减分析方法统称为传统递减分析方法，后来为了解决实际生产过程中变压力生产方式，同时考虑气体高压物性变化等特点，将试井分析理念应用到动态分析中，发展出来了一系列现代产量递减分析方法，典型代表有 Fetkovich 递减模型、Blasingame 递减模型、Agarwal-Gardner 递减模型及流动物质平衡模型等。近十年来，随着计算机技术的不断进步，基于海量数据发展而来的数据挖掘以及机器学习的方法受到越来越多的重视。基于大量数据建立预测模型，实现对未来产量数据的预测，最终用于指导实际生产。机器学习方法在页岩气动态分析方面应用也越来越广。数值模拟方法就是收集气藏地质参数、流体高压物性参数、压裂改造参数等，建立能表征气井生产整个过程的数值模型，从而进行产量和 EUR 预测。该方法评价精度要高于上述几种方法，前提是获取的各类参数值准确。因此数值模拟方法的弊端就是需要大量准确的基础参数来表征模型。

本章主要围绕页岩气井产量及 EUR 预测展开，结合近年中美页岩气动态分析技术的发展,分析多段压裂水平井生产特征及流动规律,介绍产量及可采储量计算的主要方法,包括经验方法、产量递减方法、大数据与机器学习分析方法和数值模拟分析方法,其间穿插了美国页岩气区块的实例以说明方法的适用性。另外,还对比了不同方法的使用条件,阐明了中美在页岩气动态分析技术及适用性上的异同。

16.1 水平井流态及动态分析流程

页岩储层渗透率极低(纳达西级),为了能经济有效地开采页岩气,需要利用水平井多段压裂技术提高单井产能。通过水平井多段压裂产生的裂缝网络系统,在井筒附近形成一个有效渗透率远大于页岩基质渗透率的区域,水平井的产量和 EUR 都会受该区域大小影响。油藏改善区范围一般可以通过微地震监测得到(图 16.1)(Cipolla et al., 2009)。油藏改善区的存在使得页岩气井具有独特的生产特征,通常初始产量较高,但产量快速递减,之后长时间低产量稳定生产。

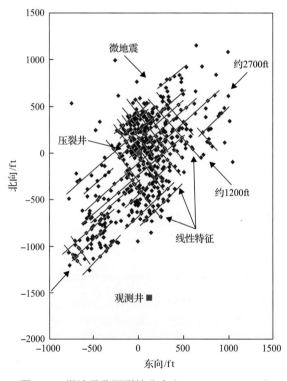

图 16.1 微地震监测裂缝分布(Cipolla et al., 2009)

16.1.1 页岩气井流态特征

在页岩气井生产过程中,早期流体流动主要受井筒附近裂缝网络系统影响,后期主要受地层非均质性及边界形态等影响。页岩气水平井从开始生产到结束生产主要经过六个流态：双线性流、早期不稳态线性流、拟径向流、复合线性流、晚期拟径向流和边界控制的拟稳态流(或称边界控制流)，其中复合线性流段与边界控制流段特征显著，延续时间长(图 16.2)。

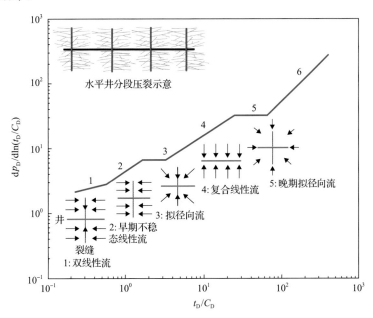

图 16.2 页岩气水平井流态双对数诊断曲线

p_D 为无量纲压力；t_D 为无量纲时间；C_D 为无量纲井筒储存系数

(1)双线性流：是指地层流体由基岩流向裂缝和由裂缝流向井筒的双线性流。水平井生产一开始，当裂缝中的流体流向井筒后，由于裂缝的导流能力有限，裂缝内产生了一定的压力降，流体从裂缝流向井筒。同时在基岩和裂缝内形成压力差，导致流体从基岩同时流向裂缝，从而形成双线性流，但在实际生产中很难观察到双线性流。

(2)早期不稳态线性流：是指流体从基岩直接流向裂缝。当裂缝中的流体流向井筒后，由于井筒的导流能力是无限的，井筒内本身没有压力降，但此时基岩和裂缝之间产生了压力差，流体是单向垂直流向裂缝面。在页岩气实际生产过程中，这段通常在压裂液返排期结束后，大多数水平井可以看到，但延续的时间长短取决于地层和裂缝的参数。

(3)拟径向流或者椭圆形流：是指当水平井生产一定的时间后，由于裂缝附近基质内地层产生了一定的压力降，流体流动围绕裂缝产生了几何形态类似于椭圆形的流动。这一阶段取决于基质渗透率的大小，延续时间可能很长，也有可能会很短。在页岩气实际生产中，拟径向流必须在一定的条件下形成，即裂缝之间的距离较大，裂缝半长较小。

(4)复合线性流：是指在水平井生产后期，沿着水平井方向形成相等压力差，沿着水平井方向，地层流体的流动形态将垂直于水平井。实际生产中，复合线性流受到很多因素影响，大多数井生产历史过程中是很难观察到的。

(5)晚期拟径向流：在实际水平井的生产中很难出现或者只呈现向下一阶段(边界控制的拟稳态流)过渡的不稳态流，只有在渗透率较大的致密地层中，水平井井网密度较小时，在生产后期，远离水平井的地层中出现压力降。流体在这些点的流动从几何形态来说类似于圆形，水平井相当于圆心。

(6)边界控制的拟稳态流：通常被用来求取油气井控制的储量。压力波传到边界或者虚拟边界后，气藏的平均地层压力随时间呈线性下降关系。由于页岩较低的渗透率，通常在大密度井网的生产中气井会出现拟稳态流，此时的边界为井间的虚拟边界。

16.1.2　生产动态分析流程

为准确描述气井动态变化特征，评价完井及压裂改造效果，并进行产量和 EUR 预测，一般动态分析流程如下：

(1)生产动态数据的检查与异常数据的剔除。在数据质量控制时通过产量-压力线性图，判断压力与产量一致性，如果没有实施新的工艺措施，产量增加时，压力会降低，对于不符合开发规律的数据点可选择删除。

(2)流体流动特征的诊断与识别。由于流体在压裂后所形成的复杂裂缝网络系统中流动时表现出不同流态，呈现出不同流动段，不同的阶段需要采用不同的数学描述方法和参数，因此准确判断流动阶段对油气藏特征参数求解和 EUR 计算非常重要。可通过产量-时间双对数图或其他特征图版进行流动特征的诊断与识别。

(3)生产历史的解析模型分析。假设一定的模型，对气井产量和压力随时间的变化进行分析来求取气藏的特征参数。这一过程相对于油气藏渗流理论来说是一个"反问题"，通过生产数据求取气藏参数会存在多解性，工程师们要做的就是通过最优化分析尽可能地使误差控制在一定的范围内。在分析中要用到的基础参数包括产量、压力等动态数据，流体 PVT 及气藏本身静态参数(孔隙度、厚度及饱和度等)，完井数据(深度、油套管规格及下深等)。

(4)气井产量及 EUR 预测。利用解析模型，或者依据解析模型建立数值模型，进行单井产量及 EUR 预测，也可进行井组预测。

16.2　传统经验递减分析方法

页岩储层致密，井间几乎不连通，气井生产具备"一井一藏"特点，单井 EUR 评价更具实际意义。传统经验递减分析方法主要包括 Arps 递减分析、幂指数递减分析、逻辑增长分析、扩展指数递减分析和 Duong 递减分析方法。

16.2.1　Arps 递减分析

Johnson 和 Bollens(1927)定义了递减率和递减率导数。Arps(1945)针对具有较长生产时间且井底流动压力恒定或近似恒定的气井产量分析提出了 Arps 递减模型。这是最具代表性意义的经验方程，是生产数据分析理论探索的开端，其他产量递减分析方法大部分都是基于 Arps 递减模型建立的。

1. Arps 递减模型

利用产量(或累计产量)与时间的关系，Arps 将油气井产量递减归纳为三种类型，其代表形式是双曲递减，指数递减和调和递减则是其特例：当 $b=0$ 时对应于指数递减，当 $b=1$ 时对应于调和递减(表 16.1)。

表 16.1　Arps 递减方程一览表

类型	指数递减	双曲递减	调和递减
q-t	$q = q_i \mathrm{e}^{-D_i(t-t_0)}$	$q = \dfrac{q_i}{\left[1 + bD_i(t-t_0)\right]^{1/b}}$	$q = \dfrac{q_i}{1 + D_i(t-t_0)}$
q-G_p	$G_p = G_{p0} + (q_i - q)/D_i$	$G_p = G_{p0} + \dfrac{q_i}{D_i(1-b)}\left[1 - \left(\dfrac{q_i}{q}\right)^{b-1}\right]$	$Q = Q_0 + \dfrac{q_i}{D_i}\ln\dfrac{q_i}{q}$
G_p-t	$G_p = G_{p0} + q_i[1 - \mathrm{e}^{-D_i(t-t_0)}]/D_i$	$G_p = G_{p0} + \dfrac{q_i}{D_i(1-b)}$ $\left\{1 - \left[(1 + bD_i(t-t_0)\right]^{(b-1)/b}\right\}$	$G_p = G_{p0} + \dfrac{q_i}{D_i}\ln\left[1 + D_i(t-t_0)\right]$
EUR	$\mathrm{EUR} = N_p + Q_f = N_p + \dfrac{q_f - q_{ab}}{D}$	$\mathrm{EUR} = N_p + Q_f = N_p$ $+ \dfrac{q_i^b}{(1-b)D_i}\left(q_f^{1-b} - q_{ab}^{1-b}\right)$	$\mathrm{EUR} = N_p + Q_f = N_p + \dfrac{q_i}{D_i}\ln\dfrac{q_f}{q_{ab}}$
Δt	$\Delta t = t_{ab} - t_f = \dfrac{1}{D}\ln\dfrac{q_f}{q_{ab}}$	$\Delta t = t_{ab} - t_f = \dfrac{\left(\dfrac{q_i}{q_{ab}}\right)^b - \left(\dfrac{q_i}{q_f}\right)^b}{bD_i}$	$\Delta t = t_{ab} - t_f = \dfrac{q_i}{D_i}\left(\dfrac{1}{q_{ab}} - \dfrac{1}{q_f}\right)$

注：q 为产量，m^3/d；t 为时间，d；q_i 为初期产量；q_{ab} 为废弃时产量；q_f 为预测开始时的产量；D 为递减率，a^{-1} 或 mon^{-1}；D_i 为初期递减率；b 为 Arps 递减指数，无量纲；G_p 为累计产量，m^3；G_{p0} 为预测开始时的累计产量；EUR 为最终可采储量，m^3；N_p 为预测开始时的累计产量；Q_f 为预测期累计产量；t_{ab} 为到达废弃条件的时间；t_f 为预测开始的时间。

指数递减、双曲递减和调和递减三种递减曲线在直角坐标、半对数坐标及双对数坐标系统中，产量、累计产量与时间表现出不同的特征(图 16.3)。在初始产量相同条件下，指数递减最快，预测的累计产量最低；调和递减最慢，预测的累计产量最高；双曲递减介于两者之间。

Arps 产量递减方法既可以进行页岩气井产量预测，也可以进行 EUR 预测，但必须满足以下限制条件：一是产量数据必须是定压生产条件下的生产数据；二是仅限于达到边界控制流阶段的产量数据分析；三是仅限于衰竭式开发，通过拟合得到的数据，只适合于目前的开发状态(外部开发条件不能改变)，如进行加密钻井开发会由于干扰效应影响气井的产量递减规律。

从以上三个条件可以看出，Arps 递减法对于线性流持续时间长达数年的页岩气井，其适用性大打折扣。虽然如此，目前北美仍然广泛应用 Arps 进行递减分析，一是因为绝大多数页岩气井都是定压生产；二是 Arps 递减方法使用方便、操作简单。在页岩气水平井产量递减拟合时，得到的 Arps 递减指数 b 值一般会大于1，是气井处于长期线性流的体现。

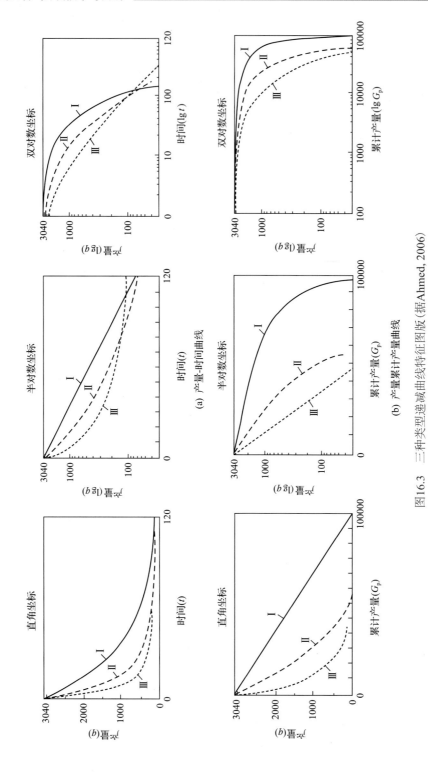

图16.3 三种类型递减曲线特征图版（据Ahmed, 2006）

I. 指数递减；II. 双曲线递减；III. 调和递减

2. 实例应用

Baihly 等(2010)利用 Arps 产量递减方法对比分析了 Barnett、Fayetteville、Woodford、Haynesville 和 Eagle Ford 页岩气产区水平井的生产情况,分析了不同区块 b 指数随生产历史的不同而带来的变化。Baihly 等(2015)再次更新生产数据,进一步分析了 EUR 的变化,并提出了在使用 Arps 方法评价 EUR 时的最小生产期。

表 16.2 中展示了 Baihly 等(2010)分别在 2010 年和 2015 年两次计算的结果。2015 年新计算的 EUR 值中,Barnett 页岩的 EUR 有小幅的上升;Fayetteville、Woodford 和 Haynesville 的 EUR 有较大的增加;Arps 递减指数 b 在 Barnett、Haynesville 和 Eagle Ford 变小,而在 Fayetteville 和 Woodford 的指数 b 变大。

表 16.2　不同区块不同时间产量递减分析参数表(据 Baihly et al., 2010)

区块	2015 年计算数据						2010 年计算数据					
	生产时间/月	总井数	预测 30 年 EUR/万 m³	b 值	初始递减率 D_i/月$^{-1}$	累计产气/万 m³	生产时间/月	总井数	预测 30 年 EUR/万 m³	b 值	初始递减率 D_i/月$^{-1}$	累计产气/万 m³
Barnett	108	1138	8837	1.51	0.1061	4887	64	731	8464	1.59	0.0766	4007
Fayetteville	62	1008	7470	1.25	0.1531	3675	37	467	3936	0.64	0.119	2500
Woodford	72	413	7076	1.00	0.1274	4242	45	305	4802	0.84	0.189	2820
Haynesville	49	570	20747	0.86	0.1552	12391	12	275	16749	1.19	0.3662	4927
Eagle Ford	49	343	11261	1.25	0.2577	5346	7	59	10740	1.69	0.5052	1552
Marcellus	33	232	15653	1.16	0.1433	6017	—	—	—	—	—	—

图 16.4 为不同产区指数 b 随时间变化趋势图。大多数盆地中,b 指数先略微增加,然后逐渐减少。Barnett 指数 b 开始时很高,前两年在 2.5 左右,然后快速下降,第五年之后分布在 1.3 到 1.0 的范围内,最后趋于稳定,因此在前五年使用 Arps 预测的 EUR 值

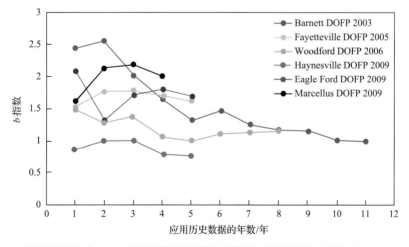

图 16.4　不同区块拟合 Arps 递减分析不同时间长度对 b 指数的影响(据 Baihly et al., 2015)

DOFP 表示首次生产时间

都会过高。Fayetteville 的指数 b 从 1.5 开始，然后上升到 1.75，然后回落到 1.6 附近。Woodford 不同于前两者，b 值从 1.5 开始下降到 1，然后增加到 1.15，总体变化相对平稳，因此计算的 EUR 值都比较接近。Haynesville 趋势与 Fayetteville 相同，但指数 b 最低，从 0.9 开始上升到 1，然后下降到 0.75。

同时，可以看出，未来 Barnett、Woodford 和 Haynesville 的指数 b 值变化幅度最小，因此在未来预测的 EUR 值变化较小，趋于稳定。而 Eagle Ford、Fayetteville 和 Marcellus 区块的指数 b 值在未来表现出了随时间下降的趋势，这表明在递减分析中，随着更多生产数据的更新，其预测结果会下降。总之，所有页岩气产区在 4～5 年后指数 b 值趋于稳定，此后预测的 EUR 值较为准确。

16.2.2 幂指数递减分析

1. 幂指数法

用 Arps 递减方法分析生产数据时会出现 b 值随时间变化的现象，特别是对于生产时间较短的气井，较大的 b 值使得由双曲递减预测的产量和 EUR 过于乐观，出现较大偏差。Ilk 等(2008)提出了幂指数递减(power law exponential decline)分析方法，不稳定流动期、过渡期、边界控制流动期的递减率 D 可以用一个衰减幂指数函数表示：

$$D = D_\infty + D_i t^{-(1-n)} \tag{16.1}$$

产量表达式为

$$q = \hat{q}_i \exp\left(-D_\infty t - \hat{D}_i t^n\right) \tag{16.2}$$

式中，n 为时间指数；$\hat{q}_i$ 为 $t=0$ 时产量与 y 轴的截距，该值与传统的初始产量 q_i 有不同的含义；D_i 为 $t=1$ 时的递减常数；D_∞ 为时间无穷大时的递减常数；$\hat{D}_i$ 为递减常数，$n\hat{D}_i = D_i/n$。

该方法的典型图版如图 16.5 所示，双对数图上 D 函数早期是一条斜率为 $n-1$ 的直线，晚期趋近于常数，主要是由于早期 D_∞ 对 D 的影响可以忽略不计，而生产后期进入拟稳态之后，时间相关项逐渐衰减，D_∞ 成为主控因素。

Ilk 等(2008)分别用数值模拟和实际致密地层的生产数据验证该方法的准确性和适用性，在数值模拟中特意使用多层模型，保证气井长期都处于不稳定流动段和过渡段内。结果表明幂指数递减分析方法不仅在早期不稳定流动段和过渡段拟合较好，在后期拟稳态流动段也获得了较好的拟合效果，所得 EUR 和实际数据吻合效果较好。

幂指数递减方法实质上是 Arps 方法的扩展，同样需要在定压生产条件下使用，不同之处在于该方法能够计算边界流之前的不稳定流动期、过渡期的生产数据，也能够计算边界流的生产数据。Danquah 等(2011)指出，美国绝大多数页岩气井的生产历史呈现出幂指数递减规律，并发现在同一地区，描述幂指数递减的基本参数(D_∞、$\hat{D}_i$、$\hat{q}_i$ 和 n)都较为一致。

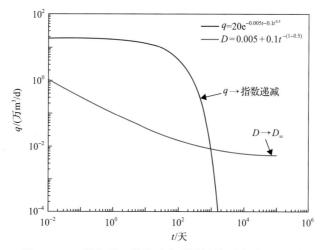

图 16.5　Ilk 幂指数函数递减典型图版(据孙贺东，2013)

2. 修正幂指数法

Ilk 方法中要拟合四个参数($\hat{q}_i$、n、D_∞、$\hat{D}_i$)，导致拟合结果存在多解性和较大的不确定性。Mattar 和 Moghadam(2009)在 Ilk 的幂指数函数方法上，利用 Wattenbarger 等 (1998)推出的长期线性流不稳定流阶段解，针对线性流、径向流和边界控制流等流动阶段对 Ilk 方法进行了简化，该方法认为气井的产量数据应该分成两部分进行拟合，第一部分为边界流之前的流动，第二部分为边界控制流。Mattar 和 Moghadam(2009)认为，进入边界流前的气井产量可以用修正后的幂指数函数表示：

$$q = \hat{q}_i \exp\left(-\hat{D}_i t^n\right) \tag{16.3}$$

对于气井来说，进入边界控制流阶段之后，产量服从双曲递减，Matter 和 Moghadam (2009)认为双曲递减指数 b 取 0.5 是合理的。

Mattar 和 Moghadam(2009)提出的修正幂指数递减方法来源于三种流动模型，即拟径向流+拟稳态流、线性流+拟稳态流动及线性流+拟径向流+拟稳态流动。而在实际的页岩气开发中，气体的流动阶段比上面三种流动组合要多且复杂，因此修正的幂指数递减方法只能做参考使用，尤其对于递减指数 n 值的确定。

16.2.3　逻辑增长分析

由于双曲递减模型对于页岩气水平井产量和 EUR 的预测较为乐观，Clark 等(2011)提出了逻辑增长模型(logistics growth)。逻辑增长模型，俗称"S 曲线"，由 Verhulst 于 1845 年提出，当时主要是模拟人口增长，人口数会受到某地区或者国家拥有的资源限制，不会无限增加。曲线特点是刚开始增长缓慢，在以后的某一范围内迅速增长，达到某个限度后增长又减缓下来。该方法基于水平井所控制的储量，它会将产量和储量的预测控制在一定的范围，避免了出现像双曲递减模型预测有可能出现产量和储量超过物理意义值的情况。

气井产量随时间的表达式为

$$q(t) = \frac{\mathrm{d}Q}{\mathrm{d}t} = \frac{Knbt^{n-1}}{(a+t^n)^2} \tag{16.4}$$

式中，Q 为井的累计产量；K 为载容量；n 为双曲指数；t 为生产时间；a 为常数。

在与实际产量数据进行拟合时，有三个未知量需要确定，分别是 K、a 和 n，Clark 等(2011)认为，K 值是产量为零时的最终可采储量，即 $q=0$ 时的 EUR 值，EUR 值的确定与时间没有关系。若能通过体积法计算出该值，那么就剩下 a 和 n 两个参数需要确定。若求取 K 值有困难，可以通过拟合实际生产数据来确定。

双曲指数 n 反映了产量递减速度，随着 n 值变小，产量递减越来越快。常数 a 也被认为是影响产量递减速度的参数，类似于 Arps 递减中的初始递减率，其值越大，产量递减趋于平稳的时间越早。逻辑增长模型能合理地预测气井产量，但模型参数存在多解性。在对生产时间少于两年的气井进行预测时，EUR 值会被严重低估。

16.2.4　扩展指数递减分析

针对双曲递减应用到页岩气井产量和 EUR 预测分析中的不足，Valko(2009)提出了扩展指数递减方法(stretched exponential production decline，SEPD)，该方法刚提出就在 Barnett 页岩气区得到广泛应用。扩展指数递减模型来源于物理学中质量呈扩展指数递减的概念，后来将其应用到页岩气井的产量递减分析与 EUR 预测中。定义微分方程：

$$\frac{\mathrm{d}q}{\mathrm{d}t} = -n\left(\frac{t}{\tau}\right)^n \frac{q}{t} \tag{16.5}$$

式中，q 为单个时间周期内产气量(例如 $m^3/$月)；t 为时间周期的数，无因次；n 为指数(模型参数)，无因次；τ 为时间周期特征数(模型参数)，无因次。

扩展指数递减法实际上是幂指数递减法中 $D_\infty=0$ 时的变体，该方法能较好地预测气井完整生产历史，但当气井生产历史少于两年时，不能合理地预测产量。与传统的 Arps 递减方法和幂指数递减方法相比，SEPD 方法所估算的可采储量值较为保守。

16.2.5　Duong 递减分析

1. Duong 方法

Duong(2010)通过对 Barnett 大量页岩气井生产数据的分析认为，气井生产主要是以裂缝性的线性流动为主，即使经过数年的生产，大多数生产数据仍处于裂缝主导流阶段。因为此类页岩气藏的裂缝比较发育，除人工水力裂缝外，还有原生裂缝及次生裂缝，所以很少能达到晚期流动段，导致缺少径向流和边界控制流段(BDF)，从而无法确定基质渗透率和供气面积。这说明与裂缝相比，基质对产量的贡献几乎可以忽略，EUR 不能建立在传统的供气面积的概念上。因此 Duong 在 2010 年提出了一种新的应用于裂缝型页岩气藏气井产量递减分析方法。

气井产量、累计产量与时间的关系可以表示为

$$\frac{q}{G_{\mathrm{p}}} = at^{-m} \tag{16.6}$$

式中，在以 q/G_{p} 为纵坐标和以 t 为横坐标的双对数坐标图，将为一条直线，其中，$-m$ 为斜率；a 为截距。Duong(2010)认为对于实际页岩气井，m 始终大于 1，如果 m 小于 1，则有可能为常规低渗气藏的气井，则

$$\frac{q}{q_1} = t^{-m}\mathrm{e}^{\frac{a}{1-m}(t^{1-m}-1)} \tag{16.7}$$

$$G_{\mathrm{p}} = \frac{q_1}{a}\mathrm{e}^{\frac{a}{1-m}(t^{1-m}-1)} \tag{16.8}$$

图 16.6 为 m 大于 1 时，q/q_1 与 t 的双对数曲线图，即式(16.7)。从图 16.6 可以看出，对于每一条 m 大于 1 的曲线，都存在一个 $q_{\max}$，对应着一个 $t_{\max}$，且为 a 和 m 的函数。另外，也可以看出，$t_{\max}$ 一般都小于 30 天，因此，如果无其他制约条件，如产量、井底流压及井口压力等，则最高产量会出现在 1 个月以内。

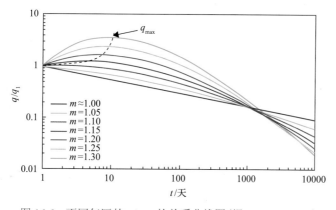

图 16.6　不同气区的 q/q_1-t 的关系曲线图(据 Duong，2010)

从式(16.8)可以看出，对于任意的 t，G_{p} 与 q_1 呈正比关系，如图 16.7 所示。对于具有相似 a 与 m 关系的井，G_{p} 与 q_1 会落在同一条过原点的直线上，直线斜率为 $\frac{1}{a}\mathrm{e}^{\frac{a}{1-m}(t^{1-m}-1)}$。为了降低数据的不确定性，通常用 $q_{3\mathrm{ma}}$(最高三个月的平均产量)代替 q_1，即头三个月的平均日产量，则斜率变为 $3\mathrm{e}^{\frac{a}{1-m}(t^{1-m}-90^{1-m})}$。因此，只要知道 q_1、$q_{\max}$ 或 $q_{3\mathrm{ma}}$ 三个参数中的一个，则对于已知 a、m 的气井，可以计算其最终可采储量，优先使用 $q_{3\mathrm{ma}}$ 可以降低不确定性。

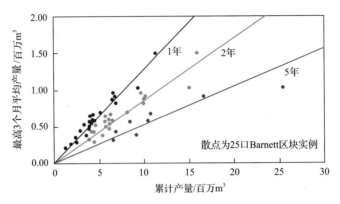

图 16.7　Barnett 页岩 25 口井累计产量（1 年、2 年、5 年）与 q_{3ma} 关系曲线（据 Duong，2010）

Duong 法的局限性为必须在定井底流压的条件下，如果关井时间较长，产量、累计产量段用压力进行重新初始化；绝大多数情况下，未出现边界流时，不能根据 EUR 来确定供气面积，只有当裂缝扩展停止时，才能确定供气面积。因此，EUR 不是以传统的供气面积为基础，而是在时间与极限产量的限制下，在最新递减规律的基础上（q_1，q_∞）。另外，类比井具有相似的井距与压裂间距时结果才合理。

2. 修正 Duong 法

针对 Duong 法存在的缺陷，修正的 Duong 法增加了页岩气井到达边界控制流后的递减规律，线性流段按照 Duong 法计算，即到达边界流之后，按双曲递减预测，边界流开始时间：

$$t_{sfi} = (1.82a)^{1/(m-1)} \tag{16.9}$$

边界流段产量预测：

$$q = \frac{q_{sfi}}{(1 + bD_{ye}t)^{1/b}} \tag{16.10}$$

式中，q_{sfi} 为边界流开始时的产量，万 m³/d；D_{ye} 为线性流结束，直线段出现拐点时的产量递减率。

修正的 Duong 法，不论气井是线性流还是边界控制流，都可以进行 EUR 和产量预测，其难点在于线性流结束时间的确定。在公式中，a 和 m 分别是底数和指数，a 和 m 中任一参数的微小变化就会对边界流开始时间 t_{sfi} 产生巨大的影响，从而对 EUR 预测结果造成较大的偏差。

16.3　现代产量递减分析

Arps 方法在常规油气藏应用效果较好，但对于页岩气已不能准确地进行产量和 EUR 预测，因此诞生了一系列的高级产量递减分析和流动物质平衡的方法。现代产量递减分析方法主要包括 Fetkovich 产量递减分析、Blasingame 产量递减分析、NPI 产量递减分析、Agarwal-Gardner 产量递减分析及流动物质平衡分析方法(FMB)等。

16.3.1　Fetkovich 产量递减分析

常规 Arps 递减典型曲线图版只适用于边界控制流阶段数据分析。Fetkovich(1980)以均质有界地层不稳定渗流理论为基础,将试井分析中的不稳定流动公式引入到递减分析中,使 Arps 图版应用扩展到边界控制流之前的不稳定流动阶段,并建立了一套较为完整、完全类似于试井分析的双对数产量递减曲线图版拟合分析方法。

采用 Fetkovich(1980)定义,则能够将经过重新无量纲化的普通产量递减曲线与 Arps 产量递减方程联合起来,形成新的无量纲产量递减曲线组,即所谓的 Fetkovich-Arps 产量递减曲线图版。

Fetkovich-Arps 联合产量递减曲线图版(图 16.8)可分成两个部分:图版左侧部分($t_{dD}<$ 0.3)是早中期不稳态递减部分,主要受无量纲泄流半径(r_{eD})影响,r_{eD} 增大则递减曲线向下移位;图版右侧($t_{dD}>0.3$)是晚期拟稳态部分,即 Arps 产量递减曲线,主要由 Arps 递减指数(b)控制曲线走势,b 增大则递减曲线向右移位。分析计算表明,当 $r_{eD}\rightarrow\infty$ 时产量曲线与 Arps 指数递减曲线重合,而当 $r_{eD}\rightarrow1$ 时产量递减曲线与平面线性流递减曲线重合。

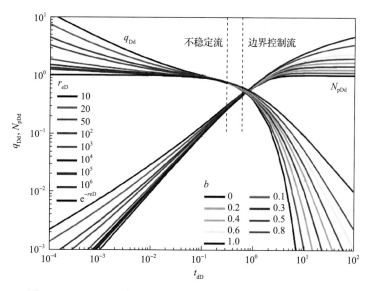

图 16.8　Fetkovich 产量和累计产量典型曲线(据孙贺东,2013)

q_{Dd} 为无因次产量;N_{pDd} 为无因次累计产量

在实际应用中,由于数据纷乱复杂,Fraim 等(1986)提出用累计产量典型曲线方法。该方法实质是将无量纲累计产量和无量纲时间在原来 Fetkovich 无量纲产量典型曲线图版上做典型曲线。应用产量和累计产量的复合图版,可以最大限度地减少曲线拟合的复杂性和多解性,目前已经有可以实现该曲线拟合分析的商业化软件。

利用 Fetkovich-Arps 联合产量递减曲线图版对实际生产数据进行拟合分析时,可以通过曲线前半部分确定 Arps 递减参数 q_i、D_i、b 的大小，后半部分可以确定 r_{eD}，进而计算渗透率 K、表皮系数 S、井控半径 r_e、单井动态储量、达到废弃条件时的累计产量等参数。

Fetkovich 提出在实际应用时，应注意以下几个问题：

（1）流动必须达到拟稳态，否则分析结果将存在多解性，且拟合得到的 r_e 值不能代表油气藏的真实边界。若将不稳态时期的生产数据强行与拟稳态的曲线拟合，将会出现 $b>1$、EUR 被高估的情况。

（2）当生产条件发生改变，需要重新初始化生产数据进行曲线拟合。

（3）双孔隙油气藏产量和时间的关系可能出现双递减特征，除了不稳态时期，常井底流压条件下递减指数 b 值将和单孔隙均质油气藏相同。

（4）低渗气藏利用 Fetkovich 产量递减方法优于物质平衡法。

（5）当油气藏的所有井以相同或者近似的条件生产时，Fetkovich 产量递减方法也可以用于整个油气藏生产数据的分析。

（6）为减少不确定性，可将 Fetkovich 产量递减方法分析结果与其他方法进行对比优化。

16.3.2　Blasingame 产量递减分析

由于 Fetkovich 产量递减模型在实际应用中的局限性（定压生产），Blasingame 和 Lee（1986）开始研究在变流量变井底流压情形下的产量递减规律，通过引入物质平衡时间或物质平衡拟时间，在产量递减规律分析中综合考虑变流量变井底流压的情况。

定义物质平衡时间为目前累计产量与日产量的比值，其意义如图 16.9 所示，通过物质平衡时间函数可建立变产量生产与定产量生产之间的等效关系。

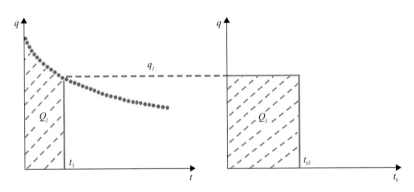

图 16.9　物质平衡时间

q 为产量；q_l 为 l 时刻的产量；Q_l 为 l 时刻的累计产量；t_c 为物质平衡等效时间；
t_{cl} 为 l 时刻的物质平衡等效时间

定义 $t_c=N_p/q$ 为物质平衡时间函数，定义无因次时间 $t_{cD}=t_cK/(\phi\mu C_t A)$ 有

$$\frac{2\pi Kh}{q\mu B}\left(p_i-\overline{p}\right)=2\pi t_{cD} \tag{16.11}$$

式中，K 为渗透率，m^2；ϕ 为孔隙度；μ 为黏度，$Pa\cdot s$；B 为综合压缩系数，无量纲；h

为储层厚度，m。

式 (16.11) 来源于物质平衡方程，因此无需考虑时间、流态，以及生产条件是否为定井底流压或变井底流压、定产量或变产量等问题。

定义无因次产量积分 q_{Ddi} 和无因次产量积分导数 q_{Ddid}：

$$q_{Ddi} = \frac{N_{pDd}}{t_{Dd}} = \frac{1}{t_{Dd}} \int_0^{t_{Dd}} q_{Dd}(\tau)\, d\tau \qquad (16.12)$$

$$q_{Ddid} = \frac{dq_{Ddi}}{d \ln t_{Dd}} = -t_{Dd} \frac{dq_{Ddi}}{dt_{Dd}} = -t_{Dd} \frac{d(N_{pDd}/t_{Dd})}{dt_{Dd}} \qquad (16.13)$$

根据上述方法可以绘制三个产量函数与物质平衡时间曲线，即规整化产量曲线、规整化产量积分曲线、规整化产量积分导数曲线，如图 16.10 所示。对实际生产数据进行典型图版拟合分析时，三条曲线可同时或单独使用。根据图版拟合可以计算渗透率 K、表皮系数 S、井控半径 r_e 和原始地质储量等参数。

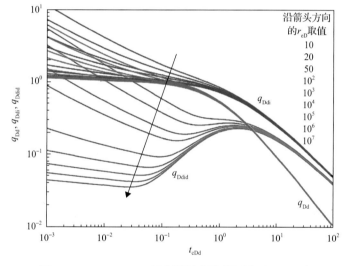

图 16.10　Blasingame 复合图版曲线(据孙贺东，2013)

将实际数据与理论图版(图 16.10)进行拟合，根据拟合结果得到无因次井控半径，之后任选一个拟合点，记录实际拟合点 $(t_c, q / \Delta p)_{MP}$ 以及相应的理论拟合点 $(t_{cDd}, q_{Dd})_{MP}$，若已知储层厚度、综合压缩系数、井径等参数，就可计算储层渗透率、表皮系数、井控面积及储量等参数。

由于采用了产量积分后求导的方法，Blasingame 方法使实测数据点导数曲线比较平滑，便于判断。该方法的局限性主要是产量积分对早期数据点的误差非常敏感，早期数据点很小的误差都会导致产量积分、产量积分导数曲线出现很大的累积误差。

16.3.3　Agarwal-Gardner 产量递减分析

Agarwal 等(1999)利用拟压力规整化产量 $(q / \Delta p_p)$、物质平衡拟时间 t_{ca} 和不稳定试井分析中无因次参数的关系，建立了 Agarwal-Gardner 产量递减分析图版。该图板曲线前期部分较 Blasingame 图版相对分散，有利于降低拟合分析的多解性。

1. 无因次产量曲线

将定产生产的压力解的倒数 $1/p_D$ 与无因次时间 t_{DA} 绘制在一张图上，在不稳定流动阶段，曲线是受 r_{eD} 控制的一族曲线，随着 r_{eD} 的增大，曲线逐渐向下偏移。在边界控制流阶段，这族曲线归结为一条斜率为 –1 的直线。在晚期边界控制流阶段，产量递减方程变为

$$q_D = \frac{1}{p_D} = \frac{1}{2\pi t_{DA} + \ln r_{eD} - 3/4} \tag{16.14}$$

在晚期拟稳态阶段，当无因次时间 t_{DA} 远远大于 $\ln r_{eD}$ 时，在双对数曲线上产量曲线会渐近归一化。

2. 压力导数的倒数曲线

为了提高分析的可靠程度，Agarwal-Gardner 建立了产量规整化拟压力导数的倒数形式 $\dfrac{1}{\text{DER}}$，即

$$\frac{1}{\text{DER}} = \frac{1}{\dfrac{\partial p_D}{\partial \ln t_{DA}}} = \frac{1}{t_{DA}\dfrac{\partial p_D}{\partial t_{DA}}} = \frac{1}{t_{DA}p_D} \tag{16.15}$$

Agarwal-Gardner 导数的倒数图版与 Fetkovich 产量递减图版类似，曲线组可分成两个部分：左侧部分，$t_{DA} \leqslant 0.1$ 对应不稳定流动阶段，主要受 r_{eD} 控制；右侧部分，$t_{DA} > 0.1$ 对应晚期拟稳态部分，曲线会聚为斜率为–1 的直线。

在 Agarwal-Gardner 递减曲线典型图版中，压力导数的倒数曲线与不稳定试井分析中压力导数曲线功能相同，该曲线与试井压力导数的功能相似(仅仅是倒数)，能够更容易地辨别不同的不稳定流态。当 $t_{DA}=0.1$ 时，不稳定流转换成边界控制流，在曲线图上表现为一条斜率为 1 的直线，且所有曲线都具有这个特点。唯一不足的是该方法对数据质量要求较高，如果实际生产数据比较分散会使导数曲线失去分析的意义。

3. 压力积分导数的倒数曲线

通过引入压力积分函数可解决上述问题。压力积分函数定义为

$$p_{Di} = \frac{1}{t_{DA}} \int_0^{t_{DA}} p_D \mathrm{d}t_{DA} \tag{16.16}$$

$$\frac{1}{(\text{DER})_i} = \frac{1}{t_{DA}\dfrac{\partial p_{Di}}{\partial t_{DA}}} = \frac{1}{p_D - p_{Di}} \tag{16.17}$$

通过压力积分函数得到的导数曲线图不但保留了"原始数据"导数的大多数特点，

而且离散性较小。

将无因次产量曲线、压力导数的倒数曲线和压力积分导数的倒数曲线三组曲线叠合在一起，就可以得到 Agarwal-Gardner 方法复合图版曲线，如图 16.11 所示。

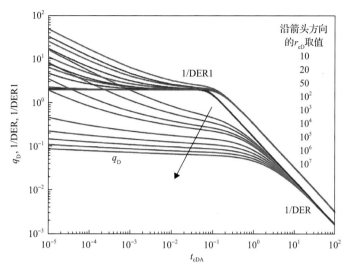

图 16.11　Agarwal-Gardner 方法复合图版(据孙贺东，2013)

将实际数据与理论图版(图 16.11)进行拟合，可以得到无因次井控半径，之后任选一个拟合点，记录实际拟合点 $(t_c, q/\Delta p)_{MP}$ 以及相应的理论拟合点 $(t_{cDA}, q_D)_{MP}$，若已知储层厚度、综合压缩系数、井径等参数，就可计算储层渗透率、表皮系数、井控面积及储量等参数。

16.3.4　NPI 产量递减分析

规整化压力积分(NPI)方法是由 Blasingame 等(1989)提出的，目的是通过积分建立一种比较可靠、不受数据分散影响的分析方法。NPI 的递减图版横坐标为 t_{ca}，纵坐标为 p_p/q，同时增加了规整化拟压力积分和产量规整化拟压力积分导数作为辅助分析参数。NPI 典型图版的适用范围和计算功能与 Blasingame 典型图版基本一致。

1. 无因次压力曲线

定产生产的压力解 p_D 与无因次时间 t_{DA} 关系如下：

$$p_D = 2\pi t_{DA} + \ln r_{eD} - \frac{3}{4} \tag{16.18}$$

2. 压力积分曲线

定义压力积分函数为

$$p_{Di} = \frac{1}{t_{DA}} \int_0^{t_{DA}} p_D \mathrm{d}t_{DA} \tag{16.19}$$

式(16.19)可以表达为

$$p_{Di} = \frac{1}{t_{DA}} L^{-1}\left(\frac{\overline{p}_D}{s}\right) \tag{16.20}$$

式中，s 为拉普拉斯算子；L^{-1} 为拉普拉斯变换的反演。

若将定产生产的压力积分 p_{Di} 与无因次时间 t_{DA} 绘制在一张图上，该曲线较压力曲线更加开放，且有利于降低拟合的多解性。

3. 压力积分导数曲线

定义压力积分导数为

$$p_{Did} = \frac{dp_{Di}}{d\ln t_{DA}} = t_{DA}\frac{dp_{Di}}{dt_{DA}} \tag{16.21}$$

$$p_{Did} = p_D - p_{Di} \tag{16.22}$$

若将定产生产的压力积分导数 p_{Did} 与无因次时间 t_{DA} 绘制在一张图上，该曲线与试井分析中压力导数曲线类似。左侧部分 $t_{DA}<0.1$，对应不稳定流动阶段，随着泄油半径的增加，趋向于 0.5 水平线；右侧部分 $t_{DA}>0.1$，对应晚期拟稳态部分，曲线表现出斜率为 1 的直线。

将上述三组曲线叠合在一起，可得到 NPI 方法复合图版曲线，如图 16.12 所示。NPI 方法与 Blasingame、Agarwal-Gardner 方法一样，可以利用日常生产数据(时间、产量、流压)评价储层渗透性、井控地质储量以及井表皮系数、泄流面积等参数。

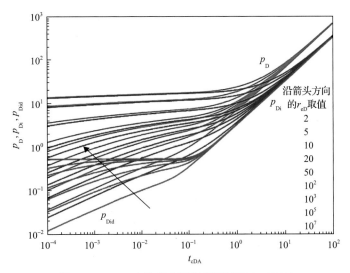

图 16.12　NPI 方法复合图版(据孙贺东，2013)

通过将实际数据与理论图版进行拟合可以得到无因次井控半径，之后任选一个拟合点，记录实际拟合点 $(t_{ca},\Delta p_p / q)_{MP}$ 以及相应的理论拟合点 $(t_{caDA},p_D)_{MP}$，若已知储层厚度、综合压缩系数、井径等参数，就可计算储层渗透率、表皮系数、井控面积及储量等参数。

16.3.5　流动物质平衡分析方法

Mattar 和 McNeil（1998）提出了流动物质平衡方法，即利用气井的生产压力（井口压力或井底流压）代替气藏的平均地层压力，建立流动物质平衡方程。定产量生产的单相气井拟稳态期压力可表示为

$$p_D = \frac{2t_D}{r_{eD}^2} + \left(\ln r_{eD} - \frac{3}{4} \right) \tag{16.23}$$

在拟稳态时期压力下降如图 16.13 所示。气藏中任一点的压力包括平均地层压力将以相同的变化速度随时间下降，因此当难以获取平均地层压力时，用井底流压 p_{wf} 代替平均地层压力做物质平衡曲线也会得到一条直线，如图 16.14 所示，该直线平行于平均地层压力的物质平衡曲线。

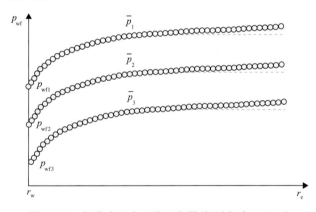

图 16.13　拟稳态压力下降示意图（据孙贺东，2013）

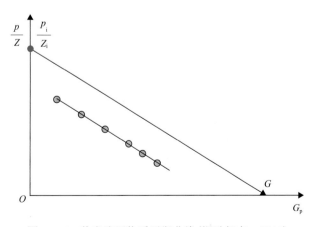

图 16.14　井底流压物质平衡曲线（据孙贺东，2013）

实际应用中，根据平均地层压力所做的物质平衡曲线起始点为原始地层压力对应点，

即 p_i/Z_i。因此，若已知原始地层压力 p_i，原始地质储量可通过做平行于流动压力的物质平衡曲线来求取。如图 16.14 所做平行直线与水平轴的交点为原始地质储量 G。另外 Mattar 和 McNeil（1989）指出，若利用套压绘制物质平衡曲线，求原始储量的平行直线起点应该为井口的初始压力值，而不是原始地层压力值。

该方法的优点是避免了求取平均地层压力，简便快捷，比较适合实际生产中应用，但同时该方法应用也受到一定条件的限制，即气井必须在拟稳态时期，且以定产量生产。

为了将流动物质平衡的方法应用到变产量，Mattar 等（2006）推出了应用于变产量的流动物质平衡方法。该方法是流动物质平衡方法的延伸，也是通过井底流压来获取地层平均压力，原理如下：

当流动达到拟稳态且产量变化幅度不大时，有以下近似公式：

$$\frac{p_{pi} - p_{pwf}}{q} = \frac{t_{ca}}{GC_{ti}} + \frac{(\mu B)_i}{2\pi Kh}\left(\frac{1}{2}\ln\frac{4A}{C_A e^\gamma r_w^2}\right) \tag{16.24}$$

式中，C_A 为形状因子；γ 为欧拉常数；r_w 为井筒半径，m。

即

$$\frac{\Delta p_p}{q} = m_a t_{ca} + b_{a,pss} \tag{16.25}$$

式（16.24）表明，当气井达到拟稳定流动后，总压降（从原始地层压力到井底流压）由两部分组成：一部分是衰竭开采的压降，即 $\frac{t_{ca}}{GC_{ti}}$；另一部分是气体从地层流向井底过程中的压力损失，即 $b_{a,pss} = \frac{(\mu B)_i}{2\pi Kh}\left(\frac{1}{2}\ln\frac{4A}{C_A e^\gamma r_w^2}\right)$。

从式（16.25）可看出，在直角坐标上 $\frac{\Delta p_p}{q}$ 和 t_{ca} 是线性关系。

16.4 大数据与机器学习

近十年来，随着计算机技术的不断进步，基于海量数据发展而来的数据挖掘以及机器学习的方法受到越来越多的重视。机器学习在油气田生产数据方面的应用不仅可以有效地挖掘多维数据之间的相互关系，还能够自动地发现数据中的趋势与规律并进行捕捉，进而基于海量数据建立预测模型，实现对未来产量数据的预测，最终用于指导实际生产。此外，机器学习方法减少了实际生产投入成本，提高了生产效益。机器学习预测油气井产能以及 EUR 的方法主要分为两个步骤：首先是数据关联性分析以及重要参数的选取，其次是预测模型的选择与结果分析。

16.4.1　数据分析与特征提取

利用皮尔逊相关系数法分析静态数据之间的关系,评价特征参数两两之间的线性相关性。Luo 等(2018)综合选取了来自 Bakken 页岩的十四个模型输入参数:包括射孔长度、段数、归一化水平段长(NSL)、归一化支撑剂体积(NVP)、归一化压裂液体积(NVF)、最大注入速率、最大注入压力、测量深度、垂直深度、地层总厚度、深度、孔隙度、含水饱和度以及一个模型输出参数归一化首年产量(NP),并通过分析得到了不同参数之间的相关性大小,为后期预测模型输入参数的选取提供了借鉴(图 16.15)。

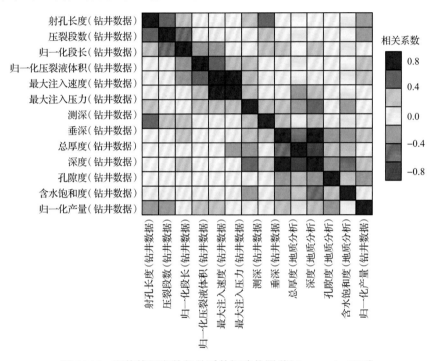

图 16.15　评价特征参数相关系数矩阵热图(据 Luo et al., 2018)

在不同地质和生产情况下,特征参数数量庞大且类别不同。为了减少特征参数数量、提高模型的泛化能力并且得到不同影响因素的影响程度排序,需要进行特征参数提取。为提高模型预测性能,在特征参数提取时可以适当减少参数的维度。

目前主要有随机森林模型、递归特征消除模型、L_1 范数正则化这三种模型来进行特征参数提取。随机森林模型可以根据计算包含某一特征的分割数之和来对特征参数的重要性进行排序;递归特征消除是指在一定的特征排序标准下通过后向递归过程从原始特征中依次对特征变量进行排序,并逐个剔除排在最后位的特征,从而获得最优特征子集的算法;L_1 范数正则化通过向成本函数中添加 L_1 范数,使得学习得到的结果满足稀疏化,从而方便人们提取特征。Luo 等(2018)利用上述三种方法对选自 Bakken 页岩的十三个参数进行特征选择,并进行分析。在综合考虑数据之间的相关性以及特征参数提取结果的基础上,优选出地层厚度、归一化支撑剂体积、深度、孔隙度、段数、归一化压裂液体体积、归一化水平段长以及含水饱和度作为产能预测模型输入特征参数。

16.4.2　预测模型的建立与分析

近十年来，预测油气井产能机器学习方法常用的主要有多元回归分析、随机森林回归模型以及神经网络预测产能模型等，其他机器学习的方法，如支持向量回归(SVM)、梯度提升回归(GBM)等模型也在石油领域有所涉及。

多元回归分析就是通过大量油气井的数据分析，建立起 EUR 与多个相关参数的线性回归关系式，进而做出预测。多元回归分析要求自变量与因变量之间需满足一定的线性关系，但是在实际生产中，参数之间的这种关系通常是非线性的，同时，参数之间还存在多重共线性关系。在存在多重共线性关系情况下，自变量不仅与因变量相关，还与其他自变量相关。这种关系会通过增加系数的标准误差而产生冗余模型，并削弱某些变量在统计上的重要性，因此，为了获得较准确的 EUR，首先要进行数据的相关性分析以及特征参数的提取，然后再建立所选参数与目标值的关系式。

随机森林回归的方法在之前特征选择时已经有所介绍，它不仅可以进行特征选择得到参数的重要性排序，还能用来回归预测产能或者 EUR。此外，随机森林回归方法不仅可以建立参数之间的非线性关系，还不需要考虑数据分布的假设，即在建立模型时不需要进行数据标准化操作。

神经网络预测产能模型主要研究参数之间的非线性关系，其输入参数为井的静态参数与动态参数，输出参数为与产能有关的首年日产气量，前 n 年累计气产量或者 EUR 等。为了保证预测模型结果的准确性，一般选取经过上述特征选择方法分析之后得到的参数，并且在建模时把所有数据按比例分为训练集、验证集与测试集三种，其中训练集的比例占主要部分，大约占整个数据集的 70%，验证集与测试集是为了验证模型的精度。

机器学习方法可以有效地捕捉大数据之间的联系性并建立相应的预测模型，但模型精度会受到参数选择的影响，同时预测结果对实际生产过程中存在的噪声数据敏感性较强。

16.5　数值模拟分析方法

数值模拟技术可以进行页岩气产量及 EUR 预测、单井压裂参数、水平段长度、井距等生产参数的优化设计研究。其难点主要为：①页岩气的赋存方式更为复杂，即游离气和吸附气并存，气体运移方式多样，包括解吸、扩散和渗流；②主要通过水平井多段压裂获得工业气流，所形成的复杂裂缝网络系统直接影响气井产能和 EUR，但复杂裂缝系统的精确描述难度大；③目前国内外尚无页岩气数值模拟方面的标准和规范。

对于地质模型的建立，目前主要采用的网格类型有离散裂缝网络模型、有效连续介质模型、多重连续介质模型和双渗模型-对数间距-局部网格加密(DS-LS-DRG)模型等。离散裂缝网络模型是用一系列指定网格代表裂缝，将其离散分布在模型中，并通过相邻网格之间的传导率控制基质和裂缝系统之间的流体流动，进而利用数值方法对基质和裂缝中流体流动的偏微分方程进行求解。有效连续介质模型是指利用多孔介质近似代替基质和裂缝系统，通过一系列参数将流体在多孔介质中的流动计算简化为单孔介质中流动的计算过程。多重连续介质模型包括双孔模型、双孔双渗模型和多孔多渗模型。页岩气数值模拟中，以双重介质模型的应用最为广泛。与离散裂缝网络模型不同，双重连续介质模型假设页岩由基质和裂缝两种孔隙介质构成。气体在页岩中以游离态和吸附态存在，裂缝中仅存在游离态气体，基质系统中同时存在游离态和吸附态气体。DS-LS-DRG 方法利用双渗模型将整个研究区域划分为相同的基础网格，网格长度为给定的最大裂缝间距。压裂改造体积(SRV)内外采取不同的网格排列方式，为精细描述流体在裂缝系统的流动特征，对 SRV 内部区域进行对数间距规律的局部网格加密，SRV 外部继续沿用传统双渗模型的基础网格。

敏感性分析是一种判断各种参数变化对模拟结果影响程度的量化分析方法，可以确定出对模型影响的关键参数。Kalantari-Dahaghi 和 Mohaghegh(2011)对影响页岩气生产的 17 个参数进行了敏感性分析，结果如图 16.16 所示。根据对比各种因素对累计产量的影响可以看出，对生产有实质性影响的关键参数是朗缪尔体积系数、天然裂缝渗透率、基质裂缝耦合因子和水力裂缝参数，包括裂缝间距、缝高、裂缝半长和导流能力。因此，成功的水力压裂设计和良好的储层品质是大多数页岩气产区规模效益开发的关键因素。

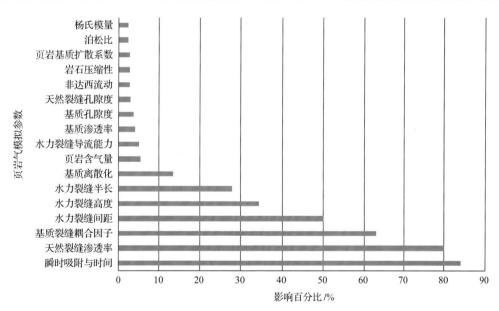

图 16.16　页岩气模拟参数敏感性分析图(据 Kalantari-Dahaghi and Mohaghegh, 2011)

历史拟合一般采用定井底流压来拟合产量，或者定产量来拟合压力。这个步骤将会花费大量的时间，通过对参数不断调整使得目标值最贴近实际生产。完成历史拟合后的数模模型，可以基本反映储层特征、生产动态变化及剩余储量分布情况，在此基础上再对生产进行动态预测。

16.6　动态分析方法对比与应用

16.6.1　不同递减分析方法适用条件

不同产量递减分析方法最主要的差异是适用流态不同，因此准确识别和划分页岩气井流态是产量递减分析方法应用的关键，表 16.3 总结了各种分析方法的功能和适用条件。

表 16.3　不同方法适用性统计表

分析方法		功能	适用流态	生产条件
常规经验递减分析	Arps 递减	产量及 EUR 预测	边界控制流	定压生产
	改进双曲递减	产量及 EUR 预测	边界控制流	定压生产
	扩展指数递减	产量及 EUR 预测	线性流	定压生产
	Duong 递减	产量及 EUR 预测	线性流	定压生产
	改进 Duong 递减	产量及 EUR 预测	线性流，边界控制流	定压生产
	幂指数递减	产量及 EUR 预测	线性流，边界控制流	定压生产
	改进幂指数递减	产量及 EUR 预测	线性流，边界控制流	定压生产
现代产量递减分析	Fetkovich	EUR 预测	边界控制流	定压生产
	Blasingame	OGIP	不稳定流、边界控制流	变压力、变产量
	Agarwal-Gardner	OGIP	不稳定流、边界控制流	变压力、变产量
	NPI	OGIP	不稳定流、边界控制流	变压力、变产量
	流动物质平衡	OGIP	边界控制流	变压力、变产量
数值模拟		产量、压力及 EUR 预测	所有流态	变压力、变产量
机器学习		产量、压力及 EUR 预测	所有流态	变压力、变产量

Arps 递减和改进双曲递减仅适用于边界控制流，扩展指数递减和 Duong 递减适用于线性流，改进 Duong 递减、幂指数递减和改进幂指数递减适用于线性流和边界控制流。Fetkovich 和流动物质平衡法适用于边界控制流，Blasingame、Agarwal-Gardner 和 NPI 适用于不稳定流及边界控制流。数值模拟法和机器学习适用于所有流态。

16.6.2　传统经验递减分析方法对比

1. 数值模拟结果对比分析

为更加清楚地了解不同经验递减方法适用条件，Mohammed 和 Wattenbarger（2012）应用数值模拟结果和实际页岩气井动态资料对比分析了 Arps 递减方法、幂指数递减方法、逻辑增长模型和 Duong 方法的应用效果。

数值模拟采用如图 16.17 所示两种模型，基础参数见表 16.4，模型 1 中流体先从基质流向水力裂缝，再由水力裂缝流向井筒。模型 2 中考虑了平行于水平井方向的天然裂缝，流体由基质流向天然裂缝，再由天然裂缝流向水力裂缝，最后由水力裂缝流向井筒。模拟以下四种情景：①整个生产期都是线性流；②线性流到边界流；③双线性流到线性流；④双线性流到线性流到边界流。其中模型1模拟情景1与情景2，模型2模拟情景3与情景4。四种情景下不同方法EUR预测结果如图16.18所示。

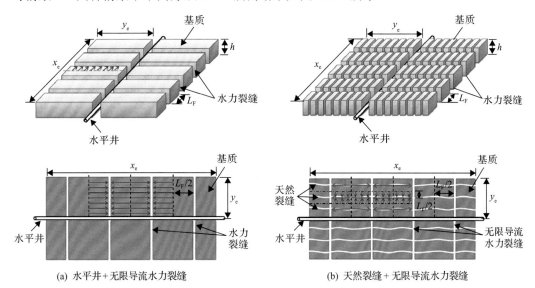

(a) 水平井＋无限导流水力裂缝   (b) 天然裂缝＋无限导流水力裂缝

图16.17　数值模拟机理模型示意图(据 Mohammed and Wattenbarger, 2012)

x_e 为有效射孔段长，m；y_e 为泄流体积宽度一半，假设与水力裂缝半长相等，m；L_F 为水力裂缝间距，m；

h 为储层厚度，m；L_f 为天然裂缝间距，m

表16.4　数值模拟中参数一览表(据 Mohammed and Wattenbarger，2012)

参数	符号	线性流	线性流—边界流	双线性流—线性流	双线性流—线性流—边界流
基质渗透率/mD	K_m	0.00001	0.00002	0.0001	0.0001
人工裂缝渗透率/mD	K_F	无限导流	无限导流	无限导流	无限导流
天然裂缝渗透率/mD	K_f	—	—	20	40
人工裂缝数量	n_F	15	27	18	18
人工裂缝半长对应天然裂缝数量	n_f	—	—	1	2
水力裂缝半长/m	X_F	121.92	121.92	182.88	121.92
水力裂缝间距/m	L_F	54.86	30.48	45.72	45.72
天然裂缝间距/m	L_f	—	—	182.88	67.06
有效射孔段长/m	X_e	822.96	822.96	822.96	822.96
裂缝宽度/m	W	0.00274	0.00305	0.00046	0.00034
储容比	Ψ	5.00×10^{-5}	$1.00 10^{-4}$	$2.50 10^{-6}$	$5.00 10^{-6}$
孔隙度	ϕ	0.07	0.07	0.07	0.07
原始地层压力/MPa	p_i	27.58	27.58	27.58	27.58
井底流压/MPa	p_{wf}	3.45	3.45	3.45	3.45

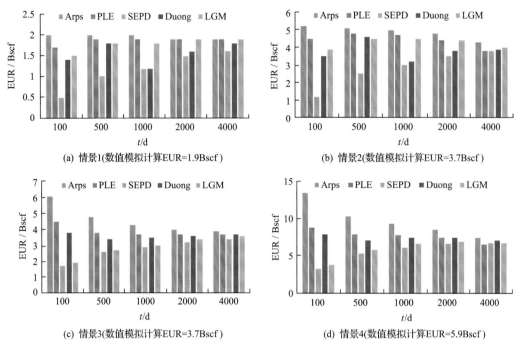

图 16.18 四种情景下不同方法 EUR 预测结果对比图（据 Mohammed and Wattenbarger, 2012）

1）线性流

图 16.19（a）为情景 1 的线性流的产量数据，不同方法的拟合如图 16.19（b）所示。除扩展指数方法需要在长时间生产时才可以形成曲线，其他方法都可以形成合理的直线，但 Arps 拟合的 D 和 b 值较大（$b=2$）。

EUR 计算结果如图 16.18（a）所示。Arps 和幂指数（PLE）方法均可以拟合成完美的直线，因此 EUR 符合较好，且 Arps 在早期（100 天）给出的 EUR 值非常接近实际值，而幂指数方法需要足够长（500 天后）的生产时间才能得到精确 EUR。Duong 方法只有在限制 q_∞（生产时间无限大时的产量）为零时，预测结果才准确。图 16.18（a）表明在生产 1000 天时，Duong 方法预测 EUR 下降，这是因为在较短的时间（100 天和 500 天）下，q_∞ 被限制为 0，以避免在废弃条件下预测结果为负。随着生产时间的增加，逻辑增长（LGM）方法给出的 EUR 值准确度提高。由于扩展指数方法（SEPD）模型典型曲线在双对数图中为曲线形式，随着时间增加，曲线呈下降趋势，因此该方法会一直低估 EUR 值。

2）线性流—边界流

图 16.20（a）为情景 2 线性流+边界流产量数据。图 16.20（b）为不同方法拟合曲线比较，结果表明大多数方法不能适用于情景 2。Arps 和 Duong 方法对线性流和边界流的拟合缺乏灵活性。逻辑增长方法虽然后期数据拟合较合理，但早期数据拟合效果较差，而扩展指数方法（SEPD）对早期数据拟合较好，对边界控制流拟合较差，低估了最终可采储量。幂指数法是情景 2 最佳的拟合方法。除扩展指数方法外，所有方法在边界控制流阶段

（4000 天）计算结果都较准确[图 16.18(b)]。

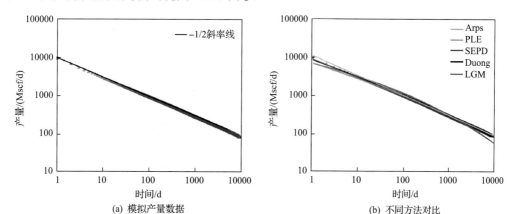

图 16.19　情景 1 不同方法拟合图（据 Mohammed and Wattenbarger, 2012）

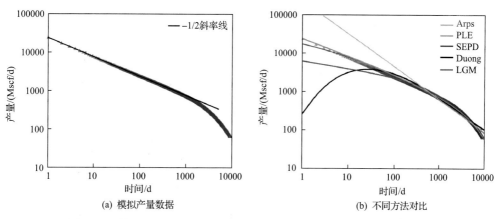

图 16.20　情景 2 不同方法拟合图（据 Mohammed and Wattenbarger, 2012）

3）双线性流—线性流

情景 3 为双线性流和较长的线性流段[图 16.21(a)]。图 16.21(b)为不同方法拟合曲线比较，从结果可以看出，虽然所有方法都可以实现线性流段部分的拟合，但是只有 Duong 方法能同时满足准确地拟合双线性流和线性流段，Arps 方法的拟合为一条直线且只能拟合线性流段，其他方法可以忽略个别数据点拟合不上而追求拟合曲线整体。EUR 评价结果显示[图 16.18(c)]，仅观察到线性流动（100 天），Duong 方法评价 EUR 值最准确。在到达稳定的线性流之后，幂指数方法也能给出精确的 EUR。逻辑增长和扩展指数方法低估了 EUR，而 Arps 方法高估了 EUR。

4）双线性流—线性流—边界流

情景 4 与情景 3 相似，只是在生产后期出现了边界控制流段[图 16.22(a)]，模拟数据表现出了–1/4 斜率的双线性流，接着是–1/2 斜率的线性流，然后是斜率为–1 的边界流控制流。图 16.22(b)为不同方法拟合比较曲线，与情景 2 相似，幂指数方法对情景 4 的

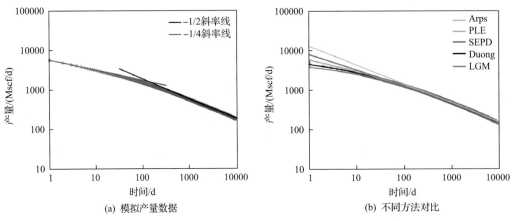

(a) 模拟产量数据　　　　　　　　　　(b) 不同方法对比

图 16.21　情景 3 不同方法拟合图（据 Mohammed and Wattenbarger, 2012）

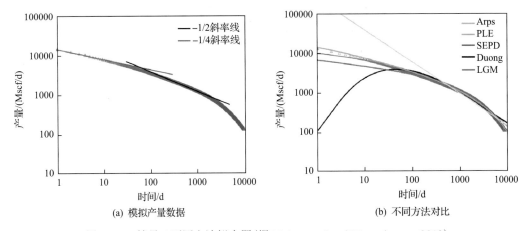

(a) 模拟产量数据　　　　　　　　　　(b) 不同方法对比

图 16.22　情景 4 不同方法拟合图（据 Mohammed and Wattenbarger, 2012）

拟合效果最好。EUR 计算结果如图 16.18（d）所示，在较短的生产时间内，很难精确拟合计算出 EUR 的值。当生产时间较长、达到边界流控制阶段时，所有的计算方法都可以得到准确的 EUR 值。在边界流控制阶段之前，扩展指数方法给出的 EUR 值最为保守。

2. 气井动态资料对比分析

Mohammed 和 Wattenbarger（2012）利用 Barnett 和 Eagle Ford 页岩气井实际生产数据对比了不同方法的计算效果。

1）Barnett-314 井

图 16.23（a）为 Barnett-314 井生产数据曲线，前期表现为–1/2 斜率的线性流，后期可以大体被认为是边界控制流。随着生产时间增加，由于产液和关井的影响，一些产量数据会低于–1/2 斜率线性流的趋势线（图 16.23 中的绿色点）。利用 Turner 等（1969）建立的临界携液速率计算方法，可以过滤掉所有低于–1/2 斜率线性流的趋势线的数据点，解决产水或关井对拟合带来的负面影响。EUR 计算结果见图 16.23（b）和表 16.5，可以看出 Arps 预测结果较高，其他方法计算结果相对接近。

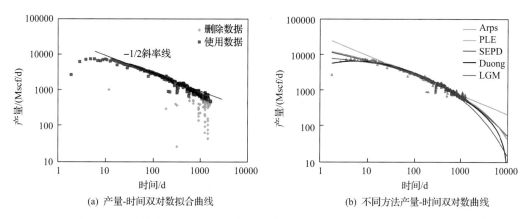

(a) 产量-时间双对数拟合曲线   (b) 不同方法产量-时间双对数曲线

图 16.23 Barnett-314 井不同方法拟合结果对比图(据 Mohammed and Wattenbarger, 2012)

表 16.5 **Barnett-314 井预测结果**(据 Mohammed and Wattenbarger, 2012)

方法	产量/(Mscf/d)	EUR/Bscf	时间/d
Arps	209	4.8	10950
PLE	44	3.4	10950
SPED	15	2.7	10950
Duong	7	2.9	10950
LGM	54	3.3	10950

2)Eagle Ford-204 井

该井连续生产的 1000 天均呈线性流动[图 16.24(a)]。产量拟合如图 16.24 和表 16.6 所示,结果显示 Arps 方法预测结果过大,扩展指数方法最保守。

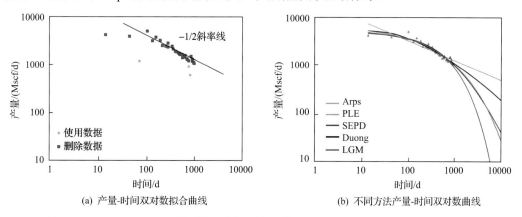

(a) 产量-时间双对数拟合曲线   (b) 不同方法产量-时间双对数曲线

图 16.24 Eagle Ford-204 井不同方法拟合结果(据 Mohammed and Wattenbarger, 2012)

表 16.6 **Eagle Ford-204 井预测结果**(据 Mohammed and Wattenbarger, 2012)

方法	产量/(Mscf/d)	EUR/Bscf	时间/d
Arps	477	8.8	10950
PLE	27	4.1	10950

方法	产量/(Mscf/d)	EUR/Bscf	时间/d
SPED	0	3	10950
Duong	185	5.7	10950
LGM	40	4.1	10950

16.6.3 传统与现代递减分析方法对比

Mahmoud 等(2018)使用不同方法计算 EUR,比较了计算结果的差异,结果表明,虽然不同的经验产量递减方法都不能完全准确预测非常规油气藏的产量和 EUR,但是经验递减方法是最基本最值得推荐的方法。相比经验递减方法,现代产量递减方法需要的参数更多,对结果带来的不确定性也更大,在对储层和裂缝参数有一定了解前提下,可用来预测。容积法是非常规储层储量计算的重要方法,可为其他方法预测 EUR 提供一个上限值来参考。物质平衡法无法独立地准确评价 EUR,但可以作为一个辅助方法为其他方法提供参考。

图 16.25 汇总了各种方法预测的 EUR,结果表明:①Arps 递减方法在边界控制流段拟合结果较好,b 指数值小于 1,基于 566 万 m^3 的经济极限产量,估算生产时间为 1800 个月,EUR 为 4.99 亿 m^3。②SEPD 方法预测结果与 Arps 方法接近,EUR 预测值为 4.88 亿 m^3/d。③Duong 方法预测的 EUR 为 15.55 亿 m^3,几乎是 Arps 和 SEPD 方法的 3 倍,评价结果过大,原因是 Duong 的线性流动假设不能拟合该井的边界控制流段。④由于地质条件复杂而缺乏控制气体流动的基本物理参数,同时缺乏可靠的测量数据,导致采用现代产量递减方法预测结果偏低,EUR 为 3.88 亿 m^3。⑤物质平衡法预测结果与 Arps 和 SEPD 方法的结果相近。物质平衡法要求流态到达边界流控制阶段,在当前模型中满足这一条件,因此结果较准确,预测 EUR 为 4.87 亿 m^3。然而这一条件对大多数页岩气井无法满足,这使得物质平衡法无法单独准确地预测 EUR,可以与其他方法一起使用,减小预测误差。

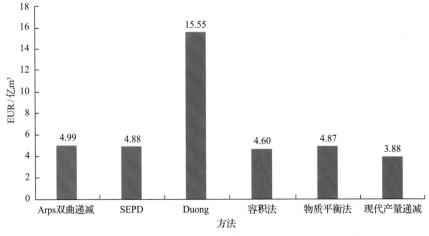

图 16.25 不同方法预测的 EUR(据 Mahmoud et al.,2018)

16.6.4　小结

页岩气水平井 EUR 预测方法较多，每一种方法都有其适用的流态和生产条件。根据适用条件，页岩气水平井的 EUR 计算方法主要可分为传统递减分析方法、现代产量递减法、数值模拟方法及大数据与机器学习分析方法等。

传统递减分析方法适用于工作制度基本不变(定压生产)、生产历史较长、边界控制流阶段。其操作简单，功能单一，只能分析产量，无法分析预测其他参数。现代产量递减法不受工作制度(定压或定产条件)限制，只能进行 EUR 预测。在使用该方法时所需参数较多，首先需要对研究区块有一定的经验积累、熟悉该区块的单井产能范围，其次要求产量和压力数据连续，最后需要充分结合其他数据完成。数值模拟方法不受工作制度的限制，可同时进行 EUR 和产量预测，且可考虑复杂的储层条件和流体性质，但需要的基础数据较多，要花费大量时间进行生产历史拟合。大数据与机器学习分析方法是近年新兴起的分析方法，不过其预测精度取决于模型的选择与建立。

因此，当工作制度较稳定、生产时间较长、已到达边界控制流时，可优先考虑经验公式法，也可根据实际情况选择其他分析方法。当气井变压力、变产量生产，且生产时间较短、未达到边界流时，可采用 Blasingame、Agarwal-Gardner 和 NPI 等现代产量递减分析方法。若已知地质参数较多，有认识流体性质的实验数据，且时间充裕，可考虑数值模拟方法，以达到同时预测 EUR 和产量的目的。

参 考 文 献

孙贺东. 2013. 油气井现代产量递减分析方法及应用. 北京: 石油工业出版社.

Agarwal R G, Gardaner D C, Kleinsteiber S W, et al. 1999. Analyzing well production data using combined-type-curve and deecline-curve analysis concepts. SPE Reservoir Evaluation & Engneering, 2(5): 478-486.

Arps J J. 1945. Analysis of decline curves. Transations of the AIME, 160(1): 228-231.

Baihly J D, Altman R M, Malpani R, et al. 2010. Shale gas production decline trend comparison over time and basins//SPE Annual Technical Conference and Exhibition, Florence.

Baihly J D, Malpani R, Altman R, et al. 2015. Shale gas production decline trend comparison over time and basins-Revisited//SPE Unconventional Resources Technology Conference, San Antonio.

Blasingame T A, Johnston J L, Lee W J. 1989. Type curve analysis using the pressure integral method//SPE California Regional Meeting, Bakersfield.

Blasingame T A, Lee W J. 1986. Variable rate reservoir limits testing//SPE Gas Technology Symposium, Dallas.

Cipolla C L, Loion E P, Mayerhofer M J. 2009. Reservoir modeling and production evaluation in shale-gas reservoirs//International Petroleum Technology Conference, Doha.

Clark A J, Lake L, Patzek T. 2011. Production forecasting with logistic growth models//SPE Annual Technical Conference and Exhibition, Denver.

Danquah O, Atkins L, Nysveen M. 2011. North American shales show production gains. Exploration & Production, 84(7): 30-32.

Duong A N. 2010. An unconventional rate decline approach for tight and fracture-dominated gas wells//The Canadian Unconventional Resources and International Petroleum Conference, Calgary.

Fetkovich M J. 1980. Decline curve analysis using type curves. Journal of Petroleum Technology, 32(6): 1065-1077.

Fraim M L, Lee W J, Gatens J M. 1986. Advanced decline curve analysis using normalized-time and type curves for vertically fractured wells//SPE Annual Technical Conference and Exhibition, OnePetro.

Ilk D, Rushing J A, Perego A D, et al. 2008. Exponential vs. hyperbolic decline in tight gas sands understanding the origin and implications for reserve estimate using Arps decline curves//SPE Annual Technical Conference and Exhibition, Denver.

Johnson R H, Bollens A L. 1927. The loss ratio method of extrapolating oil well decline curves. Transactions of the AIME, 77(1): 771-778.

Kalantari-Dahaghi A, Mohaghegh S D. 2011. Numerical simulation and multiple realizations for sensitivity study of shale gas reservoir//SPE Production and Operations Symposium, Oklahoma.

Luo G F, Tian Y, Bychina M, et al. 2018. Production optimization using machine learning in Bakken shale//The Unconventional Resources Technology Conference, Houston.

Mahmoud O, Ibrahim M, Pieprzica C, et al. 2018. EUR Prediction for unconventional reservoirs: State of the art and field case//SPE Trinidad and Tobago Section Energy Resources Conference, Port of Spain, Trinidad and Tobago.

Mattar L, Anderson D, Stotts G. 2006. Dynamic material balance oil or gas-in-place without shut-ins. Journal of Canadian Petroleum Technology, 45(11): 7-10.

Mattar L, McNeil R. 1998. The flowing gas material balance. Journal of Canadian Petroleum Technology, 37(2): 52-55.

Mattar L, Moghadam S. 2009. Modified power law exponential decline for tight gas//Canadian International Petroleum Conference, Calgary.

Mohammed S K, Wattenbarger R A. 2012. Comparison of empirical decline curve methods for shale wells//SPE Canadian Unconventional Resources Conference, Calgary.

Turner R G, Hubbard M G, Dukler A E. 1969. Analysis and prediction of minimum flow rate for the continuous removal of liquids from gas wells. Journal of Petroleum Technology, 21(11): 1475-1482.

Valko P P. 2009. Assigning value to stimulation in the Barnett shale—A simultaneous analysis of 7000 plus production hystories and well completion record//SPE Hydraulic Fracturing Technology Conference, The Woodlands.

Wattenbarger R A, EI-Banbl A H, Villegas M E, et al. 1998. Production analysis of linear flow into fractured tight gas wells//SPE Rocky Mountain Regional/Low-Permeability Reservoirs Symposium, Denver.

第 17 章

开发优化设计

要实现页岩气的增产或稳产，合理的开发优化设计是关键，优化设计主要包括井网井型设计、水平井方位、水平段长、水平井间距、生产制度优化、单井合理配产等。本章以北美及中国长宁、威远和涪陵页岩气田为例，介绍页岩气开发优化设计的主要方法与开发技术政策。

17.1 井网井型优化设计

页岩气开发常用的主要有四种布井模式：双排常规布置、单排顺序布置、"勺"形井组布置、双平台交叉布置，各种布井模式都有自己的优缺点。立体井网可提高储量纵向采出程度，国内目前还处于探索应用阶段。

17.1.1 双排常规布置

单平台 6 口或 8 口井，南北方向各 3 口或 4 口井（图 17.1），工程难度适中，平均单井

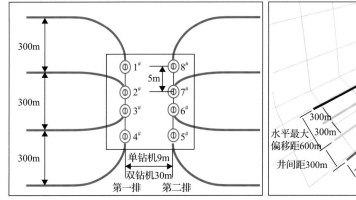
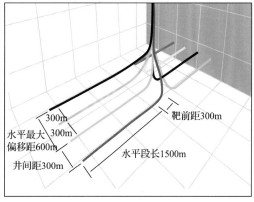

图 17.1 单平台双排常规井布置示意图

占用井场面积小，平台利用率高，但平台正下方存在较大区域开发盲区，1500m 水平段长、300m 靶前距，资源利用率 83.3%。

17.1.2 单排顺序布置

单平台 3 口或 4 口井同向顺序布置(图 17.2)，水平段覆盖整个开发区域，资源利用率高，井场面积小，工程难度适中，但平台利用率低，对布井地面条件要求高(平台间距1600m)，平台布井数量有限，要求平台数量多。

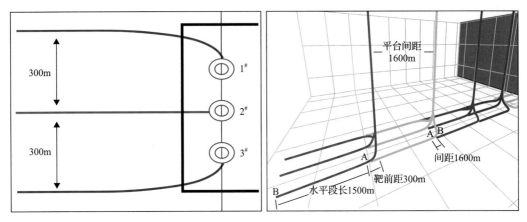

图 17.2 单平台 3 口井单排布置示意图

17.1.3 "勺"形井组布置

单平台 6 口或 8 口井、双排布局(图 17.3)。通过"勺"形反向造斜缩小靶前距，对平台正下方储量进行利用，资源利用率高，工程难度较大。

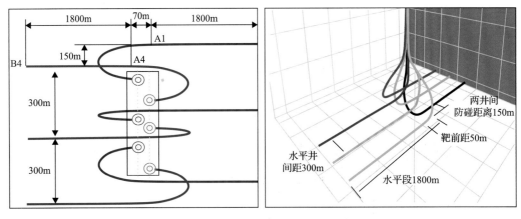

图 17.3 单平台 6 口井"勺"形井布置示意图

17.1.4 双平台交叉布置

采用两个平台、每个平台 6 口或 8 口井(图 17.4)、两个水平井组交叉式布井，单侧

3 口井互相对另一平台正下方储量进行利用，资源利用率高，对布井地面条件要求高（平台间距 1700m）。但实践经验表明，交叉布井中如果井眼轨迹控制不好，会影响水力压裂，干扰邻井生产。

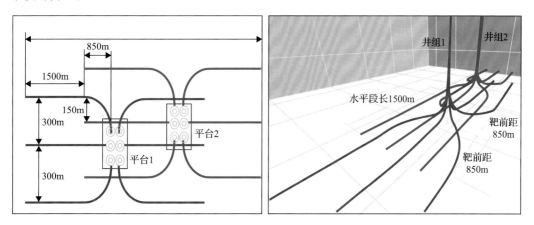

图 17.4　单平台 6 口井双排交叉布置示意图

17.1.5　立体井网

数值模拟及物理实验表明，页岩气井压裂后射孔点的主裂缝纵向最大可延伸 40m 左右，远离射孔点，裂缝高度快速减小。同时，不同靶体位置水平井的开发效果表明，水平井筒附近层位压裂后储量动用程度高，远离井筒后大幅度降低。综合分析认为，垂直于水平井筒的裂缝截面呈"星"形，采用"W"形的上下两层交错水平井部署对储层进行立体开发，有利于提高储量动用程度，空间配置关系如图 17.5 所示。

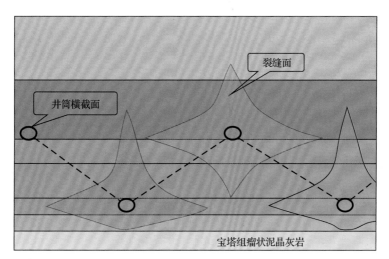

图 17.5　上下两层水平井开发储层井眼空间配置关系截面图

目前国内较为成熟的布井模式为常规双排型丛式井，工程实施难度较大区域采用单排布井模式。

17.2　水平井方位优化设计

水平轨迹方位应从确保井壁稳定和有利于压裂两方面来考虑，一般认为当井眼方向为最小水平主应力方向时，裂缝垂直于井筒，有利于提高压裂改造效果；当井眼方向为最大水平主应力方向时，井壁稳定性最好。目前水平井主要是垂直于最大水平主应力方向，对于裂缝发育的储层，要综合考虑裂缝的走向和倾角，调整水平井方位。

威远页岩气田最大水平主应力方向 NE30°～SE130°（图 17.6），变化较大，从威 202 井区到威 204 井区分布较为一致。目前威远页岩气田水平井轨迹方位近南北向（图 17.7），实施效果很好。

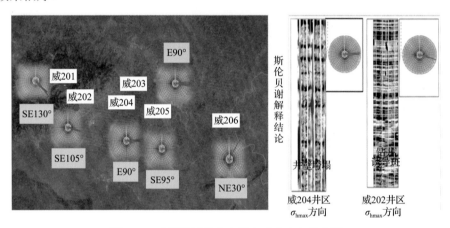

图 17.6　威远地区最大水平主应力方向分布图

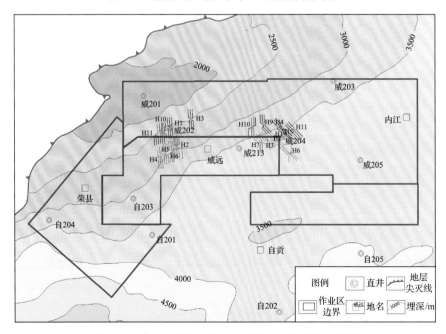

图 17.7　威 202 井区、威 204 井区水平段轨迹方位图

17.3　水平段长优化设计

水平段长是水平井开发重要的工程参数，气井产量会随着水平段长的增加而增加，但是水平段长并不是越长越好，要综合考虑施工难度、气井生产管理、气井产量增加的比例等因素的影响。

17.3.1　水平段长论证

采用数值模拟手段，设置水平段长 1200～3000m，模拟不同水平段长条件下，单井生产效果变化。模拟结果显示：单井 EUR 与水平段长总体呈线性变化趋势，水平段长越长，单井 EUR 越高(图 17.8、图 17.9)。

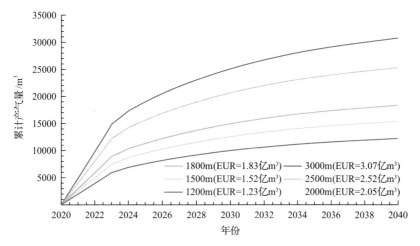

图 17.8　不同水平段长单井 EUR 预测结果

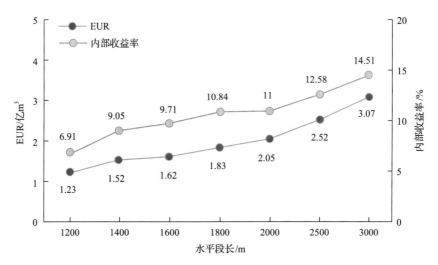

图 17.9　不同水平段长 EUR 及内部收益率(IRR)趋势图

进一步结合单井投资参数，采用现金流量法，计算不同水平段长下的经济效益。计算结果表明：总体上，内部收益率随水平段长度也呈线性变化。

17.3.2 长宁水平段长

长宁地区已投产气井水平段长度主要分布在 1500～2000m，其中长为 1500～1600m 的水平段占比达 49.1%。为了研究长水井段水平井的开发效果，有针对性地开展了超长水平井先导试验(水平段长大于 2000m)，先导试验井 H23-5 水平段长 2556m，1+2 小层钻遇率为 96.6%，加砂强度为 2.41t/m，主体排量为 13.6m³/min，该井测试日产量 34.27 万 m³，折算 1500m 测试日产量仅 20.11 万 m³，单井 EUR 为 1.02 亿 m³，单段测试产量低，EUR 未随水平段长增加，长水平段开发技术尚待进一步试验攻关(图 17.10)。

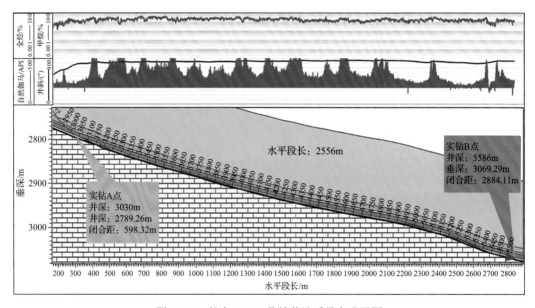

图 17.10　长宁 H23-5 井钻井地质导向成果图

从实施效果来看，受川南多期构造环境下复杂地质条件和与北美第三代工程技术差距的影响，长宁页岩气田已投产气井在水平段超过 1700m，单井 EUR 增幅逐渐变缓，并未显示 EUR 随水平段长度线性增加的特点(表 17.1、图 17.11)。

表 17.1　长水平段工程难点统计表

工程名称	工程难点	原因分析
钻井工程	优快钻进困难	随着水平段长度不断增长，钻进过程中滑动摩阻和下套管阻力不断增大，钻柱屈曲及下套管阻卡风险增大
	钻遇率保证困难	川南地区经历多期地质运动，断裂及微幅构造发育，长水平段多次入靶调整情况下，优质储层钻遇率难以保证
压裂工程	连续油管的作业能力有限	随着井深、水平段长的增加，自锁的风险也随之增大
	加砂难度增加	井深越大压裂液摩阻越高，同等排量下的施工压力越高，加砂难度越大，影响压裂效果

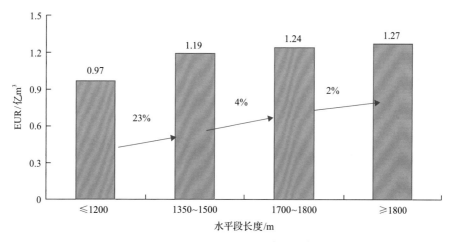

图 17.11　长宁区块页岩气不同水平段长与 EUR 关系图

17.3.3　威远水平段长

威远气田水平段长分布范围为 816～2520m（图 17.12），平均压裂水平段长为 1673m。威 202 井区水平段长分布范围为 816～2520m，平均水平段长度为 1424m；威 204 井区水平段长分布范围为 1120～2500m，平均水平段长度为 1491m。按年度统计，威远气田井均压裂段长已由 2014 年的 1473m 提升到 2021 年的 1753m。典型井首年平均日产气 11.15 万 m^3，EUR 达到 1.06 亿 m^3。

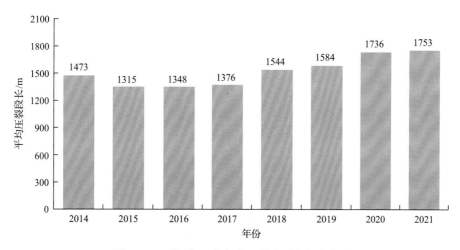

图 17.12　威远气田分年度压裂水平段长度统计

17.4　水平井间距优化设计

水平巷道间距主要涉及资源充分动用的问题，合理的水平段间距可以使平面上的资源得到有效动用，井距过大导致资源浪费，井距过小导致经济效益降低。水平巷道间距必须考虑目前的工艺技术水平和地质条件等因素，综合论证后确定。

17.4.1　北美地区井距

北美页岩气水平井间距 2010 年前为 300～500m，2010～2014 年为 200～300m，目前为 100～250m(表 17.2)，呈现逐年缩小的趋势，但各个区块差异较大(图 17.13)。Utica 页岩气田在 335m 的巷道间距下，压裂改造后出现了大量的微地震事件重叠，而 Eagle Ford 页岩气田采用 366m 巷道间距，并未出现微地震大量重叠的井间区域。Haynesville 页岩气田核心区主体井距 270～470m，井间加密到 200m 时干扰明显，气井每千米 EUR 下降 0.4 亿～0.6 亿 m³。

表 17.2　美国典型页岩气藏储层参数及井距统计图

页岩气井区	盆地	层位	埋藏深度/m	TOC/%	有效页岩厚度/m	含气量/(m³/t)	压力系数	干酪根类型	R_o/%	孔隙度/%	石英含量/%	储量丰度/(亿m³/km²)	巷道间距	是否产凝析油
Marcellus	Appalachia	泥盆系	1291～2591	3～12	15～61	1.7～2.8	1.01～1.34	I—II型	1.5～3.0	10	20～60	1.73	以200～400m为主	凝析油占比不超过10%
Barnett	Fort Worth	石炭系	1981～2591	2.0～7.0	15～61	8.5～9.91	1.41～1.44	I—II型	1.1～2.2	2.5～5	35～50	3.28～4.38	以100～250m为主	凝析油占比不超过10%
Haynesville	Arkoma	侏罗系	3350～4270	0.5～4	61～107	5	1.6～2.0	I—II型	1.8～2.5	4～12	34	6.09～8.70	以200～350m为主	不产凝析油

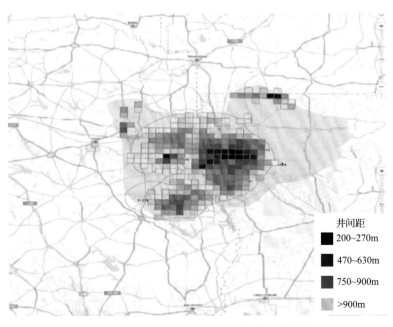

井间距

■ 200～270m

■ 470～630m

■ 750～900m

▨ >900m

图 17.13　Haynesville 页岩气区块井距分布图

17.4.2　涪陵气田井距

焦石坝区块初期采用 600m 巷道间距进行开发，微地震监测结果表明老井井间存在未动用区域(图 17.14)。

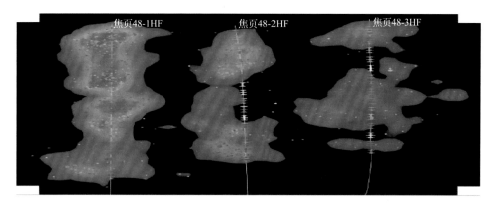

图 17.14　焦页 48 平台微地震监测事件图

2018 年，焦石坝区块在焦页 25 平台老井之间增加 1 口水平井(焦页 24-6HF 井)，加密井距两侧老井的井距分别为 400m 和 200m 左右(图 17.15)。焦页 24-6HF 井压裂期间，邻井均接收到压力响应，其中井距为 200m 的焦页 24-5HF 和焦页 25-1HF 井口压力响应明显比距 400m 井距的焦页 24-4HF 井和焦页 25-2HF 井强(表 17.3、表 17.4)。

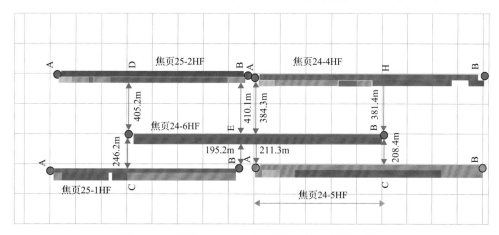

图 17.15　焦页 24-6HF 井与焦页 25 平台井距示意图

表 17.3　焦页 24-6HF 井压裂期间焦页 24-4HF 和焦页 24-5HF 井口压力响应表

压裂段	压裂日期	压裂时间	邻井压力响应/MPa	
			焦页 24-4HF(400m)	焦页 24-5HF(200m)
1	2018-04-02	17:27～20:33	↗0.3	不明显
2	2018-04-04	8:10～13:00	不明显	↗0.2

续表

压裂段	压裂日期	压裂时间	邻井压力响应/MPa	
			焦页 24-4HF（400m）	焦页 24-5HF（200m）
3	2018-04-05	17:53～20:55	不明显	↗0.2
4	2018-04-06	14:33～17:24	不明显	↗0.1
5	2018-04-07	12:17～16:02	↗0.05	↗0.05
6	2018-04-08	10:46～14:20	↗0.05	↗0.05
7	2018-04-09	9:08～15:11	↗0.1	↗0.2
8	2018-04-10	7:02～10:44	↗0.08	↗0.6

表 17.4　焦页 24-6HF 井压裂期间焦页 25-1HF 和焦页 25-2HF 井口压力响应

压裂段	压裂日期	压裂时间	邻井压力响应/MPa	
			焦页 25-1HF（200m）	焦页 25-2HF（400m）
11	2018-04-12	8:01～11:04	不明显	↗0.05
12	2018-04-12	17:18～20:04	不明显	不明显
13	2018-04-14	7:51～12:43	↗0.3	↗0.1
14	2018-04-13	16:37～19:44	↗0.3	不明显
15	2018-04-13	8:53～11:49	↗0.4	↗0.05
16	2018-04-14	15:34～18:41	↗0.15	↗0.05
17	2018-04-15	7:45～10:47	↗0.1	不明显
18	2018-04-15	16:47～20:18	↗0.3	↗0.2
19	2018-04-16	7:44～10:31	↗0.5	↗0.05
20	2018-04-16	13:58～16:45	不明显	↗0.07
21	2018-04-17	7:40～10:35	↗0.2	↗0.07

2018 年焦石坝区块开展同平台的变井距试验，焦页 9-4HF 井于 2018 年 12 月 27 日开始压裂，该井压裂前 8 段基本穿行于①小层（2019 年 1 月 3 日前），对应焦页 9-1HF 井穿行④～⑤小层，井距 300～413m，焦页 9-4HF 开始压裂时，焦页 9-1HF 未关井，间歇生产，生产无明显异常，2019 年 1 月 1 日焦页 9-1HF 井因与输压持平关井，套压 5.3MPa 上升到 11.8MPa，压力变化正常（图 17.16）。其间焦页 9-1HF 与焦页 9-4HF 干扰不明显。

2019 年 1 月 3 日至 1 月 7 日，焦页 9-4HF 井压裂第 9～14 段，穿行③小层，对应焦页 9-1HF 井主要穿行③小层，井距 217～300m，其间焦页 9-1HF 井关井，油压由 13MPa 上升到 14.6MPa，2019 年 1 月 8 日焦页 9-1HF 倒油管开井放喷，套压由 8.2MPa 升到 11.5MPa 再升到 17.5MPa，压力上升明显（图 17.17）。分析认为焦页 9-4HF 后半段压裂对焦页 9-1HF 井有明显压力补充，后半段压裂缝存在一定程度沟通。

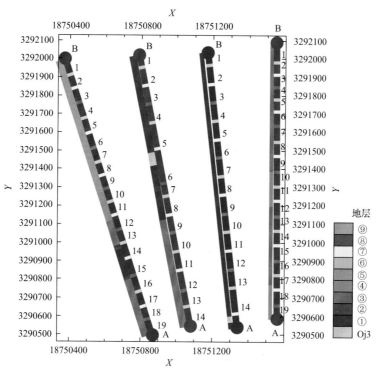

图 17.16 焦页 9 平台变井距试验井距示意图

图中数字为压裂段

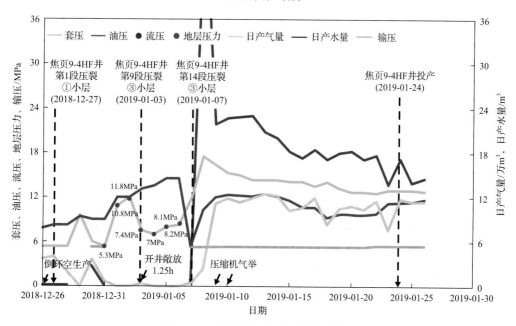

图 17.17 焦石坝变井距压力监测结果

　　焦石坝加密调整井压裂试气试采结果表明，加密井井距应控制在 200～300m。2019
年焦石坝区块编制开发调整方案，加密后规则井网区加密后井距在 300m 左右，原一期

415

试验井组范围内老井为不规则井网，井距 700～1300m，根据老井不同分布模式，分三种模式部署，模式一井距 230m，模式二井距 230～330m，模式三井距 300m（图 17.18）。

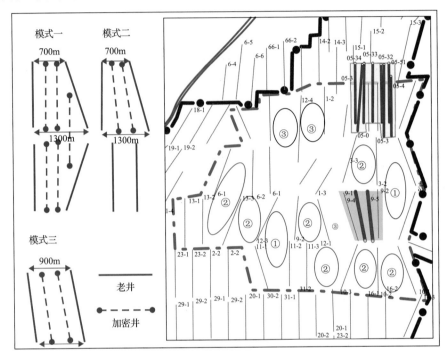

图 17.18　焦石坝区块加密调整井井距示意图

17.4.3　长宁气田井距

长宁页岩气田目前累计投产井数超过 150 余口，做过大量的不同井距对比试验。长宁区块天然裂缝不发育时采用 300m 井距，气井开发效果好，资源动用程度较高；天然裂缝发育时采用 400m 井距，可以有效降低压窜影响，单井开发效果影响小（表 17.5）。

表 17.5　长宁区块不同巷道间距下井间干扰模式

裂缝情况	天然裂缝发育		天然裂缝不发育	
巷道间距	400m	20mm	400m	300m
机理模拟				
压窜影响	裂缝发育段局部压窜，单井开发效果影响小	SRV区域大面积重叠，井间干扰强，单井开发效果影响较大	缝网间无有效连通，井间改造不充分，资源未完全动用	缝网末端连通，井间干扰小，资源动用程度高
干扰程度	日产气量降低 10%～35% 日产液量上升 50%～90%	日产气量降低 20%～65% 日产液量上升 70%～180%	日产气量、液量无明显变化	日产气量、液量波动小于 5%
完成的试验平台	宁 209H6，H7 平台	宁 209H4 平台	宁 209H2 平台	宁 209H17 平台

17.4.4　威远气田井距

威远页岩气田目前已完钻井的巷道间距主要为 300m、400m 和 400m 的井距，裂缝半长需要 200~250m 才能使资源充分得到动用，微地震监测表明，在该井距下，两井之间有部分区域未监测到有微地震事件发生，且有微地震事件发生的地方也不全代表有效裂缝能波及。如威 202H3 平台 6 口井的水平巷道间距为 400m，微地震事件显示(图 17.19)，部分区域未监测到有微地震事件，有效裂缝没有延伸到该区域，因此 400m 的水平巷道间距过大。少部分水平巷道间距为 300m 井在实施过程中存在压窜现象，这些压窜的气井主要受天然裂缝的影响，在 300m 井距情况下出现了一批高产平台，如威 202H15 平台，该平台 4 口投产水平井平均测试产量 48.26 万 m³/d。

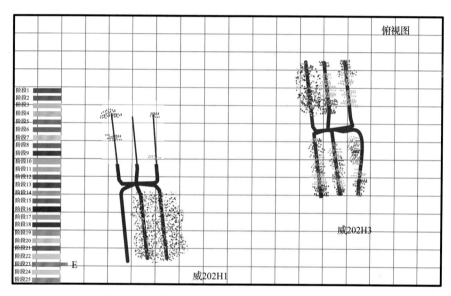

图 17.19　威 202 井区 H3 平台微地震事件分布图

17.5　生产制度优化设计

生产制度优化主要是在国内外开发经验的基础上，通过开展临界携液流量分析、支撑剂回流实验、裂缝应力敏感实验等机理研究，采用地质工程一体化数值模拟的方法，对比不同生产制度下的开发指标。

17.5.1　国内外开发经验

在北美地区，早期开发的页岩气田一般多采用定压放产的方式进行生产，这种生产方式压降过快，导致采出速度过快，渗透率下降，造成应力敏感，从而气井产量递减过快，对单井累计产量有一定影响。而随着开发程度的深入，认识到控压限产的方式有利于减缓支撑剂的嵌入与破损，减少砂堵出现，进而最大限度地保持裂缝的导流能力。例如

Haynesville 页岩气产区，2010 年以前基本采用大油嘴生产，不会刻意控制产量；2010 年后，越来越多的作业者开始认识到控制油嘴生产对长期产能的贡献，慢慢开始转变生产制度。其中 8.7mm 和 5.6mm 是用得最广泛的两个油嘴尺寸（图 17.20）。

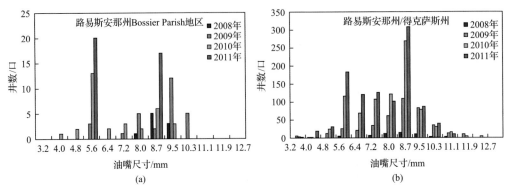

图 17.20 Haynesville 页岩气田 2010 年前后不同大小油嘴井数统计

在我国涪陵焦石坝区块，气井初期以 6 万 m^3/d 产量生产，单井稳产时间可达到两年，第三年产量递减率仅 40%，远低于长宁、威远区块放压生产井首年递减率（图 17.21）。

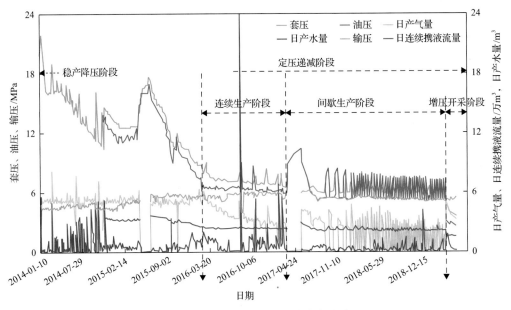

图 17.21 焦石坝区块典型井生产曲线

在我国长宁区块，长宁 H8 平台、长宁 H13 平台和宁 209H3 平台、宁 209H11 平台、宁 209H25 平台部分井采用控压生产制度，控压后产量、井口压力递减速度显著降低，产量月递减率由 39%降至 9.7%，压力月递减率由 42%降至 13%，采用控压生产阶段数据预测单井 EUR 较放压生产阶段预测值提高 10%～15%（图 17.22、表 17.6）。从典型井压力保持程度（目前压力/开井最高压力）与累计产气关系曲线来看，控压生产井在相同累计产气条件下压力保持水平更高，生产效果更好（图 17.23）。

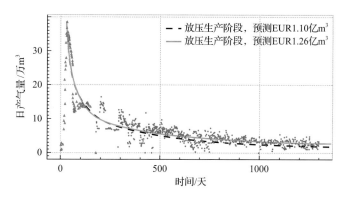

图 17.22　长宁 H13-6 井不同阶段预测 EUR 对比

表 17.6　长宁区块气井控压前后生产指标对比表

编号	井名	产量月递减率/%		压力月递减率/%		EUR/亿 m³		EUR 提高幅度/%
		控压前	控压后	控压前	控压后	控压前	控压后	
1	长宁 H8-1	16.0	9.4	48.5	13.7	1.42	1.65	16
2	长宁 H8-2	29.8	6.9	28.1	16.7	1.28	1.41	10
3	长宁 H8-5	8.6	2.7	39.8	13.4	1.24	1.43	15
4	长宁 H8-6	13.7	5.8	48.5	6.9	1.01	1.16	15
5	长宁 H13-2	43.5	9.2	28.1	5.3	0.95	1.06	12
6	长宁 H13-3	27.2	9.4	39.8	13.4	1.12	1.24	11
7	长宁 H13-4	34.1	17.5	34.3	7.8	0.94	1.05	12
8	长宁 H13-5	33.7	3.8	37.6	10.2	1.15	1.35	17
9	长宁 H13-6	32.3	12.6	51.0	8.6	1.1	1.26	15
10	宁 209H3-1	53.5	3.1	40.5	10.5	0.96	1.09	14
11	宁 209H3-2	72.1	23.4	47.6	33.8	1.05	1.17	11
12	宁 209H3-3	68.7	18.9	44.4	27.5	1.2	1.34	12
13	宁 209H11-9	62.4	10.4	59.4	15.4	0.75	0.85	13
14	宁 209H25-2	33.0	8.6	39.6	2.3	1.19	1.36	14
15	宁 213	60.0	3.5	42.9	10.8	0.81	0.91	12
	平均	39.2	9.7	42.0	13.1	1.08	1.22	13.3

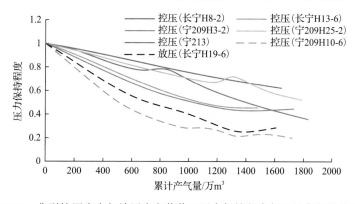

图 17.23　典型控压生产与放压生产井井口压力保持程度与累计产气量关系图

17.5.2 临界携液能力分析

气井携液能力分析，需要根据下入油管的半径、井筒半径计算不同气水产量时气井的流型(图17.24～图17.26)，绘制气水两相流流型图版(图17.27)，根据图版可以判定气

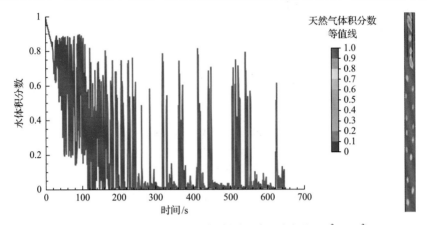

图17.24 井筒气水两相流动流型(雾状流，水气比 $3m^3/万\ m^3$)

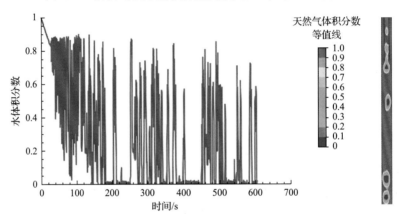

图17.25 井筒气水两相流动流型(细束环状流，水气比 $9m^3/万\ m^3$)

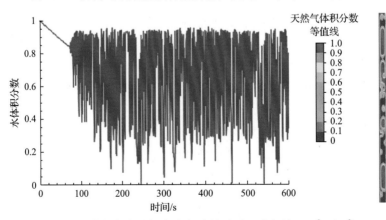

图17.26 井筒气水两相流动流型(段塞流，水气比 $30m^3/万\ m^3$)

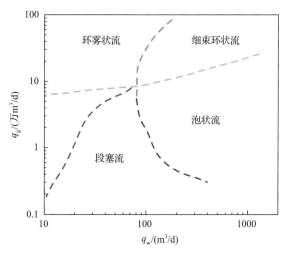

图 17.27　直井段井筒临界携液产量分析图版

井不同气水产量条件下井筒内流型及流型之间的转变界限，从而判定气井携液能力及水淹停产的风险。

　　通过模拟结果表明，要保持气井产出液体能够持续被携带出，井筒内气水两相流流型需要为环雾流和细束环状流，其临界携液流量为日产气量 6.2 万 m³，气井产气量低于该技术界限时，井筒内气水两相流的流型依次向搅动流、段塞流、泡状流转变，气井携液困难，甚至出现水淹停产风险。

17.5.3　支撑剂回流分析

　　在不考虑支撑剂回流及应力敏感的情况下，初期配产越高越有利于在生产初期获得更高的累计产气量和更好的经济效益；但页岩气藏在经过大规模水力压裂后所形成的复杂裂缝网络是强应力敏感的渗流通道，过高的配产往往意味着井周形成大的生产压差，容易造成人工裂缝内支撑剂的回流及井周有效应力急剧升高，这首先会导致无支撑缝网区域的迅速闭合，接着触发小粒径弱支撑裂缝区域压差进一步升高引起中等应力敏感的弱支撑裂缝闭合，最后部分由高强度支撑剂组成的强支撑裂缝也会因为有效应力超过抗压强度极限而导致压实或嵌入破坏而丧失部分导流能力。

　　从机理上分析，早期采取小压差生产提高气井产量的原因主要在于避免由于流速过高导致的支撑剂回流和延缓有效应力上升引起的裂缝应力敏感性。

　　针对支撑剂发生回流的临界流速研究，国内外已进行了大量室内实验及分析。通常，室内实验缝高 0.2m 对应真实地层 10m，实验流量 100mL/min 等同于实际施工排量 14.4m³/d。王雷和文恒(2016)进行了支撑剂回流量影响实验研究。实验选取 20～40 目陶粒支撑剂，铺砂浓度 10kg/m²，返排流速分别取值 100～1000mL/min，压裂液黏度为 5mPa·s(表 17.7)。实验表明，返排流速越大，压裂液对支撑剂的拖曳作用越强，导致回流量越大。当返排流速达到 400mL/min 时(红色箭头处)(图 17.28)，曲线斜率增幅开始增大，研究将 300mL/min 确定为支撑剂回流的临界流量，对应现场流量 43.2m³/d 内可较好地控制支撑剂回流。

表 17.7　支撑剂回流实验方案

编号	返排流速/(mL/min)	实际返排量/(m³/d)	返排时间/min	返排液量/L
1	100	14.4	360	36
2	200	28.8	180	36
3	300	43.2	120	36
4	400	57.6	90	36
5	500	72	72	36
6	600	86.4	60	36
7	700	100.8	51.43	36
8	800	115.2	45	36
9	900	129.6	40	36
10	1000	144	36	36

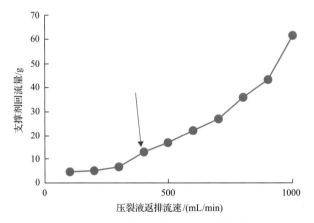

图 17.28　不同压裂液返排流速下支撑剂回流量

此外，也有学者通过数值模拟手段对支撑剂回流临界流速进行了研究。曹广胜等(2019)通过有限元模拟的支撑剂回流规律研究认为，返排流速在 40～400m³/d 条件下雷诺数反映出层流流动特征(表 17.8)。模拟将支撑剂设计为支撑剂粒子数量 500 个，研究

表 17.8　不同返排流速下裂缝内流体参数变化方案

编号	实际返排流速/(m³/d)	缝内返排流速/(10⁻³m/s)	雷诺数
1	40	0.61	135.03
2	80	1.22	270.06
3	120	1.84	405.09
4	160	2.45	540.12
5	240	3.68	810.19
6	280	4.30	945.22
7	320	4.91	1080.25
8	360	5.52	1215.28
9	400	6.14	1350.31

不同流速下返排出的颗粒数量。可以看出，返排流速越小，剩余支撑剂粒子数量最多，因此，考虑返排流速条件下支撑剂尽可能不发生回流，应确保流速控制在 40m³/d 以下。数值模拟研究成果与实验结果较为一致（图 17.29，表 17.9）。

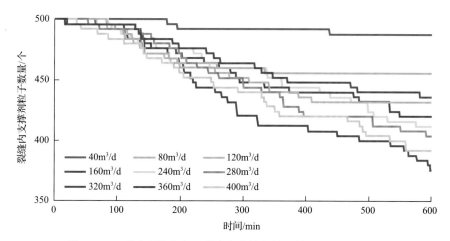

图 17.29　不同返排流速下裂缝内支撑剂粒子数量随时间的变化

表 17.9　不同返排流速下裂缝内流体参数变化方案

编号	返排流速/(m³/d)	剩余支撑剂粒子数量/个	支撑剂粒子减少数量/个
1	40	488	12
2	80	456	44
3	120	432	68
4	160	436	64
5	240	412	88
6	280	404	96
7	320	376	124
8	360	420	80
9	400	392	108

因此，根据返排后期/裂缝闭合时支撑剂回流临界流速的方程：

当 $Re \leqslant 2$ 时：

$$v = \frac{\sqrt{3}d_p}{12(\sqrt{3}+1)\mu} + \left[\Delta p + \frac{d_p g(\rho_s + \rho)}{3} + \frac{\sqrt{3}\varepsilon}{8d_p} \right] \tag{17.1}$$

当 $2 < Re \leqslant 500$ 时：

$$v = \left\{ \frac{2d_p^{0.6}}{18.5(\sqrt{3}+1)\rho^{0.4}\mu^{0.6}} \left[\Delta p + \frac{d_p g(\rho_s - \rho)}{3} + \frac{\sqrt{3}\varepsilon}{8d_p} \right] \right\}^{\frac{5}{7}} \tag{17.2}$$

当 $Re > 500$ 时：

$$v = \left\{ \frac{d_p^{0.6}}{0.22(\sqrt{3}+1)\rho^{0.6}} \left[\Delta p + \frac{d_p g(\rho_s - \rho)}{3} + \frac{\sqrt{3\varepsilon}}{8d_p} \right] \right\}^{\frac{1}{2}} \qquad (17.3)$$

式(17.1)～式(17.3)中，d_p 为支撑剂直径，m；ρ_s 为支撑剂密度，kg/m³；ρ 为压裂液密度，kg/m³；μ 为压裂液黏度，Pa·s；ε 为黏结力系数，Pa·m；Δp 为生产压差，MPa。

由于前述研究表明在 40m³/d 流速条件下，流体状态多为雷诺数在 2～500，因此，采用式(17.2)进行反算。根据目前压裂施工参数(表 17.10)，代入公式计算得到临界流速对应的生产压差在 28～33MPa。

表 17.10 压裂施工参数表

地层水密度/(kg/m³)	支撑剂粒径/m	重力加速度/(m/s²)	压裂液黏度/(Pa·s)
1000	0.0004	9.8	0.005
支撑剂密度/(kg/m³)	压裂液密度/(kg/m³)	临界流速/(m³/d)	黏结系数/(Pa·m)
2500	1250	40	0.00256

从应力敏感来看，根据有效应力与总应力、孔隙压力间函数关系可知，生产引起的地层压力衰减使得有效应力增加，裂缝中支撑剂不同程度地嵌入、压碎，页岩层状的储层结构和高压力系数也使得流动通道更容易发生变形，导致流动通道渗透能力的降低。实验测试结果也表明，随有效应力增加，页岩人工裂缝应力敏感性较强，且无支撑剂的人工裂缝应力敏感更强(图 17.30、图 17.31)。

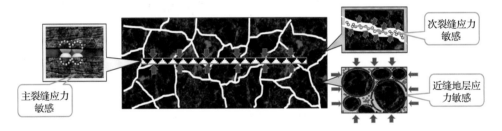

图 17.30 页岩多尺度流动空间的应力敏感特性示意

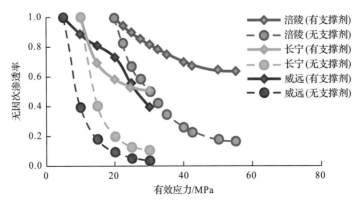

图 17.31 裂缝应力敏感性实验

17.5.4　应力敏感分析

从页岩储层结构特征来看，中国南方海相优质页岩为深水陆棚沉积，沉积时地势平、展布广，储集层厚度在平面上分布极为稳定，表现出明显的"大甜点"特征，单个"甜点"范围多在几十到上百平方千米，再考虑到其超高压特征，可以推断，这种结构的地层不存在压力拱效应，投产后孔隙流体压力的降低会直接导致作用在生产层上的有效应力显著增大，产层表现出强应力敏感性。这种情况下，页岩储层一旦放压生产，水力裂缝内会迅速泄压，造成裂缝区和近缝区的储层渗透率急剧下降，快速形成储层伤害区，过早阻挡外围气体进入主裂缝系统，进而导致单井累计产量减少。

通过数值模拟研究，在考虑应力敏感时放压与控压条件下对气井产量的影响，从最终累计产量看，放压生产 EUR 为 7346 万 m³，控压生产 EUR 为 9151 万 m³。控压生产比放压生产可有效提高单井最终累计产量 25%（图 17.32）。

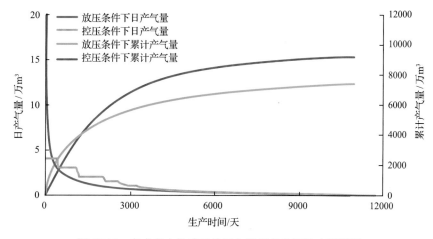

图 17.32　考虑应力敏感时放压与控压条件下的产量预测

由此可见，控压生产对提高页岩气井最终累计产量是有利的，页岩气开发积极推广控压生产。如果考虑到成本回收周期、气价变化等经济因素，则需要进一步论证何种控压方案最为合理，以获得特定时限内的最大经济效益。

17.5.5　威远气田生产制度

在威远气田选取工程参数和地质参数相近，但生产制度不同的两口井：A 井（控压）和 B 井（放压）进行剖析，以深入认识控压和放压两种制度对气井生产动态的影响。

从表 17.11 的工程参数角度看，B 井的压裂段长度和压裂段数略小于 A 井，但其压裂加砂量是 A 井的约 1.5 倍，明显占优；优劣相抵，可以认为两口井的储层改造程度相近。

从表 17.12 各井的层位钻遇情况看，B 井龙一$_1^1$和龙一$_1^3$小层的钻遇率为 47.52%，而 A 井的钻遇率为 33.12%，从优质层位钻遇情况看，B 优于 A 井。

表 17.11　B 井和 A 井工程参数对比表

井号	生产方式	水平段长度/m	压裂段长度/m	压裂段数	加砂量/t
B 井	放压	1510	1318	18	1673
A 井	控压	1605	1568	22	1101

表 17.12　B 井和 A 井页岩层位钻遇情况对比表

层位	B 井		A 井	
	钻遇长度/m	钻遇比例/%	钻遇长度/m	钻遇比例/%
龙一$_1^4$	403	26.69	—	—
龙一$_1^3$	519.5	34.40	531.6	33.12
龙一$_1^2$	389.3	25.78	1073.4	66.88
龙一$_1^1$	198.2	13.13	—	—

综合上述信息不难判断，若无其他因素影响，B 井和 A 井的生产效果应较为相似，甚至 B 井的开发效果应略优于 A 井，但从生产动态信息看，情况并非如此。分析认为，造成此种差异的一个重要原因在于生产制度选择的不同：B 井为放压投产，而 A 井为控压投产。

从生产动态曲线可知(图 17.33 和图 17.34)，B 井放压投产后，早期产量随压裂液的

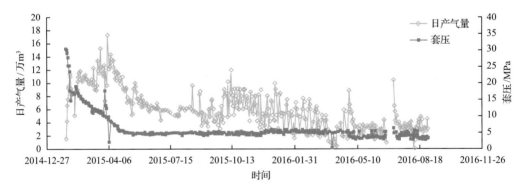

图 17.33　B 井产量剖面

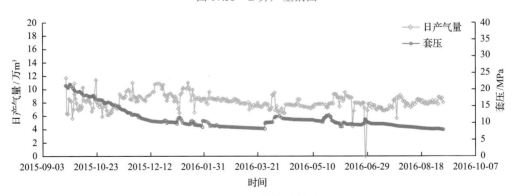

图 17.34　A 井产量剖面

返排而逐渐上升，最高值 17.1 万 m³/d，而后产量快速下降，四个月后降至 5.0 万 m³/d；套压自投产日起便急剧衰减，仅四个月便从初始的 30.5MPa 降至输压 5MPa。A 井自投产之初便以较为恒定的产量 8.0 万 m³/d 生产，生产一年多以来，产量一直保持平稳；套压衰减相对缓慢，一年时间，由初期的 21.0MPa 降至目前的 7.8MPa。

从表 17.13 看可知：①B 井前三个月的压降速率为 0.278MPa/d，而 A 井压降速率为 0.130MPa/d，仅为 B 井的 46.8%，控压生产井的压力降落明显趋缓；②B 井前三个月的单位压降产量为 37.8 万 m³/MPa，而 A 井前三个月的单位压降产量约是 B 井的 1.7 倍，达 64.7 万 m³/MPa；随着生产时间的延长，控压生产井的这种优势越来越明显，生产时间达一年时，控压生产的 A 井单位压降产量已经达到放压生产的 B 井的 2.0 倍；③采用多种生产动态分析技术对两口气井的最终累计产量进行预测，B 井 EUR 为 6100 万 m³，而 A 井的 EUR 为 8112 万 m³，约为 B 井的 1.3 倍，换言之，控压生产可使气井 EUR 提高 30%以上。

表 17.13　B 井和 A 井生产动态参数对比表

井号	生产方式	前三个月压降速率 /(MPa/d)	前三个月单位压降产量 /(万 m³/MPa)	首年单位压降产量 /(万 m³/MPa)	预测累计产量 /万 m³
B 井	放压	0.278	37.8	102	6100
A 井	控压	0.130	64.7	206	8112

初期配产高采用大压差进行生产时，地层孔隙压力快速衰减，衰减幅度大于压后原地应力幅度，导致两者间的差值，即有效应力不断增加，当差值达到峰值后气井转为定压生产，此时有效应力开始降低。由于孔隙结构发生的多为塑性形变，裂缝应力敏感不可逆，渗透率难以随着有效应力的降低而重新恢复至较高水平，地层的传导能力处于较低水平，因而气井产量将明显降低。而初期配产较低采用小压差生产时，可以有效抑制有效应力的增加，地层孔隙结构发生形变的波动范围一直处于相对稳定的状态，有效渗透率及导流能力可以维持在较高水平，因此气井的产量相对较高。因此，尽管裂缝应力敏感不可避免，但是初期采用小压差生产时可延缓有效应力上升速度，从而降低应力敏感的影响程度。综上所述，控压生产对改善气井生产效果具有积极的作用，可有效提高单井的最终累计产量。

17.6　单井合理配产优化设计

影响页岩气井配产的因素众多，实现可采储量最大化、效益最大化、使生产具备可持续性是页岩气井配产的基本原则。

威远气田气井配产时考虑工程技术进步的因素，单井配产考虑前三年相对稳产，采用控压限产方式进行生产。

以标准井 1800m 水平段长为例，三年稳产期，配产值按照优选区域的优质程度进行划分。根据龙一¦小层Ⅰ类储层厚度的不同将优选区域分为三个建产区，分别为核心区、次核心区和外围区，图 17.35 中黄色区域为优选的核心区，紫色区域为次核心区，灰色区域为外围区。其中核心区为龙一¦小层Ⅰ类储层厚度大于 5m 的区域，前三年配产分别为 7.7 万 m³/d、6.6 万 m³/d、5.5 万 m³/d，20 年 EUR 为 1.28 亿 m³；次核心区为龙一¦小层Ⅰ类储层厚度为 4～5m 的区域，前三年配产分别为 6.5 万 m³/d、5.5 万 m³/d、4.7 万 m³/d，20 年 EUR 为 1.09 亿 m³；外围区为龙一¦小层Ⅰ类储层厚度为 3～4m 的区域，前三年配产分别为 5.8 万 m³/d、4.9 万 m³/d、4.2 万 m³/d，20 年 EUR 为 0.96 亿 m³，单井产量递减曲线(图 17.36)，第四年及以后的递减率分别为 35%、30%、25%、20%、15%、10%、10%……(图 17.37)。

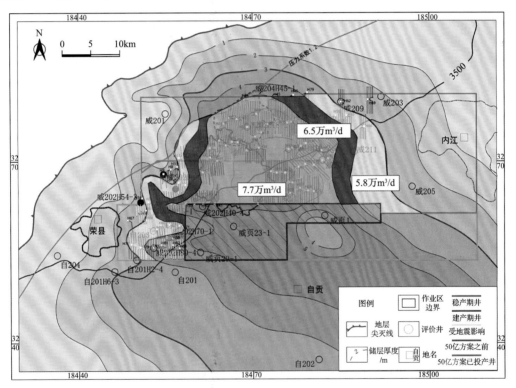

图 17.35　威远区块分区配产示意图

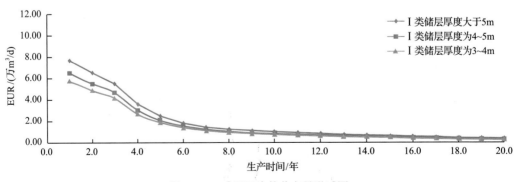

图 17.36　威远区块单井产量递减图

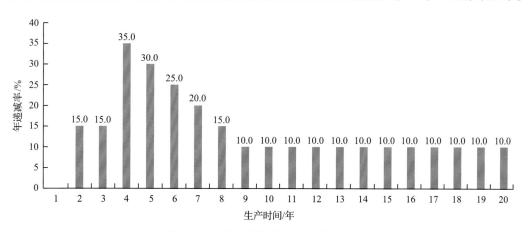

图 17.37 威远区块分年度产量递减率

参 考 文 献

曹广胜, 白玉杰, 杜童, 等. 2019. 基于有限元模拟的支撑剂回流规律. 新疆石油地质, 40(2): 218-222.

王雷, 文恒. 2016. 压裂液返排速度对支撑剂回流量影响实验研究. 科学技术与工程, 16(26): 200-202.

第 18 章

技术经济政策

除技术进步外，美国页岩气产业的跨越式发展还益于政府顶层设计和推动、科研机构与企业密切合作、国家财政大力扶持和完善的天然气管输系统。美国致力于开发利用页岩气的更深层次用意在于平衡能源比重、优化能源结构，确保国家能源安全，实现"能源独立"。

20 世纪后半叶，美国政府先后出台多项对页岩气产业的扶持政策，主要集中在技术研发、市场规范以及环境监管三个领域，旨在以技术研发带动生产扩张，通过对市场规则的制定为企业营造规范、高效的商业环境，以立法监管为主要手段遏制由此产生的污染问题，为页岩气的持续发展赢得民众支持。联邦政府系列政策措施的制定和完善，为产业发展营造了良好的商业氛围和市场环境，从而拉动整个工业领域的腾飞。

18.1　美国页岩气产业发展历程

18.1.1　产业技术革新

美国联邦政府高度重视页岩气勘探开发基础理论和关键技术研究。1976 年，美国能源部启动"东部页岩气项目"，开展泥盆系页岩全国性地质调查；20 世纪 80 年代，美国能源部牵头对宾夕法尼亚州、纽约州、肯塔基州东部、田纳西州、伊利诺伊州和密歇根州等地区泥盆系页岩进行重点评价，并估算页岩气资源潜力；90 年代，美国能源部组织近十家科研单位开展裂缝描述、现场取心及含气性测试等研究工作，还进行了钻井、完井、压裂等工艺技术现场试验。

美国联邦政府鼓励页岩气产业形成激烈的竞争市场，注重发挥中小微型技术企业的灵活作用。经过不断发展，逐渐形成了大中小及微型企业互为阶梯，协作与分工互为补充，产业上中下游高效结合的机制。在页岩气勘探开发过程中，地球物理、钻井、完井和压裂等领域不同的公司都可由市场调控直接进入产业链，这些高度专业的公司，体制灵活，运行效率高，由此使得各个环节紧密衔接，大大降低了运行成本。由于分工非常明确，提高了工作效率，加快了延期资金的回收。最重要的是各企业能充分发挥技术优势，取得重大技术突破，尤其是在水平井钻井和滑溜水压裂技术方面(图 18.1)，从而引发了"页岩气革命"。

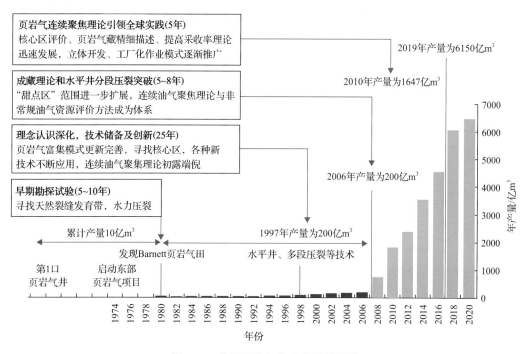

图 18.1　美国页岩气产业发展历程图

18.1.2　商业发展模式

美国从油气资源进口大国，到 2015 年宣布解除油气出口禁令，主要贡献就是页岩气的跨越式发展。美国已全面转变为油气出口国，据权威专家预测，按照目前原油与页岩气产量的提升速度，2025 年以后将对全球油气供应市场具有更大的话语权。

得益于政府顶层设计和推动，以及科研学术领域及企业层次的密切合作，促使页岩气产业取得商业突破。为鼓励页岩气投入，美国国会牵头出台了"原油暴利税法"等一系列能源法案，并对非常规天然气实行生产优惠政策，减免钻探费用和租赁费用等优惠政策刺激了中小微型公司的热情，使它们全力投入页岩气产业。政府甚至还直接提供巨额资金用于加强技术研发，如专项拨款提供贷款或贷款担保开展免费培训或资助。在美国政府的全力扶持下页岩气勘探开发成本得以降低，产量急剧增长。

美国本土天然气管输系统发达，管网已覆盖全国，主产区与城市供气系统形成管输网络。拥有超过 200 个大型天然气管输系统，州际天然气管道和各州天然气管道的总长度达到 50 万 km，配气管道总长度超过 300 万 km，可将产区天然气输送到任何城市。正是有如此完善的管输条件，使各主产区的页岩气才能快速、高效地输送抵达目的地，不仅节约了输送成本，还减少了管输系统的投入，在一定程度上降低了运营风险。

18.1.3　发展成功因素

Porter 的产业生命周期理论认为产业历程主要分四个阶段：幼稚期、成长期、成熟期和衰退期。政府出台产业扶持政策的最佳时期为幼稚期，主要目的是保护处于起步阶段的相关企业在国际竞争中能够生存和发展，因而又被称为幼稚产业保护理论。

长期以来，由于受到技术限制，页岩气被认为是无法大规模商业开发的资源，然而当面临常规天然气产量快速下滑局面时，美国联邦政府对众多替代能源项目进行投资，其中就包括页岩气开采。1998 年，米切尔能源公司成功实现了第一次具有经济效益的页岩气井水力压裂；2002 年，Devon 公司收购米切尔能源公司，采用水平井钻井和滑溜水压裂大幅提高单井产量，2003 年即快速推广应用，从而引发了"页岩气革命"。此后，页岩气成为发展最为迅猛的能源。

美国页岩气产业成功因素主要有四个方面：一是非常规油气理论创新，创新提出"源储一体、全盆找油气"的非常规油气地质理论，并通过"甜点优选、分级开发"策略，极大地提高了油气储量基础和开发建产能力。二是关键技术进步，超长水平井钻井、一趟钻钻井技术、立体井网技术、密切割水力压裂技术等不断推动单井产量再创新高，从而也促使开发成本持续走低。三是政府扶持的"一揽子"配套产业政策：从 20 世纪 80 年代起，政府持续对页岩油气开发给予财税优惠，大量拨款扶持关键技术研发，对压裂用水豁免，解除原油出口禁令，推动非常规油气快速发展等。据 2017 年美国财政部发布的《美国化石燃料补贴同行审议自述报告》，美国页岩油境内生产税收抵免 6%，财产折耗额抵免 15%，勘探开发费用抵免 70%。四是具有成熟的、遍布全国的输气管网，并建立了管网运行的市场化公平准入机制，通过减免管道公司税率、提供贷款促进形成天然气市场公平竞争环境等手段，提高了天然气输运市场效率，更好地保护了市场参与者的利益。美国在产业引导、科技激励、设备配套等方面的政策，推动了页岩气产业发展。

18.2　美国联邦产业政策

支撑页岩气产业高速可持续发展的背后，是一套灵活而严格的法律法规体系。通过具有地区、环境差异的开采许可证和排污许可证制度，给予企业较大经营灵活性，同时又依靠和修改地表水、地下水、固体废弃物、温室气体等方面现有的法律法规体系，对页岩气开采全生命周期污染排放实现了全流程管控。

美国主要由联邦机构和地方机构两个层级负责页岩气事务管理。油气上游行业监管机构主要涉及联邦行政部门、联邦政府独立行政机构、州政府及行业协会四大类。国家层面，美国页岩气管理部门涉及的主要有能源部、环境保护署（EPA）、内政部、农业部及其他相关部门，其中，能源部是最重要的联邦管理机构，负责能源政策的制定与落实；环境保护署及联邦能源监管委员会则在推动节能与环保工作方面发挥着重要的职能。在地方层面，大多数州政府均设有相应的能源监管部门，负责执行国家能源政策，制定并落实各州内部的节能与环保政策。多数州都设立了自然资源部统一管理州所属土地及其矿产资源，虽然部分州未设立自然资源部，但是设立了环境保护署管理土地资源及相关产业。除了管理部门，各州还设有公共事业管理委员会作为监督机构。

18.2.1　监管政策

美国天然气管网基本实现本土全覆盖，且运输成本较低。1993 年将天然气生产商和运输商分成两个独立运行实体，政府在监管管道运输费的同时，放开天然气价格，保证任何生产商都可以自主与管道运营商协商运输价格并获得管道准入权（表 18.1），有效避免垄断。

表 18.1　美国联邦监管政策

法案名称	颁布年份	颁布机构	主要内容
《石油天然气保护法》	1935	—	督促各州加快强制联营立法，阻止石油天然气生产过程中的浪费行为
《天然气法》	1938	联邦电力委员会	天然气管道运营商的准入许可和退出许可以及有关价格监管的规定
《菲尔普斯决议》	1954	—	确立了当时天然气的价格机制生产者将天然气销售给管道公司的井口价格由联邦电力监管委员会实施定价，管道公司销售给地方配气公司的价格根据管道跨州与否由联邦或州监管机构监管，地方配气公司销售给终端用户的价格受州或地方政府机构监管。在此价格机制之下，由于设定的价格低于天然气实际的市场价值，最终导致了天然气的短缺
《天然气井口价格解除管制法》	1989	—	该法案要求取消所有的井口价格控制，从而完成了井口价解除管制的过程。自 1993 年 1 月 1 日起，市场决定井口价
《FERC 636 号法令》	1992	联邦能源监管委员会	要求管道公司将天然气销售、输送、储存服务进行分类，相对独立地提供服务，并实行分类计价。分类计价的目的是使管道公司和其他销售商的服务形成可比性，促使管道公司降低成本

18.2.2　土地政策

私人土地所有权以出租或者出售的形式转让给矿产采掘企业与加工企业。联邦政府给予矿产企业在私人土地上开采页岩方面一定额度的税费减免与财政补贴，而开采与加工企业也会给土地所有权人合理的土地出租回报。对于想出售土地的土地所有者，风险投资机构会根据储量与市场变化作出投资决策，联邦政府则不会对这些风险投资公司给予财政扶助。

美国法律规定：矿产资源是土地的一部分，矿产资源赋存于土地中，土地所有权人拥有其所有权，矿业用地使用权随同矿产资源所有权一起发生转移。土地所有权主体为联邦、州及个人，因此矿产资源的所有权主体也分别为联邦、州及个人。西部矿产资源大部分属于联邦政府，而个人拥有东部的大部分矿产资源，各州政府则享有少部分位于其管辖区域土地下的矿产资源所有权。针对公共土地上的页岩气资源开采，相关法规包括《矿产租约法》《联邦陆上石油天然气租借法修正案》《国家环境政策法》及各州制定的相关管理规定（表 18.2）。

表 18.2　美国联邦土地政策

法案名称	颁布年份	颁布机构	主要内容
《矿产租约法》	1920	内政部土地管理局	对公共土地和储藏联邦保留矿产土地上的煤、磷酸盐等可租赁矿产授予租赁权
《水下土地法》	1953	内政部	将联邦政府享有的州沿岸 3 海里(1 海里=1.862km)以内的水域下伏土地的所有权转移给州政府享有,缓解联邦政府与州政府之间的矛盾,以促进该海域内的矿产资源开发。外大陆架上的海床和底土归联邦政府管辖、支配和处置,并授权内政部部长对该部分进行出租,用于海底油气勘探和开采
《外大陆架土地法》	1953	内政部	授权内政部部长向出价最高、可以信赖的投标人出让油、气、硫租借地,地块不超过 5760acre,租期为五年,五年以后只要油气产量依然合算,租期继续有效
《海岸带管理法》	1972	国家海洋和大气管理局、海洋和沿海资源的管理办公室	①保全、保护、开发并在可能的情况下恢复或增加美国的海岸带资源;②鼓励和帮助各州制定和实施海岸带管理计划,有效履行其海岸带职责,以便在充分考虑到海岸带生态、文化、历史、美学价值及经济发展需要的情况下,合理利用海岸带的水陆资源;③鼓励公众、联邦政府、州和地方政府及地区机构共同参与制定海岸带管理规划;④所有从事有关海岸带工作的联邦机构,要为实现《海岸带管理法》的宗旨而同州和地方政府及地区机构通力合作,并参与他们的工作
《资源保护回收法》	1976	环境保护署	提出工程施工中废物回收及处理责任,C 部分中提到的六类特殊废弃物,其中就包括"废钻井液和石油生产中的排放的盐水"
《联邦土地政策和管理法》	1976	内政部土地管理局	公地应为联邦所有,除非一些区域存在特殊规划,或存在符合国家利益的特殊用途
《联邦陆上石油天然气租借法修正案》	1987	农业部林务管理局	对含有石油和天然气的国家森林系统公共土地上矿产的租赁,该法案授予美国农业部林务管理局做出相关决策和执行法规的权利

18.2.3　财税政策

美国能源税收政策分为四个时期:1918~1970 年油气大发展时期;20 世纪 70 年代能源危机时期;80 年代自由市场时期;1998 年之后页岩油气快速发展期。每个时期都有与之目标要求相应的法律、法规及政策(表 18.3)。

表 18.3　美国联邦财税政策

法案名称	颁布年份	主要内容
《天然气政策法案》(NGPA)	1978	将致密气、煤层气和页岩气统一划归为非常规天然气,通过立法保证非常规天然气的开发税收和补贴政策。最先提出从经济的角度鼓励开发和发展非常规天然气资源,取消了包括页岩气在内的非常规天然气井口价管制,并在 1980 年开始实施了非常规天然气勘探开发的经济财税优惠信贷政策,这一措施极大地推动了当时正在发展成长中的非常规天然气,并对页岩气的早期发展起到了积极的推动作用
《能源意外获利法》(WPTA 第 29 条)	1980	对煤层气资源的生产,美国实行"先征后返"的政策,即先按照联邦税法征税(联邦与州所得税、开采税),然后根据《能源意外获利法》第 29 条税收优惠政策再给予返还或补贴。即先按联邦税法征 4%~6%的生产或开采税,然后给予每立方米煤层气 2.82 美分的政府补贴(当时煤层气售价约为 6 美分/m³)。且第 29 条最初规定的税收优惠政策适用期为 10 年,1980 年 1 月 1 日信到 1989 年底。为保障煤层气产业的迅速发展,1988 年美国政府把该项优惠政策截止日期延迟到 1990 年底。后来美国政府又第二次把截止期推迟到 1992 年底,使该政策优惠期达 23 年

续表

法案名称	颁布年份	主要内容
《能源政策法案》(EPA)	1992	扩展了非常规能源的补贴范围。这部由多项具体法规组成的能源法案的重点是能源需求管理和能源供应多元化,突出政策激励和技术保障,加强研究和示范。能源法案中关于天然气和石油产业的规定影响了近海地区天然气和石油产业的发展。该类法律将页岩气确定为一种具有战略重要性的国内资源,且由能源部定点协调和促进其商业发展。将水力压裂从《安全饮用水法》中免除,从而解除了环境保护局对水力压裂的监管权力
《FERC636 号法令》	1992	该法令取消了管道公司对天然气购销市场的控制,规定管道公司只能从事输送服务,管道运营商对天然气供应商实施无歧视准入,这使得非常规天然气的供应成本大幅度降低。该法令使天然气价格形成机制发生了变革,由过去的联邦机构决定改革为市场供需决定
《纳税人减负法案》	1997	延续了对非常规能源的税收补贴政策
《美国能源法案》	2004	10 年内政府每年投资 4500 万美元用于支持非常规天然气的研发
《无形钻井成本费用化,有形钻井成本资本化》	—	在投资国内石油和天然气井的情况下,无形钻井成本,如工资、钻井成本和钻井建设材料成本等,在报税时可以作为费用而无须在财产生产期内进行摊销;有形钻井成本在报税时进行摊销。该政策的实质即所得税税收减免,允许页岩气开采企业加大应税收入中的扣减额

　　为降低页岩气开发企业所得税,联邦政府制定了资源耗竭补贴制度。这是政府为鼓励对资源的可持续使用而向资源企业提供的一种补贴。目前联邦政府对页岩气开采企业的资源耗竭补贴为 15%,即将应税净利润的 15% 扣留给企业,以鼓励其积极寻找新的矿源。

　　在联邦政府、州以及地方政府三级税收立法与征管中,联邦政府以所得税为主,州政府以消费税为主,地方以财产税为主,资源税也由州政府立法征收。对页岩气开采企业而言,其主要的税赋包括资源税和所得税,而通常所说的开采税(severance tax)即是资源税。目前已有 38 个州开征资源税。页岩气开采税一般在 4%~6%,联邦政府从 1980~2002 年的 23 年间给予 2.82 美分/m³ 的补贴(煤层气售价约 6 美分/m³),补贴为售价的 47%,远远高于开采税 4%~6% 的比例。2006~2010 年补贴降为 1.385 美分/m³。

　　下面将以《能源意外获利法》和《能源政策法》对财税政策作简要阐述。

1.《能源意外获利法》

　　《能源意外获利法》使得从辽阔的荒地上获得的生产燃料便利化,并免除联邦对工业发展债券获利所征收的税赋。其鼓励开发非常规天然气的政策,促进了勘探开发技术的快速发展,加快了产业化步伐,极大地增强了行业竞争能力,并很快形成大规模商业开采格局,奠定了非常规天然气产业基础。正是这些优惠政策,激发了企业对开采非常规天然气资源的积极性,使美国成为世界上非常规资源开发最活跃的国家。政府对非常规天然气能源包括对页岩气开发的重视,为页岩气发展提供了强劲动力。

2.《能源政策法》

　　《能源政策法》给非常规天然气研发做了充分且细致的计划:对于非常规天然气从钻探到生产的规定是"从摇篮到坟墓"的一揽子方法;且州政府对开采所用的设备工具

须做详尽的规划以避免对环境造成不利影响；2005 年《能源政策法》还规定页岩气开采中关键的水力压裂不受美国《安全饮用水法案》限制，无疑是为维护页岩气正常进行开发而采取的对造成的环境污染姑息纵容之策，从另一个侧面反映了政府对页岩气开采和利用的坚定决心。激励政策使得非常规能源，例如致密型砂岩气和页岩气商业化，成为能源的新种类。该法案在美国国内的推广应用，使得页岩气在美国能源市场上打开了新的局面，为美国页岩气开发利用领先于世界创造了有利条件。

18.2.4 投融资激励政策

充裕的资金与发达的金融市场是页岩气产业快速发展的必要条件，如果缺乏投资和资金，页岩气开发是不会取得成功的，同时开放的投融资政策也极大地促进了页岩气勘探开发。

页岩气项目以财政直接拨款、金融机构提供贷款、贷款担保等多种形式获得投融资。联邦政府设立专项资金资助能源开发、环境保护、小企业发展以及在农业地区的项目开发。私募股权基金也越来越多地融入页岩气收集、处理、压缩、管输等基础设施建设中。

1. 政府拨款

美国政府先后投入 60 多亿美元用于非常规天然气的勘探开发，仅人员培训费就超过 20 亿美元。除了科研攻关项目，能源部并不为企业的一般项目拨款，但联邦、州及地方政府会设立一些项目来资助能源开发、小企业发展以及农业地区的开发，地方政府，特别是州政府提供的拨款最多，而且资助的项目中有许多是非常规油气资源项目。通常美国政府先向州政府拨款，州政府根据项目需要，向企业直接拨款，并且这些拨款不用偿还。在页岩气开发早期阶段，很多中小企业获得了州政府的拨款，促进了页岩气的勘探开发。

2. 担保贷款

据环境保护署发布的《联邦政府对非常规油气项目资助指南》，能源部、商业部、小企业管理部、农业部等部门为非常规油气资源项目提供资金帮助。同时，小企业管理局为无能力获得银行贷款的小企业提供贷款担保，由于有了小企业管理局的担保，银行就愿意贷款给小企业，从而解决了小企业的资金困难问题。早期页岩气的勘探开发都是由小企业完成的，因此小企业对页岩气的勘探开发起到了至关重要的作用。

美国农业部农村企业与合作开发局负责为农村企业服务，包括为农村企业提供贷款担保、贷款以及其他渠道的资金援助，帮助农村企业获得发展需要的资金。而页岩气开发多处在农村，因而开发企业比较容易从当地的农村信贷部获得贷款，且贷款利息非常优惠，年利息仅为 1%，极大地促进了页岩气的勘探开发。

为促进非常规油气资源的开发，美国商业部经济发展局也为页岩气开发企业提供资金帮助，主要是为页岩气勘探开发、管道输气、天然气发电及居民用气等项目提供资助。

3. 发达的金融市场

美国拥有全球领先的金融市场，可以让众多金融创新产品在资本市场自由流动，为页岩气开发提供了良好的融资环境。页岩气开发初期，为解决资金短缺问题，中小企业常常把与土地所有者签订的土地租赁合同拿到金融市场，以获得风险投资。华尔街为满足页岩气产业资金需求，创新了金融产品，包括期权、期货、债券、股票等。

18.2.5　技术研发鼓励政策

为推动页岩气发展，美国出台了技术研发鼓励政策(表 18.4)，组织相关研究机构进行专业研究。

表 18.4　美国联邦技术研发鼓励政策

项目名称	参与机构	具体内容
东部页岩气工程 (EGSP) (1976 年)	美国能源部及能源研究开发署 (Electrical Research and Development Association，ERDA) 联合美国地质调查局(USGS)、州级地质调查所、研究型大学、工业企业等机构	该工程旨在加强对页岩气的地球化学、地质状况及开发技术的研究，研究页岩气形成的原因及分布规律，并进行资源潜力评价。该项目产生了大批科研成果，其中最重要的是认清了页岩气吸附机理，这对页岩气开采至关重要
东部含气页岩研究计划(1980 年)	美国天然气研究所(GRI)	实施了包括钻井取样、实验分析、压裂增产技术开发等 30 多个项目。该计划促进了美国页岩气的基础研究，产生了一些新发现，使页岩气勘探开发、理论研究迅速扩展到美国其他地区
联合工业研究项目 (20 世纪 90 年代)	天然气技术研究院(GTI)	1976 年，美国天然气行业自发成立美国 GTI，这是一个非营利机构，以天然气销售附加费作为资金来源。GTI 主要为天然气技术研发进行融资和管理，在 1994 年之前，其关注重点是非常规天然气。与美国能源部项目注重基础研究不同，GTI 致力于技术的应用和转让，两者形成互补关系。20 世纪 80 年代，GTI 的年度预算高达 1.2 亿美元
《美国能源法案》 (2004 年)	该法案规定：在未来 10 年内，美国每年投资 4500 万美元，用于页岩气的研究与技术开发。美国先后投入 60 多亿美元进行页岩气等非常规天然气的开发，仅用于人员培训的费用就超过 20 亿美元	

18.2.6　环境保护政策

随着页岩气开采规模扩大，对环境监管日趋严格，监管涵盖了从钻井到生产、废水处理、气井遗弃与封存等开发全过程。不可否认，页岩气开发会对大气、水资源等环境因素造成一定影响。

出于环境考虑以及日益高涨的环保呼声，美国政府针对页岩气产业颁布了一系列环境保护法律和法规，包括联邦政府、州政府和地方政府三个层次。联邦政府环境保护局实施《清洁水法》《安全饮用水法》《清洁空气法》等，对地面和地下水资源化学液体注入，气体泄漏等要求进行了明文规定；在联邦政府的监督下，州政府实施对页岩气开采的管理和约束，除了执行联邦层次的法律法规以外，可根据自身的环保要求进行发布管理措施；部分地方政府还会对页岩气开采设置其他要求，如实行噪声管控等。

联邦法规包括《清洁水法》《清洁空气法》《安全饮用水法》《国家环境政策法》《资源保护和恢复法》《应急计划和社区知情权法》《濒危物种法》和《职业安全与健康法》(表 18.5)。土地管理局(BLM)、森林管理局(USFS)和鱼类及野生动物管理局(USFWS)等对他们管理的石油和天然气活动也进行监督，包括进行环境影响研究，并执行环境保护。

表 18.5 美国联邦环境保护政策

法案名称	颁布年份	颁布机构	主要内容
《候鸟条约》	1916	环境保护署	确保过程作业时钻机不吸引或伤害鸟类
《国家环境政策法》	1969	环境保护署	对页岩气开采过程中可能造成的环境污染从源头上进行规避，规定页岩气要先经过环境影响评价程序才可进行开采及利用。美国政府针对页岩气资源出台了《环境影响报告书》，是为了更好地反映页岩气开采的现状及问题，以便及时解决，并对以后可能出现的问题进行规避。形成对页岩气开发过程中环境影响的评判制度
《职业安全与健康法》	1970	职业安全与健康管理局	运营商必须将施工现场使用的危险化学品材料清单向政府备案，职业安全与健康管理局(OSHA)特别为减少油气钻井、服务及储存等潜在安全和健康隐患的行业制定了标准。各州政府也对这些行业的生产过程中从业员工和公众制定了更进一步的安全保护规定
《濒危物种法》	1970	商业部和内政部	在能源开发中必须对渔业和野生动物进行保护
《清洁水法》	1972	环境保护署	禁止未经许可向美国清洁水源排放污染物，该法律的制定是为了保护水质，包括对油气生产所排放产出水的污染物限量进行控制。这是通过国家污染排放终止系统(NPDES)的准许程序进行的。尽管EPA制定了联邦级别的国家标准，但是，州政府和部落政府满足NPDES的首要责任的规定，就获得NPDES法规的优先责任权
《社区经济规划法》	—	环境保护署	运营商必须维持工程施工材料的安全性
《安全饮用水法》	1974	环境保护署	禁止油气运营商在水源附近进行水力压裂作业。规制废弃物的地下灌注行为，但是根据《安全饮用水法》(SDWA)，压裂流程(fracturing process)被豁免，因此该规制不适用于页岩气的开发。显然，基于SDWA的立法意图，联邦政府不想对水力压裂进行监管，而想把对水力压裂的监管权力留给州政府
《有毒物质管理法》	1976	—	中间经过多次修改，该法规定环境保护署有权要求涉及特定化学物质生产、进口、使用、处理的相关企业上报、记录、测试特定化学物质。自该法案实施以来，美国对新化学物质实行事前制造告知(PMN)制度，对首次引入市场的新化学物质都制定了注册、评估程序，从向政府申报到允许上市通常需要90天
《资源保护和恢复法》	1976	环境保护署	提出工程施工中废物回收及处理责任
《超级基金法》	1980	环境保护署	它对事后造成环境事故和污染的主要负责方和相应责任做出了明确规定，并给出了详细的治理行动、治理计划、治理责任、治理费用和其他治理要求，建立了完备的有害废物反应机制、环境损害责任体制等，已经成为美国环境污染民事诉讼的有力武器。依据该法案，建立主要经费来自石油、化学行业税款、拨款、罚款及其他投资收入等的超级基金，并针对可能对人体健康和环境造成重大损害的场地，建立"国家优先名录"(NPL)，每年更新两次。同时，规定对于特定的场地污染责任人具有无限期的追溯权力，对找不到责任者或责任者没有修复能力的，则由超级基金来支付污染场地修复费用
《应急计划和社区知情权法》	1986	环境保护署	主要包括应急计划和通知、相关数据库和标准以及相关规定三部分内容，确立了以地方政府为主要责任者的应急反应制度和有量化标准的操作程序。在应急机制方面，依照法案各州都建立应急委员会(SERC/TERC)，其成员由州长委任，主要职责是制定应急预案的区划，任命地方的应急反应委员会(LEPC)；在应急规划和社区知情上，该法案创立了"举手报告并被计数"原则，规定每个大型化工设施必须主动向州应急委员会提交有毒物质排放清单(TRI)，各州应急部门必须根据清单等信息规划相应的政府应急预案并对外公开
《清洁空气法修正案》	1990	环境保护署	页岩气生产商必须控制压裂施工过程返排液体中的挥发有机化合物的含量，该法案第122条主要涉及危险化学品管理，目的是有计划地促进减少有害物质生产和储存过程的意外排放风险。该法案列出140种化学物质(包括77种有毒物质和63种易燃易爆物质)，规定生产、加工、储存这些化学物质的工厂，若涉及物质数量超过规定阈值，须向环境署提交具体风险管理计划，以及紧急情况下的事故应急预案

18.3 地方政府产业政策

美国各州政策差异较大,可分为3派,即"先驱派"如得克萨斯州、俄克拉何马州和宾夕法尼亚州等、"观望派"如纽约州、特拉华州和佛蒙特州,"反对派"如新泽西州。

关于水力压裂技术和水资源的争论一直在持续,虽然联邦和各州开展了大量调查研究,但未达成任何共识。由于各州缺乏一致性,导致投资者有意回避某些州区(如纽约州),而倾向于更支持页岩发展的州(如得克萨斯州、北达科他州、宾夕法尼亚州和西弗吉尼亚州)。各州行政法规见表18.6。

表 18.6 美国主要州法规列表

州	法规
亚拉巴马州	AACR:亚拉巴马州行政法规
阿肯色州	AC:阿肯色州行政法案;GRR:阿肯色州油气委员会总规则和条例
加利福尼亚州	CCR:加利福尼亚州行政法案;CPRC:加利福尼亚州公共资源法案
科罗拉多州	CR:科罗拉多州法案;CRS:科罗拉多州修订法规
得克萨斯州	TAC:得克萨斯州行政法案
犹他州	Form 3:自然资源部 Form 3 "申请钻井许可证";UAC:犹他州行政法案
俄亥俄州	ORC:俄亥俄州修订法案;OAC:俄亥俄州行政法案
堪萨斯州	Form C-1:堪萨斯州公司委员会 Form C-1 "有意钻取的通知";KAR:堪萨斯州行政法案
肯塔基州	KAR:肯塔基州行政法案;KRS:肯塔基州修订法规

18.3.1 监管政策

在监管主体上,由政府、社区、第三方机构和产业界共同参与构成四方监管架构。在监管方案上,根据具体项目和当地利益诉求,由利益相关者多方平等理性对话、协商,共同决策,选择最优方案。在监管规则上,俄亥俄州增强了宏观战略性控制,减弱了具体操作性指引,增加了指导性规范,减少了控制性及标准性规范,以灵活的监管框架去适应快速发展的技术革新与开发实践。

以俄亥俄州为例,州政府虽然鼓励并促进页岩气开发,但鉴于开发技术的不成熟性和成长性,施行了以项目许可、过程督查和抽检、受理相关投诉和举报相衔接的监管。执法依据包括联邦政府《清洁水法》、《清洁空气法》,俄亥俄州《行政法》(Ohio Administrative Code)、《俄亥俄州修订法》(Ohio Revised Code)等。执法部门包括联邦政府内政部、环境保护署、农业部、商业部、土地管理局、能源局和美国陆军工程部部队(US Corps of Engineers),以及州自然资源部(Ohio Department of Natural Resources)、州环境保护署(Ohio Environmental Protection Agency)和州健康部等。这些部门在页岩气开发全过程中进行分工监管与执法配合。在分工不明确或者事项重大时则采取联席会议等方式共同履责。

美国各州在是否将强制联营原则适用于页岩气问题上的态度基本一致,但规定不尽相同(表 18.7),需要进行具体分析和评价。纽约州、俄亥俄州、堪萨斯州、加利福尼亚州、路易斯安那州、密歇根州和得克萨斯州将强制联营立法延伸适用于页岩气,宾夕法尼亚州、北卡莱罗纳州和西弗吉尼亚州的强制联营规定则不适用于页岩气。

表 18.7 美国各州监管政策

州	法案名称	颁布年份	主要内容
俄亥俄州	《俄亥俄州石油天然气保护法》	1947	①开采商在申请强制联营令之前,应与土地所有权人签订自愿联营协议,在自愿协议达到一定比例后,即可申请强制联营令,开展井场石油天然气资源的整合利用活动。②明确了强制联营的监管部门——俄亥俄州石油天然气产业委员会及其职责。产业委员会负责签发强制联营令,规定井间距离等
得克萨斯州	《康纳利石油天然气法案》	1950	该法要求在开采和生产过程中,相邻土地所有权人应采取自愿联营方式进行合作开采,实现资源整合利用。法案授权得克萨斯州铁路委员会作为自愿联营的监管部门,同时对井间距离做出规定。自愿联营改变了得克萨斯因获取原则形成的浪费和无序开采状况
路易斯安那州	《路易斯安那州石油天然气保护法》	—	只要开采商已经获得拟开采的共有储层上 50%的石油天然气所有权人的同意,则准许颁发强制联营令状。此外,该法一大特色在于强调了对石油天然气所有权人利益分享的法律保护,即要求开采商在签订强制联营协议之前即向所有权人支付部分股份或分红,并对支付方式作出规定。路易斯安那州强制联营的监管部门为城市调整委员会
纽约州	《纽约州城市条例》	—	侧重于对石油天然气所有权人利益的保护,条例规定每个所有权人有平等机会对储层进行开采,同时在强制联营中行使相应权利。该法案的颁布大幅度增加了纽约州石油天然气储层的产出率

18.3.2 土地政策

美国各州土地政策如表 18.8 所示。

表 18.8 美国各州土地政策

州	法案名称	颁布年份	主要内容
俄亥俄州	《众议院 278 法案》	2004	又称"城市钻探法",授予俄亥俄州自然资源部专享,行使钻井许可、选址、油气井间距管理等权力
俄亥俄州	《众议院 133 法案》	2011	规定可在州属土地进行石油和天然气租赁开发,并创设了石油和天然气租赁事务监察委员会,专事对州立大学拥有或控制的土地中的石油、天然气资源的勘探开发进行监管
宾夕法尼亚州	《本地矿产资源开发法》	2012	对州立大学、监狱及政府属地等城镇土地的矿产开发立法,法律把进行矿产开发的政府土地(即该法之"本地")分为两类:州政府所属土地、州立高等教育系统所有或控制的土地
得克萨斯州	—	—	矿产资源权属与土地所有权相分离。土地所有人可以出售矿产资源而保留土地所有权,或者保留矿产资源而出售土地所有权。通常而言,后一种情况更为普遍。同时,土地所有权人不能阻止矿产资源权人进行油气开采。矿产资源权人不需要因油气开采而破坏植被、移除植物等进行补偿

18.3.3 财税政策

以得克萨斯州为例来阐述财税政策:得克萨斯州对页岩气开采过程免征开采税,这在通常先征后免的基础上进一步给了页岩气开采企业以税赋减免,实施每立方米 3.5

美分的政府补贴，另外还有其他税收优惠。

18.3.4 技术研发鼓励政策

官、产、学一体化的创新机制(表 18.9)，促进了美国页岩气开发技术的创新，加快了页岩气开发技术的突破。

表 18.9 美国页岩气技术研发鼓励政策

参与公司或资助机构	主要内容
米切尔能源公司、美国能源部、美国联邦能源管理委员会、美国天然气研究院	在得克萨斯州北部的 Barnett 气田成功完钻第一口页岩气水平井，该项目主要技术支持出美国天然气研究院提供
米切尔能源公司、美国能源部、美国联邦能源管理委员会	研发了具有经济效益的滑溜水压裂技术。直到今天，该技术仍为核心技术，被广泛运用于页岩气开发
Weatherford 页岩气实验室	完成页岩地质学、岩石力学、地球化学、页岩属性、含气量、常规岩心分析等方面的实验测试
MSI 公司	开展了微地震源机理的研究
Paradigm 公司	开发的 Earth Study 具有 360°全方位成像功能和可视化系统，利用地球物理手段研究页岩储层各向异性特征
Core Lab 公司页岩气实验室	在岩石力学分析、总有机碳含量、孔隙度、基质渗透率以及稳定同位素测试等方面表现出色
犹他州大学	可测定地球化学(有机碳含量、成熟度等)、页岩储层条件(压力、温度、湿气含量等)、储气特征参数(吸附、岩石压缩系数等)、页岩属性(孔隙度、渗透率等)及岩石矿物成分等

18.3.5 环境保护政策

各州对页岩气产业进行环境保护监管。监管法主要有《得克萨斯州自然资源法典》《得克萨斯州行政法典》《得克萨斯州水法》《宾夕法尼亚安全饮用水法案》《密歇根州抽取水法案》《五大湖协议》《纽约州石油、天然气和矿业法》《2012 年 Marcellus 页岩水力压裂规则法案》《俄亥俄州泄漏预防和控制对策法案》《北达科他州应急规则》《怀俄明州环境质量法案》《卡罗来纳州肥料法》《西弗吉尼亚州复垦法案》《萨斯奎汉纳(Susquehanna)河滞洪区土地使用条例》等。

各州的规定可以根据地质条件与当地需求调整，主要包括审查和批准许可证、井的设计、位置和间距、钻井作业、水管理和处置、空气排放量、野生动物影响、地表干扰，以及工人的健康和安全，并检查和执行日常的石油和天然气业务。

大部分州通过油气管理部门和环保部门对水力压裂进行监管。考虑到水力压裂可能对环境造成影响的关注度日益提高，相关州(如得克萨斯州、俄亥俄州、加利福尼亚州、怀俄明州、宾夕法尼亚州、科罗拉多州、纽约州等)正在积极地进行相关的立法工作，加强提高对水力压裂的保护要求，但不论怎样，各州不大可能会对水力压裂予以禁止。

得克萨斯州没有集中的环境管理机构，环境保护法规通常由得克萨斯州环境质量委员会(Texas Commission on Environmental Quality)颁布，在环境保护方面没有绝对话语权。例如，2010 年虽然得克萨斯州环境质量委员会启动两个阶段对 Barnett 页岩气产区的气体排放进行调研，但 Barnett 页岩气的开采仍在继续。作为一个石油生产州，得克萨斯州在传统上并没有强力支持保护环境和自然资源的记录。RRC 在安全饮用水法执法不严上一直与 EPA 存在冲突，并且针对压裂液没有州立规范。

美国各州钻井前的环境监管法律措施详见表 18.10。

表 18.10 美国各州钻井前的环境监管法律措施

类别	具体内容
披露水力压裂中的化学物质	密歇根州要求对水力压裂中添加剂的安全性进行汇总，并将汇总结果上传到网上以便公众查阅
	阿肯色州要求管理者在网上披露每口井中使用的化学物质
	得克萨斯州和怀俄明州要求页岩气井作业者必须向管理者提交一份压裂液中使用的全部化学物质名单，并且名单要时时更新
	卡罗来纳州要求在水力压裂完成 60 天后，作业者向管理者披露压裂液中使用的所有化学物质以及浓度记录，并将记录上传到公众网站上
严格取水制度对抗水资源短缺	路易斯安那州要求作业者不得从主要饮水层抽取水资源，相反可以使用低质量含水层的水和其他类似于循环水的水资源
	萨斯奎汉纳河流域管理委员会要求开采和生产石油天然气时使用的所有水资源必须经过批准，批准的条件是不能对水资源造成负面影响，同时作业者还要报告使用的水量
	密歇根州要求作业者将淡水使用计划提交给环境质量局，并保证水井和地表水不会受到影响。密歇根州根据《密歇根州取水法案》要求使用一种科学的以网络为基础的取水评价制度。使用者需要大量取水时，必须通过网络并利用这项取水评价系统对拟取水量进行评价，如果取水量符合规定的数值，取水评价系统会对取水进行分类并评价该项取水是否会对水资源产生负面影响
	根据纽约州的规定，作业者在抽取大量水资源用于商业和工业包括水力压裂目的时，必须获得许可
	得克萨斯州铁路委员会允许页岩气开采企业无限制地使用地下水注入气井，而使用地表水则需要向环境质量委员会申请 目前得克萨斯州保护地下水的法规涉及油气开采的主要为《得克萨斯州管理法典》：钻井和增加井深度都需要取得得克萨斯州政府许可，但水力压裂不需要；为增加采油量向井下注入液体需要获得政府许可，但水力压裂不除外 此后，得克萨斯州在美国国内率先通过了一个新的法律 HB 3328，要求页岩气水力压裂操作所用到的化学品和全部用水量必须向公众披露，公众可以在 RTC 的网站查询相关信息。然而，基于商业竞争考虑，HB 3328 中也包括了避免由于公众披露引起的商业机密泄漏程序

美国各州钻井中的环境监管法律措施详见表 18.11。

表 18.11 美国各州钻井中的环境监管法律措施

类别	具体内容
废水处置	宾夕法尼亚州允许作业者将废水送到公共污水处理厂，但大部分公共污水处理厂不能降低溶解性总固体(TDS)的浓度，高浓度 TDS 排入地表水会破坏水质并损害水生物种，因此宾夕法尼亚州要求作业者报告 TDS 的浓度，在符合标准后颁发排放许可证
	俄亥俄州尚未授权公共污水处理厂处理高浓度 TDS 废水，同时公共污水处理厂在接受低浓度 TDS 的返排液前须获得批准。俄亥俄州仅允许将废水灌注于已经或规划建造街道、道路等建筑物地面所对应的地下
	北卡罗来纳州禁止油气开采废水进行地下回注
	西弗吉尼亚州规定 TDS 最大流量限值，以弥补点源管理的缺陷
	路易斯安那州和宾夕法尼亚州禁止使用土地处理钻井废水
	阿肯色州允许利用土地处理废水但不允许处理含有化学添加剂的回流水，阿肯色州则划定了 600mi^2 的地下水安全保护区域，禁止废水回注

续表

类别	具体内容
废水处置	宾夕法尼亚州立法部门免除作业者使用循环水的民事责任，同时宾夕法尼亚州环境保护局向使用循环水的作业者颁发同意令免除其使用循环水的长期责任，此外，宾夕法尼亚州要求作业者制定减少水资源使用规划并最大限度循环利用废水，作业者需要公布每口井循环利用的废水量。宾夕法尼亚州环境保护局还制定了一个水力压裂废水跟踪计划，明确废水产出量超过最低标准时的处理计划
防止泄漏的对策	俄亥俄州实行新的套管和固井标准，并要求作业者下套管到一定深度以保护水床，并在固井和下套管之前至少 24h 通知管理部门，并由管理部门派遣检查员监督操作过程
	卡罗来纳州要求在套管操作前进行压力测试，防止石油、天然气和其他污染物质泄漏
	卡罗来纳州要求作业者安装防止井喷装置，进行日常监测，检查装置是否达到足够的压力等级以抵抗高压，并对设备操作人员进行培训
	纽约州环境保护局要求对防井喷装置进行抗压测试
	各州要求作业者提交保证金以确保泄漏时作业者能够承担清除费用，保证金的数额因井的深度而异

美国各州钻井后的环境监管法律措施详见表 18.12。

表 18.12 美国各州钻井后的环境监管法律措施

类别	具体内容
绿色完井	怀俄明州和卡罗来纳州要求绿色完井(绿色完井即用一种特殊装置将天然气和液体碳氢化合物从返排液中分离，并在进入空气前进行捕捉)。在绿色完井过程中从返排液分离出的天然气和液体烃类，可以使用或销售，以避免资源浪费，到 2015 年，所有石油天然气公司都要实现绿色完井
制定应急处置预案	俄亥俄州根据不同阶段页岩气泄漏的特性以及每口井附近的生态特点采用不同的应急预案，要求作业者对泄漏风险采取有效的预防和应对措施
设立推定义务	密歇根、宾夕法尼亚州、西弗吉尼亚州和路易斯安那州设立推定义务。即当在石油天然气井的一定范围内发生水污染时，如果钻井公司不能证明已经先行测试并对土地所有者进行了必要的保护，则推定他们对附近的污染承担责任

18.4 产业环境监管及法律政策体系

18.4.1 页岩气开发过程环境监管

美国在产业技术研发和市场机制领域的支持政策有力地推动了页岩气产业发展，但随着页岩气产业的高速发展，环境污染问题也逐步开始显现。

作为清洁能源，页岩气以其相对煤和石油而言较少的二氧化碳排放量为世界所关注，但由于技术的原因，在开采环节却对周围环境污染较严重。2008~2010 年，Marcellus 页岩气产区当地环保督察部门查处数百起环境污染事件(图 18.2)，包括违规排放污水、未在井场设计足够的污染物存储设备、完井事故不报告等，导致民众产生较为强烈的抵触情绪。

美国政府既没有选择以舆论宣传等软化方式混淆和遮蔽污染问题，也没有直接动用强硬行政手段推进产业发展，而是正视问题，以立法手段为产业发展设定框架，重新获得页岩气产业在民众心中的认可，这一务实的态度在一定程度上对挽回民众对页岩气产业的信心起到了关键作用。

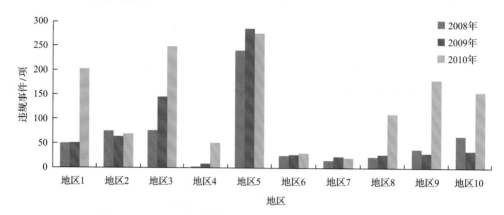

图 18.2　Marcellus 页岩气区 2008～2010 年环保违规事件统计

为遏制页岩气开发导致的环境污染，重拾民众信心，减少页岩气产业发展阻碍，在环境监管领域出台了诸多措施：一方面，需要加强环境的监管力度，弥补此前的过失以挽回页岩气产业在民众心中的形象；另一方面，在维持页岩气开采的同时，对水力压裂技术等使用过程中的诸多环节进行规范和限制，确保页岩气的开采对当地环境的影响降到最低程度。

由于美国政府权力体系不同，导致监管权力机关相对复杂，但立法监管困难并没有动摇对环保监管的决心，更没有阻挡环境监管的脚步。面对能源开发与环境保护的两难选择，美国政府积极采取措施，联邦政府和州立政府均出台了相关政策(表 18.13)对其进行监管。

表 18.13　美国与页岩气相关的主要环境政策(据王南等，2012)

法案缩写	中文名称	内容
SDWA	《安全饮用水法》	禁止油气运营商在水源附近进行水力压裂作业
CWA	《清洁水法》	禁止未经许可向美国清洁水源排放污染物
CAA	《清洁空气法》	页岩气生产商必须控制压裂施工过程返排液体中的挥发性有机化合物(VOC)的含量
ESA	《濒危物种法》	在能源开发中必须对渔业和野生动物进行保护
MBTA	《候鸟条约》	确保工程作业时钻机不吸引或伤害鸟类
EPCRA	《社区经济规划法》	运营商必须维持工程施工材料的安全性
OSHA	《职业安全与健康法》	运营商必须将施工现场使用的危险化学品材料清单向政府备案
RCRA	《资源保护和回收法》	提出工程施工中废物回收及处理责任
CERCLA	《综合环境责任与赔偿法》	运营商必须提交危险化学品排放途径

联邦政府统筹环境监管，包括科学评估、标准制定(表 18.14)以及立法监管三个方面；地方政府针对各州情况，出台相应政策，对联邦政府的监管漏洞进行弥补。二者定位明确，互相补充，构成了完整的监管体系。

表 18.14　美国地方法院规定的环保违规分级标准

级别		内容
低级	1	钻井期间未在现场以清楚的方式张贴许可证编号，操作员姓名、地址、电话号码
		未以永久性方式在已完成的井上安装许可证编号
		未张贴维修区批准号
		未标记被堵塞的井
	2	未在现场制订侵蚀和沉积物(E&S)计划
		钻井期间未获得现场许可证
		E&S 计划不充分
		未在登记后 60 天内以永久性方式在井上贴上登记号
	3	蓄水池结构不健全、不可渗透、受第三方保护、超过 20in 的季节性高地下水位
		未能在蓄水池中保持 2ft 警戒线
		未填充鼠洞
		未维护足够的蓄水警戒线
	4	不当填井
		未能在 24h 内报告有缺陷、不足或胶结不当的套管或在 30 天内提交改正计划
		胶合剂不足或使用不当
中级	5	未经许可排放工业废物
		坑和水箱的建造能力不足以容纳污染物
		未能最大限度地减少加速侵蚀、实施 E&S 计划、主张 E&S 治理
	6	未能建造和正确堵塞压裂盐水坑
		未能用外壳和水泥固定以防止迁移到淡水中
		未能堵塞含有天然气、石油或水的区域
	7	未能在 9 个月内完成钻孔或封堵作业并恢复现场
		被许可人未能按照批准的规范执行工作
		漏塞或未能阻止流体垂直流动
	8	污染物质有进入联邦水域的可能性，需要申请许可证
		现场条件对联邦水域存在潜在的污染风险
		未能采取一切必要措施来防止溢漏不足的堤防，潜在的污染
		使用不合适的套管保护淡水
	9	工业废物的持续排放，包括钻屑、油、盐水和淤泥
		没有控制和处置/准备预防应急计划(PPC)或未能实施 PPC 计划
		未堵塞废弃井
		未采用 DEP 规定的污染预防措施去处理造成污染危险的材料
高级	10	将工业废物排放到地面
		将污染物排放到公共水域
		防喷器(BOP)及其他安全装置安装数量不足或安装不当，或没有经过认证的 BOP 操作员

18.4.2 页岩气开发法律政策体系

联邦政府三大政府职能中，国会立法无疑对美国页岩气产业影响最为深远。自 20 世纪 70 年开始，先后对页岩气开采过程中可能造成对空气、土地以及水污染出台了相关法律。针对空气污染，1970 年颁布了《清洁空气法》，并在 1996 年通过了该法案的修正案；针对水污染，1972 年颁布了《清洁水法》，1974 出台了《安全饮用水法》，并在 1996 年对后者进行修订；针对土地污染，1980 年发布了《固体废弃物处置法》。

地方政府层面，包括新泽西、佛蒙特等州政府均先后颁布过一系列法令，实际出台的政策措施内容集中在技术限制和流程监管两大方面。就技术限制而言，绝大多数已经出台相关政策的地方政府都在不同程度上对页岩气开发的主体技术——水力压裂进行了限制，部分州甚至对其禁用；大部分地方政府所流程监管政策是设定符合地方实际情况的开采流程和相应的指标，派专人对开采过程各环节进行监督考察，促使生产企业严格遵守相关规定。

18.4.3 扶持政策引发产业发展泡沫

尽管美国页岩气产业的发展成就有目共睹，但是对其过快发展的质疑声也一直存在。研究学者对页岩气产业过度支持而导致泡沫化的主要原因：首先，页岩气产业发展泡沫化的根源在于天然气市场供求失衡。过量支持政策助推了页岩气产业高速发展，但国内天然气需求增长缓慢，供求失衡导致天然气价格连续下跌。其次，为弥补价格下跌带来的经济损失，生产厂商采用增加产量手段来维持收支平衡。尽管页岩气开采技术取得突破，但其钻井成本因遭遇技术瓶颈居高不下，加之气井产量递减速度快，要维持和增加产量必须要持续钻井。在价格下跌、成本维持在高位的情况下，众多中小厂商接近破产边缘。基于上述原因，部分学者质疑美国页岩气产业已经出现了泡沫，甚至开始对产业持有悲观态度。

18.5 中美技术经济政策差异

美国在财税政策方面给予页岩气开发企业的扶持力度大，30 年间对企业的补贴力度大于中国的补贴力度。美国私募股权基金的介入程度、研发经费支持力度、市场化程度、小企业在页岩气产业的活跃程度等均高于国内。

页岩气开采前期资金投入大、风险高。国内进入页岩气产业的主要是大型石油企业，民营资本如何缓解资金压力并合理完成融资进入页岩气产业，成为亟须解决的问题。

18.5.1 技术研发扶持政策

为促进整体能源产业技术进步，美国建立专项研究基金资助研究机构开展技术研发。为推动非常规天然气发展，成立了天然气研究院，启动"东部页岩气项目"，邀请多所大学、研究机构和私营公司加入该项目进行联合研究。在专项基金资助下，美国 Sandia 国家实验室很快研发出微地震监测与水力压裂等技术。1991 年，在能源部和联邦能源管理委员会共同资助，以及天然气研究院的技术支持下，米切尔能源公司在 Barnett 成功完钻第一口页岩气水平井。1998 年，研发了滑溜水压裂技术，这一核心技术有效提高了单井产量，并被广泛运用于页岩气开发。2004 年，美国政府开始新一轮的基金资助，《美国能源法案》规定，政府将在未来 10 年内每年投资 4500 万美元用于包括页岩气在内的非常规天然气研发。

中国页岩气主体开发技术主要从美国引进，由于缺乏自主研发技术及施工工具，导致开采成本是美国的 3～5 倍。要推动国内页岩气商业化利用，就必须采用国产化的装备和工具，实现规模化量产，从而降低单位成本，实现效益开发。中国页岩气产业技术的推动不同于美国政府的资金驱动，主要靠三个方面：一是政府全方位技术创新下大环境政策导向；二是以国有资本为主体的石油公司、高校和科研机构项目研发(国家专项、公司科研机构重大专项)；三是国际技术合作，与技术成熟企业签订知识产权买断或技术合作共享，以降低长期资本投入为目的的技术合作共赢模式。

中国政府的页岩气产业激励模式在制定过程中充分借鉴了北美经验，为避免产生环保、产能过剩等问题，一直采用循序渐进、因势利导的组合政策来激励页岩气产业发展。

18.5.2　产业财税政策

中美页岩气产业政策对比见表 18.15。中国页岩气开发税费主要包括增值税、所得税、资源税、关税、矿区使用费以及矿产资源补偿费。增值税采用先征后返方式，先征收增值税(陆上 13%，海上 5%)，再给予 0.4 元/m³ 的补贴。补贴额占井口价格的比例为 26%～40%，补贴比例远低于美国。所得税率 25%，对外合作开发项目可享受"两免三减半"的所得税优惠政策，即前两年免所得税，第三年所得税减半征收。在所得税税前扣除方面，允许专用设备采用双倍余额递减法或年数总和法加速折旧。资源税目前实行从价计征，税率为 5%，对地表抽采煤层气免征资源税。与此同时，根据《页岩气开发利用补贴政策》的规定，页岩气开采企业可享受减免矿产资源补偿费、矿权使用费的优惠，煤层气开采作业设备则享受免征关税和进口环节增值税的优惠。

表 18.15　中美页岩气产业政策对比一览表

序号	政策	美国	中国
1	增值税	无	先征后返，先征增值税(陆上天然气 13%，海上 5%)，然后给予 0.4 元/m³ 的补贴。开采成本约为 1.86 元/m³，井口价格为 1.0～1.5 元/m³，补贴为价格的 26%～40%
2	所得税	采用资源耗竭补贴，应税净利润 15% 作为资源耗竭补贴，用于激励石油公司寻找新的石油资源；无形钻井	所得税率 25%，部分企业征收 15%，合作开发项目，享受"两免三减半"；专用设备，按双倍余额递减法或年数总和法加速计提折旧
3	资源税	先征后返，先征 4%～6% 的生产或开采税，在此基础上给予 2.82 美分/m³ 的补贴(煤层气售价为 6 美分/m³，补贴占售价的 47%)，该政策从 1980～2002 年；2006～2010 年补贴 1.385 美分。得克萨斯州免征开采税	从价计征 5%，地表抽采煤气层暂免收资源税

续表

序号	政策	美国	中国
4	关税	无	部分开采作业设备免征关税和进口环节增值税
5	矿区使用费	无	无优惠措施
6	矿产资源补偿费	无	减免
7	投融资优惠政策	页岩气项目以财政直接拨款、金融机构提供贷款、贷款担保等多种形式获得投融资。联邦政府设立专项资金资助能源开发、环境保护、小企业发展以及在农业地区的项目开发	无
8	技术研发	2004年通过的《能源政策法案》规定10年内每年投入4500万美元用于非常规天然气研究	无
9	环境保护	《清洁水法案》《清洁空气法案》《安全饮用水法案》《国家环境政策法案》	《水污染防治法》《环境保护法》《大气污染防治法》
10	管网	管网总长40万km,生产商和运输商分离,政府监管管道运输费,放开天然气价格	管道由生产商建设
11	市场主体	市场主体多元化,85%的页岩气产量由中小企业贡献;小企业技术突破,大企业并购	中石油、中石化
12	价格	管道运输费政府监管,放开天然气价格	门站价和管道运输价分别管理,门站价实行政府指导价(最高限价)
13	利用量现金补贴	无	页岩气开发利用量进行评估,中央财政对页岩气开采企业进行补贴。2014～2015年按0.4元/m³,2016～2018年按0.3元/m³,2019年以后与非常规气合并进行增量补贴

参 考 文 献

王南, 刘兴元, 杜东, 等. 2012. 美国和加拿大页岩气产业政策借鉴. 国际石油经济, (9): 69-73.